上海环球金融中心、金茂大厦、上海中心大厦

普通高等教育“十二五”住建部规划教材
普通高等教育“十一五”国家级规划教材
普通高等学校土木工程专业新编系列教材
中国土木工程学会教育工作委员会　审订
首届全国教材建设奖——全国优秀教材二等奖(2021)

高层建筑结构

(第4版)

主　编　吕西林

武汉理工大学出版社
·武　汉·

【内容提要】

本教材主要是根据高等学校土木工程本科专业"高层建筑结构"课程的教学大纲编写的。内容包括高层建筑结构体系与结构布置，高层建筑结构荷载作用与结构设计原则，框架结构的受力分析与设计，剪力墙结构的受力分析与设计，框架-剪力墙结构的受力分析与设计，筒体结构及钢与混凝土组合结构的分析与设计方法，高层建筑结构构件的截面设计与构造要求，以及高层建筑基础的设计要点等。

编写本教材的目的是，使学生通过本课程的学习，能够深刻理解高层建筑结构的受力性能、变形特点和设计原则，了解高层建筑结构的组成及各种结构体系的布置特点、应用范围等，为学生毕业后从事高层建筑结构的设计、施工和技术管理打下基础。

本书也可以作为高等职业技术学院的教学用书，以及土建工程技术人员的参考用书。

【主编简介】

吕西林　男，1955 年 1 月生，博士，同济大学教授，博士生导师，中国工程院院士，日本工程院外籍院士，欧洲科学与艺术院院士，现任同济大学学术委员会常务副主任。长期从事建筑结构抗震及减震、钢筋混凝土结构理论与应用研究，在复杂高层结构抗震试验技术和结构性能评估方法、复杂结构弹塑性分析和抗震设计理论、高性能结构构件和复杂节点抗震试验、消能减震技术和建筑物移位改造与加固技术等方面做出了创新贡献，获得国家科技奖二等奖 3 项。2008 年分别被评为中国科协和住建部抗震救灾先进个人，1993 年和 2014 年两次被评为全国优秀教师，2015 年获何梁何利科学与技术进步奖，2017 年获美国土木工程师学会"纽马克奖"，2020 年获国际结构混凝土协会(fib)"终身荣誉会员"。

主要学术兼职有：土木工程防灾减灾全国重点实验室学术委员会常务副主任、地震工程国际合作联合实验室学术委员会主任、国际实验结构工程学会副主席、中国建筑学会抗震防灾分会副主任和建筑结构分会副主任、中国地震学会可恢复功能防震体系专业委员会主任委员、国际期刊 The Structural Design of Tall and Special Buildings 和 Journal of Asian Architecture and Building Engineering 主编等职务。

图书在版编目(CIP)数据

高层建筑结构/吕西林主编.—4 版.—武汉：武汉理工大学出版社，2024.4
ISBN 978-7-5629-7023-1

Ⅰ.①高…　Ⅱ.①吕…　Ⅲ.①高层建筑-结构设计　Ⅳ.①TU973

中国国家版本馆 CIP 数据核字(2024)第 081751 号

项目负责人：汪浪涛　高　英　　**责任编辑**：戴皓华
责任校对：李正五　　**版面设计**：正风图文
出版发行：武汉理工大学出版社
社　　址：武汉市洪山区珞狮路 122 号
邮　　编：430070
网　　址：http：//www.wutp.com.cn
经　　销：各地新华书店
印　　刷：武汉盛世吉祥印务有限公司
开　　本：889×1194　1/16
印　　张：15.25
插　　页：1
字　　数：468 千字
版　　次：2024 年 4 月第 4 版
印　　次：2024 年 4 月第 1 次印刷　总第 36 次印刷
印　　数：197001～200000 册
定　　价：39.00 元
凡购本书，如有缺页、倒页、脱页等印装质量问题，请向出版社发行部调换。
本社购书热线：027-87391631　87523148　87664138

第 4 版前言

本教材主要是根据土木工程本科专业“高层建筑结构”课程的教学大纲编写的，内容包括高层建筑结构体系与结构布置，高层建筑结构荷载作用与结构设计原则，框架结构的受力分析与设计，剪力墙结构的受力分析与设计，框架-剪力墙结构受力分析与设计，筒体结构及钢与混凝土组合结构的分析与设计方法，高层建筑结构构件的截面设计与构造要求，以及高层建筑基础的设计要点。

编写本教材的目的是使学生通过本课程的学习，能够深刻理解高层建筑结构的受力性能、变形特点和设计原则，了解高层建筑结构的组成及各种结构体系的布置特点、应用范围；掌握高层建筑结构计算简图的确定方法；掌握风荷载及地震作用的计算方法；掌握框架结构、剪力墙结构、框架-剪力墙结构受力分析与设计的实用方法；掌握高层建筑结构的抗震设计概念；掌握框架和剪力墙的截面设计原理；了解筒体结构的内力计算方法、内力分布特点及构造要点；了解钢与混凝土组合结构以及高层建筑基础的设计要点。

本教材是作者以多年教学、科研和工程实践经验为基础，结合了国家自然科学基金重大研究计划重点项目“强地震作用下超高层建筑损伤机理及破坏全过程研究”(资助号：90815029)、北京市科技计划重点项目“大型复杂高层抗震关键技术研究与示范”(资助号：D09050600370000)等研究项目的成果，并依据最新颁布的《建筑结构可靠性设计统一标准》、《高层建筑混凝土结构技术规程》、《混凝土结构设计规范》、《建筑抗震设计规范》、《建筑结构荷载规范》等有关标准、规范或规程编写的。内容取舍上在符合大专院校土木工程专业教学要求的前提下，力求基本、实用，既注重理论上的系统性，也注意叙述时简明扼要。本次修订还补充了装配式混凝土结构设计的相关内容。

本课程的课内总学时为 36 个，学时分配建议如下：

学时分配参考表

章　节	学　时	章　节	学　时
1	4	6	4
2		7	2
3	6	8	4
4	8	9	2
5	6		

很明显，上述学时分配是很紧的，主要是要求学生课前自学预习，课后再进一步复习加深，通过自学和课堂教学逐步掌握高层建筑结构的设计原理。当然，学校可根据各自教学安排适当地增减学时和教学内容。

本教材的第 1 版由吕西林担任主编并编写第 1 章，桂国庆任副主编并编写第 3、5、6、9 章，张建荣编写第 4、7、8 章，卢文胜编写第 2 章。本教材的第 2、3、4 版由吕西林担任主编并修编第 1 章，卢文胜修编第 2、3 章，张建荣修编第 4、7、8 章，蒋欢军修编第 5、6、9 章。全书由吕西林修改定稿。

由于作者水平有限，书中难免有不妥之处，欢迎读者批评指正。

编　者

2023 年 12 月

目　录

1 绪　论

1.1 高层建筑的特点

城市中的高层建筑是反映这个城市经济繁荣和社会进步的重要标志，当人们谈起举世闻名的摩天大楼时，往往和芝加哥、纽约这样的国际大都市联系在一起，足以说明高层建筑对城市社会形象的贡献。进入20世纪90年代以来，社会与经济的蓬勃发展，特别是城市建设的发展，要求建筑物所能达到的高度与规模不断增加，例如目前世界上高度超过300m的高层建筑已超过百幢，我国目前已建成并投入使用的上海中心大厦高度为632m，已建成并投入使用的阿拉伯联合酋长国迪拜的哈利法塔高度达到了828m。高层建筑在全球范围内突飞猛进的建设，从科学技术方面看，得益于力学分析方法的发展、结构设计和施工技术的进步以及现代机械和电子技术的贡献。

多少层的建筑或多高的建筑为高层建筑，不同国家有不同的规定，且多无绝对、严格的标准。我国《高层建筑混凝土结构技术规程》规定：10层及10层以上或房屋高度超过28m的住宅建筑和高度大于24m的其他民用建筑结构为高层建筑。建筑物高度超过100m时，不论住宅建筑或公共建筑，均为超高层建筑。联合国1972年国际高层建筑会议将9层及其以上的建筑定为高层建筑，并按建筑层数和高度将其划分为四类：

第一类：9～16层，高度不超过50m；

第二类：17～25层，高度不超过75m；

第三类：26～40层，高度不超过100m；

第四类：40层以上，高度在100m以上。

美国将高度为22～25m以上或7层以上的建筑物定为高层建筑。英国将高度24m以上的建筑物定为高层建筑。法国规定28m以上，居住建筑高度在50m以上的建筑物为高层建筑。日本规定8层以上或建筑高度超过31m的建筑物为高层建筑，而30层以上的旅馆、办公楼和20层以上的住宅为超高层建筑。

高层建筑的特点（包括有利的和不利的）有以下几个方面：

(1)在相同的建设场地中，建造高层建筑可以获得更多的建筑面积，这样可以部分解决城市用地紧张和地价高涨的问题。设计精美的高层建筑还可以为城市增加景观，如阿拉伯联合酋长国迪拜的哈利法塔和上海的金茂大厦等。但高层建筑太多、太密集也会给城市带来热岛效应，玻璃幕墙过多的高层建筑群还可能造成光污染现象。

(2)在建筑面积与建设场地面积相同比值的情况下，建造高层建筑比多层建筑能够提供更多的空闲地面，将这些空闲地面用作绿化和休息场地，有利于美化环境，并带来更好的日照、采光和通风效果。例如在新加坡的新建居住区中，由于建造了高层建筑群，因此留下了更多地面空间，可以更好地建设城市绿化和人们休闲活动空间。

(3)从城市建设和管理的角度看，建筑物向高空延伸，可以缩小城市的平面规模，缩短城市道路和各种公共管线的长度，从而节省城市建设与管理的投资。由于建造高层建筑可以增加人们的聚集密度，缩短相互间的距离，水平交通与竖向交通相结合，使人们在地面上的活动走向空间化，节约了时间，增加了效率。但人口的过分密集有时也会造成交通拥挤、出行困难等问题。

(4)高层建筑中的竖向交通一般由电梯来完成，这样就会增加建筑物的造价，从建筑防火的角度看，高层建筑的防火要求要高于中低层建筑，也会增加高层建筑的工程造价和运行成本。

(5)从结构受力特性来看，横向作用（风荷载和地震作用）在高层建筑分析和设计中将起着重要的作用，特别是在超高层建筑中将起主要作用。因此高层建筑的结构分析和设计要比一般的中低层建筑复杂得多。

综合高层建筑的上述特点，可以认为，建造高层建筑一般是利大于弊，而且合理的规划和设计还可以达到美化城市环境的效果。可以预见，在相当长的一段时间内，高层建筑仍将是世界上大部分国家在城市建设中的主要建筑形式。因此，掌握高层建筑的设计知识是对建筑与土木工程领域技术人员的基本要求。作为土木工程专业的学生，更应该掌握高层建筑结构的分析理论和基本设计方法，为今后的工作打下良好的基础。

1.2 高层建筑结构的发展概况

高层建筑的结构体系是随社会生产的发展和科学技术的进步而不断发展的。早期高层建筑的发展是由于大工业的兴起促使人口向城市集中，造成城市用地紧张。为了在较小的场地范围内建造出更多的建筑面积，建筑物不得不向高空延伸，这样就由多层建筑发展为高层建筑。世界上第一幢近代高层建筑是美国芝加哥的家庭保险大楼，该楼 10 层，高 55m，建于 1885 年，采用铁柱和砖墙作为结构体系。此后 10 年中，在芝加哥和纽约相继建成了 30 幢类似的高层建筑。1895 年奥提斯(Otis)安全电梯首次在纽约某 16 层宾馆应用。19 世纪末各种型钢有很大发展，1889 年巴黎埃菲尔铁塔建成，所有这些，特别是钢结构与电梯相结合，对高层建筑的发展有很大的推动作用。20 世纪 30 年代出现了高层建筑发展的第一个高潮。1931 年建成的纽约帝国大厦，102 层，高 381m，保持了世界最高建筑纪录达 41 年之久。该建筑在结构体系上采用框架支撑体系，在电梯井纵横方向设置了支撑，连接采用铆接，在钢框中填充了墙体以共同承受横向作用。

第二次世界大战使高层建筑的发展几乎处于停顿状态，直到 20 世纪 50 年代，又开始了新的发展。战后焊接在钢结构制造中的推广和 50 年代高强螺栓的进一步应用，使 60 年代以来钢结构的加工既可以在工厂焊接制造，也可以在现场螺栓安装。美国在 20 世纪 60 年代末和 70 年代初建成了 415m 和 417m 高的纽约世界贸易中心双塔楼、443m 高的芝加哥西尔斯大厦和 344m 高的芝加哥汉考克大厦等一批 100 层以上的超高层建筑，是这个时期最有代表性的建筑物，它们至今仍位于世界上少数最高的建筑物之列。这些建筑能达到如此新的高度，主要是因为采用了适应这种高度的新的结构体系，即 60 年代美国人坎恩(Fazler Khan)提出的框筒体系，为建造超高层建筑提供了理想的结构形式。从这种体系衍生出来的筒中筒、多束筒和斜撑筒等体系各有特色，将高层建筑的发展推向了新阶段。纽约世界贸易中心大楼在规模和技术上的创新，是前所未有的。该工程首次进行了模型风洞试验，首次采用了压型钢板组合楼板，首次在楼梯井道采用了轻质防火隔墙，首次用粘弹性阻尼器减轻风振动效应等，对后来的高层建筑结构的设计和建造都具有重要的参考价值。

高层建筑结构的抗震研究，导致地震活动比较频繁的日本在 1963 年取消了房屋高度不得超过 31m 的限制，使日本的高层建筑得到了发展的空间。美国早在 1957 年就取消了地震区高层建筑不得超过 13 层的限制，推动了地震区高层建筑的发展。

钢筋混凝土高层建筑是 20 世纪初出现的。世界上第一幢钢筋混凝土高层建筑是 1903 年建成的美国辛辛那提市的英格尔斯(Ingalls)大楼，16 层，高 64m。钢筋混凝土高层建筑的结构体系和高层钢结构类似，它的发展也经历了由低到高的过程，目前已出现了高度超过 300m 的混凝土结构高层建筑。由于高性能混凝土材料的发展和施工技术的不断进步，钢筋混凝土结构仍将是今后高层建筑的主要结构体系。与全钢结构和全混凝土结构相比，钢和混凝土的组合结构具有良好的抗震性能和耐腐蚀耐火等性能，在当今的超高层建筑中应用颇多。第一幢组合结构高层建筑是 1955 年在华沙建成的科学文化宫，42 层，241m，它至今仍然是波兰最高的建筑。香港的中国银行大厦，采用空间桁架和大截面的组合柱，是组合结构在高层建筑结构中的新发展。上海的金茂大厦，采用框架-筒体结构，在钢筋混凝土筒体的外围设置了 8 根截面尺寸较大的钢与混凝土组合柱，则是组合结构在高层建筑中的代表之作。日本从 20 世纪 80 年代开始，在高层建筑结构的抗风和抗震控制中，大胆地使用了结构主动控制技术和混合控制技术，代表了现代机械和电子技术在高层建筑工程中的应用方向。

我国自行建造高层建筑是从20世纪50年代开始的。50年代中期建造了几幢8～10层的砖混结构住宅和旅馆。1959年北京建成了几幢钢筋混凝土高层公共建筑，如民族饭店（12层，47.7m）、民航大楼（15层，60.8m）。60年代，我国建成了广州宾馆（27层，88m）。70年代，北京、上海建成了一批剪力墙结构住宅（12～16层）。1974年建成了北京饭店（19层，87.15m），使我国地震区高层建筑突破了80m。1975年，广州建成了白云宾馆（33层，114.05m），标志着我国高层建筑开始突破100m。80年代是我国高层建筑发展的兴盛时期，北京、广州、深圳、上海等30多个大中城市建造了一批高层建筑。进入90年代，随着我国经济实力的增强和城市建设的快速发展，我国的高层建筑得到了前所未有的发展，各种新型的结构体系在高层建筑工程中得到了广泛的应用，高层建筑的规模和高度不断地突破。据不完全统计，我国目前已建成的和在建的高度超过200m的高层建筑已近千幢，超过400m的高层建筑已达到20多幢。

高层建筑结构体系的发展过程可以大致地归纳在表1.1中。

高层建筑结构体系的发展过程 **表1.1**

始用年代	结构体系和特点
1885	砖墙、铸铁柱、钢梁
1889	钢框架
1903	钢筋混凝土框架
20世纪初	钢框架＋支撑
二次大战后	钢筋混凝土框架＋剪力墙，钢筋混凝土剪力墙，预制钢筋混凝土结构
20世纪50年代	钢框架＋钢筋混凝土核心筒，钢骨钢筋混凝土结构
20世纪60年代末和70年代初	框筒，筒中筒，束筒，悬挂结构，偏心支撑和带缝剪力墙板框架
20世纪80年代	巨型结构，应力蒙皮结构，隔震结构
20世纪80年代中期	被动耗能结构，主动控制结构，混合控制结构

根据高层建筑的发展过程和目前世界经济和科学技术的发展水平，可以预测今后高层建筑结构的发展趋势如下：

（1）新材料的开发和应用

随着高性能混凝土材料的研制和不断发展，混凝土的强度等级和韧性性能也不断地得到改善。混凝土的强度等级已经可以达到C100以上，在高层建筑中应用高强度混凝土，可以减小结构构件的尺寸，减少结构自重，必将对高层建筑结构的发展产生重大影响。

高强度且具有良好可焊性的厚钢板将成为今后高层建筑钢结构的主要用钢，而耐火钢材FR钢的出现为钢结构的抗火设计提供了方便。采用FR钢材制作高层钢结构时，其防火保护层的厚度可大大减小，在有些情况下可以不采用防火保护材料，从而降低钢结构的造价，使钢结构更具有竞争性。

（2）高层建筑的高度将出现突破

表1.2为目前世界上最高的十大建筑（截至2023年12月底）。表1.3为我国内地最高的十大建筑。由于高层建筑中的科技含量越来越高，已成为反映一个国家或城市科技实力和建设水平的指标之一，目前世界上不少国家都设想设计和建造更高的高层建筑。建成于2010年1月的阿拉伯联合酋长国迪拜的哈利法塔已从技术上和经济上证明了它的可能性。

世界最高十大建筑 **表1.2**

排名	建筑名称	城市	建成年份	层数	高度(m)	结构材料	用途
1	哈利法塔	迪拜	2010	163	828	组合	多用途
2	上海中心大厦	上海	2015	128	632	组合	多用途
3	麦加皇家钟塔酒店	麦加	2012	120	601	组合	多用途
4	平安国际金融中心	深圳	2017	115	599.1	组合	办公

续表1.2

排名	建筑名称	城市	建成年份	层数	高度(m)	结构材料	用途
5	乐天世界大厦	首尔	2017	123	554.5	组合	多用途
6	纽约新世贸大厦	纽约	2014	94	541.3	组合	办公
7	广州周大福金融中心	广州	2016	111	530	组合	多用途
7	天津周大福金融中心	天津	2019	97	530	组合	多用途
9	中信大厦(中国尊)	北京	2018	109	527.7	组合	办公
10	台北101大厦	台北	2004	101	508	组合	办公

注:以上高度均指建筑高度,即从室外地面至建筑最高点的高度。

我国内地最高十大建筑 表1.3

排名	建筑名称	城市	建成年份	层数	高度(m)	结构材料	用途
1	上海中心大厦	上海	2015	128	632	组合	多用途
2	平安国际金融中心	深圳	2017	115	599.1	组合	办公
3	广州周大福金融中心	广州	2016	111	530	组合	多用途
3	天津周大福金融中心	天津	2019	97	530	组合	多用途
5	中信大厦(中国尊)	北京	2018	109	527.7	组合	办公
6	上海环球金融中心	上海	2008	101	492	组合	多用途
7	武汉绿地中心	武汉	2019	100	475	组合	多用途
8	长沙国际金融中心	长沙	2018	94	452.1	组合	多用途
9	苏州国际金融中心	苏州	2019	95	450	组合	多用途
10	紫峰大厦	南京	2010	66	450	组合	多用途

注:以上高度均指建筑高度,即从室外地面至建筑最高点的高度。

(3)组合结构高层建筑将增多

采用组合结构可以建造比混凝土结构更高的建筑。在强震国家日本,组合结构高层建筑发展迅速,其数量已超过混凝土结构高层建筑。除外包混凝土组合柱外,钢管混凝土组合柱应用也很广泛,外包混凝土的钢管混凝土双重组合柱的应用也很多。由于钢管内混凝土处于三轴受压后状态,能提高构件的竖向承载力,从而可以节省钢材。巨型组合柱首次在香港的中国银行应用,取得了很大的经济效益,上海金茂大厦结构中也成功地应用了巨型组合柱。随着混凝土强度的提高以及结构构造和施工技术上的改进,组合结构在高层建筑中的应用将进一步扩大。

(4)新型结构形式的应用将增多

已建成的香港中国银行大厦采用了桁架筒体结构体系,它将全部垂直荷载传至周边结构,单位面积用钢量仅约150kg/m^2,是特别节省钢材的。预计这种结构体系今后在300m以上的高层建筑中将得到更多的应用。巨型框架体系由于其刚度大,便于在内部设置大空间,今后也将得到更多的应用。多束筒体系已表明在适应建筑场地、丰富建筑造型、满足多种功能和减小剪力滞后等方面具有很多优点,预计今后也将扩大应用。

(5)耗能减震技术的应用将得到发展

建筑结构的减震有被动耗能减震和主动减震(有时也称被动控制和主动控制)。在高层建筑中的被动耗能减震有耗能支撑,带竖缝耗能剪力墙,被动调谐质量阻尼器以及安装各种被动耗能的油阻尼器等。主动减震则是计算机控制的,由各种作动器驱动的调谐质量阻尼器对结构进行主动控制或混合控制的各种作用过程。结构主动减震的基本原理是,通过安装在结构上的各种驱动装置和传感器,与计算机系统相连接，计算机系统对地震动（或风振）和结构反应进行实时分析，向驱动装置发出信号，驱动装置对结构不断地施加各种作用，以达到在地震（或风振）作用下减小结构反应的目的。目前在日本高层建筑结构中应用各种振动控制的实例已超过 30 个，在中国内地和台湾有 3 个工程应用了这种技术。随着人类进入信息时代，计算机、通信设备以及各类办公电子设备不受振动干扰而安全平稳地运行，具有头等重要意义，这就要求创造安全、平稳、舒适的办公室环境，并要能对各种扰动进行有效的隔离和控制，因此，高层建筑的减震控制将有很大的发展前景。

1.3 本课程的教学内容与要求

现代高层建筑结构的材料主要有：钢筋混凝土、钢、钢-钢筋混凝土的组合（主要指钢筋混凝土核心筒，外围钢框架柱或钢管混凝土柱，国内也将这类结构称为钢-混凝土混合结构）。在国内，绝大多数高层建筑都是采用钢筋混凝土结构，极少数采用钢结构，高度超过 200m 的高层建筑有近半数采用钢-混凝土组合结构，无一采用钢结构。进入 20 世纪 90 年代，值得注意的发展趋势是：原来从高层钢结构起步的美国和日本，钢筋混凝土高层建筑也迅速发展起来。尤其是日本，以前基本上采用钢结构，现在正在大力发展钢筋混凝土结构，主要用在 20～30 层的高层建筑中，最高达到 40 层。其主要原因是：钢筋混凝土结构整体性好，刚度大，变形小；阻尼比高，舒适性佳；且钢筋混凝土结构耐腐蚀、耐火、维护方便、造价低。

对于新一代超高层建筑，当今世界各国都已趋向采用钢-混凝土组合结构。今后，我国钢-混凝土组合结构和钢结构都会有所发展，特别是在高度超过 200m 的高层建筑中，采用钢-混凝土组合结构的可能性将会增加。但对于一般高层建筑，钢筋混凝土仍将是主要结构材料。所以，本书主要介绍钢筋混凝土高层建筑结构的设计方法，而对钢与混凝土组合结构仅做基本原理的介绍，为学生毕业后参与这些工作打下一个初步的基础。

建造一栋高层建筑，一般包括设计和施工两大环节。设计中一般包括建筑设计、结构设计和设备设计（水、电、暖通等）。建筑设计一般由建筑师完成，结构设计一般由土木结构工程师完成，包括基础设计和上部结构设计。设备设计一般由给排水、供电、空调、暖通等专业工程师完成。高层建筑结构作为承受竖向与水平荷载的体系和建筑物的骨架，在高层建筑的发展中起着非常重要的作用。高层建筑结构作为一门学科，包括钢结构、混凝土结构、钢-混凝土组合结构等各类高层建筑的性能及设计和施工方面的有关技术问题。而本门课程由于受到学时的限制，仅讨论混凝土结构和钢-混凝土组合结构设计方面的问题。其主要内容有：结构的体系和布置；结构的荷载作用及其组合；结构的设计原则和设计方法；结构的静力和动力分析方法以及实用简化分析方法；结构的抗震分析和抗震设计；框架梁、柱和剪力墙等抗侧力构件的性能和设计；结构的节点构造和设计；地基和基础的设计；等等。

本课程是专业课，要求先修的课程主要有结构力学、建筑材料、混凝土结构、钢结构、土力学与地基基础等。本课程的主要任务是学习高层建筑结构设计的基本方法。主要要求是：了解高层建筑结构的常用结构体系、特点以及应用范围；熟练掌握风荷载及地震作用计算方法；掌握框架结构、剪力墙结构、框剪结构 3 种基本结构内力及位移计算方法，理解这 3 种结构内力分布及侧移变形的特点及规律，学会这 3 种结构体系中所包含的框架及剪力墙构件的配筋计算方法及构造要求。通过本课程的学习，还应掌握高层钢筋混凝土结构的抗震设计原则及方法，能区别抗震设计与非抗震设计的不同要求；对筒体结构、钢与混凝土组合结构（劲性钢筋混凝土结构）的内力分布、计算特点及结构设计有初步认识；对高层建筑结构的基础设计有初步的了解。由于目前计算机应用程序的发展以及各种结构设计软件的出现，绝大部分的高层建筑结构设计都可以通过设计软件来完成，然而大量的工程实践告诉我们，结构的概念设计更加重要，结构体系的选用和结构布置往往对设计起着决定的作用。因此，对土木工程专业学生来说，只有掌握了扎实的高层建筑结构设计的基本知识，才能在今后的工作中正确地运用各种设计软件完成一个个有自己创新特点的建筑工程的设计。

在本课程的学习中，还将用到国家的有关设计标准，如《高层建筑混凝土结构技术规程》、《混凝土结构设计规范》、《钢结构设计标准》、《建筑抗震设计规范》、《建筑结构荷载规范》及《建筑地基基础设计规范》等。学习本课程中的基本原理将有助于理解这些规范中的有关规定，正确地运用规范进行工程设计。而将规范的有关内容引入到教材中也将使这门课程更加贴近工程实际，更有利于学生毕业走出校门后尽快投入到实际工程中去。

本课程各部分内容的具体要求如下：

(1)结构体系及布置

了解横向作用对结构内力及变形的影响，了解不同体系的特点、优缺点及适用范围，了解结构总体布置的原则及需要考虑的问题。了解各种结构缝的处理，地基基础选型等。

(2)荷载作用与结构计算简化原则

熟练掌握总风荷载和局部风荷载的计算，以及用反应谱方法计算等效地震作用的方法，理解地震作用两阶段设计的内容、方法及目的以及常遇地震、罕遇地震和设防烈度的关系。掌握结构自振周期计算的实用方法，理解结构计算的平面结构假定。

了解扭转对结构内力和变形的影响，熟练掌握质量中心及刚度中心的近似计算方法，能正确应用剪力修正系数。

(3)框架结构内力与位移计算

熟练掌握反弯点法、D 值法计算内力及位移方法，深入理解这两种方法的区别及应用范围。了解内力分布及位移的影响因素、杆件弯曲变形及轴向变形对侧移的影响等。

(4)剪力墙结构内力与位移计算

了解开洞对剪力墙内力及位移影响，了解不同近似方法的适用范围。深入理解连续化方法的基本假定、公式推导、公式图表应用等，熟练掌握连续化方法计算简图及带刚域框架计算简图的确定方法及带刚域杆件刚度计算方法。

(5)框架-剪力墙协同工作计算

了解框架与剪力墙协同工作的意义。能正确建立计算简图，掌握总框架、总剪力墙、总连梁刚度计算方法，会用公式及曲线计算内力及位移。掌握几个重要概念：刚度特征值 λ 的物理意义及其对内力分配的影响，框剪结构内力分布及侧移特点。

(6)荷载效应组合及设计要求

掌握荷载效应组合各种工况的区别应用，理解无地震组合及有地震组合时承载力验算与位移限值的区别。掌握确定结构抗震等级的方法；进一步理解两阶段抗震设计方法。

(7)框架设计和构造

了解延性框架的意义和实现延性框架的基本措施。了解梁、柱、节点区的破坏形态，会区别抗震及非抗震情况下配筋要求。掌握梁、柱、节点区的配筋设计方法。掌握几个重要概念：延性框架、强柱弱梁、强剪弱弯、轴压比及箍筋作用。

(8)剪力墙设计和构造

了解剪力墙结构配筋特点及构造要求，掌握悬臂剪力墙及联肢剪力墙的截面配筋计算方法。掌握剪力墙约束边缘构件和构造边缘构件的概念，了解影响剪力墙延性的因素。

(9)框筒、筒中筒及钢与混凝土组合结构

了解平面结构及空间结构计算的不同假设、区别及应用范围。对框筒及筒中筒结构布置及计算方法有初步认识，对钢与混凝土组合结构的设计有初步的了解。

(10)高层建筑结构基础设计

对高层建筑结构的基础布置有较全面的了解，对各种基础的设计有初步的认识并掌握基础设计计算的基本原理。

2 高层建筑结构体系与结构布置

2.1 概　　述

高层建筑结构的结构型式繁多，以材料来分有配筋砌体结构、钢筋混凝土结构、钢结构和钢-混凝土混合结构等。其中砌体结构强度较低、抗拉抗剪性能较差，难以抵抗水平作用产生的弯矩和剪力，因而一般情况下采用配筋砌体；钢筋混凝土结构强度较高、抗震性能较好，并且具有良好的可塑性；钢结构强度较高、自重较轻，具有良好的延性和抗震性能，并能适应建筑上大跨度、大空间的要求；钢-混凝土混合结构一般是钢框架与钢筋混凝土筒体的结合，在结构体系的层次上将两者的优点结合起来。

高层建筑常见的结构体系有框架结构体系、剪力墙结构体系、框架-剪力墙结构体系和筒体结构体系等。

随着层数和高度的增加，水平作用对高层建筑结构安全的控制作用更加显著，包括地震作用和风荷载。高层建筑的承载能力、抗侧刚度、抗震性能、材料用量和造价高低，与其所采用的结构体系密切相关。不同的结构体系，适用于不同的层数、高度和功能。

2.1.1 框架结构体系

框架结构体系一般用于钢结构和钢筋混凝土结构中，由梁和柱通过节点构成承载结构，见图 2.1。框架形成可灵活布置的建筑空间，使用较方便。钢筋混凝土框架按施工方法的不同，又可分为：①梁、板、柱全部现场浇筑的现浇框架；②楼板预制，梁、柱现场浇筑的现浇框架；③梁、板预制，柱现场浇筑的半装配式框架；④梁、板、柱全部预制的全装配式框架等。

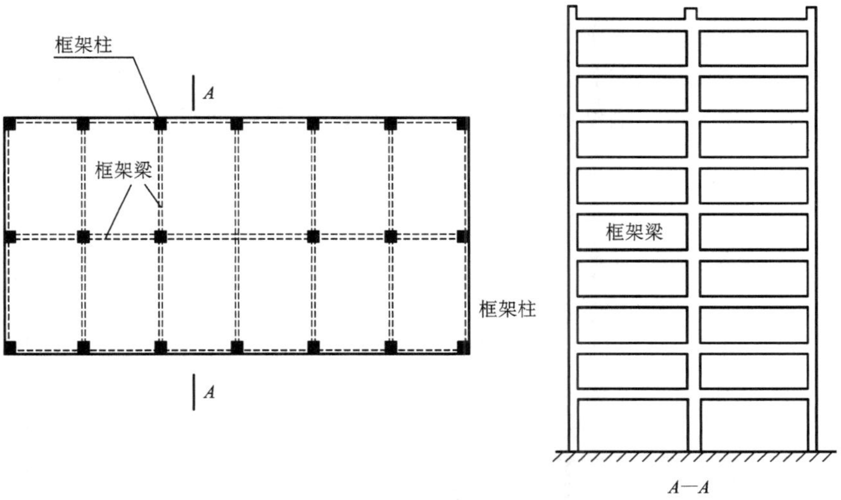

图 2.1　框架结构

随着结构高度增加，水平作用使得框架底部梁柱构件的弯矩和剪力显著增加，从而导致梁柱截面尺寸和配筋量增加，到一定程度时，将给建筑平面布置和空间处理带来困难，影响建筑空间的正常使用，在材料用量和造价方面也趋于不合理，因此框架结构在使用上层数（结构高度）受到限制。

框架结构抗侧刚度较小，在水平力作用下将产生较大的侧向位移。其中一部分是结构弯曲变形，即框架结构产生整体弯曲，由柱子的拉伸和压缩所引起的水平位移；另一部分是剪切变形，即框架结构整体受剪，层间梁柱杆件发生弯曲而引起的水平位移。当高宽比 $H/B \leqslant 4$ 时，框架结构以剪切变形为主，弯曲变形较小而可忽略，其整体位移曲线呈剪切型，特点是结构层间位移随楼层增高而减小，见图 2.2。

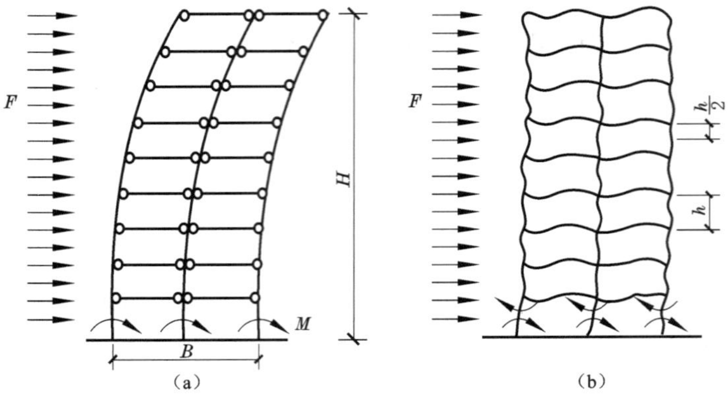

图 2.2　框架结构水平变形

框架节点是内力集中、关系到结构整体安全的关键部位。震害表明，未经合理设计与施工的框架节点常常是导致结构破坏的薄弱环节。

由于框架构件截面较小，抗侧刚度较小，在强震下结构整体位移和层间位移都较大，容易产生震害。此外，非结构性破坏如填充墙、建筑装修和设备管道等破坏较严重。因而其主要适用于非抗震区和层数较少的建筑。抗震设计的框架结构除需加强梁、柱和节点的抗震措施外，还需注意填充墙的材料以及填充墙与框架的连接方式等，以避免框架变形过大时填充墙的损坏及其对主体结构造成的不利影响。

2.1.2　剪力墙结构体系

剪力墙结构体系一般用于钢筋混凝土结构中，由墙体承受全部水平作用和竖向荷载。根据施工方法的不同，可以分为：

(1)全部现浇的剪力墙；

(2)全部用预制墙板装配而成的剪力墙；

(3)内墙现浇、外墙为预制装配的剪力墙。

在承受水平力作用时，剪力墙相当于一根下部嵌固的悬臂深梁。剪力墙的水平位移由弯曲变形和剪切变形两部分组成。高层建筑剪力墙结构，以弯曲变形为主，其位移曲线呈弯曲形，特点是结构层间位移随楼层增高而增加，见图 2.3。

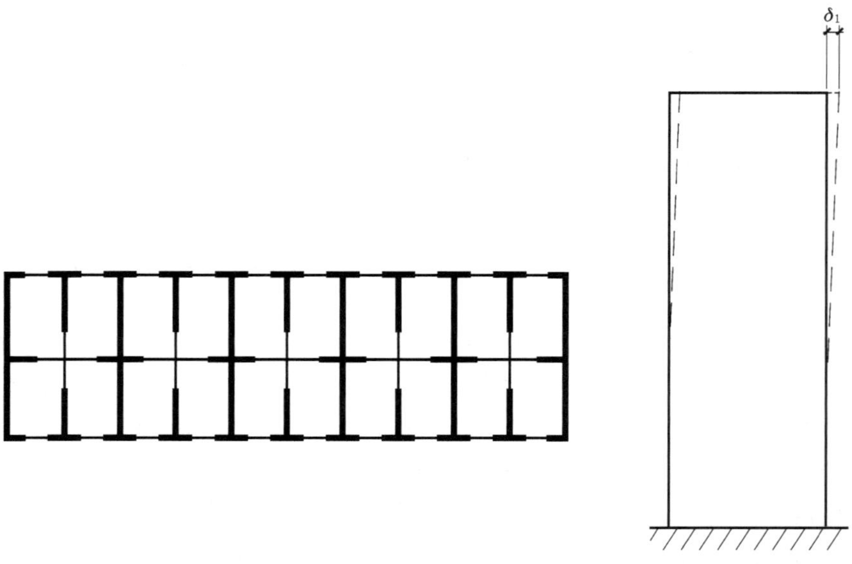

图 2.3　剪力墙结构及变形特征

住宅和旅馆客房具有开间较小、墙体较多、房间面积不太大的特点，采用剪力墙结构比较适合，而且房间内没有梁柱棱角、整体美观。但剪力墙结构墙体多，使建筑平面布置和使用受到一定的限制，不容易形成大空间。为了满足布置门厅、餐厅、会议室、商店和公用设施等大空间的要求，工程中在底部一层或数层取消部分剪力墙而代之以框架，形成框支剪力墙结构。

剪力墙结构比框架结构刚度大、空间整体性好，用钢量较省，结构顶点水平位移和层间位移通常较小，能够满足抗震设计变形要求。历次地震中，剪力墙结构表现了良好的抗震性能，震害较轻。

2.1.3 框架-剪力墙结构体系

框架-剪力墙结构体系是把框架和剪力墙两种结构共同组合在一起形成的结构体系。房屋的竖向荷载分别由框架和剪力墙共同承担，而水平作用主要由抗侧刚度较大的剪力墙承担。这种结构既具有框架结构布置灵活、使用方便的特点，又有较大的刚度和较强的抗震能力，因而广泛应用于高层办公建筑和旅馆建筑中。这种结构体系的平面布置见图 2.4。

由于楼板刚度协调侧向变形，剪力墙承担了大部分的剪力，框架的受力状况和内力分布得到改善。主要表现为，结构底部框架所承受的水平剪力减少且层间位移沿高度分布比较均匀；剪力墙所承受的剪力愈接近结构底部愈大，有利于减小框架变形；而在结构上部，框架的水平位移有比剪力墙的位移小的趋势，剪力墙承受框架约束的负剪力。其变形特征见图 2.5。

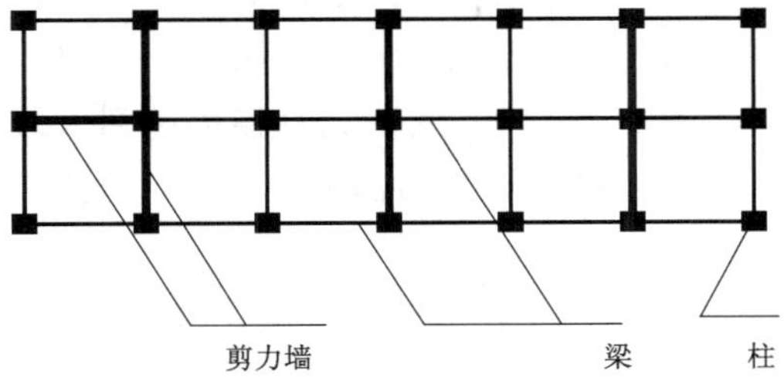

图 2.4 框架-剪力墙结构

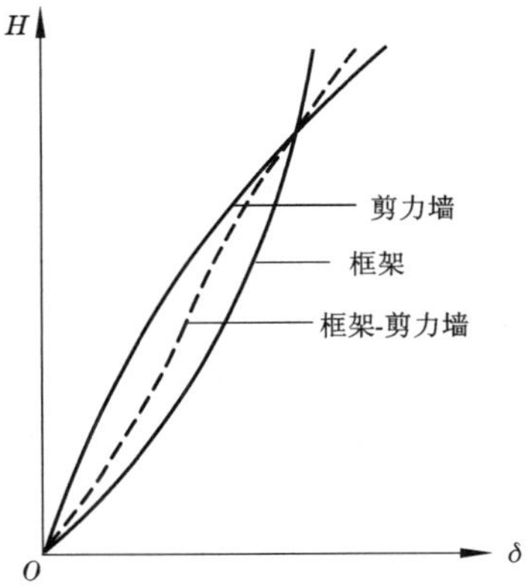

图 2.5 框架-剪力墙结构的变形特征

2.1.4 筒体结构体系

随着层数、高度增大，高层建筑结构承受的水平风荷载、地震作用大大增加，框架、剪力墙以及框架-剪力墙等结构体系往往不能满足要求。可将剪力墙在平面内围合成箱形，形成一个竖向布置的空间刚度很大的薄壁筒体；也可由密柱框架或壁式框架围合，形成空间整体受力的框筒等，从而形成具有很好的抗风和抗震性能的筒体结构体系。根据筒的布置、组成和数量等又可分为框架-筒体结构体系、筒中筒结构体系、成束筒结构体系，见图 2.6。

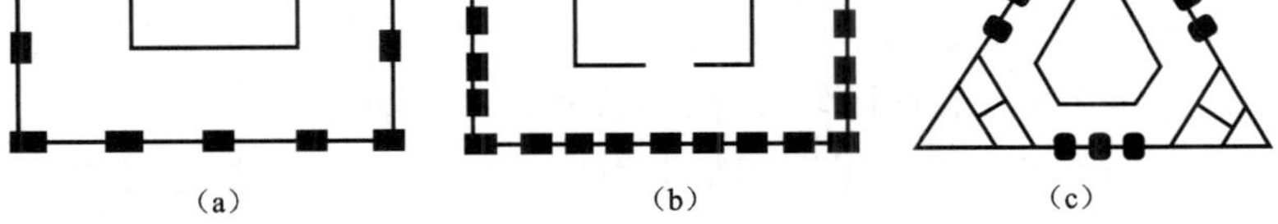

图 2.6 筒体结构

(1)框架-筒体结构体系　一般中央布置剪力墙薄壁筒，它承受大部分水平力；周边布置大柱距的稀柱框架，它的受力特点类似于框架-剪力墙结构。也有把多个筒体布置在结构的端部，中部为框架的框架-筒体结构形式。

(2)筒中筒结构体系　由内外几层筒体组合而成，通常核心筒为剪力墙薄壁筒，外围筒为框筒。

(3)成束筒结构体系　又称为组合筒结构体系，在平面内设置多个筒体组合在一起，形成整体刚度很大的结构形式。建筑结构内部空间也较大，平面可以灵活划分，适用于多功能、多用途的超高层建筑。

2.1.5　巨型结构体系

巨型结构由多级结构组成，一般有巨型框架结构和巨型桁架结构，见图 2.7。

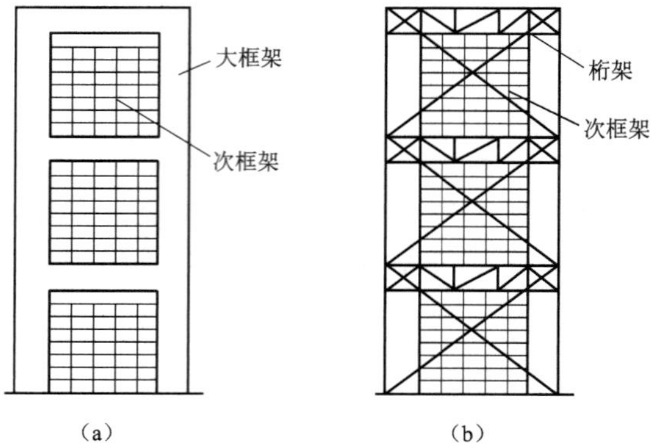

图 2.7　巨型结构

巨型框架结构由楼、电梯井组成大尺寸箱形截面巨型柱，有时也可以是大截面实体柱，每隔若干层设置一道若干层楼高的巨型梁。它们组成刚度极大的巨型框架即主框架，是承受主要的水平力和竖向荷载的一级结构；上下层巨型框架梁之间的楼层梁柱组成次框架，为二级结构，其荷载直接传递到一级结构，其自身承受的荷载较小，构件截面较小，增加了建筑布置的灵活性和有效使用面积。紧靠上层巨型梁的楼层，甚至可以不设柱，形成较大空间。

巨型桁架结构以大截面的竖杆和斜杆组成悬臂桁架，主要承受水平和竖向荷载。楼层竖向荷载通过楼盖、梁和柱传递到桁架的主要杆件上。

此外，其他高层建筑结构体系如悬挂结构体系、板柱-剪力墙结构体系以及消能减隔震体系等也得到了应用。但目前应用最广泛的还是框架、剪力墙、框架-剪力墙和筒体结构体系。

2.2　结构布置原则

2.2.1　抗震设防结构布置原则

为了使高层建筑满足抗震设防要求，应考虑下述的抗震设计基本原则：

(1) 选择有利的场地，避开不利的场地，采取措施保证地基的稳定性。危险场地不宜兴建高层建筑，如基岩有活动性断层和破碎带、不稳定的滑坡地带等；而为不利场地时，高层建筑要采取相应措施以减轻震害，如场地冲积层过厚、沙土有液化危险、湿陷性黄土等。

(2) 保证地基基础的承载力、刚度，以及足够的抗滑移、抗倾覆能力，使整个高层建筑形成稳定的结构体系，防止在外荷载作用下产生过大的不均匀沉降、倾覆和局部开裂等。

(3) 合理设置防震缝。一般情况下宜采取调整平面形状与尺寸，加强构造措施，设置后浇带等方法，尽量不设缝、少设缝。设缝时必须保证有足够的缝宽。

(4) 应具有明确的计算简图和合理的地震作用传递途径。结构平面布置力求简单、规则、对称，避免凹角和狭长的缩颈部位；避免在凹角和端部设置楼电梯间；避免楼电梯间偏置。结构竖向体形尽量避免外挑、内收，力求刚度均匀渐变。

（5）多道抗震设防能力，避免因局部结构或构件破坏而导致整个结构体系丧失抗震能力。如框架为强柱弱梁，梁屈服后柱仍能保持稳定；剪力墙结构的连梁先屈服；框架-剪力墙的连梁首先屈服，然后才是墙肢、框架破坏等。

（6）合理选择结构体系。对于钢筋混凝土结构，一般来说纯框架结构抗震能力有限；框架-剪力墙性能较好；剪力墙结构和筒体结构具有良好的空间整体性，刚度也较大。

（7）结构应有足够的刚度，且具有均匀的刚度分布控制结构顶点总位移和层间位移，避免因局部突变和扭转效应而形成薄弱部位。在小震时，应防止过大的变形使结构或非结构构件开裂，影响正常使用；在强震下，结构应不发生倒塌、失稳或倾覆现象。

（8）结构应有足够的结构承载力，具有较均匀的承载力分布。局部强度太大会使其他部位在强震中形成相对薄弱的环节。

（9）节点的承载力应大于构件的承载力。要从构造上采取措施防止地震作用下节点的承载力和刚度过早退化。

（10）结构应有足够的变形能力及耗能能力，应防止构件脆性破坏，保证构件有足够的延性。如采取提高抗剪能力、加强约束箍筋等措施，以及采取合适的耗能减震措施等。

（11）突出屋面的塔楼必须具有足够的承载力和延性，以承受鞭梢效应影响。对可能出现的薄弱部位，应采取有效措施予以加强。

（12）减轻结构自重，最大限度降低地震的作用，积极采用高性能材料。

（13）应避免因部分结构或构件破坏而导致整个结构丧失承载重力荷载、风荷载和地震作用的能力。

2.2.2 房屋适用高度和高宽比

钢筋混凝土高层建筑结构的最大适用高度应区分为A级和B级。其最大适用高度、结构抗震措施和有关的设计要求应符合《高层建筑混凝土结构技术规程》的有关规定。A级高度钢筋混凝土乙类和丙类高层建筑的最大适用高度应符合表2.1的规定。B级高度钢筋混凝土乙类和丙类高层建筑的最大适用高度应符合表2.2的规定。平面和竖向均不规则的高层建筑结构，其最大使用高度应适当降低。

A级高度钢筋混凝土乙类和丙类高层建筑的最大适用高度(m) **表2.1**

结构体系		抗震设防烈度				
		6度	7度	8度		9度
				0.20g	0.30g	
框架		60	50	40	35	—
框架-剪力墙		130	120	100	80	50
剪力墙	全部落地剪力墙	140	120	100	80	60
	部分框支剪力墙	120	100	80	50	不应采用
筒体	框架-核心筒	150	130	100	90	70
	筒中筒	180	150	120	100	80
板柱-剪力墙		80	70	55	40	不应采用

注：①表中框架不含异形柱框架；

②部分框支剪力墙结构指地面以上有部分框支剪力墙的结构；

③甲类建筑，6、7、8度时宜按本地区抗震设防烈度提高一度后符合本表的要求，9度时应专门研究；

④框架结构、板柱-剪力墙以及9度抗震设防的表列其他结构，当房屋高度超过本表数值时，结构设计应有可靠依据，并采取有效措施。

B级高度钢筋混凝土乙类和丙类高层建筑的最大适用高度(m)　　**表 2.2**

结构体系		抗震设防烈度			
		6度	7度	8度	
				0.20g	0.30g
框架-剪力墙		160	140	120	100
剪力墙	全部落地剪力墙	170	150	130	110
	部分框支剪力墙	140	120	100	80
筒体	框架-核心筒	210	180	140	120
	筒中筒	280	230	170	150

注:①部分框支剪力墙结构指地面以上有部分框支剪力墙的结构;

②甲类建筑,6、7度时宜按本地区设防烈度提高一度后符合本表的要求,8度时应专门研究;

③当房屋高度超过表中数值时,结构设计应有可靠依据,并采取有效措施。

钢筋混凝土高层建筑结构的高宽比 H/B(图2.8)不宜超过表2.3的数值。高宽比大于5的高层建筑应进行整体稳定验算和抗倾覆验算。

钢筋混凝土高层建筑结构适用的最大高宽比　　**表 2.3**

结构体系	抗震设防烈度		
	6度、7度	8度	9度
框架	4	3	—
板柱-剪力墙	5	4	—
框架-剪力墙、剪力墙	6	5	4
框架-核心筒	7	6	4
筒中筒	8	7	5

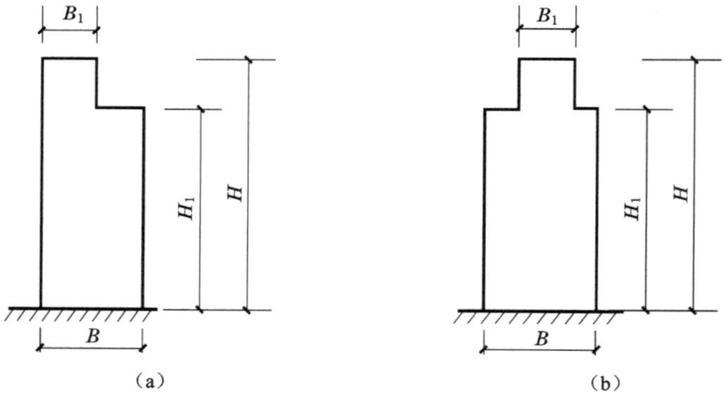

图 2.8　结构高度与宽度

2.2.3　结构平面布置原则

高层建筑结构平面形状宜简单、规则、对称,刚度和承载力分布均匀,不应采用严重不规则的平面形状。平面不规则的类型见表2.4。

平面不规则的类型　　**表 2.4**

不规则类型	定义
扭转不规则	楼层的最大弹性水平位移(或层间位移),大于该楼层两端弹性水平位移(或层间位移)平均值的1.2倍
凹凸不规则	结构平面凹进的一侧尺寸,大于相应投影方向总尺寸的30%
楼板局部不连续	楼板的尺寸和平面刚度急剧变化,例如,有效楼板宽度小于该层楼板典型宽度的50%,或开洞面积大于该层楼面面积的30%,或较大的楼层错层

当结构平面布置有表 2.4 中一项及以上的不规则指标，则称为平面不规则。当超过表 2.4 中多项指标，或某一项超过规定指标较多，具有较明显的抗震薄弱部位，将会引起不良后果时，称为特别不规则。当结构体型复杂，多项不规则指标超过表 2.4 规定，或大大超过规定值，具有严重的抗震薄弱环节，将导致地震破坏等严重后果时，称为严重不规则。

高层建筑的开间、进深尺寸和构件类型应尽量协调模数、减少种类，以利于建筑工业化。建筑平面的形状宜选用风压较小的形式，并应考虑临近高层建筑对其风压分布的影响，还必须考虑有利于抵抗水平作用和竖向荷载，受力明确、传力直接，宜使结构平面形状和刚度均匀对称，减少扭转的影响。在地震作用下，建筑平面要力求简单规则，仅考虑风荷载作用时则可适当放宽要求。明显不对称的结构应考虑扭转对结构性能的不利影响。

为了保证楼板平面内刚度较大，使楼板平面内不产生大的振动变形，建筑平面的长宽比不宜过大，一般宜小于 6，以避免两端相距太远，振动不同步，产生扭转等复杂的振动而使结构受到损害。建筑平面的突出部分长度 l 应尽可能小。平面凹进时，应保证楼板宽度 B 足够大。Z 形平面则应保证重叠部分 l' 足够长。另外，由于在凹角附近，楼板容易产生应力集中，要加强楼板的配筋。平面各部分尺寸(图 2.9)宜满足表 2.5 的要求(图和表中比例关系不具有相关性)。

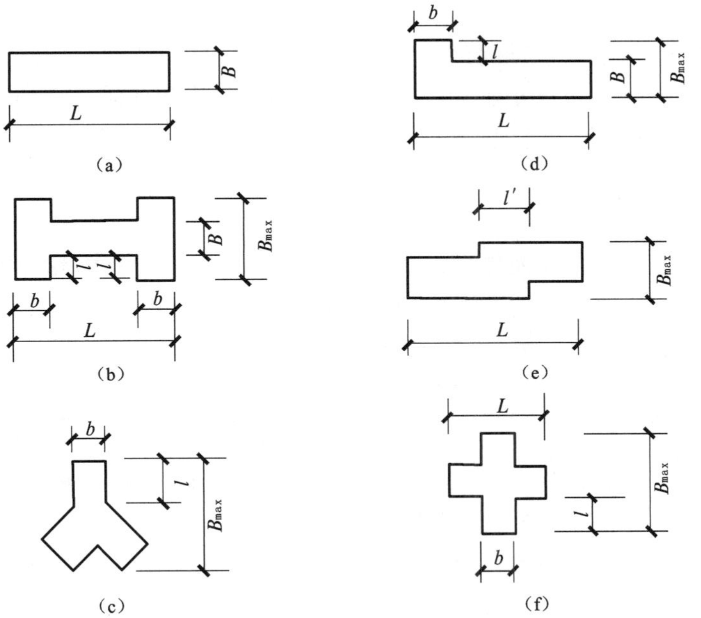

图 2.9　结构平面布置

平面尺寸 L、l、l' 的限值　　**表 2.5**

设防烈度	L/B	l/B_{max}	l/b	l'/B_{max}
6 度、7 度	≤6.0	≤0.35	≤2.0	≥1.0
8 度、9 度	≤5.0	≤0.30	≤1.5	≥1.0

在设计中，L/B 的数值 7 度设防时最好不超过 4；8 度设防时最好不超过 3。l/b 的数值最好不超过 1.0。当平面突出部分长度 $l/b \leqslant 1$ 且 $l/B_{max} \leqslant 0.3$、质量和刚度分布比较均匀对称时，可以按规则结构进行抗震设计。

在规则平面中，如果结构平面刚度或者质量分布不对称，仍然会产生扭转。所以，在布置抗侧力结构时，应使结构均匀分布，令荷载作用线通过结构刚度中心，以减少扭转的影响。尤其是布置刚度较大的楼电梯间时，更要注意保证其结构对称性。但有时从建筑功能考虑，在平面拐角部位和端部布置楼电梯间，此时则应采用剪力墙筒体等加强措施。

结构平面布置应减少扭转的影响。在考虑偶然偏心影响的地震作用下，楼层竖向构件的最大水平位移和层间位移，A 级高度高层建筑不宜大于该楼层平均值的 1.2 倍，不应大于该楼层平均值的 1.5 倍；B 级高度高层建筑、超过 A 级高度的混合结构及《高层建筑混凝土结构技术规程》中第 10 章所指的复杂高层建筑不宜大于该楼层平均值的 1.2 倍，不应大于该楼层平均值的 1.4 倍。结构扭转为主的第一自振周期 T_t 与平动为主的第一自振周期 T_1 之比，A 级高度高层建筑不应大于 0.9，B 级高度高层建筑、超过 A 级高度的混合结构及《高层建筑混凝土结构技术规程》中第 10 章所指的复杂高层建筑不应大于 0.85。

当楼板平面比较狭长、有较大的凹入和开洞而使楼板有较大削弱时，应在设计中考虑楼板削弱产生的不利影响。楼面凹入或开洞尺寸不宜大于楼面宽度的一半；楼板开洞总面积不宜超过楼面面积的 30%；在扣除凹入或开洞后，楼板在任一方向的最小净宽度不宜小于 5m，且开洞后每一边的楼板净宽度不应小于 2m。

艹字形、井字形等外伸长度较大的建筑，当中央部分楼电梯间使楼板有较大削弱时，应加强楼板以及连接部位墙体的构造措施，必要时还可在外伸段凹槽处设置连接梁或连接板。

楼板开大洞削弱后，宜采取以下构造措施予以加强：

(1)加厚洞口附近楼板，提高楼板的配筋率；采用双层双向配筋，或加配斜向钢筋。

(2)洞口边缘设置边梁、暗梁。

(3)在楼板洞口角部集中配置斜向钢筋。

在方案阶段应使结构专业与建筑专业密切配合，适当调整和优化建筑平面布置，在满足建筑功能和建筑表现的前提下，使结构布置得更为合理。

2.2.4 结构竖向布置原则

抗震设防的建筑结构竖向布置应使体型规则、均匀，避免有较大的外挑和内收，结构的承载力和刚度宜自下而上逐渐地减小，避免抗侧力结构的侧向刚度和承载力突变。竖向不规则性定义见表 2.6。特别不规则和严重不规则的含义，可参见前述平面布置。

竖向不规则的类型 **表 2.6**

不规则类型	定　　义
侧向刚度不规则	该层的侧向刚度小于相邻上一层的 70%，或小于其上相邻三个楼层侧向刚度平均值的 80%；除顶层外，局部收进的水平向尺寸大于相邻下一层的 25%
竖向抗侧力构件不连续	竖向抗侧力构件(柱、抗震墙、抗震支撑)的内力由水平转换构件(梁、桁架等)向下传递
楼层承载力突变	抗侧力结构的层间受剪承载力小于相邻上一楼层的 80%

工程中往往沿竖向分段改变构件截面尺寸和混凝土强度等级，这种改变使结构刚度自下而上递减。从施工角度来看，分段改变不宜太多；但从结构受力角度来看，分段改变却宜多而均匀。实际工程设计中，一般沿竖向变化不超过 4 段；每次改变，梁、柱尺寸减小 100～150mm，墙厚减小 50mm，混凝土强度降低一个等级；而且一般尺寸改变与强度改变错开楼层布置，避免楼层刚度产生较大突变。

沿竖向刚度突变还由下述两个原因产生：

(1) 结构的竖向体型突变

由于竖向体型突变而使刚度变化，一般有下面几种情况：

① 建筑顶部内收形成塔楼。顶部小塔楼因鞭梢效应而放大地震作用，塔楼的质量和刚度越小，则地震作用放大越明显。在可能的情况下，宜采用台阶形逐级内收的立面。

②楼层外挑内收。结构刚度和质量变化大，地震作用下易形成较薄弱环节。

(2) 结构体系的变化

抗侧力结构布置改变在下列情况下发生：

①剪力墙结构或框筒结构的底部大空间需要，底层或底部若干层剪力墙不落地，可能产生刚度突变。这时应尽量增加其他落地剪力墙、柱或筒体的截面尺寸，并适当提高相应楼层混凝土等级，尽量使刚度的变化减少。

②中部楼层部分剪力墙中断。如果建筑功能要求必须取消中间楼层的部分墙体，则取消的墙不宜多于1/3，不得超过半数，其余墙体应加强配筋。

③顶层设置空旷的大空间，取消部分剪力墙或内柱。由于顶层刚度削弱，高振型影响会使地震力加大。顶层取消的剪力墙也不宜多于1/3，不得超过半数。框架取消内柱后，全部剪力应由外柱箍筋承受，顶层柱子应全长加密配箍。

当上下层结构轴线布置或者结构形式发生变化时，应设置结构转换层，见图2.10。目前常见的转换形式有厚板转换和箱形梁转换等，厚板转换层厚度可达2m以上。

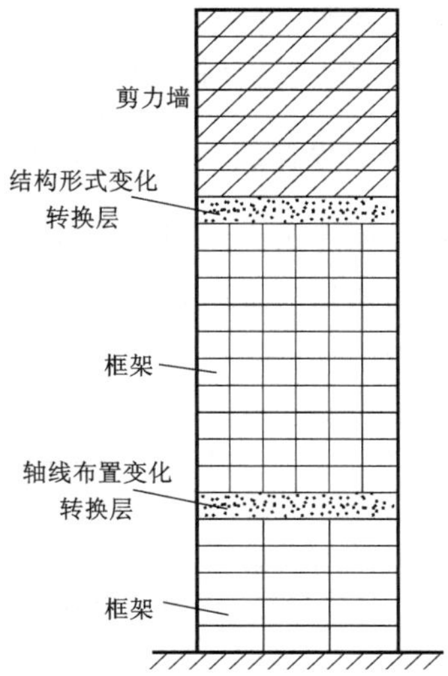

图2.10 结构转换层

对框架结构，楼层与上部相邻楼层的侧向刚度比 γ_1 不宜小于0.7，与上部相邻三层侧向刚度比的平均值不宜小于0.8；对框架-剪力墙和板柱-剪力墙、剪力墙结构、框架-核心筒结构、筒中筒结构，楼层与上部相邻楼层的侧向刚度比 γ_2 不宜小于0.9，楼层层高大于相邻层层高1.5倍时，不应小于1.1，底部嵌固楼层不应小于1.5。

$$\gamma_1=\frac{V_i\Delta_{i+1}}{V_{i+1}\Delta_i}$$

式中 γ_1——不考虑层高修正的楼层侧向刚度比；

V_i, V_{i+1}——第 i 层和第 $i+1$ 层的地震剪力标准值；

Δ_i, Δ_{i+1}——第 i 层和第 $i+1$ 层的层间位移。

$$\gamma_2=\frac{V_i\Delta_{i+1}}{V_{i+1}\Delta_i}\frac{h_i}{h_{i+1}}$$

式中 γ_2——不考虑层高修正的楼层侧向刚度比；

V_i, V_{i+1}——第 i 层和第 $i+1$ 层的地震剪力标准值；

Δ_i, Δ_{i+1}——第 i 层和第 $i+1$ 层的层间位移。

A级高度高层建筑的楼层层间抗侧力结构的受剪承载力不宜小于其上一层受剪承载力的80%，不应小于其上一层受剪承载力的65%；B级高度高层建筑的楼层层间抗侧力结构的受剪承载力不应小于其上一层受剪承载力的75%。楼层层间抗侧力结构受剪承载力是指在所考虑的水平地震作用方向上，该层全部柱及剪力墙、斜撑的受剪承载力之和。

结构竖向抗侧力构建宜上下连续贯通。当结构上部楼层收进部位到室外地面的高度 H_1 与房屋高度 H 之比大于0.2时，上部楼层收进后的水平尺寸 B_1 不宜小于下部楼层水平尺寸 B 的0.75倍[图2.11(a)、(b)]；当上部结构楼层相对于下部楼层外挑时，上部楼层的水平尺寸 B_1 不宜大于下部楼层水平尺寸 B 的0.9倍，且水平外挑尺寸 a 不宜大于4m[图2.11(c)、(d)]。

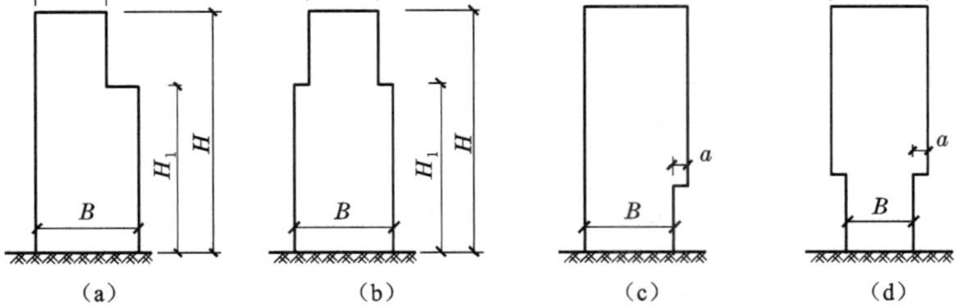

图2.11 结构竖向收进和外挑示意

高层建筑结构宜设地下室，设置地下室有如下的结构功能：

(1)利用土体的侧压力防止水平力作用下结构的滑移、倾覆；

(2)减小土的重量，降低地基的附加压应力；

(3)提高地基土的承载能力；

(4)减少地震作用对上部结构的影响。

震害表明，有地下室的建筑物震害明显减轻。同一结构单元应全部设置地下室，不宜采用部分地下室，且地下室应当有相同的埋深。

2.2.5 设伸缩缝、沉降缝和防震缝的原则

在高层建筑中，为防止结构因温度变化和混凝土干缩变形而产生裂缝，常隔一定距离设置伸缩缝；在结构平面狭长而立面有较大变化时，或者地基基础有显著变化，或者高层塔楼与低层裙房之间等，可能产生不均匀沉降，此时可设置沉降缝；对于有抗震设防的建筑物，当其平面形状复杂而又无法调整其平面形状和结构布置，使之成为较规则结构时，宜设置防震缝。伸缩缝、沉降缝和防震缝将高层建筑划分为若干个体形布置独立且规则的结构单元，见图 2.12。

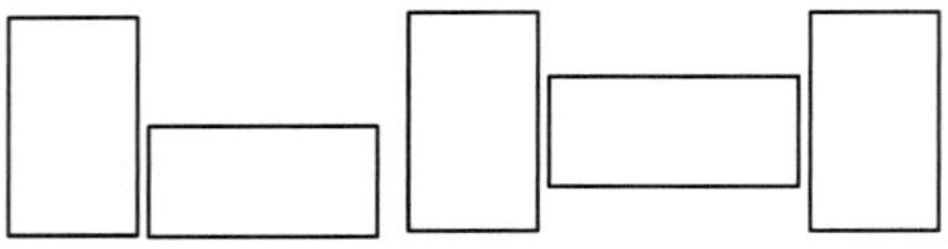

图 2.12 结构变形缝

高层建筑设置伸缩缝、沉降缝和防震缝，主要是满足结构安全的需要，但又产生许多新的问题。由于缝两侧均需布置剪力墙或框架而使建筑使用不便、建筑立面处理困难；地下部分容易渗漏，防水困难等。而更为突出的是：大震下防震缝两侧结构产生弹塑性变形，可能因楼层位移增大而发生相互碰撞，加重震害。

多年的高层建筑结构设计和施工经验表明：高层建筑结构宜调整平面形状、尺寸和结构布置，采取构造和施工措施，尽量不设变形缝；当需要设缝时，则应将高层建筑结构划分为独立且规则的结构单元，并设置必要的缝宽，以防止加重震害。

(1)伸缩缝

伸缩缝也称为温度缝，可以释放建筑平面尺寸较大的房屋因温度变化和混凝土干缩产生的结构内力。

高层建筑结构不仅平面尺度大，而且竖向高度也很大，温度变化和混凝土收缩不仅会产生水平方向的变形和内力，而且也会产生竖向的变形和内力。但是，设计时一般不计算高层钢筋混凝土结构由于温度、干缩等而产生的内力。一方面高层建筑的温度场分布和材料干缩参数等很难确定；另一方面混凝土既有塑性变形，又有徐变和应力松弛，实际的内力要远小于按弹性结构计算的值；此外，由于施工顺序是逐层建造，许多变形和内力在施工过程中已经逐步重新分布乃至消失。因此，钢筋混凝土高层建筑结构的温度(收缩)问题，常根据施工经验和实践效果，由构造措施来解决。即每隔一定的距离设置一道伸缩缝，使房屋分成相互独立的单元，各单元可随温度变化等自由变形。伸缩缝必须贯通基础以上的建筑高度。

在未采取措施的情况下，伸缩缝的间距不宜超出表 2.7 的限制。当有充分依据、采取有效措施时，表中的数值可以放宽。

伸缩缝的最大间距 **表 2.7**

结构体系	施工方法	最大间距(m)
框架结构	现浇	55
剪力墙结构	现浇	45

注：①框架-剪力墙的伸缩缝间距可根据结构的具体布置情况取表中框架结构与剪力墙结构之间的数值；

②当屋面无保温或隔热措施、混凝土的收缩较大或室内结构因施工外露时间较长时，伸缩缝间距应适当减小；

③位于气候干燥地区、夏季炎热且暴雨频繁地区的结构，伸缩缝的间距宜适当减小。

目前已建成的许多高层建筑结构，由于采取了充分有效的措施，并进行合理的施工，伸缩缝的间距已超出了表 2.7 的限制。当采取以下构造措施和施工措施减小温度和收缩应力时，可适当增大伸缩缝的

间距：

①在温度变化影响较大的部位提高配筋率。如顶层、底层、山墙、纵墙端开间。对于剪力墙结构，这些部位的最小构造的配筋率为0.25%，实际工程一般都为0.3%以上。

②顶层加强保温隔热措施，或设置架空通风屋面，避免屋面结构温度梯度过大。外墙可设置保温层。

③施工中留后浇带。一般每隔30～40m设一道，后浇带宽800～1000mm，混凝土后浇，钢筋采用搭接接头。留出后浇带后，施工过程中混凝土可以自由收缩，从而大大减小了收缩应力。混凝土的抗拉强度可以大部分用来抵抗温度应力，提高结构抵抗温度变化的能力。

后浇带的混凝土可在主体混凝土施工后60d浇筑，至少也不应少于30d。后浇混凝土浇筑时的温度宜低于主体混凝土浇筑时的温度。后浇带应贯通建筑物的整个横截面，将全部结构墙、梁和板分开，使得缝两边结构都可自由伸缩。后浇带可以选择对结构影响较小的部位曲线通过，不要在一个平面内，以免全部钢筋在同一个平面内搭接。一般情况下，后浇带可设在框架梁和楼板的1/3跨处或剪力墙连梁跨中和内外墙连接处。

后浇带两侧结构长期处于悬臂状态，所以支撑模板暂时不能全部拆除。当框架主梁跨度较大时，梁的钢筋可以直通而不切断，以免搭接长度过长产生施工困难，也防止悬臂状态下产生不利的内力和变形。

④采用收缩小的水泥、减少水泥用量、在混凝土中加入适宜的外加剂。

⑤提高每层楼板的构造配筋率或采用部分预应力结构。

(2)沉降缝

当同一建筑物中的各部分的基础发生不均匀沉降时，有可能导致结构构件较大的内力和变形。此时可采用设置沉降缝的方法将各部分分开。沉降缝不但应贯通上部结构，而且应贯通基础本身。高层建筑在下述平面位置处，应考虑设置沉降缝：

①高度差异或荷载差异较大处；

②上部不同结构体系或结构类型的相邻交界处；

③地基土的压缩性有显著的差异处；

④基础底面标高相差较大，或基础类型不一致处。

设置沉降缝后，上部结构应在缝的两侧分别布置抗侧力结构，形成所谓双梁、双柱和双墙的现象。但沉降缝将导致其他问题，如建筑立面处理困难、地下室渗漏不容易解决等。一般地，建筑物各部分不均匀沉降差大体上有三种方法来处理：

①放——设沉降缝，让各部分自由沉降，互不影响，避免出现由于不均匀沉降而产生的内力。

②抗——采用端承桩或利用刚度很大的基础。前者由坚硬的基岩或砂卵石层来尽可能避免显著的沉降差；后者则用基础本身的刚度来抵抗沉降差。

③调——在设计与施工中采取设置临时性结构缝的措施，调整各部分沉降，减少其差异，降低由沉降差产生的内力。

采用“放”的方法在结构设计时比较方便，但将导致建筑、设备、施工各方面的困难。采用“抗”的方法不设缝，基础材料用量多，不经济。而采用“调”的方法，不设永久性沉降缝，在施工过程中留出后浇带作为临时沉降缝，等到各部分结构沉降基本稳定后再连为整体。通常有以下“调”的方法不设永久性沉降缝：

①调整地基土压力　主楼和裙房采用不同的基础形式，调整地基土压力，使各部分沉降基本均匀一致，减少沉降差。

②调整施工顺序　施工先主楼，后裙房。主楼工期较长、沉降大，待主楼基本建成，沉降基本稳定后，再施工裙房，使后期沉降基本相近。

③预留沉降差　地基承载力较高、有较多的沉降观测资料、沉降值计算较为可靠时，主楼标高定得稍高，裙房标高定得稍低，预留两者沉降差，使最后两者实际标高一致。

在场地土较好的地区，高层建筑多采用“抗”的方法，采用基岩端承桩，主楼、裙房间不设缝；在场地土条件较差的地区则多采用“调”的方法，采用施工后浇带的做法不设缝。

(3)防震缝

抗震设防的高层建筑在下列情况下宜设防震缝：

①平面长度和突出部分尺寸超过了表 2.5 的限值，而又没有采取加强措施时。

②各部分结构刚度、荷载或质量相差悬殊，而又没有采取有效措施时。

③房屋有较大错层时。

防震缝应在地面以上沿全高设置，其宽度应考虑由于基础不均匀沉降而产生的转动对结构顶点位移的影响。

设置防震缝时，应符合下列规定：

①防震缝最小宽度应符合下列要求：

a. 框架结构房屋，高度不超过 15m 的部分，可取 70mm；超过 15m 的部分，6 度、7 度、8 度和 9 度相应每增加高度 5m、4m、3m 和 2m，宜加宽 20mm；

b. 框架-剪力墙结构房屋可按第 a 条数值的 70%采用，剪力墙结构房屋可按第 a 条数值的 50%采用，但两者均不宜小于 70mm。

②防震缝两侧结构体系不同时，防震缝宽度应按不利的结构类型确定；防震缝两侧的房屋高度不同时，防震缝宽度应按较低的房屋高度确定。

③8、9 度框架结构房屋防震缝两侧结构层高相差较大时，防震缝两侧框架的箍筋应沿房屋全高加密，并可根据需要在缝两侧沿房屋全高各设置不少于两道垂直于抗震缝的抗震墙。

④当相邻结构的基础存在较大沉降差时，宜增大防震缝的宽度。

⑤防震缝宜沿房屋全高设置，地下室、基础可不设防震缝，但在与上部防震缝对应处应加强构造和连接。

⑥结构单元之间或主楼与裙房之间如无可靠措施，不应采用牛腿托梁的做法设置防震缝。

2.2.6 结构截面尺寸初估

(1)柱截面尺寸的估计

柱截面尺寸一般可由轴压比控制并进行初估。轴压比 μ_c 由下式计算：

$$\mu_c = \frac{N}{A_c f_c}$$

式中 N ——柱轴向力设计值；

A_c——柱截面面积；

f_c——混凝土抗压强度设计值。

轴压比可按本书有关章节采用。

(2)梁截面尺寸估计

梁截面高度与跨度之比，可参见表 2.8。梁截面宽度与高度之比一般为 1/2～1/4，且至少比柱宽小 50mm。特殊情况下也可设计宽扁梁，扁梁的宽度不宜大于柱宽。

梁截面高度与跨度之比 h_b/l **表 2.8**

梁的种类	h_b/l
单跨梁	1/8～1/12
连续梁	1/12～1/15
扁梁	1/12～1/18
单向密肋梁	1/18～1/22
双向密肋梁	1/22～1/25

续表2.8

梁的种类	h_b/l
悬臂梁	1/6～1/8
井字梁	1/15～1/20
框支墙托梁	1/5～1/7
单跨预应力梁	1/12～1/18
多跨预应力梁	1/18～1/20

(3)板厚的估计

楼板厚度可按表2.9选用。

楼板的厚度与跨度之比 t/l **表2.9**

板的类型	t/l
单向板	1/25～1/30
单向连续板	1/35～1/40
双向板(短边)	1/40～1/45
悬挑板	1/10～1/12
楼梯平台	1/30
无黏结预应力板	1/40
无柱帽无梁板(重载)	1/30
有柱帽无梁板(轻载)	1/35

2.3 楼盖结构布置

2.3.1 现浇楼盖和装配整体式楼盖

高层建筑结构中各竖向抗侧力结构(剪力墙、框架和筒体等)通过水平的楼盖结构连为空间整体。水平力将通过楼板平面进行传递和分配，要求楼板在自身平面内有足够大的刚度。

高度不超过50m的剪力墙结构和框架结构，由于各榀抗侧力结构的刚度相差不是特别大，水平力在各榀抗侧力结构中的分配比较接近，所以楼板平面内受力较小，可以采用装配式楼板，通过现浇板缝连为整体。现浇板缝宽度为50mm，放置一根钢筋，用高强混凝土充填密实。有时也可以在预制楼板之间现浇一条较宽的现浇带以加强楼盖的整体性。高度50m以下的框架-剪力墙结构要在预制楼板上设置现浇面层。这是因为框架-剪力墙结构中，框架部分刚度较小，大部分水平力要通过楼盖传送到剪力墙上去，对楼盖平面内刚度有较严的要求。现浇面层混凝土强度不低于C25，不应高于C40，并应双向布置$\phi6$～$\phi8$、间距150～200mm的钢筋网，钢筋应伸入剪力墙内或与剪力墙预留的锚筋连接。

50m以下的高层建筑中，下列重要部分应采用现浇楼盖。

①房屋的顶层；

②结构转换层；

③楼盖有大的开洞处；

④平面过于复杂，突出部分长度较大处。

高度超过 50m 的建筑，宜采用现浇楼盖结构。特别是框架-剪力墙结构，框架部分的水平力要通过楼盖传到刚度很大的剪力墙上去，对楼板的平面内刚度有更高的要求，因此更要优先采用现浇楼盖结构。

9 度抗震设防时，宜采用现浇楼盖。现浇楼盖的混凝土强度等级不宜低于 C25，不宜高于 C40。

2.3.2 梁板式楼盖

梁板式楼盖是最为普遍的楼板型式，它有较好的技术经济指标，但是楼盖结构占用空间较大，不便于布置管线，要求较大的层高。

现浇梁板式楼盖可用普通木模或定型钢模板施工。在框架和框架-剪力墙结构中，常由预制楼板、十字形预制梁组成装配整体式楼盖，这时宜在预制板上按要求设置现浇面层。

2.3.3 密肋楼盖

密肋楼盖多用于跨度大而梁高受限制的情况。筒体结构的角区楼板也常用双向密肋楼盖。肋距一般为 1.0～1.5m，一般用 1.2 m 较为经济。可以轻质材料块（如泡沫混凝土块等）填充形成密肋，也常用塑料模壳施工。还有些工程采用永久性的塑料模壳代替吊顶装修，由于模壳本身有花纹图案装饰，因而使顶棚十分美观。

现浇普通钢筋混凝土密肋板跨度一般不大于 9m，预应力混凝土密肋板跨度不大于 12m。在使用荷载较大的情况下，采用密肋楼盖可以取得较好的经济技术指标。

2.3.4 无梁楼盖

框架结构在使用荷载较大而层高受限制的情况下，可以采用无梁楼盖形式。无梁楼盖还适用于施工场地狭窄、只能采用升板（升层）法施工的情况。

无梁楼盖在仓库、书库、商场、车库使用可以取得良好的效果。北京王府井大街由于施工场地受限，商业活动频繁，采用升层法施工了许多 7～9 层的大型商业建筑。

无梁楼盖宜设柱帽以提高板柱结构的抗水平力性能和防止板的冲切破坏。

普通钢筋混凝土无梁楼盖的跨度一般为 6m；预应力混凝土无梁楼盖跨度可达到 9m。

2.3.5 非预应力平板

非预应力平板广泛应用于剪力墙结构和筒体结构，其优点是可以降低建筑物层高，板底平整可以不加吊顶，施工方便。

非预应力平板一般为实心板，跨度不超过 7m。在筒体结构中，当内外筒距离为 8m 时，板厚可达 300～350mm，自重较大，混凝土用量多，不是很合理。目前采用特制轻质管形成空心的现浇非预应力楼盖已经开始使用，由于板内有圆形空腔，自重降低，取得较好的效果。

2.3.6 预应力平板

(1)预应力空心板

低碳冷拔丝或高强钢丝先张法预应力空心板是使用较广泛的楼盖形式，跨度 4m 以下的短板板厚约为 120mm；跨度 6～7m 的长板板厚为 180mm 左右。采用预应力空心板一方面要采取构造措施保证楼盖的整体性（如拉开板距进行灌缝、设置现浇面层等）；另一方面要加强板端与剪力墙及框架梁的连接，除留出两端的锚结钢筋（胡子筋）外，施工时必须用砂浆块、砖块填塞孔洞端部，留出 60～80mm 的空腔，以便现浇墙体混凝土或框架梁叠合部分混凝土时能形成剪力销键。

(2)预应力大楼板

楼板厚度可按跨度的 1/45～1/50 采用，且不宜小于 150mm，可双向布置先张法预应力钢筋。预应力钢筋可以是钢丝束，也可以是双钢筋。板边常做成齿槽形凸出以支承在剪力墙上。大楼板整体性好，周边均与剪力墙相连，具有良好的抗震性能，但是需要双向预应力台座，构件重量与尺寸都较大，对运输和起重设备要求较高。

(3)预应力叠合板

预应力叠合板由两部分构成，在工厂预制预应力薄板，厚度为50～60mm，尺寸视运输条件决定，最大可做到5m×4m。预应力薄板容易开裂，需由专门拖车运到现场吊装，它既是现浇部分的模板，又是楼板结构的一部分。在叠合前，要在预应力薄板上绑扎现浇板的钢筋，然后浇筑混凝土。叠合部分厚度为80～120mm。预应力薄板板面留出钢筋以连接非预应力叠合部分。预应力薄板刚度较小，安装后应适当加临时支撑。

(4)无黏结预应力现浇平板

预应力钢筋常用$\phi5$钢丝束或钢绞线，外包软塑料管，锚固端常用镦头锚具。预应力钢筋由工厂按设计长度连同锚具、塑料管一起作为产品生产，到工地后在绑扎楼板钢筋时同时放置，浇筑楼板混凝土，等到达预定强度等级后张拉预应力钢筋，张拉时采用穿心式千斤顶，用夹片式锚具锚固。张拉后，锚头包覆混凝土以防锈蚀。由于不再向预应力管道灌浆，因而预应力钢筋与混凝土之间不再有黏结力，预应力全部由锚头传递。

2.4 基础结构布置

高层建筑的基础是整个结构的重要组成部分，关系到整个结构的安全与经济。

高层建筑基础结构布置，应根据上部结构形式、荷载特点、工程地质条件、施工条件等因素综合确定。

2.4.1 基础类型

高层建筑的基础类型有筏基、箱基和桩基等。基础底面积的形心，应与上部结构永久荷载的合力中心相重合。

(1)钢筋混凝土筏形基础

当高层建筑层数不多、地基土质较好、上部结构轴线间距较小且荷载不大时，可以采用钢筋混凝土筏形基础。

(2)箱形基础

箱形基础是高层建筑广泛采用的一种基础类型。箱形基础具有较大的结构刚度和整体性，适用于上部结构荷载较大而地基土较软弱的情况。它既能够抵抗和协调地基的不均匀变形，又能扩大基底面积，将上部荷载均匀传递到地基土上，同时，又使得部分土体重量得到置换，降低了土压力。

(3)桩基

桩基也是高层建筑广泛采用的一种基础类型。桩基具有承载力可靠、沉降小的优点，适用于软弱地基土和可能液化的地基条件。当为端承桩时，桩身穿过软弱土层或可液化土层支承在坚实可靠的土层上；当为摩擦桩时，桩身可穿过可液化土层，深入非液化土层内。

2.4.2 基础选型原则

(1)当地基土质均匀、承载力高而沉降量小时，可以采用天然地基和竖向刚度较小的基础；反之，则应采用人工地基或竖向刚度较大的整体式基础。

(2)直接搁置于未风化或微风化的岩层上的高层建筑基础，或者层数较少的独立裙房，可采用单独基础和条形基础；采用独立基础时应设置纵横向的拉梁。

(3)当采用桩基时，应尽可能采用单根、单排大直径桩或扩底墩，使上部结构的荷载直接由柱或墙体传至桩顶，基础底板因此可以做得较薄。

2.4.3 基础埋深

高层建筑宜设地下室，抗震设防建筑的高层结构部分，基础埋深宜一致，不宜采用局部地下室。

为防止建筑物在地震和风荷载作用下产生侧移和倾覆，高层建筑的基础必须有足够的埋深，见图 2.13。一般情况下，基础埋深不宜小于表 2.10 中的数值。

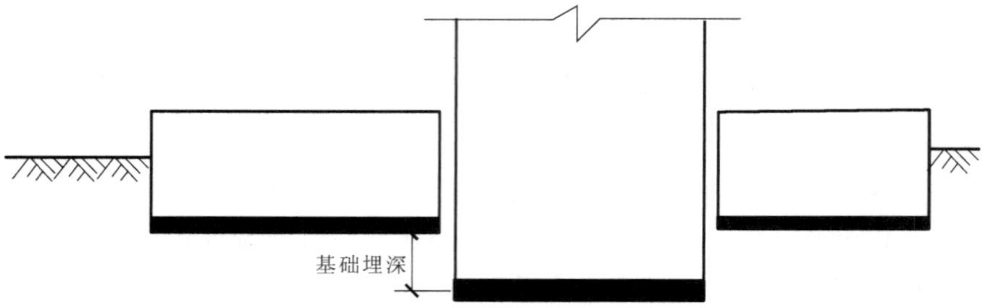

图 2.13 高层结构基础埋深

基础埋深 表 2.10

基础结构形式	钢筋混凝土结构	钢结构
天然地基	$H/12$	$H/15$
桩　　基	$H/15$	$H/18$

注：H 为室外地坪至屋顶檐口的高度。

当有经验、有依据、有措施时，埋深可以减小。当基础直接坐落在基岩上时，埋深也可以小于上述数值，但注意要采取抗滑移、倾覆的锚固措施。

上述埋深指侧向限制位移的土体深度，即由天然地面至箱基、筏基底板或桩承台底标高的距离，桩的长度不计。当周围地面标高不同时，取埋深较小者为有效埋深。

因此，当主楼与裙房用沉降缝分开时，主楼基础的有效埋深只能从裙房地下室底板标高起计，这时，如果主楼、裙房基础标高相同，则主楼的有效标高为零，地震时将无侧限，相当危险。因此，当主楼、裙房间设沉降缝后，宜将主楼基础加深 1～2 层以取得有效埋深。

同样，当地下室周围有连续采光窗井时，基础侧壁无土体阻挡，宜设置短墙联系地下室与采光井挡土墙以形成侧限。

当基岩较浅、基础埋深不符合要求时，应采取岩石锚杆基础。

2.4.4 基础底板厚度

基础底板厚度 t 可按表 2.11 选用。

基础厚度与跨度之比 t/l 表 2.11

平均反力 f(kN/m²)	受力状况	t/l
150～200	单向	1/6～1/8
	双向	1/9～1/12
400～500	单向	1/3～1/4
	双向	1/4～1/6

2.5 水平位移限值和舒适度要求

在正常使用条件下，高层建筑结构应具有足够的刚度，避免产生过大的位移而影响结构的承载力、稳定性和使用要求。

按弹性方法计算的风荷载或多遇地震标准值作用下钢筋混凝土高层建筑结构的楼层层间最大位移与层高之比 $\Delta u/h$ 宜符合以下规定(不考虑偶然偏心的影响)：

(1)高度不大于 150m 的高层建筑，其楼层层间最大位移与层高之比 $\Delta u/h$ 不宜大于表 2.12 的限值；

楼层层间最大位移与层高之比的限值 **表 2.12**

结构类型	$\Delta u/h$ 限值
框架	1/550
框架-剪力墙、框架-核心筒、板柱-剪力墙	1/800
筒中筒、剪力墙	1/1000
除框架结构外的转化层	1/1000

(2)高度不小于 250m 的高层建筑，其楼层层间最大位移与层高之比 $\Delta u/h$ 不宜大于 1/500；

(3)高度在 150～250m 之间的高层建筑，其楼层层间最大位移与层高之比 $\Delta u/h$ 的限值按(1)和(2)的限值线性插入取用。

钢筋混凝土高层建筑结构在罕遇地震作用下有时需进行弹塑性变形验算，防止结构因局部楼层变形过大而倒塌破坏。结构薄弱层(部位)层间弹塑性位移应符合下式要求：

$$\Delta u_p \leqslant [\theta_p]h \tag{2.1}$$

式中 Δu_p——层间弹塑性位移。

$[\theta_p]$——层间弹塑性位移角限值，可按表 2.13 采用；对框架结构，当轴压比小于 0.40 时，可提高 10%；当柱子全高的箍筋构造采用比最小含箍特征值大 30%时，可提高 20%，但累计不超过 25%。

h——层高。

层间弹塑性位移角限值 **表 2.13**

结构类别	$[\theta_p]$
框架结构	1/50
框架-剪力墙结构、框架-核心筒结构、板柱-剪力墙结构	1/100
剪力墙结构和筒中筒结构	1/120
除框架结构外的转化层	1/120

高度不小于 150m 的高层建筑结构应具有良好的使用条件，满足舒适度要求，按现行国家标准《建筑结构荷载规范》(GB 50009)规定的 10 年一遇的风荷载取值计算的顺风向与横风向结构顶点最大加速度 a_{max} 不应超过表 2.14 的限值。必要时，可通过专门风洞试验结果计算确定顺风向与横风向结构顶点最大加速度 a_{max}，且不应超过表 2.14 的限值。

结构顶点最大加速度限值 a_{max} **表 2.14**

使用功能	a_{max} (m/s^2)
住宅、公寓	0.15
办公、旅馆	0.25

2.6 结构布置实例

目前，国内高层建筑按功能大体上可分为住宅、旅馆和公共性(办公、商业、科研、教学等)建筑。

2.6.1 住宅建筑

住宅建筑一般采用剪力墙结构。因为住宅本身要求很多分隔墙体，采用剪力墙结构可以将结构与建筑的要求很好地结合起来，减少非承重隔墙的数量；用钢量一般也比框架结构少，而且室内无外露梁柱，有利于建筑表现。在某些情况下也可以用框架-剪力墙结构。

剪力墙住宅早期多为小开间，横墙间距为 2.7～3.9m，全部墙体均作为承重墙，因而可采用较薄楼板。由于墙体太多、自重较大，限制了建筑上的灵活使用。目前，较多采用大开间剪力墙结构，剪力墙间距为 6.0～7.2m，轻质隔墙直接由楼板支承，使用灵活，结构自重减轻，混凝土和钢材用量较省。

剪力墙结构不便于布置商场、餐厅、停车场等服务设施。可将剪力墙住宅底部一层或几层部分剪力墙取消，代之以框架，形成有部分框支层的底部大空间剪力墙结构。这种体系在深圳、上海、北京和广州等地得到了广泛的应用。

2.6.2 旅馆建筑

旅馆建筑按建筑功能可以分为两大部分：客房部分和公共部分。客房部分与住宅类似，有较多的墙体而且希望室内不外露梁柱；公共部分布置门厅、餐厅、会议室及其他设施，需要较大空间而且能灵活划分。这两部分各有其相应的结构体系。

50m 以下的高层旅馆建筑通常采用框架、剪力墙结构和框架-剪力墙结构等结构型式。

剪力墙结构可以采用小开间，一间客房一道剪力墙，能较好地适应客房的要求，但不容易形成大空间来满足公共功能。也可采用间距为 6.6～8.0m 的大开间剪力墙结构，每两间房用一道剪力墙，刚度适中，用材料较省。有时，需要在高层部分周围设置框架结构的裙房，或者在客房楼的底层部分采用框支柱，取消一部分剪力墙，形成底部大空间剪力墙结构。

框架-剪力墙结构和框架结构可以灵活布置大小不等的各种房间，但是客房会露出梁、柱棱角，建筑上不宜处理好。目前 50m 以下的旅馆建筑中采取框架和框架-剪力墙结构的高层旅馆约占一半左右，剪力墙结构也占一半。

50m 以上的高层旅馆常采用框架-剪力墙结构和筒体结构(框架-筒体和筒中筒结构)，这时，在中央剪力墙薄壁筒内可布置楼梯间和服务性房间，客房沿周边布置以取得良好的通风和采光。采用框架-剪力墙结构的有北京饭店东楼(18 层，77m)、北京长城饭店(22 层，87m)、天津凯悦饭店(20 层，73m)、上海宾馆(27 层，92m)等。采用筒体结构的有南京金陵饭店(方形框架-筒体，37 层，110m)、北京岭南大酒店(方形框架-筒体，22 层，73m)、上海虹桥宾馆(三角形框架-筒体，30 层，103m)和乌鲁木齐环球大酒店(三角形框架-筒体，24 层，97m)等。

在一定条件下，高层旅馆还可以采用较新颖的结构型式，如深圳亚洲大酒店(33 层，114m)就采用了巨型框架结构。一些中外合资的高层旅馆采用了钢结构，如上海的锦江饭店(44 层，154m)、静安希尔顿饭店(43 层，143m)、北京的香格里拉饭店(28 层，82.7m)、长富宫大厦(25 层，88.9m)等。

2.6.3 公共性建筑

高层公共性建筑除一般办公楼外，还包括商业、文教、医疗等公共用途的建筑。这些建筑中，按照建筑功能的要求，需要划分大小不等的房间，隔墙要求灵活布置。因此，大多选用框架-剪力墙结构。在层数较少，非抗震设防时也可选用框架结构。目前，50m 以下的高层办公建筑，大体上采用框架、框架-剪力墙结构。

50m 以上的高层办公建筑，较多采用筒体结构。在平面布置上，楼电梯间和服务性房间集中在内筒，办公用房沿周边布置。

按不同用途选择结构体系可参照表 2.15。

适宜采用的结构体系 **表 2.15**

用　途	高　　度	
	<50m	>50m
住　宅	剪力墙、框架-剪力墙	剪力墙、框架-剪力墙
旅　馆	剪力墙、框架-剪力墙、框架	剪力墙、框架-剪力墙、筒体
公共性建筑	框架-剪力墙、框架	框架-剪力墙、筒体

思　考　题

2.1　高层建筑结构体系与适用范围如何?

2.2　试述高层建筑抗震设防的结构布置原则。

2.3　为什么要限制高层建筑的高宽比 H/B?

2.4　高层建筑平面布置应考虑什么原则?

2.5　高层建筑竖向布置应考虑什么原则?

2.6　高层建筑设置变形缝的目的是什么? 有什么利弊?

2.7　为什么要对楼层层间位移角规定限值?

3 高层建筑结构荷载作用与结构设计原则

施加于高层建筑结构上的荷载与作用，有竖向荷载(包括恒荷载和活荷载)、风荷载、地震作用、施工荷载以及由材料体积变化受阻引起的作用(包括温度、混凝土的徐变和收缩所引起的作用)、地基不均匀沉降等。

高层建筑结构设计应符合节省材料、方便施工、节能低碳与保护环境的原则要求。在设计、施工及使用阶段应明确高层建筑结构的用途与功能，在其设计使用年限内未经技术鉴定与设计许可，不得随意变更其用途、功能与使用环境。

高层建筑的荷载与低层建筑的荷载有所不同，这不仅是因为它的竖向荷载远大于低层建筑，可引起相当大的结构内力，而且由于高层建筑高的特点而使得水平荷载的影响显著增加，成为影响高层建筑结构设计的主要因素。抗风和抗震设计对高层建筑结构来说是十分重要的。

3.1 恒荷载及楼面活荷载的计算

3.1.1 恒荷载

恒荷载包括结构本身的自重和附加于结构上的各种永久荷载，如非承重构件的自重、可移动的隔墙重、玻璃幕墙及其附件重、各种外饰面的材料重、楼面的找平层重、吊在楼面下的各种设备管道重等。它可由构件和装修的尺寸和材料的重量直接计算，材料的自重可按《建筑结构荷载规范》(GB 50009)(以下简称《荷载规范》)取值。由于高层建筑的层数多、高度大、使用功能复杂，为此，在恒荷载计算时注意不要漏项。

3.1.2 活荷载

高层建筑结构的楼面活荷载应按《荷载规范》取用。规范中未规定的楼面均布活荷载可按表 3.1 取值。

规范中未规定的楼面均布活荷载 **表 3.1**

项　次	类　别	标准值(kN/m²)	准永久值系数(ψ_q)	
1	酒吧间、展销厅	3.0～4.0	0.5	荷载较大时按实际情况
2	屋顶花园	4.0～5.0	0.8	
3	饭店厨房、洗衣房	4.0～5.0	0.5	
4	娱乐室	3.0～4.5	0.5	

设计楼面梁、墙、柱及基础时，楼面活荷载标准值应乘以规定的折减系数。折减系数按《荷载规范》的规定取用。

施工活荷载一般取 1.0～1.5kN/m²。当施工中采用附墙塔、爬塔等对结构受力有影响的起重机械或其他施工设备时，在结构设计中应根据具体情况验算施工荷载的影响。

旋转餐厅轨道和驱动设备的自重应按实际情况确定。

擦窗机等清洗设备应按其实际情况确定其自重的大小和作用位置。

直升机平台的活荷载应采用下列两款中能使平台产生最大内力的荷载：

(1)直升机总重量引起的局部荷载，按由实际最大起飞重量决定的局部荷载标准值乘以动力系数确定。对具有液压轮胎起落架的直升机，动力系数可取 1.4；当没有机型技术资料时，局部荷载标准值及其作用面积可根据直升机类型按表 3.2 取用。

局部荷载标准值及其作用面积 **表 3.2**

直升机类型	局部荷载标准值(kN)	作用面积(m^2)
轻型	20.0	0.20×0.20
中型	40.0	0.25×0.25
重型	60.0	0.30×0.30

(2)等效均布活荷载 $5kN/m^2$。

目前,我国钢筋混凝土高层建筑单位面积的重量(恒荷载与活荷载)大约如下:

框架、框架-剪力墙结构体系　　　　$12\sim14kN/m^2$

剪力墙、筒体结构体系　　　　　　$14\sim16kN/m^2$

其中活荷载平均为 $1.5\sim2kN/m^2$,仅占全部竖向荷载的 10%~15%。因此,活荷载不利布置所产生的影响较小。另一方面,高层建筑层数和跨数都很多,不利布置方式繁多,难以一一计算。所以在工程设计中,一般将恒荷载与活荷载合并计算,按满载考虑,不再一一考虑活荷载的不利布置。如果活荷载较大,可按满布荷载所得的框架梁跨中弯矩乘以 1.1~1.2 的系数加以放大,以考虑活荷载不利分布所产生的影响。

3.2 风荷载的计算

随着建筑物高度的增高,风荷载的影响越来越大。高层建筑中除了地震作用的水平力以外,主要的侧向荷载是风荷载,在荷载组合时往往起控制作用。因此,高层建筑在风荷载作用下的结构分析与设计引起了研究人员和工程师们的重视。

3.2.1 风荷载标准值及基本风压

在已有研究的基础上,《荷载规范》指出,垂直于建筑物表面上的风荷载应按下式计算:

$$w_k = \beta_z \mu_s \mu_z w_0 \tag{3.1}$$

式中 w_k——风荷载标准值(kN/m^2);

w_0——基本风压(kN/m^2);

μ_s——风荷载体型系数;

μ_z——风压高度变化系数;

β_z——z 高度处的风振系数。

以上参数分述如下:

(1)基本风压值 w_0

基本风压值 w_0 系以当地比较空旷平坦地面上离地 10m 高统计所得的 50 年一遇 10min 平均最大风速 v_0 为标准,按 $w_0=\frac{1}{2}\rho v_0^2$ 确定的风压值。它应根据《荷载规范》中表 E.5 采用,但不得小于 $0.3kN/m^2$。对于一般的高层建筑,用《荷载规范》中所给的 w_0 乘以 1.1 后采用;对于安全等级为一级的高层建筑以及对风荷载比较敏感的高层建筑,承载力设计时应按 100 年重现期的风压值采用。

(2)风荷载体型系数 μ_s

确定风荷载体型系数 μ_s 是一个比较复杂的问题,它不但与建筑的平面外形、高宽比、风向与受风墙面所成的角度有关,而且还与建筑物的立面处理、周围建筑物密集程度及其高低等有关。当风流经建筑物时,对建筑物不同部位会产生不同的效果,即产生压力和吸力。空气流动产生的涡流,对建筑物局部则会产生较大的压力或吸力。图 3.1 示出了对某建筑物的实测结果,从中可以大致得出如下规律:

①整个迎风面上均受压力,其值中部最大,向两侧逐渐减小。沿高度方向风压的变化很小,在整个建筑物高度的$\frac{1}{2}\sim\frac{2}{3}$处稍大,风压分布近似于矩形。

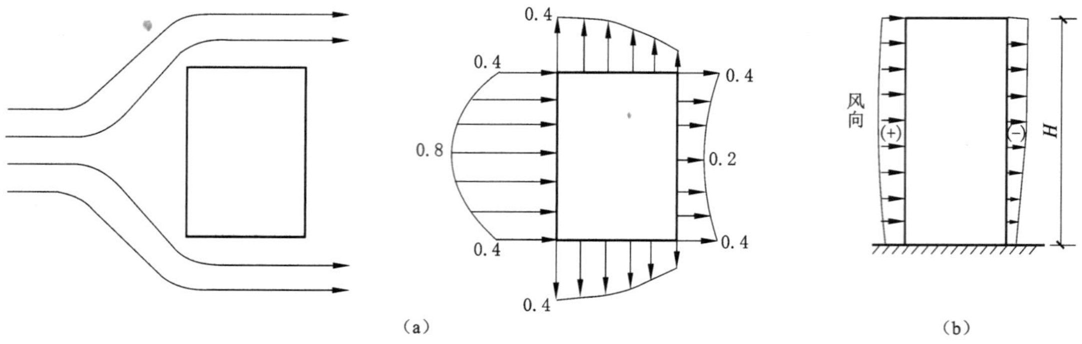

图 3.1　风压分布

(a)空气流经建筑物时风压对建筑物的作用(平面);(b)立面风压分布

②整个背风面上还受吸力,两侧大、中部略小,其平均值约为迎风面风压平均值的 75%左右。沿高度方向,风压的变化也很小,更近似于矩形分布。

③整个侧面,在正面风力作用下,全部受吸力,约为迎风面风压的 80%左右。

风荷载体型系数一般可按下述规定采用:

①圆形和椭圆平面建筑,风荷载体型系数取 0.8。

②正多边形及截角三角形平面建筑风荷载体型系数 μ_s 由下式计算:

$$\mu_s = 0.8 + 1.2/\sqrt{n} \tag{3.2}$$

式中　n——多边形的边数。

③矩形、鼓形、十字形平面建筑($H/B \leqslant 4$)风荷载体型系数为 1.3。

④对于 V 形、Y 形、弧形、双十字形、井字形平面建筑,L 形、槽形平面建筑及高宽比 H/B 大于 4、长宽比 L/B 不大于 1.5 的矩形和鼓形平面建筑,其风荷载体型系数为 1.4。

⑤迎风面积取垂直于风向的最大投影面积。

⑥在需要更细致进行风荷载计算的情况下,可按附录 1 采用,或由风洞试验确定。

在对复杂体型的高层建筑进行内力与位移计算时,正反两个方向风荷载的绝对值可按两个中的较大值采用。

(3)风压高度变化系数 μ_z

位于平坦或稍有起伏地形的高层建筑,其风压高度变化系数应根据地面粗糙度类别按表 3.3 确定。地面粗糙度应分为四类:A 类指近海海面和海岛、海岸、湖岸及沙漠地区;B 类指田野、乡村、丛林、丘陵以及房屋比较稀疏的乡镇和城市郊区;C 类指有密集建筑群的城市市区;D 类指有密集建筑群且房屋较高的城市市区。

风压高度变化系数 μ_z　　**表 3.3**

离地面或海平面高度 (m)	地面粗糙度类别			
	A	B	C	D
5	1.17	1.00	0.74	0.62
10	1.38	1.00	0.74	0.62
15	1.52	1.14	0.74	0.62
20	1.63	1.25	0.84	0.62
30	1.80	1.42	1.00	0.62
40	1.92	1.56	1.13	0.73
50	2.03	1.67	1.25	0.84
60	2.12	1.77	1.35	0.93
70	2.20	1.86	1.45	1.02
80	2.27	1.95	1.54	1.11
90	2.34	2.02	1.62	1.19
100	2.40	2.09	1.70	1.27

续表3.3

离地面或海平面高度(m)	地面粗糙度类别			
	A	B	C	D
150	2.64	2.38	2.03	1.61
200	2.83	2.61	2.30	1.92
250	2.99	2.80	2.54	2.19
300	3.12	2.97	2.75	2.45
350	3.12	3.12	2.94	2.68
400	3.12	3.12	3.12	2.91
≥450	3.12	3.12	3.12	3.12

位于山区的高层建筑，按表3.3确定风压高度变化系数后，还应考虑地形条件的修正。具体修正方法可参见《荷载规范》有关规定。

(4)风振系数β_z

风对建筑结构的作用是不规则的，通常把风作用的平均值看成稳定风压(即平均风压)，实际风压是在平均风压上下波动的。平均风压使建筑物产生一定的侧移，而波动风压使建筑物在平均侧移附近振动。对于高度较大、刚度较小的高层建筑，波动风压会产生不可忽略的动力效应。目前采用加大风载的办法来考虑这个动力效应，在风压值上乘以风振系数β_z。

高层建筑的风振系数β_z可按下式计算：

$$\beta_z = 1 + \frac{\varphi_z \xi v}{\mu_z} \tag{3.3}$$

式中 φ_z——振型系数，可由结构动力计算确定，计算时可仅考虑受力方向基本振型的影响，对于质量和刚度沿高度分布比较均匀的弯剪型结构，也可近似采用振型计算点距室外地面高度z与房屋高度H的比值；

ξ——脉动增大系数，可按表3.4采用；

v——脉动影响系数，外形、质量沿高度比较均匀的结构可按表3.5采用；

μ_z——风压高度变化系数。

脉动增大系数ξ **表3.4**

$w_0 T_1^2$(kN·s²/m²)	地面粗糙度类别			
	A类	B类	C类	D类
0.06	1.21	1.19	1.17	1.14
0.08	1.23	1.21	1.18	1.15
0.10	1.25	1.23	1.19	1.16
0.20	1.30	1.28	1.24	1.19
0.40	1.37	1.34	1.29	1.24
0.60	1.42	1.38	1.33	1.28
0.80	1.45	1.42	1.36	1.30
1.00	1.48	1.44	1.38	1.32
2.00	1.58	1.54	1.46	1.39
4.00	1.70	1.65	1.57	1.47
6.00	1.78	1.72	1.63	1.53
8.00	1.83	1.77	1.68	1.57
10.00	1.87	1.82	1.73	1.61
20.00	2.04	1.96	1.85	1.73
30.00	—	2.06	1.94	1.81

注：w_0—基本风压；T_1—结构基本自振周期，可由结构动力学计算确定。对于比较规则的结构，也可采用近似公式计算：框架结构$T_1=(0.08\sim0.1)n$，框架-剪力墙和框架-核心筒结构$T_1=(0.06\sim0.08)n$，剪力墙结构和筒中筒结构$T_1=(0.05\sim0.06)n$，n为结构层数。

高层建筑的脉动影响系数 v 　　表 3.5

H/B	粗糙度类别	房屋总高度 H(m)							
		≤30	50	100	150	200	250	300	350
≤0.5	A	0.44	0.42	0.33	0.27	0.24	0.21	0.19	0.17
	B	0.42	0.41	0.33	0.28	0.25	0.22	0.20	0.18
	C	0.40	0.40	0.34	0.29	0.27	0.23	0.22	0.20
	D	0.36	0.37	0.34	0.30	0.27	0.25	0.27	0.22
1.0	A	0.48	0.47	0.41	0.35	0.31	0.27	0.26	0.24
	B	0.46	0.46	0.42	0.36	0.36	0.29	0.27	0.26
	C	0.43	0.44	0.42	0.37	0.34	0.31	0.29	0.28
	D	0.39	0.42	0.42	0.38	0.36	0.33	0.32	0.31
2.0	A	0.50	0.51	0.46	0.42	0.38	0.35	0.33	0.31
	B	0.48	0.50	0.47	0.42	0.40	0.36	0.35	0.33
	C	0.45	0.49	0.48	0.44	0.42	0.38	0.38	0.36
	D	0.41	0.46	0.48	0.46	0.44	0.42	0.42	0.39
3.0	A	0.53	0.51	0.49	0.45	0.42	0.38	0.38	0.36
	B	0.51	0.50	0.49	0.45	0.43	0.40	0.40	0.38
	C	0.48	0.49	0.49	0.48	0.46	0.43	0.43	0.41
	D	0.43	0.46	0.49	0.49	0.48	0.46	0.46	0.45
5.0	A	0.52	0.53	0.51	0.49	0.46	0.44	0.42	0.39
	B	0.50	0.53	0.52	0.50	0.48	0.45	0.44	0.42
	C	0.47	0.50	0.52	0.52	0.50	0.48	0.47	0.45
	D	0.43	0.48	0.52	0.53	0.53	0.52	0.51	0.50
8.0	A	0.53	0.54	0.53	0.51	0.48	0.46	0.43	0.42
	B	0.51	0.53	0.54	0.52	0.50	0.49	0.46	0.44
	C	0.48	0.51	0.54	0.53	0.52	0.52	0.50	0.48
	D	0.43	0.48	0.54	0.53	0.55	0.55	0.54	0.53

当多栋或群集的高层建筑相互间距较近时，宜考虑风力相互干扰的群体效应。一般可将单栋建筑的体型系数 μ_s 乘以相互干扰增大系数，该系数可参考类似条件的试验资料确定；必要时宜通过风洞试验确定。

房屋高度大于 200m 或有下列情况之一时宜进行风洞试验判断确定建筑物的风荷载；房屋高度大于150m，有下列情况之一时，宜采用风洞试验确定建筑物的风荷载：

①平面形状不规则，立面形状复杂；

②立面开洞或连体建筑；

③周围地形和环境较复杂。

3.2.2　横风向风振

当结构高宽比较大，结构顶点风速大于临界风速时，可能引起较明显的结构横风向振动，甚至出现横风向振动效应大于顺风向的情况，因此对于横风向振动作用明显的高层建筑，应考虑横风向风振的影响。横风向风振的计算范围、方法及顺风向与横风向效应的组合方法应符合《荷载规范》的有关规定。考虑横风向风振影响时，结构主轴方向的侧向位移应符合第 2 章有关楼层层间最大位移与层高之比的要求。

3.2.3　总风荷载和局部风荷载

在建筑结构设计时，应分别计算风荷载对建筑物的总体效应及局部效应。总体效应是指作用在建筑物上的全部风荷载使结构产生的内力及位移。局部效应是指风荷载对建筑物某个局部产生的内力及变形。

(1)总风荷载

计算总体效应时,要考虑建筑承受的总风荷载,它是各个表面承受风力的合力,并且是沿高度变化的分布荷载。总风荷载可按下式计算:

$$w=\beta_z\mu_z w_0(\mu_{s1}B_1\cos\alpha_1+\mu_{s2}B_2\cos\alpha_2+\cdots+\mu_{sn}B_n\cos\alpha_n) \tag{3.4a}$$

式中 n——建筑物外围表面积数(每一个平面作为一个表面积);

$B_1,B_2,\cdots,B_n$——n 个表面的宽度;

$\mu_{s1},\mu_{s2},\cdots,\mu_{sn}$——$n$ 个表面的风荷载体型系数;

$\alpha_1,\alpha_2,\cdots,\alpha_n$——$n$ 个表面法线与风作用方向的夹角。

当建筑某个表面与风力作用方向垂直时,$\alpha_i=0°$,这个表面的风压全部计入总风荷载。当某个表面与风力作用方向平行时,$\alpha_i=90°$,$\cos\alpha_i=0$,这个表面的风压不计入总风荷载。其他与风作用方向成某一夹角的表面,都应计入该表面上风力在风作用方向的投影值。要注意区别是风压力还是风吸力,以便作矢量相加。

各表面风荷载的合力作用点,即为总风荷载的作用点。其作用点位置按静力矩平衡条件确定。

(2)局部风荷载

实际上风压在建筑物表面上是不均匀的,在某些风压较大的部位,要考虑局部风荷载对某些构件的不利作用。此时,采用局部增大体型系数。

在迎风面以及房屋侧面宽度为1/6墙面宽度的角隅部分,要验算外墙围护结构强度及连接强度。迎风面体型系数用1.5,侧面体型系数用−1.5。因此单位面积上风荷载为:

$$w_i=1.5\beta_z\mu_z w_0 \tag{3.4b}$$

$$w_c=-1.5\beta_z\mu_z w_0 \tag{3.4c}$$

对于阳台、雨篷、遮阳板等悬挑构件,应验算上浮风荷载 w_s。当 w_s 超过自重时,悬挑构件会出现反弯矩。局部向上体型系数取2.0,即

$$w_i=2\beta_z\mu_z w_0 \tag{3.4d}$$

3.3 地震作用的计算

3.3.1 一般计算原则

地震区的高层建筑一般应进行抗震设防。6度设防时一般不必计算地震作用,只须采取必要的抗震措施,7～9度设防时,要计算地震的作用,10度及以上地区要进行专门研究。

高层建筑的抗震设防类别分为以下3类:

①甲类(特殊设防类) 地震破坏会导致严重后果,会造成经济上严重损失的建筑物或特别重要的建筑物;

②乙类(重点设防类) 在地震时必须维持正常使用和救灾需要的建筑物,人员大量集中的公共建筑物或其他重要的建筑物;

③丙类(标准设防类) 除上述以外的一般高层建筑。

甲类建筑应按高于本地区抗震设防烈度计算,其值应按批准的地震安全性评价结果确定,并采取专门的抗震措施。乙、丙类建筑物按抗震设防烈度计算地震作用。

高层建筑结构应按以下原则来考虑地震的作用:

①一般情况下按建筑结构的两个主轴方向分别考虑水平地震作用并进行抗震验算,各方向的水平地震作用应全部由该方向抗侧力构件承担。

②质量与刚度不对称、明显不均匀,可能产生显著扭转的结构应计算双向水平地震作用产生的扭转

影响。

③有斜交抗侧力的结构，当相交角度大于15°时，应分别计算各抗侧力构件方向的水平地震作用。

④对于7度(0.15g)和8度时的大跨度、长悬臂结构以及9度时的高层建筑，应考虑竖向地震作用，并与水平地震作用进行不利组合。

计算单向地震作用时应考虑偶然偏心的影响。每层质心沿垂直于地震作用方向的偏移值可按下式采用：

$$e_i = \pm 0.05 L_i \tag{3.5}$$

式中 e_i——第i层质心偏移值(m)，各楼层质心偏移方向相同；

L_i——第i层垂直于地震作用方向的建筑物总长度(m)。

高层建筑结构应按不同情况分别采用相应的地震作用计算方法：

①高度不超过40m，以剪切变形为主，刚度与质量沿高度分布比较均匀的建筑物，可采用底部剪力法。

②高层建筑物宜采用振型分解反应谱方法。

对质量和刚度不对称、不均匀的结构以及高度超过100m的高层建筑结构应采用考虑扭转耦联振动影响的振型分解反应谱法。

③7～9度抗震设防的高层建筑，下列情况应采用弹性时程分析法进行多遇地震下的补充计算：

a. 甲类高层建筑结构；

b. 表3.6所列的乙、丙类高层建筑结构；

c. 竖向不规则的高层建筑结构；

d. 复杂高层建筑结构；

e. 质量沿竖向分布特别不均匀的高层建筑结构。

采用时程分析法的高层建筑结构 **表3.6**

设防烈度、场地类别	建筑高度范围
8度Ⅰ、Ⅱ类场地和7度	>100m
8度Ⅲ、Ⅳ类场地	>80m
9度	>60m

应按建筑场地类别和设计地震分组选用不少于两组实际地震记录和一组人工模拟的加速度时程曲线，其平均地震影响系数曲线应与振型分解反应谱法所采用的地震影响系数曲线在统计意义上相符，且弹性时程分析时，每条时程曲线计算所得的结构底部剪力不应小于振型分解反应谱法求得的底部剪力的65%，多条时程曲线计算所得的结构底部剪力的平均值不应小于振型分解反应谱法求得的底部剪力的80%。

地震波的持续时间不宜小于建筑结构基本自振周期的5倍和15s，地震波的时间间距可取0.01s或0.02s。

输入地震加速度的最大值，可按表3.7采用。

时程分析时输入地震加速度的最大值(cm/s^2) **表3.7**

设防烈度	6度	7度	8度	9度
多遇地震	18	35(55)	70(110)	140
设防地震	50	100(150)	200(300)	400
罕遇地震	125	220(310)	400(510)	620

注：7、8度时括号内数值分别用于设计基本地震加速度为0.15g和0.30g的地区，此处g为重力加速度。

结构地震作用效应可取多条时程曲线计算结果的平均值与振型分解反应谱法计算结果的较大值。

计算地震作用时，建筑结构的重力荷载代表值应取永久荷载标准值和可变荷载组合值之和。可变荷载的组合值系数应按下列规定采用：

①雪荷载取 0.5；

②楼面活荷载按实际情况计算时取 1.0，按等效均布活荷载计算时，藏书库、档案库、库房取 0.8，一般民用建筑取 0.5。

建筑结构的地震影响系数应根据烈度、场地类别、设计地震分组和结构自振周期及阻尼比确定。其水平地震影响系数最大值 α_{max} 应按表 3.8 采用；特征周期应根据场地类别和设计地震分组按表 3.9 采用，计算 8、9 度罕遇地震作用时，特征周期应增加 0.05s。(注：①周期大于 6.0s 的高层建筑结构所采用的地震影响系数应做专门研究；②已编制抗震设防区划的地区，应允许按批准的设计地震动参数采用相应的地震影响系数。)

水平地震影响系数最大值 α_{max} **表 3.8**

设防烈度	6 度	7 度	8 度	9 度
多遇地震	0.04	0.08(0.12)	0.16(0.24)	0.32
设防地震	0.12	0.23(0.34)	0.45(0.68)	0.90
罕遇地震	0.28	0.50(0.72)	0.90(1.20)	1.40

注：7、8 度时括号内数值分别用于设计基本地震加速度为 0.15g 和 0.30g 的地区。

特征周期值 T_g(s) **表 3.9**

设计地震分组	场地类别				
	I_0	I_1	Ⅱ	Ⅲ	Ⅳ
第一组	0.20	0.25	0.35	0.45	0.65
第二组	0.25	0.30	0.40	0.55	0.75
第三组	0.30	0.35	0.45	0.65	0.90

高层建筑结构地震影响系数曲线(图 3.2)的形状参数和阻尼调整应符合下列要求：

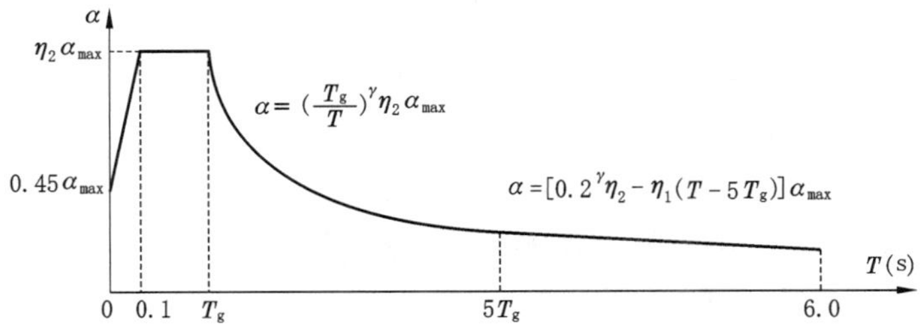

图 3.2 地震影响系数曲线

α—地震影响系数；α_{max}—地震影响系数最大值；T—结构自振周期；T_g—特征周期；

γ—衰减指数；η_1—直线下降段下降斜率调整系数；η_2—阻尼调整系数

除有专门规定外，钢筋混凝土高层建筑结构的阻尼比应取 0.05，此时阻尼调整系数 η_2 应取 1.0，形状参数应符合下列规定：

①直线上升段，周期小于 0.1s 的区段；

②水平段，自 0.1s 至特征周期 T_g 的区段，地震影响系数应取最大值 α_{max}；

③曲线下降段，自特征周期至 5 倍特征周期的区段，衰减指数 γ 应取 0.9；

④直线下降段，自 5 倍特征周期至 6.0s 的区段，下降斜率调整系数 η_1 应取 0.02。

当建筑结构的阻尼比不等于 0.05 时，形状参数和阻尼调整系数 η_2 应符合下列规定：

①曲线下降段的衰减指数应按下式确定：

$$\gamma = 0.9 + \frac{0.05 - \zeta}{0.3 + 6\zeta} \tag{3.6}$$

式中　γ——曲线下降段的衰减指数；

ζ——阻尼比。

②直线下降段的下降斜率调整系数应按下式确定：

$$\eta_1 = 0.02 + \frac{0.05 - \zeta}{4 + 32\zeta} \tag{3.7}$$

式中　η_1——直线下降段的斜率调整系数，小于 0 时应取 0。

③阻尼调整系数应按下式确定：

$$\eta_2 = 1 + \frac{0.05 - \zeta}{0.08 + 1.6\zeta} \tag{3.8}$$

式中　η_2——阻尼调整系数，当 η_2 小于 0.55 时，应取 0.55。

3.3.2　水平地震作用计算

当采用底部剪力法时，计算简图如图 3.3 所示。

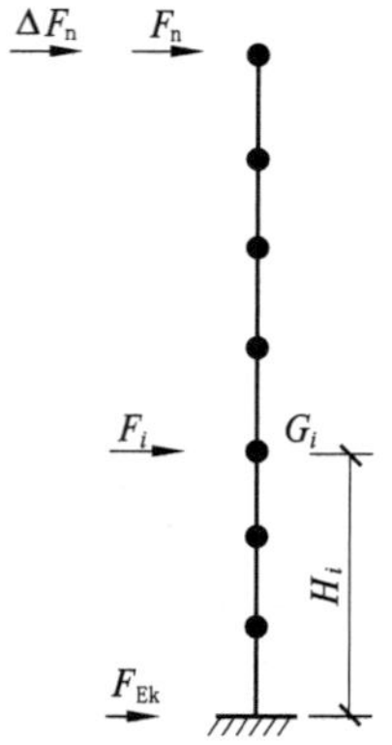

图 3.3　底部剪力法计算简图

结构总水平地震作用的标准值可按下式计算：

$$F_{Ek} = \alpha_1 G_{eq} \tag{3.9}$$

式中　α_1——相应于结构基本自振周期 T_1 的 α 值；

G_{eq}——结构等效总重力荷载代表值，$G_{eq}=0.85G_E$；

G_E——计算地震作用时，结构总重力荷载代表值，$G_E=\sum_{j=1}^{n}G_j$；

G_j——第 j 层重力荷载代表值。

为了考虑高层建筑弯曲振型的影响，可首先把一部分地震作用 $\Delta F_n=\delta_n F_{Ek}$ 移到顶层，剩下部分再分配到各楼层：

$$F_i = \frac{G_i H_i}{\sum_{j=1}^{n} G_j H_j} F_{Ek}(1-\delta_n) \quad (i=1,2,\cdots,n) \tag{3.10}$$

式中　H_i,H_j——第 i、j 楼层的计算高度。

顶部附加水平地震作用标准值为：

$$\Delta F_n = \delta_n F_{Ek} \tag{3.11}$$

式中　δ_n——顶部附加水平地震作用系数，当基本自振周期 $T_1<1.4T_g$ 时，δ_n 取为 0；当基本自振周期 $T_1 \geqslant 1.4T_g$ 时，δ_n 按表 3.10 采用。

顶部附加水平地震作用系数　　　**表 3.10**

T_g(s)	δ_n
≤0.25	$0.08T_1+0.07$
0.3～0.4	$0.08T_1+0.01$
≥0.55	$0.08T_1-0.02$

当采用振型分解反应谱方法按两个主轴方向分别验算，只考虑平移方向的振型时，一般考虑 3 个振型，较不规则的结构则考虑 6 个振型。这时，第 j 个振型在第 i 个质点上产生的水平地震作用力为：

$$F_{ji} = \alpha_j \gamma_j X_{ji} G_i \quad (i=1,2,\cdots,n;j=1,2,\cdots,m) \tag{3.12}$$

式中　F_{ji}——第 j 振型在第 i 个质点的水平地震作用标准值；

α_j——相应于 j 振型自振周期的地震影响系数；

X_{ji}——j 振型 i 质点的水平相对位移；

γ_j——j 振型的参与系数，

$$\gamma_j = \sum_{i=1}^{n} X_{ji} G_i / \sum_{i=1}^{n} X_{ji}^2 G_i \tag{3.13}$$

水平地震作用产生的效应(位移、内力)采用平方和平方根法进行组合,求得总效应:

$$S = \sqrt{\sum_{j=1}^{m} S_j^2} \tag{3.14}$$

式中 S——水平地震作用效应;

S_j——j 振型的水平地震作用效应。

考虑扭转影响的结构,按扭转耦联振型分解法计算时,各楼层可取两个正交的水平位移和一个转角位移共三个自由度,并应按下列规定计算地震作用和作用效应。

①j 振型 i 层的水平地震作用标准值,应按下列公式确定:

$$\left.\begin{aligned} F_{xji} &= \alpha_j \gamma_{tj} X_{ji} G_i \\ F_{yji} &= \alpha_j \gamma_{tj} Y_{ji} G_i \\ F_{tji} &= \alpha_j \gamma_{tj} r_i^2 \varphi_{ji} G_i \end{aligned}\right\} (i = 1, 2, \cdots, n; j = 1, 2, \cdots, m) \tag{3.15}$$

式中 F_{xji},F_{yji},F_{tji}——j 振型 i 层的 x 方向、y 方向和转角方向的地震作用标准值;

X_{ji},Y_{ji}——j 振型 i 层质心在 x、y 方向的水平相对位移;

φ_{ji}——j 振型 i 层的相对扭转角;

r_i——i 层转动半径,可取 i 层绕质心的转动惯量除以该层质量的商的正二次方根;

α_j——相应于第 j 振型自振周期 T_j 的地震影响系数;

γ_{tj}——考虑扭转的 j 振型参与系数;

n——结构计算总质点数,小塔楼宜每层作为一个质点参加计算;

m——结构计算振型数,一般情况下可取 9~15,多塔楼建筑每个塔楼的振型数不宜小于 9。

当仅考虑 x 方向地震作用时:

$$\gamma_{tj} = \sum_{i=1}^{n} X_{ji} G_i / \sum_{i=1}^{n} (X_{ji}^2 + Y_{ji}^2 + \varphi_{ji}^2 r_i^2) G_i \tag{3.16}$$

当仅考虑 y 方向地震作用时:

$$\gamma_{tj} = \sum_{i=1}^{n} Y_{ji} G_i / \sum_{i=1}^{n} (X_{ji}^2 + Y_{ji}^2 + \varphi_{ji}^2 r_i^2) G_i \tag{3.17}$$

当考虑与 x 方向夹角为 θ 的地震作用时:

$$\gamma_{tj} = \gamma_{xj} \cos\theta + \gamma_{yj} \sin\theta \tag{3.18}$$

式中 γ_{xj},γ_{yj}——由式(3.16)、(3.17)求得的振型参与系数。

②单向水平地震作用下,考虑扭转的地震作用效应,应按下列公式确定:

$$S = \sqrt{\sum_{j=1}^{m} \sum_{k=1}^{m} \rho_{jk} S_j S_k} \tag{3.19}$$

$$\rho_{jk} = \frac{8\zeta_j \zeta_k (1 + \lambda_T) \lambda_T^{1.5}}{(1 - \lambda_T^2)^2 + 4\zeta_j \zeta_k (1 + \lambda_T)^2 \lambda_T} \tag{3.20}$$

式中 S——考虑扭转的地震作用标准值的效应;

S_j,S_k——j、k 振型地震作用标准值的效应;

ρ_{jk}——j 振型与 k 振型的耦联系数;

λ_T——k 振型与 j 振型的自振周期比;

ζ_j,ζ_k——j、k 振型的阻尼比。

③考虑双向水平地震作用下的扭转地震作用效应,应按下列公式中的较大值确定:

$$S = \sqrt{S_x^2 + (0.85 S_y)^2} \tag{3.21}$$

或

$$S = \sqrt{S_y^2 + (0.85 S_x)^2} \tag{3.22}$$

式中 S_x——仅考虑 X 向水平地震作用时的地震作用效应；

S_y——仅考虑 Y 向水平地震作用时的地震作用效应。

水平地震作用计算时，结构各楼层对应于地震作用标准值的剪力应符合下式要求：

$$V_{\mathrm{Ek}i} \geqslant \lambda \sum_{j=i}^{n} G_j \tag{3.23}$$

式中 $V_{\mathrm{Ek}i}$——第 i 层对应于水平地震作用标准值的剪力；

λ——水平地震剪力系数，不应小于表 3.11 规定的值，对于竖向不规则结构的薄弱层，尚应乘以 1.15 的增大系数；

G_j——第 j 层的重力荷载代表值；

n——结构计算总层数。

楼层最小地震剪力系数值 **表 3.11**

类　别	6 度	7 度	8 度	9 度
扭转效应明显或基本周期小于 3.5s 的结构	0.008	0.016(0.024)	0.032(0.048)	0.064
基本周期大于 5.0s 的结构	0.006	0.012(0.018)	0.024(0.032)	0.040

注：①基本周期介于 3.5s 和 5.0s 之间的结构，应允许线性插入取值；

②7、8 度时括号内数值分别用于设计基本地震加速度为 $0.15g$ 和 $0.30g$ 的地区。

结构的自振周期 T 在施工图设计时一般通过计算程序确定，由于在结构计算时只考虑了主要承重结构的刚度，而刚度很大的砌体填充墙的刚度在计算中未予以反映，因此计算所得的周期较实际周期长，如果按计算周期直接计算地震作用，将偏于不安全。因此计算周期必须乘以周期折减系数 ψ_T 后，再用于计算地震作用。

周期折减系数 ψ_T 取决于结构形式和砌体填充墙的多少。框架结构主体刚度较小，而砌体墙较多，刚度影响较大，实测周期一般只是计算周期的 50%～60%；相反，剪力墙结构具有很大的刚度，少数甚至没有砌体填充墙，因而实测周期接近于计算周期。因此，折减系数 ψ_T 可按下列规定采用：

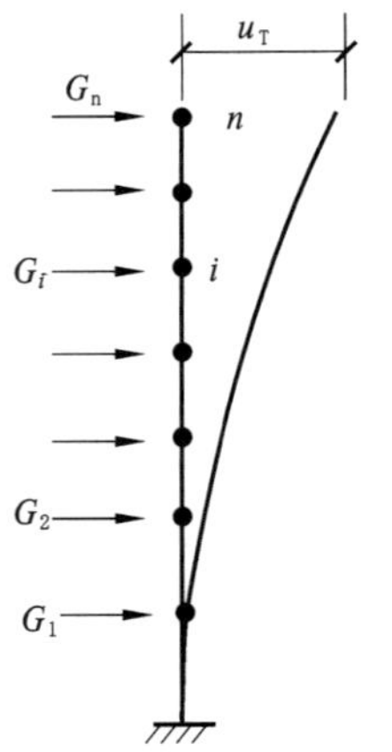

图 3.4 假想顶点位移 u_T 的计算简图

框架结构：　$\psi_T=0.6 \sim 0.7$

框架-剪力墙：　$\psi_T=0.7 \sim 0.8$

框架-核心筒：　$\psi_T=0.8 \sim 0.9$

剪力墙结构：　$\psi_T=0.8 \sim 1.0$

对于其他结构体系或采用其他非承重墙体时，可根据工程情况确定周期折减系数。

对于质量与刚度沿高度分布比较均匀的框架结构、框架-剪力墙结构，其基本自振周期 T_1 可按下式计算：

$$T_1 = 1.7\psi_T \sqrt{u_T} \tag{3.24}$$

式中 u_T——计算结构基本自振周期用的结构假想顶点位移（m），如图 3.4 所示。

计算 u_T 时，假定把楼层重力荷载代表值 G_i 作为楼层作用的水平力，然后按弹性方法进行水平位移计算。

3.3.3 突出屋面上塔楼的地震力

塔楼的底部放在屋面上，受到的是经过主体建筑放大后的地震加速度，因而受到强化的激励。突出屋面的塔楼，其刚度和质量都比主体结构小得多，因而产生非常显著的鞭梢效应。

当采用时程分析方法时，塔楼与主体建筑一起分析，反应结果可以直接采用，不必修正。

用振型分解反应谱方法计算地震作用时，当采用 6 个以上振型时，已充分考虑了高阶振型的影响，可以不再修正。如果只采用 3 个振型，则所得的地震力可能偏小，塔楼的水平地震力宜适当放大。

当采用底部剪力法时，由于假定以第一振型的振型曲线为标准，因为求得到的地震力可能偏小较多，因而必须修正。

突出屋面的小塔楼一般指突出屋面的楼梯间、水箱间，通常 1～2 层，高度小，体积也不大。这时可将小塔楼作为一个质点，按式(3.10)计算它的水平地震作用 F_{n0}，然后按下式计算其实际地震作用：

$$F_n = \beta_n F_{n0} \tag{3.25}$$

式中 β_n——第 n 层的地震作用增大系数，按表 3.12 取值。

有突出屋面的小塔楼时，顶部附加水平地震作用 ΔF_n 加在主体结构的顶层，不加在小塔楼上。表 3.12 中，K_n、G_n 为小塔楼(第 n 层)的侧向刚度和重力荷载设计值，K、G 为主体结构层侧向刚度和重力荷载设计值，可取各层的平均值。

小塔楼地震作用增大系数 β_n **表 3.12**

结构基本自振周期 T_1(s)	G_n/G	K_n/K			
		0.001	0.01	0.05	0.1
0.25	0.01	2.0	1.6	1.5	1.5
	0.05	1.9	1.8	1.6	1.6
	0.1	1.9	1.8	1.6	1.5
0.5	0.01	2.6	1.9	1.7	1.7
	0.05	2.1	2.4	1.9	1.8
	0.1	2.2	2.4	2.0	1.8
0.75	0.01	3.6	2.3	2.2	2.2
	0.05	2.7	3.4	2.5	2.3
	0.1	2.2	3.3	2.5	2.3
1.00	0.01	4.8	2.9	2.7	2.7
	0.05	3.5	4.3	2.9	2.7
	0.1	2.4	4.1	3.2	3.0
1.50	0.01	6.6	3.9	3.5	3.5
	0.05	3.7	5.8	3.8	3.6
	0.1	2.4	5.6	4.2	3.7

侧向刚度 K 可由下式计算：

$$K = \frac{V}{\Delta u} \tag{3.26}$$

式中 V——层剪力；

Δu——对应的楼层层间位移。

采用振型分解反应谱方法进行设计时，小塔楼也作为一个质点参加计算。当采用 3 个振型时，地震作用放大系数可取为 1.5；当采用 6 个以上振型时，地震作用不再放大。放大后的水平地震作用只用来设计小塔楼本身及与小塔楼直接相连的主体结构构件，不传递到下部楼层。

3.3.4 竖向地震作用的计算

结构竖向地震作用标准值可采用时程分析方法或振型分解反应谱方法计算，也可按下列规定计算

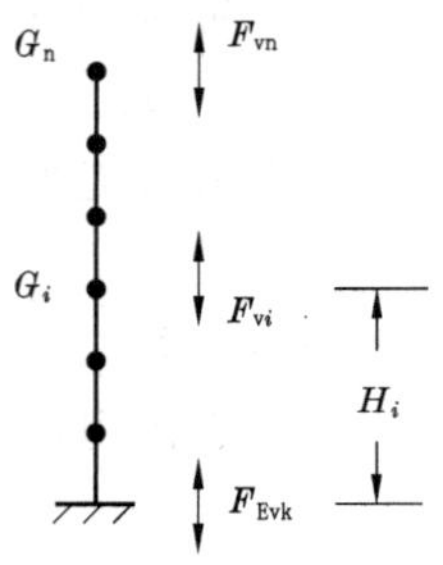

图 3.5 结构竖向地震作用计算示意图

（图 3.5）。

①结构总竖向地震作用标准值可按下列公式计算：

$$F_{Evk}=\alpha_{vmax}G_{eq} \tag{3.27}$$

$$G_{eq}=0.75G_E \tag{3.28}$$

$$\alpha_{vmax}=0.65\alpha_{max} \tag{3.29}$$

式中 F_{Evk}——结构总竖向地震作用标准值；

α_{vmax}——结构竖向地震影响系数最大值；

G_{eq}——结构等效总重力荷载代表值；

G_E——计算竖向地震作用时，结构总重力荷载代表值，应取各质点重力荷载代表值之和。

②结构质点 i 的竖向地震作用标准值可按下式计算：

$$F_{vi}=\frac{G_iH_i}{\sum_{j=1}^{n}G_jH_j}F_{Evk} \tag{3.30}$$

式中 F_{vi}——质点 i 的竖向地震作用标准值；

G_i，G_j——集中于质点 i、j 的重力荷载代表值；

H_i，H_j——质点 i、j 的计算高度。

③楼层各构件的竖向地震作用效应可按各构件承受的重力荷载代表值比例分配，并宜乘以增大系数 1.5。

高层建筑中，大跨度结构、悬挑结构、转换结构、连体结构的连接体竖向地震作用标准值，不宜小于结构或构件承受的重力荷载代表值与表 3.13 所规定的竖向地震作用系数的乘积。

竖向地震作用系数 **表 3.13**

设防烈度	7 度	8 度		9 度
设计基本地震加速度	0.15g	0.20g	0.30g	0.40g
竖向地震作用系数	0.08	0.10	0.15	0.20

注：g 为重力加速度。

对于跨度大于 24m 的楼盖结构、跨度大于 12m 的转换结构和连体结构，悬挑长度大于 5m 的悬挑结构，结构竖向地震作用效应标准值宜采用时程分析方法或振型分解反应谱方法进行计算。时程分析计算时输入的地震加速度最大值可按规定的水平输入最大值的 65％采用，反应谱分析时结构竖向地震影响系数最大值可按水平地震影响系数最大值的 65％采用，但设计地震分组可按第一组采用。对于跨度或悬挑长度不满足上述条件的大跨度结构和悬挑结构，可将地震作用系数乘以相应的重力荷载代表值作为竖向地震作用标准值。

3.4 荷载效应组合

3.4.1 荷载效应和地震作用效应的组合方式

在高层建筑结构上，作用有竖向荷载（包括恒荷载和使用荷载）、风荷载，还有水平地震作用和竖向地震作用。

在结构计算时，应当首先分别计算上述各种荷载作用下产生的效应（内力和位移），然后将这些内力和位移分别按照建筑物的设计要求进行组合，得到构件效应的设计值（内力设计值和位移设计值）。

不同设计状况效应组合下，所应考虑的荷载和地震作用见表 3.14。

设计中考虑的荷载和地震作用表　　**表 3.14**

效应组合		竖向荷载	风荷载	水平地震作用	竖向地震作用
持久、短暂设计状况		✓	✓		
地震设计状况	6～8度	✓	✓	✓	
	9度	✓	✓	✓	✓

注:只有当建筑的高度超过60m时,才同时考虑风与地震产生的效应。“✓”表示参与效应组合。

3.4.2 持久、短暂设计状况效应

持久、短暂设计状况下,荷载效应组合的设计值按下列公式确定:

$$S_d = \gamma_G S_{Gk} + \gamma_L \psi_Q \gamma_Q S_{Qk} + \psi_w \gamma_w S_{wk} \tag{3.31}$$

式中　S_d——荷载效应组合的设计值;

γ_G——永久荷载分项系数;

γ_Q——楼面活荷载分项系数;

γ_w——风荷载的分项系数;

γ_L——考虑结构设计使用年限的荷载调整系数,设计使用年限为50年时取1.0,设计使用年限为100年时取1.1;

S_{Gk}——永久荷载效应标准值;

S_{Qk}——楼面活荷载效应标准值;

S_{wk}——风荷载效应标准值;

ψ_Q,ψ_w——楼面活荷载组合值系数和风荷载组合值系数,当永久荷载效应起控制作用时应分别取0.7和0.0,当可变荷载效应起控制作用时应分别取1.0和0.6或0.7和1.0。(注:对书库、档案库、储藏室、通风机房和电梯机房,楼面活荷载组合值系数取0.7的场合风荷载组合值系数应取为0.9。)

各分项系数应按下列规定采用:

①永久荷载的分项系数γ_G:当其效应对结构不利时,对由可变荷载效应控制的组合应取1.3,对由永久荷载效应控制的组合应取1.45;当其效应对结构有利时,应取1.0。

②楼面活荷载的分项系数γ_Q:一般情况下应取1.5。

③风荷载的分项系数γ_w应取1.5。

高层建筑中活荷载所占的比例很小,而且一般不考虑活荷载的不利分布,按满载计算,所以常常将恒荷载和活荷载合并为竖向荷载进行一次性处理,这时竖向荷载效应的分项系数γ_G可取为1.35。

3.4.3 地震设计状况效应组合

地震设计状况下,考虑荷载效应和地震作用效应组合的设计值按下式确定:

$$S = \gamma_G S_{GE} + \gamma_{Eh} S_{Ehk} + \gamma_{Ev} S_{Evk} + \psi_w \gamma_w S_{wk} \tag{3.32}$$

式中　S——荷载效应和地震作用效应组合的设计值;

S_{GE}——重力荷载代表值的效应;

S_{Ehk}——水平地震作用标准值的效应,尚应乘以相应的增大系数或调整系数;

S_{Evk}——竖向地震作用标准值的效应,尚应乘以相应的增大系数或调整系数;

γ_G——重力荷载分项系数;

γ_w——风荷载分项系数;

γ_{Eh}——水平地震作用分项系数;

γ_{Ev}——竖向地震作用分项系数;

ψ_w——风荷载的组合系数,应取0.2。

各分项系数应按表 3.15 采用。当重力荷载效应对结构承载力有利时，表 3.15 中 γ_G 不应大于 1.0。

有地震作用效应组合时荷载和作用分项系数 **表 3.15**

所考虑的组合	γ_G	γ_{Eh}	γ_{Ev}	γ_w	说　明
重力荷载及水平地震作用	1.3	1.4	—	—	
重力荷载及竖向地震作用	1.3	—	1.4	—	9 度抗震设计时考虑；水平长悬臂和大跨度结构 7 度(0.15g)、8 度、9 度抗震设计时考虑
重力荷载、水平地震及竖向地震作用	1.3	1.4	0.5	—	9 度抗震设计时考虑；水平长悬臂和大跨度结构 7 度(0.15g)、8 度、9 度抗震设计时考虑
重力荷载、水平地震作用及风荷载	1.3	1.4	—	1.5	60m 以上的高层建筑考虑
重力荷载、水平地震作用、竖向地震作用及风荷载	1.3	1.4	0.5	1.5	60m 以上的高层建筑，9 度抗震设计时考虑；水平长悬臂和大跨度结构 7 度(0.15g)、8 度、9 度抗震设计时考虑
	1.3	0.5	1.4	1.5	水平长悬臂和大跨度结构 7 度(0.15g)、8 度、9 度抗震设计时考虑

注：表中"—"号表示组合中不考虑该项荷载或作用效应。

3.5 结构简化计算原则

高层建筑是一个复杂的空间结构。它不仅平面形状多变，立面体型也各种各样，而且结构形式和结构体系各不相同。高层建筑中，有框架、剪力墙和筒体等竖向抗侧力结构，又有楼板将它们连为整体。这样一种高次超静定、多种结构形式组合在一起的三维空间结构，要进行内力和位移计算，就必须进行计算模型的简化，引入不同程度的计算假定。简化的程度视所采用的计算工具，按必要和合理的原则决定。

3.5.1 弹性工作状态

高层建筑结构的内力与位移按弹性方法计算，在非抗震设计时，在竖向荷载和风荷载作用下，结构应保持正常使用状态，结构处于弹性工作阶段；在抗震设计时，结构计算是对多遇的小震(低于设防烈度 1.5 度)进行的，此时结构处于不裂的弹性阶段。所以，从结构整体来说，基本上处于弹性工作状态，按弹性方法计算。

但对于某些局部构件，由于按弹性计算所得的内力过大，出现截面设计困难，配筋不合理的情况。因此在某些情况下可以考虑局部构件的塑性变形内力重分布，对内力适当予以调整。例如连梁的刚度折减系数可以按照具体情况决定，但考虑到连梁的塑性变形能力十分有限，刚度折减系数不应小于 0.55。

对于罕遇地震的第二阶段设计，绝大多数结构不要求进行内力和位移计算，"大震不倒"通过构造要求予以保证。实际上由于在强震下结构已进入弹塑性阶段，处于开裂、破坏状态，构件刚度已难以确切给定，内力计算已无重要意义。

3.5.2 高层建筑结构应考虑整体共同工作

在低层建筑设计中，常将整个结构划分为若干平面结构，按构件间距分配荷载，然后逐片按平面结构独立进行分析，这种设计方法对高层建筑结构不适用。

高层建筑结构在风力和地震作用下，楼层的总水平力是已知的，但这水平力如何分配到各片框架、各片剪力墙却是未知的。由于各片抗侧力结构的刚度、形式不同，变形特征也不相同，所以不能简单地按受荷面积、构件间距分配；否则，会使刚度大、起主要作用的结构所分配的水平力过小，偏于不安全。

由于高层建筑中楼板在自身平面内的刚度是很大的，几乎不产生变形，在不考虑扭转影响时，同层各构件水平位移相同，剪力墙结构中各片墙的水平力大致按其等效刚度分配；框架结构中的各片框架的水平力大致按其抗侧刚度分配；框架-剪力墙和筒体结构则受力较为复杂，要进行专门的计算。

3.5.3 楼板在自身平面内的刚度为无限大

高层建筑进深大，剪力墙、框架等抗侧力结构的间距远小于进深，楼面的整体性能好，楼板如同水平放置的深梁，在平面内的刚度非常大。所以，在内力和位移计算中，楼板一般可作为刚性隔板，在平面内只有刚体位移——平移和转动，不改变形状。

由于计算中采用了楼板刚度无限大的假定，所以楼面构造就要保证楼板刚度无限大。一般情况下，现浇楼面可以满足要求；框架-剪力墙结构采用装配式楼面时，必须加现浇面层。

在下列情况下，楼板变形比较显著，楼板刚度无限大的假定不适用。这时，对采用刚性楼面假定的计算结果加以修正，或采用考虑楼面的平面内刚度的计算方法。

(1)楼面内有很大的开洞或缺口，宽度削弱；

(2)楼面有较长的外伸段；

(3)底层大空间剪力墙结构的转换层楼面；

(4)楼面整体性较差。

相对于抗侧力结构的刚度，楼板的出平面刚度较小，一般情况下可以不考虑其作用。但在无梁楼盖中，由于没有框架梁，楼板起等效框架梁的作用，这时楼板的平面外刚度即作为等效框架梁的刚度。

3.5.4 在计算中应考虑墙与柱子轴向变形的影响

由结构力学可知，计算结构位移的公式为：

$$\delta_{ij}=\int\frac{M_iM_j}{EI}\mathrm{d}s+\int\frac{N_iN_j}{EA}\mathrm{d}s+\int\frac{\mu V_iV_j}{GA}\mathrm{d}s \tag{3.33}$$

通常在低层建筑结构分析中，只考虑弯矩项，因为轴力项和剪切项很小，一般可以不考虑。但对于高层建筑结构，情况就不同了。由于层数较多，高度大，轴力值很大，再加上沿高度积累的轴向变形显著，轴向变形会使高层建筑结构的内力数值与分布产生显著的改变。

高层建筑结构分析中，对于简化的手算方法，除考虑各杆件的弯曲变形外，对于高宽比大于 4 的结构，宜考虑柱和墙的轴向变形的影响；剪力墙宜考虑剪切变形。

采用计算机计算时，如用平面抗侧力空间结构协同工作分析方法，应考虑梁的弯曲与剪切变形，对柱、墙应考虑弯曲、剪切和轴向变形；采用杆件系统三维空间分析时，除上述变形外，梁、柱、墙均应考虑扭转变形，墙肢还应考虑截面翘曲。

轴向变形的影响在结构计算中应当考虑，但是，结构所受的竖向荷载不是在结构完成后一次施加的。特别是，占绝大部分的结构自重是在施工过程中逐层施加的，轴向压缩变形已在施工过程中分阶段完成，并在各层标高处找平。

所以，在考虑轴向变形影响时，要考虑施工过程分层施加竖向荷载这一因素，不能简单按一次加载考虑，否则会出现一些不合理的计算结果，如邻近剪力墙和框架-筒体的上层框架柱，在竖向荷载作用下出现拉力，上层框架梁出现过大的弯矩与剪力。

3.6 扭转效应的简化计算

在风荷载和地震作用下结构都可能受扭，即使在完全对称的结构中，亦不可避免会受到扭转作用，而在地震作用下，扭转常常使结构遭受严重破坏。但是扭转计算是个比较困难的问题，扭转作用无法精确计算，在工程设计中，扭转问题要着重从设计方案、抗侧力结构布置或配筋构造、连接构造进行妥善考虑。一方面尽可能减少扭转，另一方面尽可能加强结构的抗扭能力，计算仅作为一种补充手段。

扭转近似计算仍然建立在平面结构及楼板在自身平面内刚度无限大这两个基本假定的基础上，一般是先作平移下内力分析，然后考虑扭转作用对内力及位移加以修正。

3.6.1 质量中心、刚度中心及扭转偏心距

在近似方法中，要先确定水平力作用点及刚度中心，两者之距即为扭转偏心距。

风荷载的合力作用点（即总风荷载的作用点）位置按静力矩平衡条件确定。

等效地震荷载的作用点即惯性力的合力作用点，与质量分布有关，称为质心。可将建筑面积分为若干单元，认为在每个单元中质量是均匀分布的，见图3.6。在参考坐标系 xOy 中确定质心坐标 x_m、y_m，计算时可用重量代替质量。

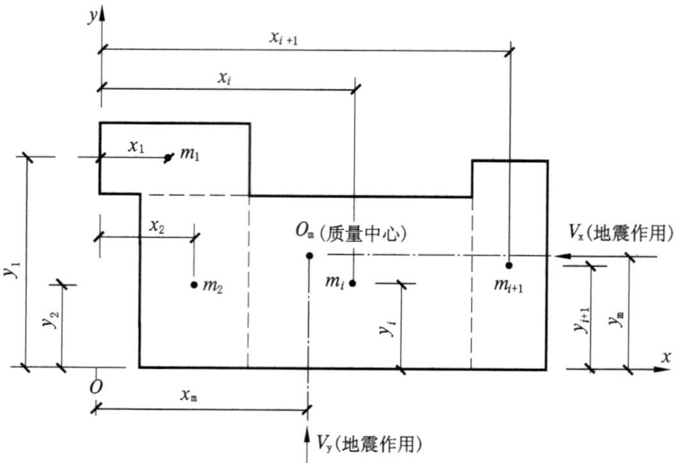

图3.6 质心坐标

$$\left.\begin{aligned}x_m &= \sum x_i m_i \Big/ \sum m_i = \sum x_i w_i \Big/ \sum w_i \\ y_m &= \sum y_i m_i \Big/ \sum m_i = \sum y_i w_i \Big/ \sum w_i\end{aligned}\right\} \tag{3.34}$$

式中 x_i，y_i——第 i 个面积单元的重心坐标；

m_i，w_i——第 i 个面积单元的质量和重量。

所谓刚度中心，在近似方法中是指各抗侧力单元抗侧移刚度的中心，简称为刚心。计算方法与形心计算方法类似。把抗侧力单元的抗侧移刚度作为假想面积，求得假想面积的形心就是刚度中心。

抗侧移刚度是指抗侧力单元在单位层间位移下的层剪力值，即

$$\left.\begin{aligned}D_{yi} &= V_{yi}/\delta_y \\ D_{xk} &= V_{xk}/\delta_x\end{aligned}\right\} \tag{3.35}$$

式中 V_{yi}——与 y 轴平行的第 i 个结构单元剪力；

V_{xk}——与 x 轴平行的第 k 个结构单元剪力；

δ_x，δ_y——该结构在 x 方向和 y 方向的层间位移。

D 的物理意义将在第4章讨论。

下面分别讨论框架结构、剪力墙结构和框架-剪力墙结构3类结构中，刚心位置的具体计算方法。

(1)框架结构

框架柱的 D 值就是抗侧移刚度，所以分别求出每根柱在 y 方向和 x 方向的 D 值后，直接代入下式求 x_0、y_0，式中求和符号表示对所有柱求和。

$$\left.\begin{aligned}x_0 &= \sum D_{yi} x_i \Big/ \sum D_{yi} \\ y_0 &= \sum D_{xk} y_k \Big/ \sum D_{xk}\end{aligned}\right\} \tag{3.36}$$

(2)剪力墙结构

根据式(3.35)的定义求剪力墙的抗侧移刚度，式中 V_{yi}、V_{xk} 是在剪力墙结构平移变形时第 i 片及第 k 片墙分配到的剪力。它们是按各片剪力墙的等效抗弯刚度分配的。

$$
\left.\begin{aligned}
V_{yi} &= \frac{E_i I_{\mathrm{eq}yi}}{\sum E_i I_{\mathrm{eq}yi}} V_y \\
V_{xk} &= \frac{E_k I_{\mathrm{eqxk}}}{\sum E_k I_{\mathrm{eqxk}}} V_x
\end{aligned}\right\} \tag{3.37}
$$

将式(3.35)及式(3.37)代入式(3.36)，通常同一层中各片剪力墙弹性模量相同，故刚心坐标可由下式计算：

$$
\left.\begin{aligned}
x_0 &= \sum I_{\mathrm{eq}yi} x_i / \sum I_{\mathrm{eq}yi} \\
y_0 &= \sum I_{\mathrm{eqxk}} y_k / \sum I_{\mathrm{eqxk}}
\end{aligned}\right\} \tag{3.38}
$$

上式说明，在剪力墙结构中，可以直接由剪力墙等效抗弯刚度计算刚心位置，计算时注意纵向及横向剪力墙要分别计算，式中求和符号表示对同一方向各片剪力墙求和。

(3)框架-剪力墙结构

在框架-剪力墙结构中，框架柱的抗侧移刚度和剪力墙的等效抗弯刚度都不能直接使用。可以根据抗侧移刚度的定义，把式(3.35)代入式(3.36)，这时注意把与 y 轴平行的框架与剪力墙按统一顺序排号，与 x 轴平行的也按统一排号，则可得到

$$
\left.\begin{aligned}
x_0 &= \frac{\sum[(V_{yi}/\delta_y)x_i]}{\sum(V_{yi}/\delta_y)} = \frac{\sum V_{yi} x_i}{\sum V_{yi}} \\
y_0 &= \frac{\sum[(V_{xk}/\delta_x)y_k]}{\sum(V_{xk}/\delta_x)} = \frac{\sum V_{xk} y_k}{\sum V_{xk}}
\end{aligned}\right\} \tag{3.39}
$$

上式中的 V_{yi}、V_{xk} 是框架-剪力墙结构 y 方向及 x 方向平移变形下协同工作计算后，各片抗侧力单元所分配到的剪力。因此，在框架-剪力墙结构中，一般先不考虑扭转时的协同工作计算，按式(3.39)近似计算刚心位置。

从式(3.39)也可给刚度中心一个新的解释，即它是在不考虑扭转情况下各抗侧力单元层剪力的合力中心。因此，在其他类型的结构中，当已经知道各抗侧力单元抵抗的层剪力值后，也可直接由层剪力计算刚心位置。

在确定了水平力合力作用线和刚度中心后，两者的距离 e_{0x}、e_{0y} 就分别是 y 方向作用力(剪力)V_y 和 x 方向作用力(剪力)V_x 的计算偏心距。

为了安全，需要考虑偶然偏心的影响，将近似计算所得的偏心距 e_{0x}，e_{0y} 增大，得到设计偏心距，通常，可按下式计算：

$$
\left.\begin{aligned}
e_x &= e_{0x} + 0.05L_x \\
e_y &= e_{0y} + 0.05L_y
\end{aligned}\right\} \tag{3.40}
$$

式中　L_x，L_y——与力作用方向相垂直的建筑物总长。

3.6.2　考虑扭转作用的剪力修正

图 3.7(a)中的虚线表示结构在偏心的层剪力作用下发生的层间变形的情况。层间剪力 V_y 距刚心 O_D 为 e_x，因而有扭矩 $M_t = V_y e_x$。在 V_y 及 M_t 共同作用下，既有平移变形，又有扭转变形。

把图 3.7(a)中的层间变形分解为平移及转动两部分，如图 3.7(b)及图 3.7(c)所示。图 3.7(b)中结构只有相对层间平移 δ，而图 3.7(c)中只有相对层间转角 θ，可以利用叠加原理得到各片抗侧力单元的侧移及内力。

由于假定楼板在自身平面内有无限刚性，楼板上任意一点的位移都可由 δ、θ 描述。但是，又因为假设各抗侧力单元仅在自身平面内抵抗外力，故计算时只需知道各片抗侧力单元在其自身平面方向的侧移。将坐标原点设在刚心 O_D 处，并设坐标轴如图 3.7 所示，规定与坐标轴正方向相一致的位移为正，转角 θ 则

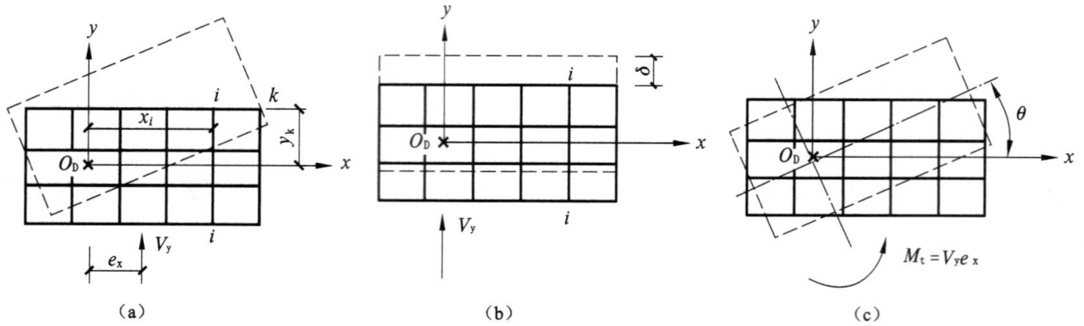

图 3.7　结构平移及扭转变形

以反时针旋转为正，则各片结构的位移可表示如下：

与 y 轴平行的第 i 片结构沿 y 方向的层间位移为：

$$\delta_{yi}=\delta+\theta x_i \tag{a}$$

与 x 轴平行的第 k 片结构沿 x 方向的层间位移为：

$$\delta_{xk}=-\theta y_k \tag{b}$$

式中　x_i, y_k——第 i 片及第 k 片结构形心在 yO_Dx 坐标系中的坐标值，为代数值。

由抗侧移刚度的定义可知下列关系成立：

$$V_{yi}=D_{yi}\delta_{yi}=D_{yi}\delta+D_{yi}\theta x_i \tag{c}$$

$$V_{xk}=D_{xk}\delta_{xk}=-D_{xk}\theta y_k \tag{d}$$

式中　V_{yi}, V_{xk}——第 i 片及第 k 片结构在层间剪力 V_y 及扭矩 M_t 作用下的剪力。

由力平衡条件 $\sum Y=0, \sum M=0$，可得：

$$V_y=\sum V_{yi}=\delta\sum D_{yi}+\theta\sum D_{yi}x_i \tag{e}$$

$$V_ye_x=\sum V_{yi}x_i-\sum V_{xk}y_k=\delta\sum D_{yi}x_i+\theta\sum D_{yi}x_i^2+\theta\sum D_{xk}y_k^2 \tag{f}$$

式(f)中第二项取负号的原因是：按图 3.7 所设的坐标系统，V_{xk}与 y 符号相反，但又假定反时针旋转为正，因此第二项必须冠以负号才能得到正力矩。

因为 O_D 是刚度中心，现取为原点，由刚心定义：

$$\sum D_{yi}x_i=0 \tag{g}$$

代入式(e)、(f)，移项后得：

$$\delta=V_y/\sum D_{yi} \tag{3.41}$$

$$\theta=\frac{V_ye_x}{\sum D_{yi}x_i^2+\sum D_{xk}y_k^2} \tag{3.42}$$

式(3.41)是平移时力和位移的关系，$\sum D_{yi}$ 为结构在 y 方向的总抗侧移刚度。式(3.42)是扭转时扭矩与转角的关系，分母称为结构的抗扭刚度。

将 δ、θ 代入式(c)、(d)，经整理得

$$V_{yi}=\frac{D_{yi}}{\sum D_{yi}}V_y+\frac{D_{yi}x_i}{\sum D_{yi}x_i^2+\sum D_{xk}y_k^2}V_ye_x \tag{h}$$

$$V_{xk}=-\frac{D_{xk}y_k}{\sum D_{yi}x_i^2+\sum D_{xk}y_k^2}V_ye_x \tag{i}$$

同理，当 x 方向作用有偏心剪力 V_x 时，在 V_x 和扭矩 V_xe_y 作用下也可推得类似公式：

$$V_{xk}=\frac{D_{xk}}{\sum D_{xk}}V_x+\frac{D_{xk}y_k}{\sum D_{yi}x_i^2+\sum D_{xk}y_k^2}V_xe_y \tag{j}$$

$$V_{yi}=-\frac{D_{yi}x_i}{\sum D_{yi}x_i^2+\sum D_{xk}y_k^2}V_xe_y \tag{k}$$

以上 4 式是分别在 x 和 y 方向有扭矩作用时各侧力单元中的剪力。它们说明，无论在哪个方向水平荷载有偏心而引起结构扭转时，两个方向的抗侧力单元都能参加抵抗扭矩，但是平移变形时，与力作用方向相垂直的抗侧力单元不起作用。

从抗侧力单元中构件设计角度来看，y 方向水平荷载作用下产生的剪力 V_{yi} 比 x 方向水平荷载作用下产生的 V_{yi} 值大，即式(h)中 V_{yi} 包含了平移及扭转两部分，因此应当用式(h)所得内力设计与 y 轴平行的这些抗侧力单元。同理，在设计与 x 方向平行的那些抗侧力单元时，应当用式(j)求出的 V_{xk}。式(i)求出的 V_{xk} 和式(k)求出的 V_{yi} 都不是设计构件的控制内力。

将式(h)及式(j)改写成：

$$V_{yi}=\left(1+\frac{e_xx_i\sum D_{yi}}{\sum D_{yi}x_i^2+\sum D_{xk}y_k^2}\right)\frac{D_{yi}}{\sum D_{yi}}V_y \tag{3.43}$$

$$V_{xk}=\left(1+\frac{e_yy_k\sum D_{xk}}{\sum D_{yi}x_i^2+\sum D_{xk}y_k^2}\right)\frac{D_{xk}}{\sum D_{xk}}V_x \tag{3.44}$$

或简写为：

$$V_{yi}=\alpha_{yi}\frac{D_{yi}}{\sum D_{yi}}V_y \tag{3.45}$$

$$V_{xk}=\alpha_{xk}\frac{D_{xk}}{\sum D_{xk}}V_x \tag{3.46}$$

式(3.43)至式(3.46)说明，在考虑扭转以后，某个抗侧力单元的剪力，可以用平移分配到的剪力乘以修正系数得到，修正系数为：

$$\alpha_{yi}=1+\frac{e_xx_i\sum D_{yi}}{\sum D_{yi}x_i^2+\sum D_{xk}y_k^2} \tag{3.47}$$

$$\alpha_{xk}=1+\frac{e_yy_k\sum D_{xk}}{\sum D_{yi}x_i^2+\sum D_{xk}y_k^2} \tag{3.48}$$

在扭转作用下各片结构的层间侧移可用式(a)、式(b)近似计算，式中层间相对转角 θ 由式(3.42)计算。

3.7 抗震设计的一般原则

3.7.1 地震时地面运动的特点

地震波从震源经过基岩传播到建筑场地后，地表土相当于一个放大器和一个滤波器(图 3.8)，它一方面把基岩的加速度放大，表土越深，土质越差，放大作用越显著，对建筑物产生的震害越大；另一方面，由各种不同频率组成的地震波通过表土时，与场地土自振周期(卓越周期)一致的成分得到放大，不一致的成分衰减，表土起了滤波器的作用，使地震波的主频率与场地卓越周期的频率一致，这样，当建筑物的自振周期与场地卓越周期一致或接近时，由于共振而使震害更加严重。1985 年 9 月墨西哥地震中，由于墨西哥城表土冲积层很厚，地震波主要周期为 2s，因而 10～15 层的建筑物破坏特别严重。

地震所产生的地面运动有很大的随机性，不同地点所发生地震的波形是完全不同的，因此它对建筑物所产生的作用是很不相同的，所以，抗震设计所考虑的地震作用是不确定的，不能准确地预测，难以确切估计，因此，抗震设计必须留有较多的余地。

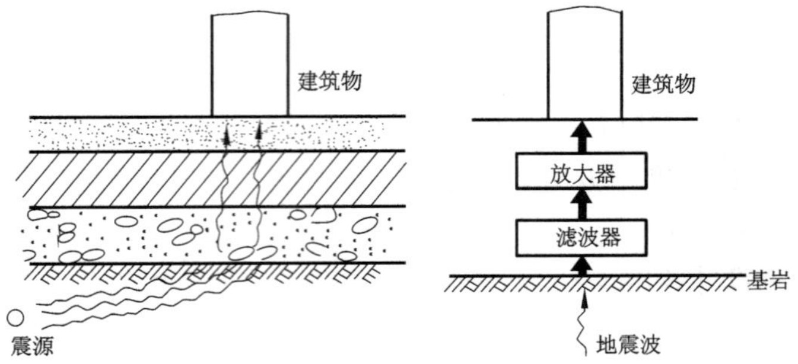

图 3.8　表土的放大与滤波作用

目前,按《建筑抗震设计规范》进行设计时,只对建筑物平面的两个主轴方向分别进行验算,不考虑双向地震力同时作用。实际上,地震是非常复杂的三维振动,不仅平面上 x 向与 y 向同时进行双向振动,而且还有显著的竖向振动。仅就平面上的振动而言,也是极为不规则的,图 3.9 表示 1940 年 El Centro 地震记录加速度随时间在平面内变化的记录曲线,由图 3.9 可见振动在 x-y 整个平面内进行,而且非常不规则。竖向振动最大加速度通常为水平分量的 30%～50%。它对高层建筑中的悬挑结构和大跨度楼盖和屋盖,都有显著的影响。

地震对建筑物作用的显著特点是其与建筑物本身、场地土的动力特性有关。不同周期的建筑物,其地震反应是不同的(图 3.10)。

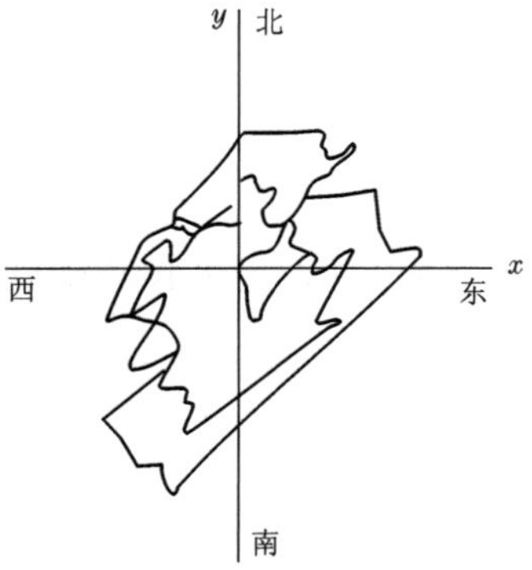

图 3.9　El Centro **波的振动记录**

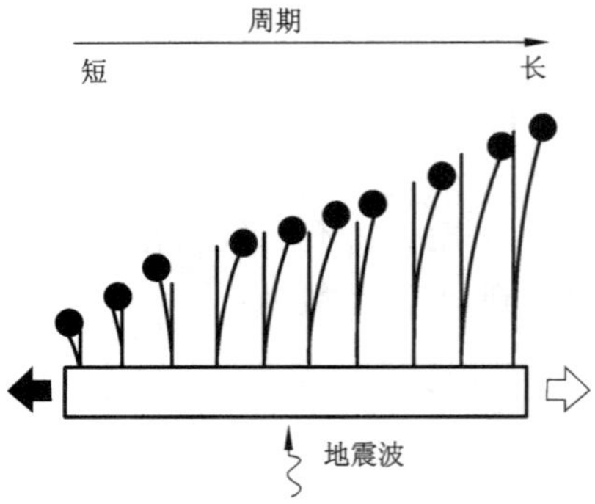

图 3.10　不同周期建筑物的地震反应

由于地震的作用使建筑物产生位移 x、速度 $\dot{x}$ 和加速度 $\ddot{x}$,把不同周期下反应值的大小画成曲线,这些曲线称之为反应谱。一般来说,随周期的延长,位移反应谱为上升的曲线,速度反应谱比较恒定,而加速度反应谱则是大体为下降的曲线(图 3.11)。

作为设计直接依据的是加速度反应谱。加速度反应谱在周期很短时有一个上升段,当建筑周期与场地土卓越周期接近时,出现峰值,随后逐渐下降。峰值周期与场地土的类型有关:Ⅰ类场地土为 0.1～0.2s;Ⅱ类场地土为 0.3～0.4s;Ⅲ类场地土为 0.5～0.6s;Ⅳ类场地土为 0.7～1.0s(图 3.12)。

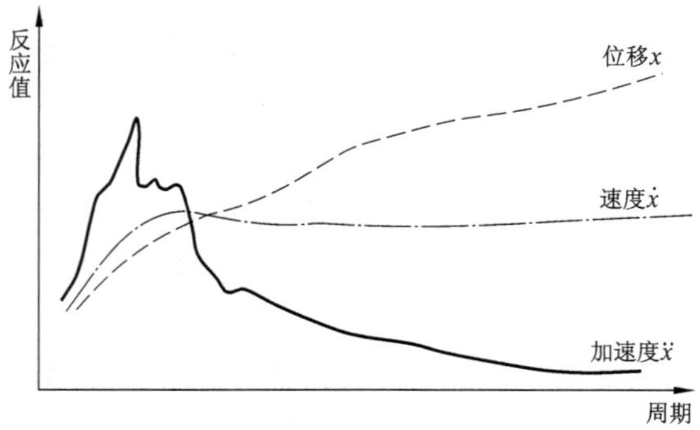

图 3.11　反应谱的大体趋势

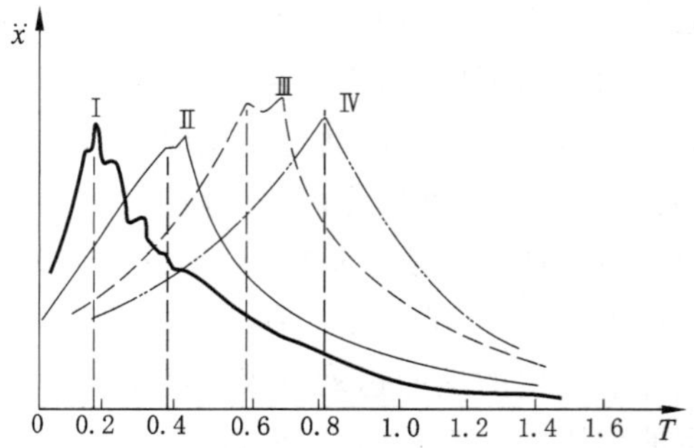

图 3.12　加速度反应谱

由图 3.12 可见，建筑物受到的地震作用并不是固定的，它取决于建筑物的自振周期和场地土的特性。与风荷载作用时间（几十分钟到几个小时）相比，地震作用的时间是十分短的，一次地震往往只经历短短的几十秒钟，其中强烈振动仅仅几秒钟。地震时间越长，破坏越严重。1985 年 9 月墨西哥城地震达 0.2g 的最大加速度，而持续时间长达 3min 之久，因而造成了严重的损失。因为，地震作用是动力作用，由于地面运动而引起的建筑物强迫振动，振动周期越接近且震动持时越长，建筑结构损伤积累越多，震害越严重。

衡量地震作用强烈程度目前常用地震最大加速度，即在地震过程中建筑物基础输入的最大加速度 a_{max}，其单位为重力加速度 g（9.81m/s^2）或 gal（1gal＝10mm/s^2），1g＝981gal。大体上，7 度相当于最大加速度为 100gal，8 度相当于 200gal，9 度相当于 400gal。

建筑物在地震作用下要受到惯性力，使建筑物产生内力与位移。地震作用的大小与建筑物的质量和刚度有关。在同等的烈度和场地条件下，建筑物的自重越大，受到的地震作用也越大，因此，减轻结构自重，不仅可以节省建筑材料，而且有利于抗震。同样，结构刚度越大，周期越短，受到的地震作用也越大，因此，建筑物的刚度不宜过大。在满足允许位移的前提下，可以适当调整建筑物的刚度，适当延长建筑物的周期，降低地震作用，这会有很大的经济效益。

由前面的介绍可知，地震的作用是非常复杂的，影响因素很多，因而有很大的不确定性。即使在相同的设防烈度下，不同的地震反应结果也是非常离散的。现行《建筑抗震设计规范》给出的反应谱曲线，也只是很多个互不相同的真实反应谱的平均值，因此，不能认为按反应谱计算得到的地震作用是确定性的。所以设计必须留有余地，并且从各方面对结构性能予以综合提升。

3.7.2 合理选择结构的刚度

采用刚性结构还是柔性结构的问题，历来争论很多。自 20 世纪 50 年代以来，历次地震震害的情况表明，采用何种结构要考虑所用的结构体系和材料，更要考虑场地土的卓越周期，避免发生共振。唐山地震中，天津附近的塘沽地区 4～5 层混合结构住宅震害很轻微，而 6～10 层框架结构破坏却相当严重，不少框架结构倒塌。通常认为柔性框架结构抗震性能优于刚性的混合结构，但塘沽是在海边的沉积土层上，场地土卓越周期为 0.8～1.0s，正好与 10 层左右的框架自振周期接近，比多层混合结构自振周期 0.2～0.3s 长得多，因而产生了这样的震害现象。

另一方面，钢筋混凝土结构的截面大、刚性大、延性较小，比较适宜于采用刚性结构以提高抗震能力；钢结构与之相反，比较适合于做成柔性结构。

刚性结构和柔性结构特点比较见表 3.16。

刚性结构和柔性结构特点比较 **表 3.16**

结　构	优　　点	缺　　点
刚性结构	（1）当地面运动周期长时，震害较小 （2）结构变形小，非结构构件容易处理 （3）安全储备较大，空间整体性好 （4）适宜钢筋混凝土结构特点	（1）当地面运动周期短时，有产生共振的危险 （2）地震作用较大 （3）结构变形能力小，延性小 （4）材料用量常常较多
柔性结构	（1）当地面运动周期短时震害较小 （2）地震作用较小 （3）一般结构自重较轻，地基易处理 （4）适于钢结构的特点	（1）长周期地面运动易发生共振 （2）非结构构件要有特殊要求，否则易产生破坏 （3）容易产生 P-Δ 效应和倾覆 （4）不容易适应钢筋混凝土结构

3.7.3 结构的抗震性能

（1）构件的抗震性能

一般认为，当构件吸收到某一定值的地震能量之后，便会破坏。这能量 E 可由力-位移曲线所包围的面积来表示。当结构是完全弹性时,力-位移是直线性关系[图 3.13(a)],当△OAB 的面积达到一定数值时,构件破坏;如果构件有一定的塑性变形能力,则当吸收的地震能量相同时,受到的地震作用较小[图 3.13(b)];塑性变形能力越大,则受到的地震作用越小[图 3.13(c)]。

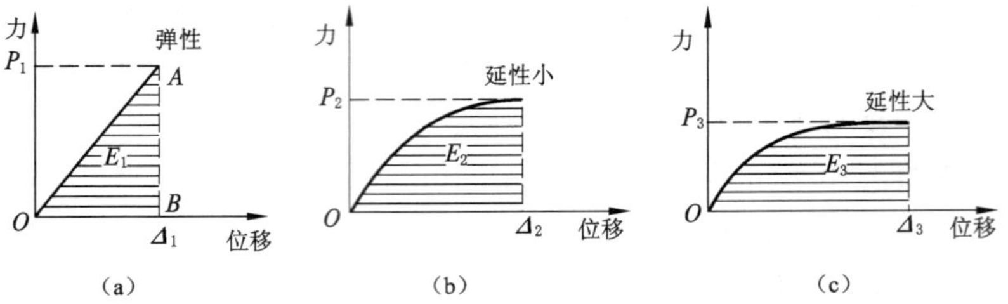

图 3.13　构件的变形能力图

如图 3.13(a)这样的弹性变形特性的构件,是以弹性变形来吸收地震能量的;如图 3.13(b)及 3.13(c)这样的构件主要是以塑性变形来吸收地震能量的。在 $E_1=E_2=E_3$ 条件下,有 $P_1>P_2>P_3$,相应 $\Delta_1<\Delta_2<\Delta_3$。即是说,可以利用构件的变形能力来降低设计内力。一般将构件破坏时的变形 Δ_v 与屈服时的变形 Δ_y 的比值称为延性 μ:

$$\mu=\frac{\Delta_v}{\Delta_y} \tag{3.49}$$

通常,为了保证构件有良好的抗震性能,一般要求 $\mu>3$,而构件的延性主要依靠合理的截面尺寸、适宜的配筋和充分的构造措施来保证,所以在方案设计和构造设计时都要充分注意。

(2)结构整体的抗震性能

结构整体的抗震性能取决于如下因素:

①各构件的强度和变形性能;

②构件之间的连接构造;

③结构的稳定性;

④结构的整体性及空间工作能力;

⑤能有多道抗震设防系统;

⑥非主要构件的抗震能力。

当结构按保证强度和保证延性两种设计方法设计时,应考虑的因素如图 3.14 所示。

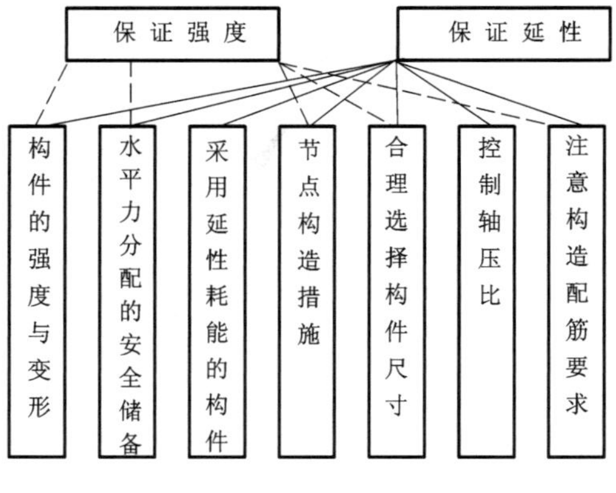

图 3.14　设计中应考虑的因素

(3)结构体系的消能减震

消能减震技术是通过在结构体系中附加耗能装置来增加结构阻尼、减小结构地震反应、实现整体结构的抗震性能提升。

消能减震装置种类繁多,适用范围较广,可同步提升结构与非结构构件的抗震性能。

3.7.4 唐山地震中高层建筑的震害

1976 年 7 月 28 日，唐山丰南地区发生了 7.9 级地震，唐山市区烈度达 10 度，天津为 8 度，北京为 6 度。震后调查了 35 幢高层建筑的震害情况，有些经验教训对高层建筑结构抗震设计有很重要的参考价值。

(1)地震区不宜采用框架结构，应优先考虑设有部分剪力墙的框架-剪力墙结构，避免主体结构位移过大使填充墙、装饰性构件大量破坏。在京津唐地区，框架结构砖填充墙的破坏是大量的、普遍的，轻则开裂，重则倒塌，修复困难，费用也很高。

(2)应当注意防震缝的设计。在京津唐地区，除北京饭店外(缝净宽 600mm)，几乎有缝必碰，有碰必坏，轻则面砖、女儿墙损坏，重则框架碰撞，即使防震缝净宽度达 150mm 的天津友谊宾馆和北京民航办公楼亦难以避免。

(3)平面形状或刚度不对称，使建筑物产生显著的扭转，震害严重。如天津人民印刷厂厂房采用 L 形平面，楼梯间偏置，由于扭转而使几根角柱破坏；汉沽化工厂一些框架厂房角柱上下错位、破断。

(4)凸出屋面的塔楼受鞭梢效应的影响，破坏相当严重。天津南开大学主楼上面 3 层框架结构的细长塔楼，在主震中受严重破坏，后来在余震中全部倒塌。北京地区采用混合结构的屋面小塔楼也大量损坏。

(5)楼、电梯间破坏一般都比较严重。楼、电梯间墙体一边有楼板，一边没有楼板，受平面外弯矩和剪力作用，受力很不利。许多采用混合结构的楼梯间开裂、倒塌，甚至钢筋混凝土结构的楼、电梯井筒，往往也在楼板标高处出现水平裂缝。

(6)高层部分与低层部分之间连接构造不合理造成严重震害。如天津友谊宾馆低层餐厅部分屋面梁通过牛腿搭在主楼框架上，由于两部分之间振动不一致而使牛腿压碎、拉断。

(7)框架柱截面尺寸太小，箍筋不充分，柱的延性与抗剪能力不足而产生脆性的剪切破坏或柱头压碎。

(8)沿竖向楼层质量和刚度变化太大，使楼层变形过于集中而产生破坏。例如天津碱厂 14 层框架，在 6 层、11 层产生 80mm 和 165mm 的层间变形，地震过程中首先在 11 层发生中柱破坏后，6 层以上全部倒塌。

以上种种震害现象表明：高层建筑结构抗震设计是十分复杂的任务，需要综合各个环节充分考虑。

3.7.5 抗震设计的基本原则

(1)抗震设计的基本要求

为了使高层建筑具有足够的抗震能力，达到“小震不坏，大震不倒”的要求，下列基本原则在设计中应充分考虑：

①选择有利的场地，避开不利场地，采取措施保证地基的稳定性。

②选择合理的结构体系。对于钢筋混凝土结构，一般框架抗震能力较差，框架-剪力墙结构抗震能力较好，剪力墙结构和筒体结构抗震能力高。

③平面布置力求简单、规则、对称，避免应力集中的凹角和收进；避免楼、电梯间偏置，尽量减少扭转的影响。

④尽量避免建筑物竖向体型复杂、外挑内收变化过多，力求刚度均匀，不要刚度突变，避免产生变形集中。当顶层设置大房间、底层部分剪力墙变为框架时，应按专门规定进行设计。

⑤结构布置要受力明确，传力途径直接简单。

⑥加强结构空间整体性，增加超静定次数，组织多道设防。

⑦保证构件的延性，避免脆性破坏(如锚固破坏、剪切破坏等)，也要采取措施防止结构在地震中失稳和倾覆。

⑧尽量减轻结构自重，减小地基土压力，降低地震作用。

⑨保证足够的刚度，满足高层建筑结构允许位移值的要求。

⑩调整平面形状与尺寸，采取构造措施和留临时性施工缝(后浇带)的方法，尽量少设或不设防震缝。

(2)抗震设防目标

地震是多年不遇的偶然作用，而且有巨大的破坏力，因此，不能要求一般高层建筑在地震中完好无损，只能按照“小震不坏、中震可修、大震不倒”的原则进行设计。

①小震不坏　在建筑物使用期间内可能遇到的多遇地震（小震），即相当于比设防烈度低 1.5 度的地震作用下，建筑结构应保持弹性状态而不损坏，按这种受力状态进行内力计算和截面设计。

②中震可修　即在设防烈度地震（中震）下，建筑结构可以出现损坏，经修理后仍可以继续使用，并保证生命和设备的安全。

③大震不倒　当遭遇了千年不遇的罕遇地震（大震），建筑物会严重损坏，但要求不倒塌，保证生命安全。所谓大震，一般指超出设计烈度 1～1.5 度的地震。

三水准的设防要求见表 3.17。

三水准设防要求下的地震系数最大值　　**表 3.17**

水　准	规范术语	频　度	50 年超越概率	设防烈度			说　明
				7 度	8 度	9 度	
小　震	多遇地震	50 年一遇	63%	0.08	0.16	0.32	进行内力位移计算和截面设计
中　震	设防地震	500 年一遇	10%	0.23	0.45	0.90	采取构造措施
大　震	罕遇地震	2500 年一遇	2%～3%	0.50	0.90	1.40	采取构造措施，薄弱层防倒塌验算

(3)两阶段设计方法

两阶段设计法是三水准设防目标的具体实施，其步骤是：

①第一阶段设计

对绝大多数建筑结构，应满足第一、二水准的设计要求，即按照第一水准（多遇地震）的地震动参数进行地震作用计算、结构分析和构件内力计算，按规范进行截面设计，然后采取相应的构造措施，达到“小震不坏，中震可修”的要求。

②第二阶段设计

对特别重要的建筑和地震时容易倒塌的结构，除进行第一阶段设计外，还要进行薄弱层部位的弹塑性变形验算和采取相应的构造措施，使薄弱层的水平位移不超过允许的弹塑性位移，实现第三水准的要求。

两阶段设计的流程见图 3.15。

思　考　题

3.1　高层建筑结构的竖向荷载如何取值？

3.2　进行竖向荷载作用下的内力计算时，是否要考虑活荷载的不利布置？

3.3　高层建筑的基本风压及体型系数如何取值？

3.4　什么是风振系数？它如何取值？

3.5　地震作用计算方法应如何选用？

3.6　突出屋面小塔楼的地震作用影响如何考虑？

3.7　高层建筑结构荷载效应和地震作用效应如何组合？

3.8　重力荷载的组合系数是如何决定的？

3.9　结构计算的一般假定包括哪些内容？这些假定的意义是什么？

3.10　什么是质量中心？风荷载的合力作用点与质心有什么不同？

3.11　什么是刚心？怎样用近似方法求框架结构、剪力墙结构和框架-剪力墙结构的刚心？各层刚心是否在同一位置？什么时候位置会发生变化？

3.12　为什么说很难精确计算扭转效应？在设计时应取些什么措施减轻扭转可能产生的不良后果？

3.13　扭转修正系数 α 的物理意义是什么？为什么各片抗侧力结构 α 值不同？什么情况下 α 大于 1，什么情况下 α 等于 1 或小于 1?

3.14 怎样近似计算结构的层间扭转角及相对地面的总扭转角?扭转对结构各抗侧力单元的侧移及层间变形有何影响?

3.15 高层建筑结构的简化计算原则有哪些?

3.16 什么是《建筑抗震设计规范》“三水准”的抗震设防目标?二阶段设计方法的内容是什么?

3.17 高层建筑结构抗震设计应注意哪些问题?

3.18 改善提升高层建筑抗震性能的新技术措施有哪些?

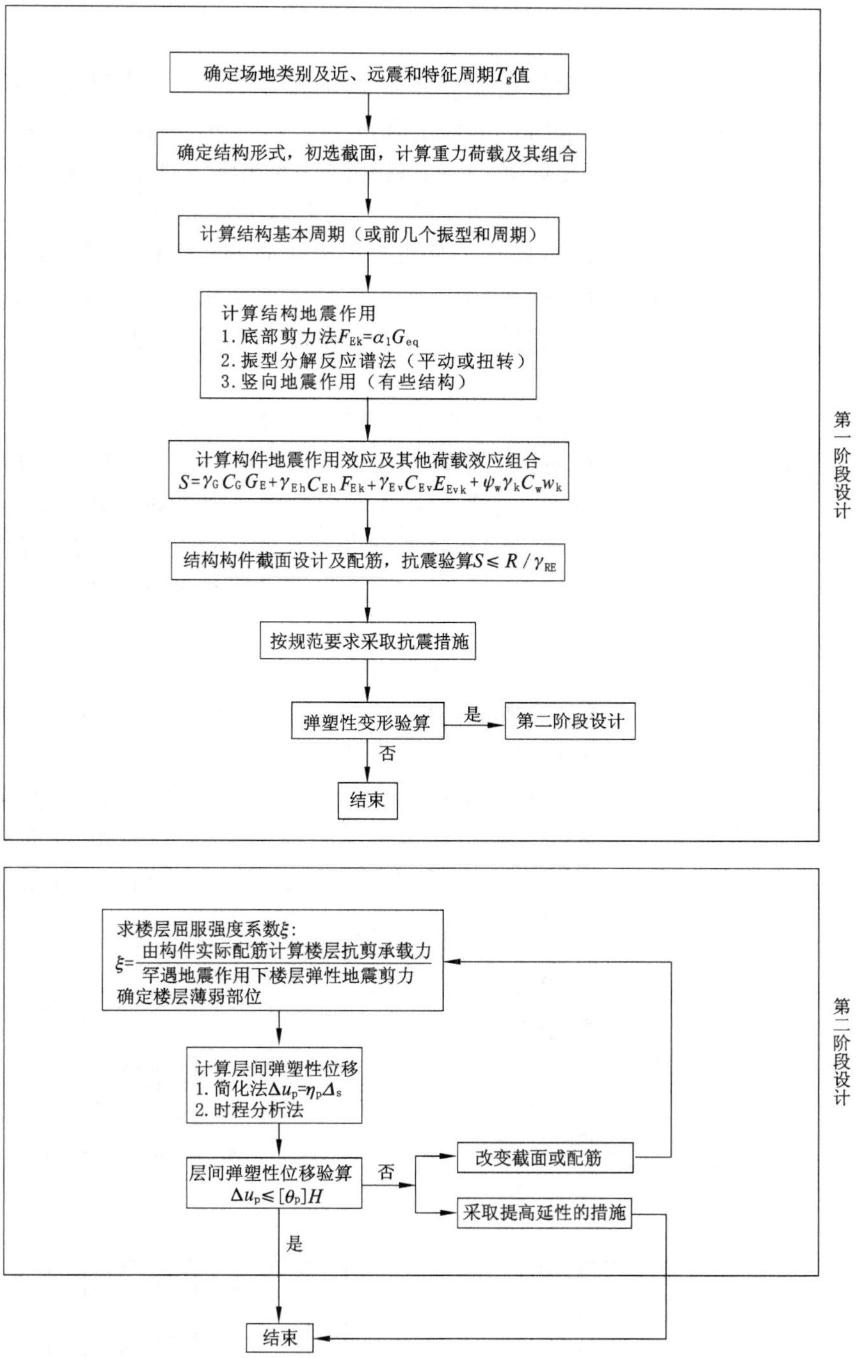

图 3.15 两个阶段设计流程图

4 框架结构设计

4.1 框架结构的计算简图

框架结构一般有按空间结构分析和简化成平面结构分析两种方法。在计算机没有普及的年代，实际为空间工作的框架常被简化成平面结构并采用手算的方法进行分析，在一般《结构力学》教材中所介绍的弯矩分配法、无剪力分配法、迭代法等就是为了适应这一要求而发展起来的。当结构跨数与层数较多时，采用上述手算方法进行计算需耗费大量的时间，因此人们也常采用分层分析法、反弯点法、D 值法等近似的分析方法。后来，随着计算机的日益普及和应用程序的不断出现，框架结构分析时更多的是根据结构力学位移法的基本原理编制电算程序，由计算机直接求出结构的变形、内力，以至各截面的配筋。由于目前计算机内存和运算速度已经能够满足结构计算的需要，因此在电算程序中一般是按空间结构进行分析。

但是在初步设计阶段，为确定结构布置方案或估算构件截面尺寸，还是需要采用一些简单的近似计算方法，以求既快又省地解决问题。另外，近似的手算方法虽然计算精度较差，但概念明确，能够直观地反映结构的受力特点，因此，工程设计中也常利用手算的结果来定性地校核判断电算结果的合理性。所以在本书中，仍将重点介绍框架结构的近似手算方法，包括竖向荷载作用下的分层法、水平荷载作用下的反弯点法和 D 值法，以帮助读者掌握结构分析的基本方法、建立结构受力性能的基本概念。

4.1.1 计算单元的确定

一般情况下，框架结构是一个空间受力体系[图 4.1(a)]。若要分析图 4.1(b)所示的纵向框架和横向框架，为方便起见，常常忽略结构纵向和横向之间的空间联系，忽略各构件的抗扭作用，将纵向框架和横向框架分别按平面框架进行分析计算[图 4.1(c)、(d)]。在分析图 4.1 所示的各榀平面框架时，由于通常横向框架的间距相同，作用于各横向框架上的荷载相同，框架的抗侧刚度相同，因此，除端部框架外，各榀横向框架都将产生相同的内力与变形，结构设计时一般取中间有代表性的一榀横向框架进行分析即可；而作用于纵向框架上的荷载则各不相同，必要时应分别进行计算。

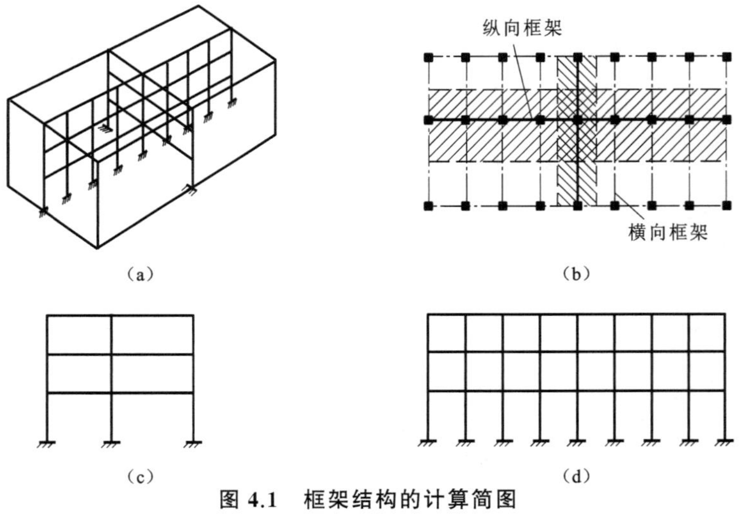

图 4.1 框架结构的计算简图

4.1.2 节点的简化

框架节点一般总是三向受力的，但当按平面框架进行结构分析时，则节点也相应地简化。框架节点可简化为刚接节点、铰接节点和半铰节点，这要根据施工方案和构造措施确定。在现浇钢筋混凝土结构中，梁和柱内的纵向受力钢筋都将穿过节点或锚入节点区（图 4.2），显然这时应简化为刚接节点。

装配式框架结构则是在梁和柱子的某些部位预埋钢板，安装就位再焊接起来（图 4.3），由于钢板在其自身平面外的刚度很小，同时焊接质量随机性很大，难以保证结构受力后梁柱间没有相对转动，因此常把这类节点简化成铰接节点[图 4.3(a)]或半铰节点[4.3(b)]。

装配整体式框架结构梁柱节点构造如图 4.4 所示，节点处梁底的钢筋可为焊接、搭接或预埋钢板焊接，梁顶钢筋则必须为焊接或通长布置，并将现场浇筑部分混凝土。节点左右梁端均可有效地传递弯矩，因此可认为是刚接节点。当然这种节点的刚性不如现浇式框架好，节点处梁端的实际负弯矩要小于计算值。

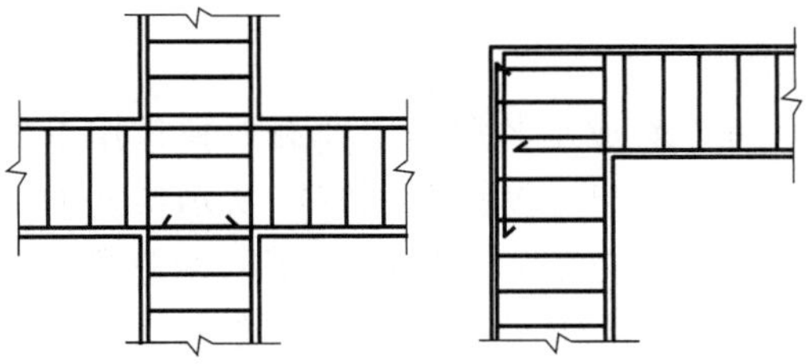

(a)　　(b)

图 4.2 现浇框架节点

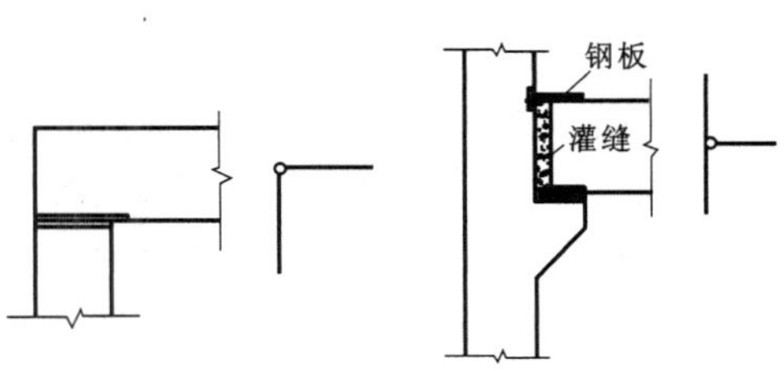

(a)　　(b)

图 4.3 装配式框架节点

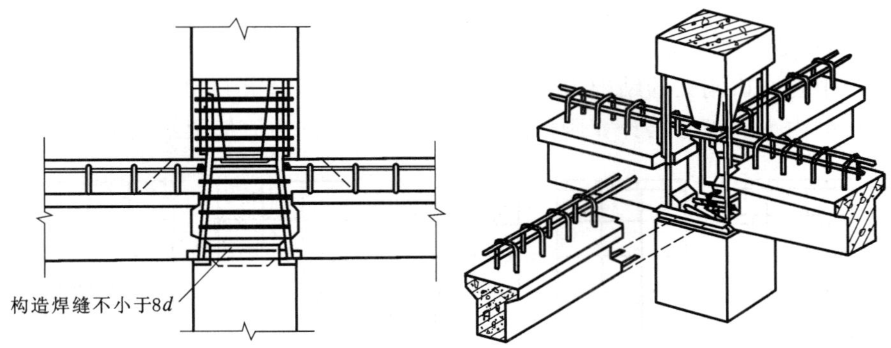

(a)　　(b)

图 4.4 装配整体式框架节点

4.1.3 跨度与层高的确定

在结构计算简图中，杆件用其轴线来表示。框架梁的跨度即取柱子轴线之间的距离，当上下层柱截面尺寸变化时，一般以最小截面的形心线来确定。框架的层高（框架柱的长度）即为相应的建筑层高，而底层柱的长度则应从基础顶面算起。

对于倾斜的或折线形横梁，当其坡度小于 1/8 时，可简化为水平直杆。对于不等跨框架，当各跨跨度相差不大于 10%时，在手算时可简化为等跨框架，跨度取原框架各跨跨度的平均值，以减少计算工作量。但在电算时一般都可按实际情况考虑。

4.1.4 构件截面抗弯刚度的计算

在计算框架梁截面惯性矩 I 时应考虑到楼板的影响。在框架梁两端节点附近，梁受负弯矩，顶部的楼板受拉，楼板对梁的截面抗弯刚度影响较小；而在框架梁的跨中，梁受正弯矩，楼板处于受压区形成T形截面梁，楼板对梁的截面抗弯刚度影响较大。在工程设计中为简便起见，仍假定梁的截面惯性矩 I 沿轴线不变，对现浇楼盖，中框架取 $I=2I_0$，边框架取 $I=1.5I_0$；对装配整体式楼盖，中框架取 $I=1.5I_0$，边框架取 $I=1.2I_0$；对装配式楼盖，则取 $I=I_0$。这里 I_0 为矩形截面梁的截面惯性矩。

4.2 竖向荷载作用下的近似计算

框架结构在竖向荷载作用下的内力计算可近似地采用分层法。通常，多层多跨框架在竖向荷载作用下的侧移是不大的，可近似地按无侧移框架进行分析，而且当某层梁上作用有竖向荷载时，在该层梁及相邻柱子中产生较大内力，而在其他楼层的梁、柱子所产生的内力，在经过柱子传递和节点分配以后，其值将随着传递和分配次数的增加而衰减，且梁的线刚度越大，衰减越快。因此，在进行竖向荷载作用下的内力分析时，可假定作用在某一层框架梁上的竖向荷载只对本楼层的梁以及与本层梁相连的框架柱产生弯矩和剪力，而对其他楼层框架和隔层的框架柱都不产生弯矩和剪力。

于是，多层多跨框架在多层竖向荷载同时作用下的内力，可以看成是各层竖向荷载单独作用下的内力的叠加[图 4.5(a)]。又根据上述假定，当各层梁上单独作用竖向荷载时，仅在图 4.5(b)所示结构的实线部分内产生内力，虚线部分中所产生的内力可忽略不计。这样，框架结构在竖向荷载作用下，可按图 4.5(c)所示各个开口刚架单元进行计算。这里，把虚线部分对实线部分的约束作用看成是固定支座，而实际上，除底层柱子的下端以外，其他各层柱端均有转角产生，即虚线部分对实线部分的约束作用应为介于铰支承与固定支承之间的弹性支承。为了改善由此所引起的误差，在按图 4.5(c)的计算简图进行计算时，应做以下修正：

(1)除底层以外其他各层柱的线刚度均乘 0.9 的折减系数；

(2)柱的弯矩传递系数取为 1/3。

在求得图 4.5(c)中各开口刚架的结构内力以后，则可将相邻两个开口刚架中同层同柱的柱内力叠加，作为原框架结构中柱的内力。而分层计算所得的各层梁的内力，即为原框架结构中相应层次的梁的内力。

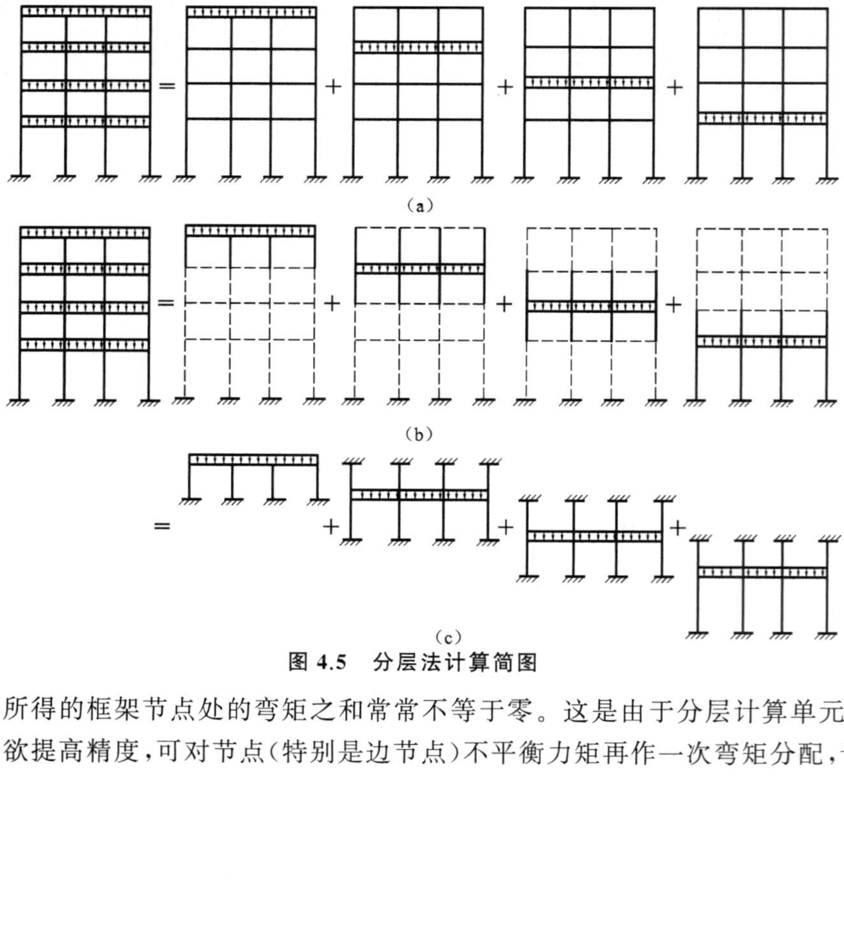

图 4.5　分层法计算简图

由分层法计算所得的框架节点处的弯矩之和常常不等于零。这是由于分层计算单元与实际结构不符所带来的误差。若欲提高精度，可对节点(特别是边节点)不平衡力矩再作一次弯矩分配，予以修正。

4.3 水平荷载作用下的反弯点法

风或地震对框架结构的水平作用，一般都可简化为作用于框架节点上的水平力。由精确法分析可知，框架结构在节点水平力作用下定性的弯矩图如图 4.6 所示。各杆的弯矩图都呈直线形，且一般都有一个反弯点。如忽略梁的轴向变形，则框架结构在水平力作用下的变形图如图 4.7 所示。同一层内的各节点具有相同的侧向位移；同一层内的各柱具有相同的层间位移。

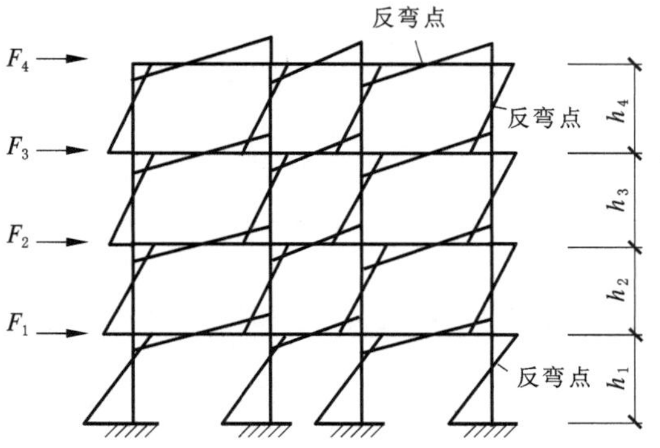

图 4.6 框架在水平力作用下的弯矩图

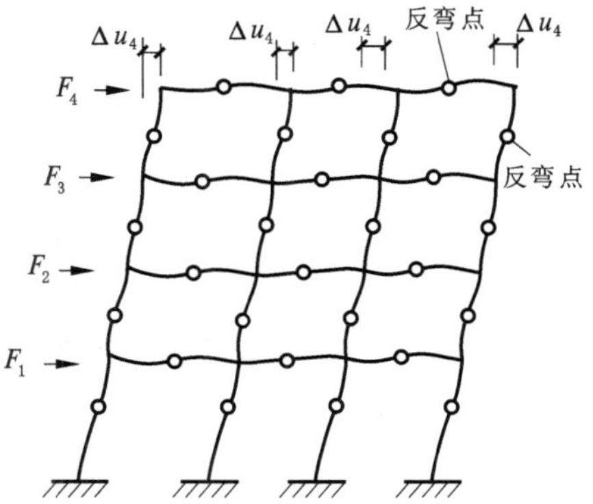

图 4.7 框架在水平力作用下的变形

在图 4.6 中，如能确定各柱内的剪力及反弯点的位置，便可求得各柱的柱端弯矩，并进而由节点平衡条件求得梁端弯矩及整个框架结构的其他内力。为此假定：

①在求各个柱子的剪力时，假定各柱子上下端都不发生角位移，即认为梁的线刚度与柱的线刚度之比为无限大。

②在确定柱子的反弯点位置时，假定除底层以外的各个柱子的上下端节点转角均相同，即假定除底层外，各层框架柱的反弯点位于层高的中点；对于底层柱子，则假定其反弯点位于距支座 2/3 层高处。

③梁端弯矩可由节点平衡条件求出，并按节点左右梁的线刚度进行分配。

对于层数较少、楼面荷载较大的框架结构，柱子的截面尺寸较小，而梁的刚度较大，假定①与实际情况较为符合。一般认为，当梁的线刚度与柱的线刚度之比超过 3 时，由上述假定所引起的误差能够满足工程设计的精度要求。

由假定①，可求出任一楼层的层总剪力在该楼层各柱之间的分配。设框架结构共有 n 层，每层内有 m 个柱子[图 4.8(a)]，将框架沿第 j 层各柱的反弯点处切开代以剪力和轴力[图 4.8(b)]，则按水平力的平衡条件有：

$$V_{Fj}=V_{j1}+\cdots+V_{jk}+\cdots+V_{jm}=\sum_{k=1}^{m}V_{jk} \tag{4.1}$$

式中 V_{Fj}——外荷载 F 在第 j 层所产生的层总剪力；

V_{jk}——第 j 层第 k 柱所承受的剪力；

m——第 j 层内的柱子数。

由假定①知，框架柱在受到侧向荷载作用时的变形如图 4.9 所示，由结构力学可知，框架柱内的剪力为：

$$V_{jk}=\frac{12i_{jk}}{h_j^2}\Delta u_j \tag{4.2}$$

式中 i_{jk}——第 j 层第 k 柱的线刚度；

h_j——第 j 层柱子高度；

Δu_j——框架第 j 层的层间侧向位移。

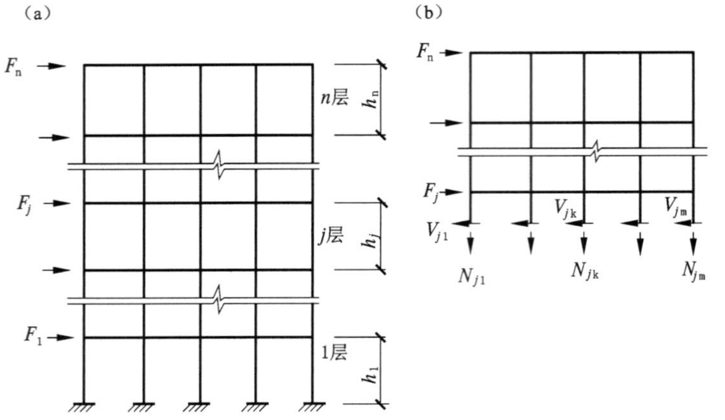

图 4.8　反弯点法推导

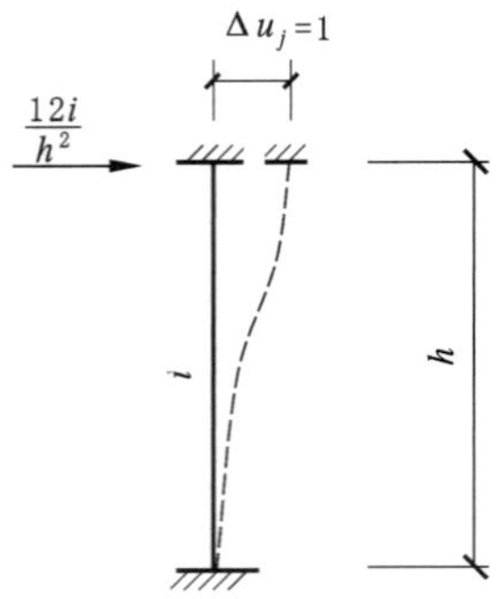

图 4.9　柱的抗侧刚度

$\dfrac{12i}{h^2}$称为柱的抗侧刚度，它表示要使柱上下端产生单位相对水平位移（$\Delta u_j=1$）时，需要在柱顶施加的水平力。将式(4.2)代入式(4.1)，并注意到如忽略梁的轴向变形，则第 j 层的各柱具有相同的层间侧向位移 Δu_j，有

$$\Delta u_j=\frac{V_{Fj}}{\sum\limits_{k=1}^{m}\dfrac{12i_{jk}}{h_j^2}} \tag{4.3}$$

将式(4.3)代入式(4.2)，得：

$$V_{jk}=\frac{i_{jk}}{\sum\limits_{k=1}^{m}i_{jk}}V_{Fj} \tag{4.4}$$

上式表明，外荷载产生的层总剪力是按柱的抗侧刚度分配给该层的各个柱子的。

求得各柱所承受的剪力 V_{jk} 以后，由假定②便可求得各柱子的杆端弯矩，对于底层柱有：

$$M_{c1k}^{t}=V_{1k}\cdot\frac{h_1}{3} \tag{4.5a}$$

$$M_{c1k}^{b}=V_{1k}\cdot\frac{2h_1}{3} \tag{4.5b}$$

对于上部第 j 层第 k 柱，有：

$$M_{cjk}^{t}=M_{cjk}^{b}=V_{jk}\cdot\frac{h_j}{2} \tag{4.5c}$$

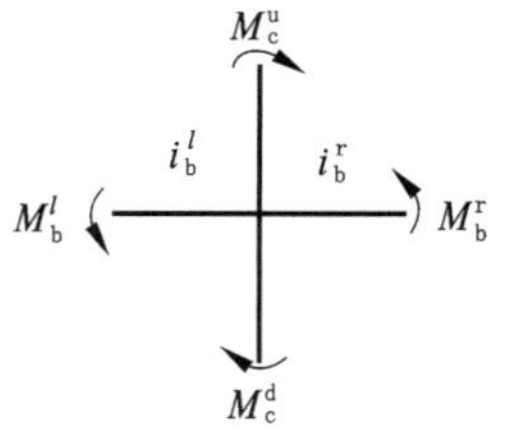

图 4.10　框架节点的平衡

上式中的上标 t、b 分别表示柱子的顶端和底端。

在求得柱端弯矩以后，由节点的弯矩平衡条件，即可求得梁端弯矩（图 4.10）：

$$\left.\begin{aligned}M_b^l&=\frac{i_b^l}{i_b^l+i_b^r}(M_c^u+M_c^d)\\M_b^r&=\frac{i_b^r}{i_b^l+i_b^r}(M_c^u+M_c^d)\end{aligned}\right\} \tag{4.6}$$

式中　M_b^l，M_b^r——节点左右的梁端弯矩；

M_c^u，M_c^d——节点上下的柱端弯矩；

i_b^l，i_b^r——节点左右的梁的线刚度。

以各个梁为脱离体，将梁的左右端弯矩之和除以该梁的跨长，便得梁内剪力。再以柱子为脱离体自上而下逐层叠加节点左右的梁端剪力，即可得到柱内轴向力。

【例 4.1】 某四层平面框架，层高、跨度及水平荷载如图 4.11 所示，梁截面均为 250mm×650mm，柱截面均为 350mm×350mm。采用 C30 混凝土，$E_c=3.0\times10^4 N/mm^2$。不考虑楼板作用，框架梁柱线刚度如图 4.12 所示。试用反弯点法求弯矩图。

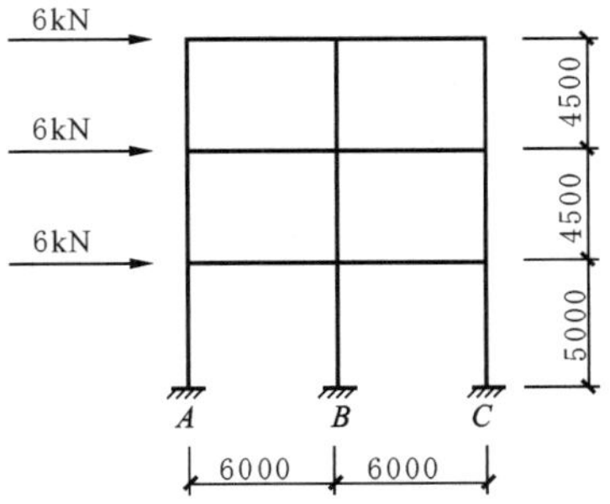

图 4.11 框架尺寸及荷载图

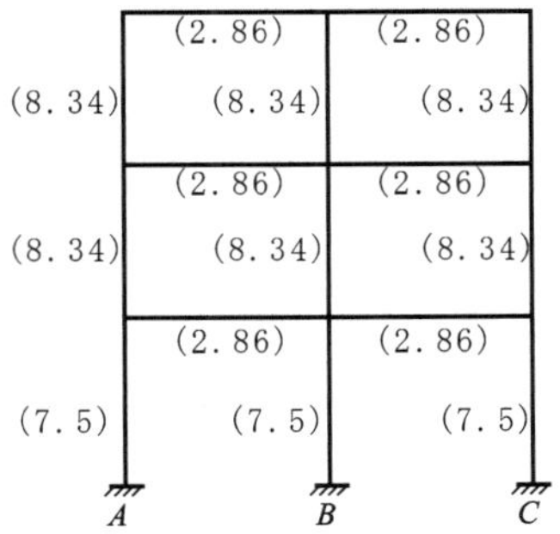

图 4.12 框架线刚度(单位：10^{10} N·mm)

【解】 各层的线性刚度计算见表 4.1，其中 $I_b=b_bh_b^3/12$，$i_b=EI_b/L$。

框架梁刚度计算 表 4.1

梁编号	截面尺寸 (mm×mm)	跨度 (mm)	惯性矩 I_b (mm^4)	线刚度 i_b (N·mm)
L_{AB}	250×650	6000	5.72×10^9	2.86×10^{10}
L_{BC}	250×650	6000	5.72×10^9	2.86×10^{10}

各层柱的抗侧刚度计算见表 4.2，其中 $I_c= b_ch_c^3/12$，$i_c=EI_c/h$，$d=12i_c/h^2$。

框架柱刚度计算 表 4.2

层号	柱编号	柱截面尺寸 (mm)	层高 (mm)	惯性矩 I_c (mm)	线刚度 i_c (mm)	抗侧刚度 d	$\sum d$
2、3	A、C	350×350	4500	1.25×10^9	2.78×10^5E	$0.165E$	$0.495E$
	B	350×350	4500	1.25×10^9	2.78×10^5E	$0.165E$	
1	A、C	350×350	5000	1.25×10^9	2.5×10^5E	$0.120E$	$0.360E$
	B	350×350	5000	1.25×10^9	2.5×10^5E	$0.120E$	

根据式(4.1)、式(4.2)，各层柱剪力计算见表 4.3。

框架柱剪力计算 表 4.3

层号	水平荷载 (kN)	层剪力 V_i (kN)	$d_A/\sum d$	$d_B/\sum d$	$d_C/\sum d$	V_A (kN)	V_B (kN)	V_C (kN)
3	6	6	0.333	0.333	0.333	2.0	2.0	2.0
2	6	12	0.333	0.333	0.333	4.0	4.0	4.0
1	6	18	0.333	0.333	0.333	6.0	6.0	6.0

根据式(4.5)，各层柱端弯矩计算见表 4.4。

框架柱端弯矩计算 表 4.4

层号	Z_A			Z_B			Z_C		
	Y_h (m)	$M_下$ (kN·m)	$M_上$ (kN·m)	Y_h (m)	$M_下$ (kN·m)	$M_上$ (kN·m)	Y_h (m)	$M_下$ (kN·m)	$M_上$ (kN·m)
3	2.25	4.5	4.5	2.25	4.5	4.5	2.25	4.5	4.5
2	2.25	9.0	9.0	2.25	9.0	9.0	9.0	9.0	9.0
1	3.33	20.0	10.0	3.33	20.0	10.0	3.33	20.0	10.0

根据式(4.6)，框架梁端弯矩计算见表 4.5。

框架梁弯矩计算 **表 4.5**

层号	L_{AB}		L_{BC}	
	M_{AB} (kN·m)	M_{BA} (kN·m)	M_{BC} (kN·m)	M_{CB} (kN·m)
3	4.5	2.25	2.25	4.5
2	13.5	6.75	6.75	13.5
1	19.0	9.5	9.5	19.0

根据以上计算结果，框架结构弯矩图如图 4.13 所示，剪力图如图 4.14 所示。

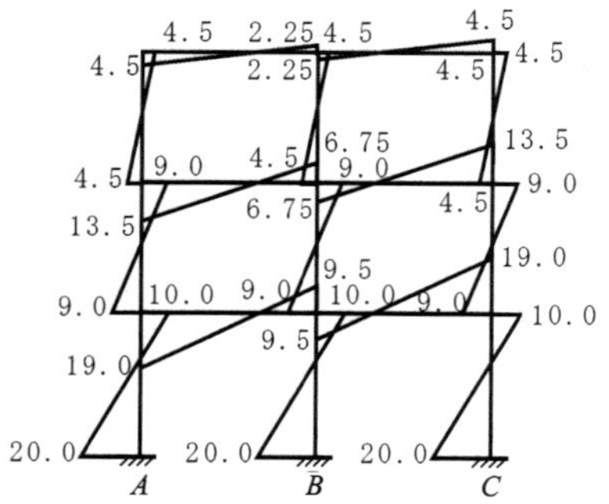

图 4.13 框架弯矩图(单位:kN·m)

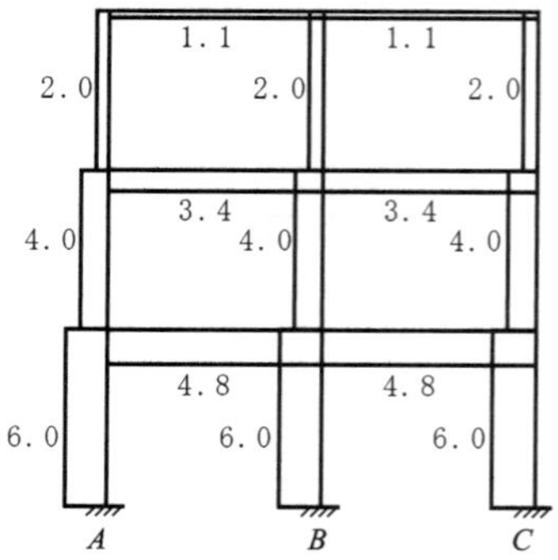

图 4.14 框架剪力图(单位:kN)

4.4 水平荷载作用下的 D 值法

反弯点法首先假定梁柱之间的线刚度之比为无穷大，其次又假定柱的反弯点高度为一定值，从而使框架结构在侧向荷载作用下的内力计算大为简化。但这样做同时也带来了一定的误差，首先是当梁柱线刚度较为接近时，特别是在高层框架结构或抗震设计时，梁的线刚度可能小于柱的线刚度，框架节点对柱的约束应为弹性支承，即柱的抗侧刚度不能由图 4.9 导得。柱的抗侧刚度不但与柱的线刚度和层高有关，而且还与梁的线刚度等因素有关。另外，柱的反弯点高度也与梁柱线刚度比、上下层横梁的线刚度比、上下层层高的变化等因素有关。日本武藤清教授在分析了上述影响因素的基础上，对反弯点法中柱的抗侧刚度和反弯点高度进行了修正。修正后，柱的抗侧刚度以 D 表示，故此法又称为"D 值法"。

4.4.1 修正后的柱抗侧刚度 D

柱的抗侧刚度是当柱上下端产生单位相对侧向位移时，柱子所承受的剪力，在考虑柱上下端节点的弹性约束作用后，柱的抗侧刚度 D 值为：

$$D=\alpha\,\frac{12i_c}{h^2} \tag{4.7}$$

式(4.7)中，α 是考虑柱上下端节点弹性约束的修正系数，下面以某多层多跨框架结构中第 j 层中的 k 柱 AB 为例(图 4.15)，导出 α 的计算公式。为了简化，假定：

①柱 AB 及与其上下相邻的柱子的线刚度均为 i_c；

②柱 AB 及与其上下相邻柱的层间位移均为 Δu_j；

③柱 AB 两端节点及与其上下左右相邻的各个节点的转角均为 θ；

④与柱 AB 相交的横梁的线刚度分别为 i_1、i_2、i_3、i_4。

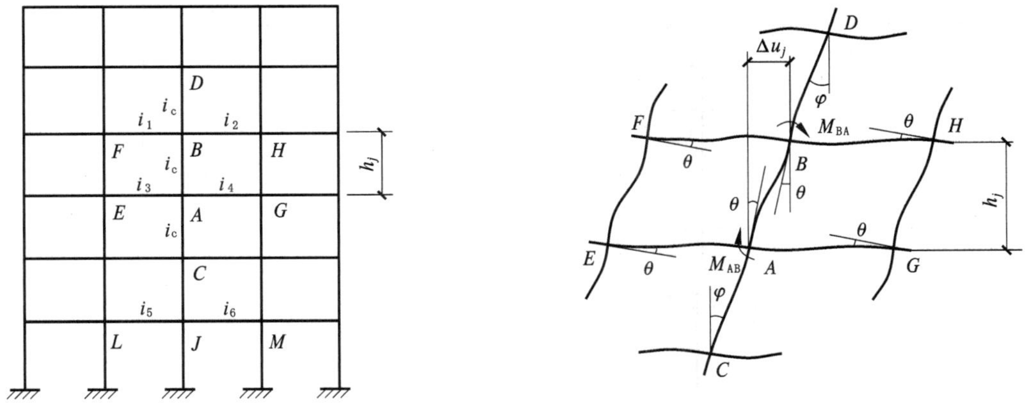

图 4.15　D 值的推导

这样，在框架结构受力后，柱 AB 及相邻各构件的变形如图 4.15 所示。图 4.15 中，θ 为节点转角，φ 为框架高度方向的剪切角，$\varphi=\frac{\Delta u_j}{h_j}$。由节点 A 和节点 B 的力矩平衡条件，分别可得：

$$4(i_3+i_4+i_c+i_c)\theta+2(i_3+i_4+i_c+i_c)\theta-6(i_c\varphi+i_c\varphi)=0$$

$$4(i_1+i_2+i_c+i_c)\theta+2(i_1+i_2+i_c+i_c)\theta-6(i_c\varphi+i_c\varphi)=0$$

将以上两式相加，化简后可得：

$$\theta=\frac{2}{2+\frac{\sum i}{2i_c}}\varphi=\frac{2\varphi}{2+K} \tag{a}$$

式中

$$\sum i=i_1+i_2+i_3+i_4$$

$$K=\frac{\sum i}{2i_c} \tag{4.8}$$

柱 AB 所受到的剪力 V_{jk} 为：

$$V_{jk}=\frac{12i_c}{h_j}(\varphi-\theta) \tag{b}$$

将式(a)代入式(b)，得：

$$V_{jk}=\frac{K}{2+K}\,\frac{12i_c}{h_j}\varphi=\frac{K}{2+K}\,\frac{12i_c}{h_j^2}\Delta u_j$$

令

$$\alpha=\frac{K}{2+K} \tag{4.9}$$

则

$$V_{jk}=\alpha\,\frac{12i_c}{h_j^2}\Delta u_j$$

由此可得第 j 层第 k 柱的抗侧刚度为：

$$D_{jk}=\frac{V_{jk}}{\Delta u_j}=\alpha\,\frac{12i_c}{h_j^2} \tag{4.10}$$

上式即为式(4.7)，其中 α 值反映了梁柱线刚度比值对柱抗侧刚度的一个影响（降低）系数，按式(4.9)计算，当框架梁的线刚度为无穷大时，$K=\infty$，$\alpha=1$。底层柱的抗侧刚度修正系数 α 可同理导得。表 4.6 列出了各种情况下的 α 值及相应的 K 值的计算公式。

柱刚度修正系数的计算 　　**表 4.6**

楼　层	简　　图	K	α
一般层	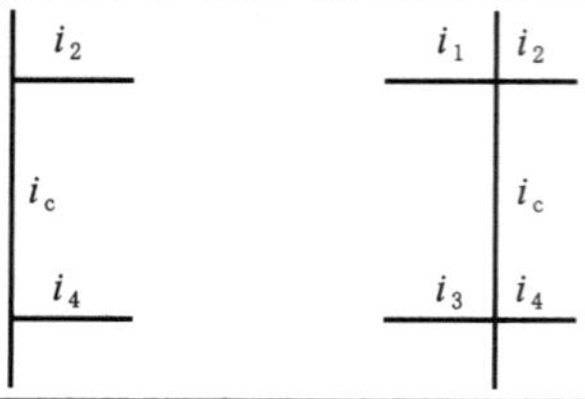	$K=\frac{i_1+i_2+i_3+i_4}{2i_c}$	$\alpha=\frac{K}{2+K}$
底　层	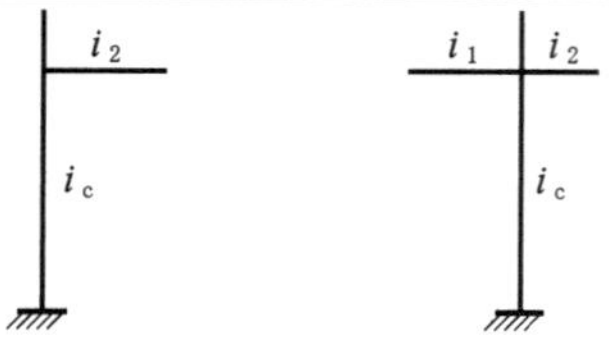	$K=\frac{i_1+i_2}{i_c}$	$\alpha=\frac{0.5+K}{2+K}$

注：边柱情况下，式中 i_1、i_2 取 0。

求得修正后的柱抗侧刚度 D 值以后，与反弯点法相似，由同一层内各柱的层间位移相等的条件，可把层间剪力 V_{Fj} 按下式分配给该层的各个柱：

$$V_{jk}=\frac{D_{jk}}{\sum_{k=1}^{m}D_{jk}}V_{Fj} \tag{4.11}$$

式中　V_{jk}——第 j 层第 k 柱所分配到的剪力；

D_{jk}——第 j 层第 k 柱的抗侧刚度 D 值；

m——第 j 层框架柱子数；

V_{Fj}——外荷载在框架第 j 层所产生的总剪力。

4.4.2　修正后的柱反弯点高度

柱的反弯点位置取决于该柱上下端转角的比值。如果柱上下端转角相同，反弯点就在柱高的中央；如果柱上下端转角不同，则反弯点偏向转角较大的一端，亦即偏向约束刚度较小的一端。影响柱两端转角大小的因素有侧向外荷载的形式、梁柱线刚度比、结构总层数及该柱所在的层次、柱上下横梁线刚度比、上层层高的变化、下层层高的变化等因素。为分析上述因素对反弯点高度的影响，可假定框架在节点水平力作用下，同层各节点的转角相等，即假定同层各横梁的反弯点均在各横梁跨度的中央而该点又无竖向位移。这样，一个多层多跨的框架可简化成图 4.16(a)所示的计算简图。当上述影响因素逐一发生变化时，可分别求出柱底端至柱反弯点的距离(反弯点高度)，并制成相应的表格，以供查用。

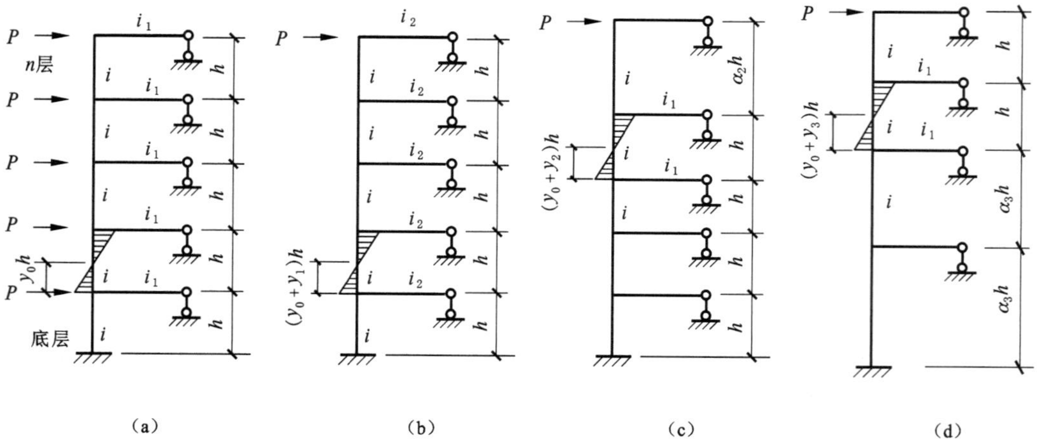

图 4.16　框架柱的反弯点高度

(1)梁柱线刚度比及层数、层次对反弯点高度的影响

假定框架横梁的线刚度、框架柱的线刚度和层高沿框架高度保持不变，则按图 4.16(a)可求出各层柱的反弯点高度 y_0h。y_0 称为标准反弯点高度比，其值与结构总层数 n、该柱所在的层次 j、框架梁柱线刚度比 K 及侧向荷载的形式等因素有关，可由附录 2 的附表 2.1、附表 2.2 查得。表中 K 值可按表 4.6 中的公式计算。

(2)上下横梁线刚度比对反弯点高度的影响

若某层柱的上下横梁线刚度不同，则该层柱的反弯点位置将向横梁刚度较小的一侧偏移，因而必须对标准反弯点进行修正，这个修正值就是反弯点高度的上移增量 y_1h[图 4.16(b)]。y_1 可根据上下横梁的线刚度比 I 和 K 由附表 2.3 查得。当 $i_1+i_2<i_3+i_4$ 时，反弯点上移，由 $I=\dfrac{i_1+i_2}{i_3+i_4}$查附表 2.3 即得 y_1 值。当 $i_1+i_2>i_3+i_4$ 时，反弯点下移，查表时应取 $I=\dfrac{i_3+i_4}{i_1+i_2}$，查得的 y_1 应冠以负号。对于底层柱，不考虑修正值 y_1，即取$y_1=0$。

(3)层高变化对反弯点的影响

若某柱所在层的层高与相邻上层或下层的层高不同，则该柱的反弯点位置就不同于标准反弯点位置而需要修正。当上层层高发生变化时，反弯点高度的上移增量为 y_2h[图 4.16(c)]；当下层层高发生变化时，反弯点高度的上移增量为 y_3h[图 4.16(d)]。y_2 和 y_3 可由附录 2 的附表 2.4 查得。对于顶层柱，不考虑修正值 y_2，即取 $y_2=0$；对于底层柱，不考虑修正值 y_3，即取 $y_3=0$。

综上所述，经过各项修正后，柱底至反弯点的高度 yh 可由下式求出：

$$yh=(y_0+y_1+y_2+y_3)h \tag{4.12}$$

在按式(4.7)求得框架柱的抗侧刚度 D、按式(4.11)求得各柱的剪力、按式(4.12)求得各柱的反弯点高度 yh 后，与反弯点法一样，就可求出各柱的杆端弯矩。求得柱端弯矩后，即可根据节点平衡条件求得梁端弯矩，并进而求出各梁端的剪力和各柱的轴力。

【例 4.2】 某五层平面框架，层高、跨度及水平荷载如图 4.17 所示，梁 AB 截面为 250mm×600mm，梁 BC 截面为 250mm×700mm，柱截面为 350mm×350mm。采用 C30 混凝土，$E_c=3.0\times10^4\text{N/mm}^2$。不考虑楼板对梁刚度的贡献，框架梁柱线刚度如图 4.18 所示。试用修正反弯点法求弯矩图。

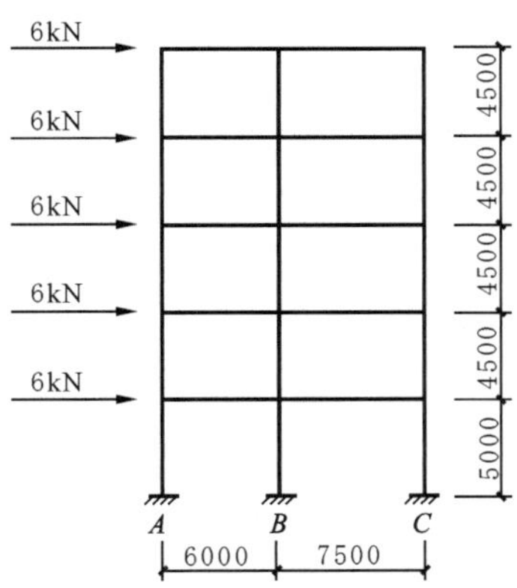

图 4.17　框架尺寸及荷载图

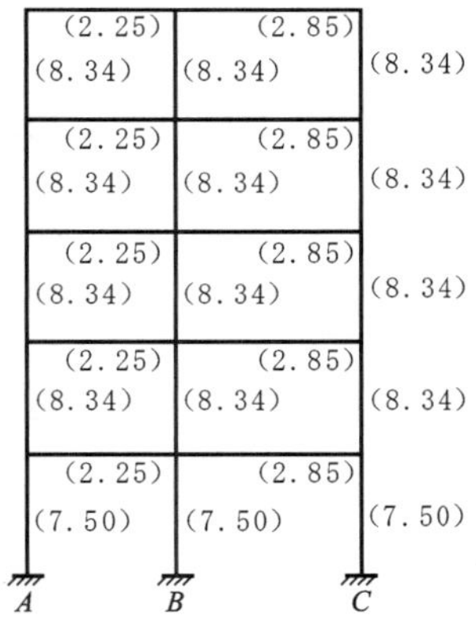

图 4.18　框架线刚度(单位：10^{10}N·mm)

【解】 根据表 4.6 公式，各柱抗侧刚度 D 值计算如表 4.7 所示。

框架柱抗侧刚度计算　　　　**表 4.7**

层号	柱编号	i_c(N·mm)	K	α	D(N·mm)	$\sum D$(N·mm)
2～5	A	8.34×10^{10}	0.270	0.119	5881	24711
	B	8.34×10^{10}	0.613	0.235	11614	
	C	8.34×10^{10}	0.343	0.146	7216	

续表4.7

层号	柱编号	i_c(N·mm)	K	α	D(N·mm)	$\sum D$(N·mm)
1	A	7.5×10^{10}	0.300	0.348	12528	42120
	B	7.5×10^{10}	0.681	0.441	15876	
	C	7.5×10^{10}	0.381	0.370	13716	

根据式(4.11),各层柱剪力计算见表4.8。

框架柱剪力计算 **表4.8**

层号	水平荷载 F_i(kN)	层剪力 V_i(kN)	$D_A/\sum D$	$D_B/\sum D$	$D_C/\sum D$	V_A(kN)	V_B(kN)	V_C(kN)
5	6	6	0.238	0.470	0.292	1.43	2.82	1.75
4	6	12	0.238	0.470	0.292	2.86	5.64	3.50
3	6	18	0.238	0.470	0.292	4.28	8.46	5.26
2	6	24	0.238	0.470	0.292	5.71	11.28	7.01
1	6	30	0.297	0.377	0.326	8.91	11.31	9.78

查附录2附表,各柱反弯点高度比计算见表4.9。其中,$y=y_0+y_1+y_2+y_3$。

框架柱反弯点高度比 **表4.9**

层号	Z_A						Z_B						Z_C					
	K	y_0	y_1	y_2	y_3	y	K	y_0	y_1	y_2	y_3	y	K	y_0	y_1	y_2	y_3	y
5	0.270	0.105	0	0	0	0.105	0.613	0.300	0	0	0	0.300	0.343	0.172	0	0	0	0.172
4	0.270	0.235	0	0	0	0.235	0.613	0.357	0	0	0	0.357	0.343	0.272	0	0	0	0.272
3	0.270	0.400	0	0	0	0.400	0.613	0.450	0	0	0	0.450	0.343	0.400	0	0	0	0.400
2	0.270	0.515	0	0	0.028	0.543	0.613	0.500	0	0	0	0.500	0.343	0.500	0	0	0.016	0.516
1	0.300	0.845	0	−0.025	0	0.820	0.681	0.700	0	0	0	0.700	0.381	0.760	0	−0.02	0	0.740

各层柱端弯矩计算见表4.10,其中 $M_下=V_{ij}Y_h$,$M_上=V_{ij}(h-Y_h)$。

框架柱端弯矩计算 **表4.10**

层号	Z_A			Z_B			Z_C		
	Y_h (m)	$M_下$ (kN·m)	$M_上$ (kN·m)	Y_h (m)	$M_下$ (kN·m)	$M_上$ (kN·m)	Y_h (m)	$M_下$ (kN·m)	$M_上$ (kN·m)
5	0.473	0.68	5.76	1.350	3.81	8.88	0.774	1.36	6.52
4	1.058	3.02	9.85	1.607	9.06	16.32	1.224	4.27	11.48
3	1.800	7.70	11.56	2.025	17.17	20.90	1.800	9.47	14.20
2	2.444	13.96	11.74	2.250	25.38	25.38	2.322	16.28	15.27
1	4.100	36.53	8.91	3.500	39.59	16.97	3.700	36.19	12.71

梁端弯矩可根据节点平衡条件由式(4.6)求得,见图4.11。

框架梁端弯矩计算 **表4.11**

层号	L_{AB}		L_{BC}	
	M_{AB}(kN·m)	M_{BA}(kN·m)	M_{BC}(kN·m)	M_{CB}(kN·m)
5	5.76	3.91	4.97	6.52
4	10.53	8.86	11.27	12.84

续表4.11

层号	L_{AB}		L_{BC}	
	M_{AB}(kN·m)	M_{BA}(kN·m)	M_{BC}(kN·m)	M_{CB}(kN·m)
3	14.58	13.19	16.77	18.47
2	19.44	18.74	23.81	24.74
1	22.87	18.65	23.70	28.99

根据以上计算结果，框架结构弯矩图见图 4.19，剪力图见图 4.20。

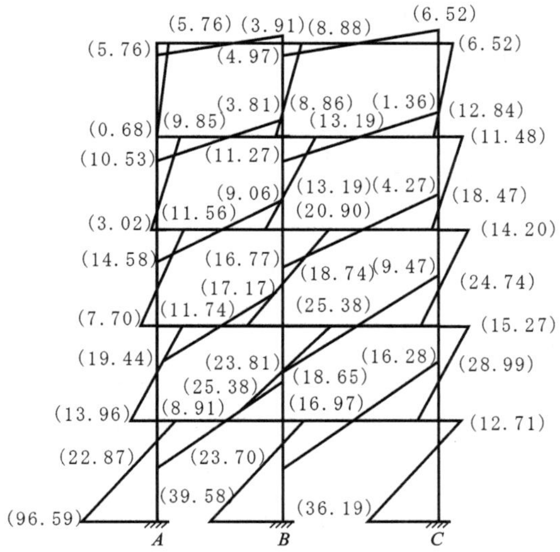

图 4.19　框架弯矩图(单位:kN·m)

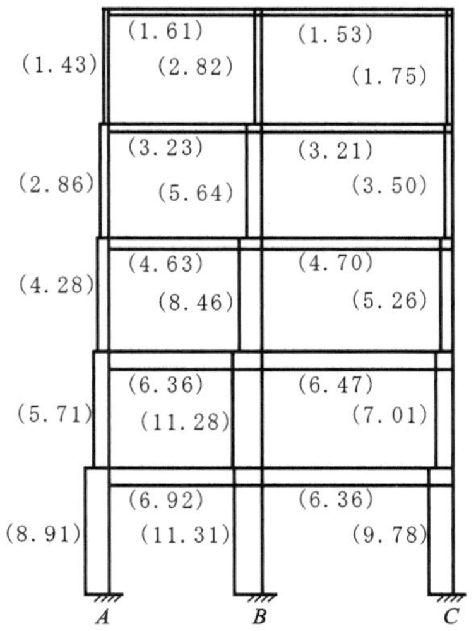

图 4.20　框架剪力图(单位:kN)

4.5　水平荷载作用下位移的近似计算

由式(4.10)、(4.11)可得第 j 层框架层间位移 Δu_j 与层间剪力 V_{Fj} 之间的关系：

$$\Delta u_j = \frac{V_{Fj}}{\sum_{k=1}^{m} D_{jk}} \tag{4.13}$$

式中　D_{jk}——第 j 层第 k 号柱的抗侧刚度；

m——框架第 j 层的总柱数。

这样便可逐层求得各层的层间位移。框架顶点的总位移 u 应为各层间位移之和，即

$$u = \sum_{j=1}^{n} \Delta u_j \tag{4.14}$$

式中　n——框架结构的总层数。

应当指出，按上述方法求得的框架结构侧向位移只是由梁、柱弯曲变形所产生的变形量，而未考虑梁、柱的轴向变形和截面剪切变形所产生的结构侧移。但对一般的多层框架结构，按式(4.14)计算的框架侧移已能满足工程设计的精度要求。

顺便指出，由式(4.13)可以看出，框架层间位移 Δu_j 与外荷载在该层所产生的层间剪力 V_{Fj} 成正比，当框架柱的抗侧刚度沿高度变化不大时，因层间剪力 V_{Fj} 是自顶层向下逐层累加的，所以层间位移 Δu_j 是自顶层向下逐层递增的，结构的位移曲线如图 4.21(a)所示。这种位移曲线称为剪切型，它与悬臂梁弯矩所引起的弯曲变形曲线[图 4.21(b)]有本质上的区别。

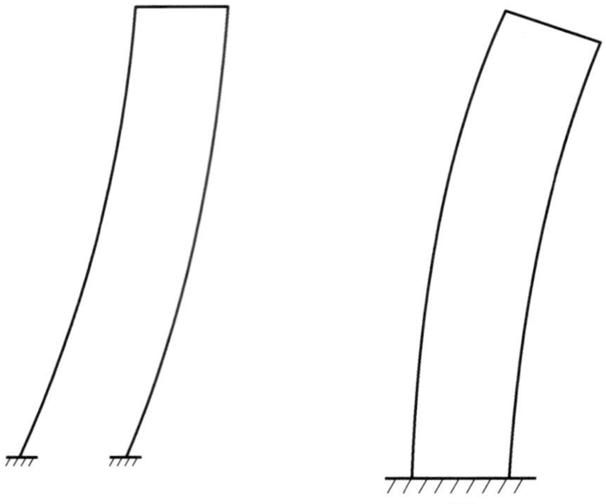

图 4.21　剪切型变形曲线和弯曲型变形曲线的比较

【例 4.3】 某框架结构同例 4.2，试用修正反弯点法计算其侧向位移。

【解】 框架各层的剪力 V_i 及抗侧刚度 D 的计算见例 4.2。根据式(4.13)、(4.14)可算得梁、柱弯曲变形引起的框架侧移如表 4.12 所示。

框架侧向位移计算　　表 4.12

层号	层剪力 V_i(kN)	抗侧刚度(N/mm³)	层间侧移 Δu_i(mm)	楼层侧移 Δu(mm)
5	6	24711	0.243	3.140
4	12	24711	0.486	2.897
3	18	24711	0.728	2.411
2	24	24711	0.971	1.683
1	30	42120	0.712	0.712

4.6　框架结构的内力组合

4.6.1　控制截面及最不利组合内力

框架结构的承载力设计是按梁、柱、节点分别进行的。

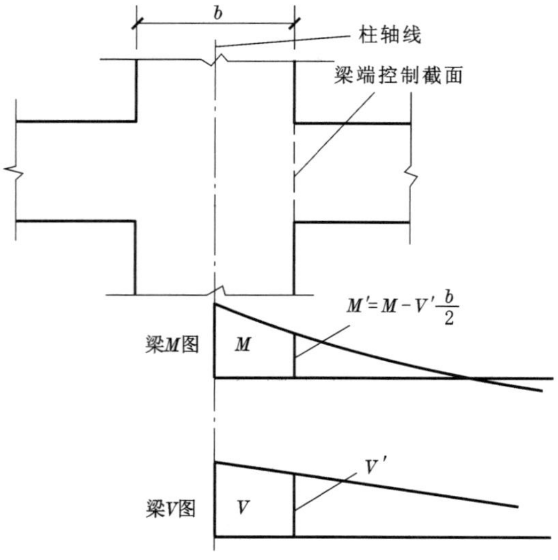

图 4.22　梁端控制截面弯矩及剪力

梁一般取梁端和跨中作为梁承载力设计的控制截面。一般情况下，梁端为抵抗负弯矩和剪力的设计控制截面，但在有地震作用组合时，也要组合梁端的正弯矩，因此，梁的最不利组合内力有：

梁端截面：$-M_{max}$，$+M_{max}$，V_{max}

梁跨中截面：$+M_{max}$

梁端最危险截面应在梁端柱边，而不是在结构计算简图中的柱轴线处，见图 4.22。因此，梁端控制截面的组合用内力可按下式取值：

$$V'=V-(g+p)\frac{b}{2} \tag{4.15}$$

$$M'=M-V'\frac{b}{2} \tag{4.16}$$

式中 V',M'——梁端柱边截面的剪力和弯矩；

V,M——内力计算得到的柱轴线处的梁端剪力和弯矩；

g,p——作用在梁上的竖向分布恒荷载和活荷载。

当计算水平荷载或竖向集中荷载产生的内力时，则$V'=V$。

框架柱的弯矩、剪力和轴力沿柱高是线性变化的，因此可取各层柱的上、下端截面作为控制截面。考虑到柱内一般采用对称配筋，柱子控制截面的最不利组合内力一般有：

$|M_{max}|$及相应的N、V；

N_{max}及相应的M；

N_{min}及相应的M。

4.6.2 竖向活荷载的最不利位置

作用于框架结构上的竖向荷载有恒荷载和活荷载两种，恒荷载对结构的作用位置和大小是不变的，结构分析时一般是将所有恒荷载全部作用在结构上一次性求出其内力。而竖向活荷载的作用位置和大小是可变的，不同的活荷载布置方式会在结构内产生不同的内力。因此，应该根据不同的截面位置及内力要求，根据最不利的活荷载布置方式计算内力，方可获得竖向活荷载作用下的截面最不利内力。求竖向活荷载最不利布置内力的方法在手算时常采用“最不利荷载位置法”，即根据影响线直接确定某最不利内力的活荷载布置后求出结构内力；在电算时常采用“分跨计算组合法”，即将活荷载逐层逐跨单独地作用在结构上，逐次求出结构的内力，然后根据各控制截面的内力种类进行组合。但是在高层建筑中，上述两种方法的计算工作量都是十分大的。考虑到作为一般民用及公共建筑的高层结构，竖向活荷载标准值仅为1.5～2.5kN/m^2，竖向活荷载所产生的内力在组合后的截面内力中所占的比例很小，因此，在高层建筑结构的设计中可不考虑活荷载的不利布置，而按满布活荷载一次性计算出结构的内力。

4.6.3 梁端弯矩调幅

按照框架结构的合理破坏形式，在梁端出现塑性铰是允许的；为了便于浇捣混凝土，也往往希望节点处梁的负钢筋放得少些；而对于装配式或装配整体式框架，节点并非绝对刚性，梁端实际弯矩将小于其弹性计算值。因此，在进行框架结构设计时，一般均对梁端弯矩进行调幅，即人为地减小梁端负弯矩，减少节点附近梁顶面的配筋量。

设某框架AB在竖向荷载作用下，梁端最大负弯矩分别为M_{A0}、M_{B0}，梁跨中最大正弯矩为M_{C0}，则调幅后梁端弯矩可取：

$$M_A=\beta M_{A0} \tag{4.17}$$

$$M_B=\beta M_{B0} \tag{4.18}$$

式中 β——弯矩调幅系数。

对于现浇框架，可取$\beta=0.8$～0.9；对于装配整体式框架，由于接头焊接不牢或由于节点区混凝土灌注不密实等原因，节点容易产生变形而达不到绝对刚性，框架梁端的实际弯矩比弹性计算值要小，因此，弯矩调幅系数允许取得低一些，一般取$\beta=0.7$～0.8。

梁端弯矩调幅后，在相应荷载作用下的跨中弯矩必将增加，这时应校核梁的静力平衡条件(图4.23)，即调幅后梁端弯矩M_A、M_B的平均值与跨中最大正弯矩M_{C0}之和应大于按简支梁计算的跨中弯矩值M_0。

$$\frac{|M_A+M_B|}{2}+M_{C0}\geqslant M_0 \tag{4.19}$$

必须指出，我国有关规范规定，弯矩调幅只对竖向荷载作用下的内力进行，即水平荷载作用下产生的弯矩不参加调幅，因此，弯矩调幅应在内力组合之前进行。同时还规定，梁截面设计时所采用的跨中正弯矩不应小于按简支梁计算的跨中弯矩的一半。

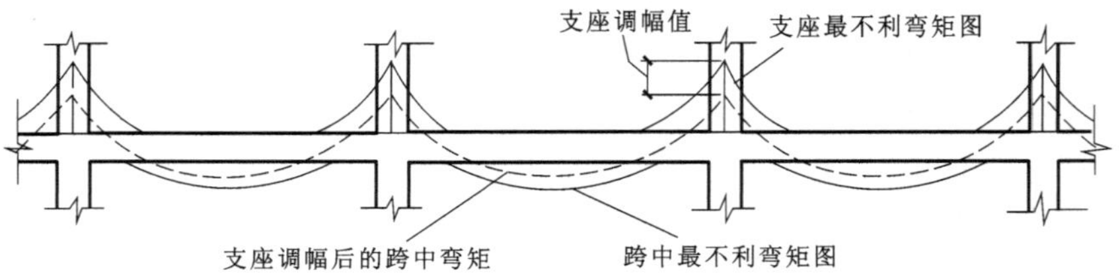

图 4.23　支座弯矩调幅

4.7　框架梁的设计

4.7.1　框架梁的受力性能

框架梁的破坏大多发生在梁端节点附近。在竖向荷载和侧向力的共同作用下，梁端弯矩、剪力均为最大，从靠近柱边的梁顶面和底面开始出现竖向裂缝和交叉的斜裂缝，形成梁端塑性铰。如图 4.24 所示，如抗剪箍筋配置较多，纵向钢筋较少，裂缝竖向贯通，为弯曲破坏；如纵筋布置较多，箍筋配置较少，斜裂缝为主，呈剪切破坏。此外，也有由于设计不周而造成梁的破坏，例如设计时未考虑到地震作用下梁端出现的正弯矩，而导致梁底面处发生破坏；或因梁纵向受力钢筋伸入支座的锚固长度不足而被拔出。但这些问题只要通过采取适当的构造措施都是可以避免的。

在抗震设计中，一般要求框架结构呈“强柱弱梁”“强剪弱弯”的受力性能。这时，框架梁的延性对结构抗震耗能能力有较大影响。影响框架梁延性及其耗能能力的因素很多，主要有以下几个方面：

(1)纵筋配筋率

图 4.25 为一组钢筋混凝土单筋矩形截面梁的 M-ϕ 关系曲线。由图 4.25 可见，在高配筋率的情况下，弯矩达到峰值后，弯矩曲率关系曲线很快下降，配筋率越高，则下降段越陡，说明截面的延性越差；在低配筋率的情况下，弯矩曲率关系曲线能保持有相当长的水平段，然后才缓慢地下降，截面的延性好。因为截面的曲率与截面的受压区相对高度成比例，因此受弯构件截面的变形能力也可以用截面达到极限状态时受压区的相对高度$\frac{x}{h_0}$来表达。由梁正截面受弯极限状态的平衡条件可知，对于单筋矩形截面，$\frac{x}{h_0}=\frac{f_y}{f_{cm}}\rho_s$；对于双筋矩形截面，$\frac{x}{h_0}=\frac{f_y}{f_{cm}}(\rho_s-\rho_s')$。由此可见，在适筋梁的范围内受弯构件截面的变形能力即截面的延性性能随受拉钢筋配筋率的提高而降低，随受压钢筋配筋率的提高而提高，随混凝土强度的提高而提高，随钢筋屈服强度的提高而降低。试验表明，当$\frac{x}{h_0}$在 0.20～0.35 时，梁的延性系数可达 3～4。试验还表明，如果加大截面受压区宽度(如采用 T 形截面梁)，也能使梁的延性得到改善。

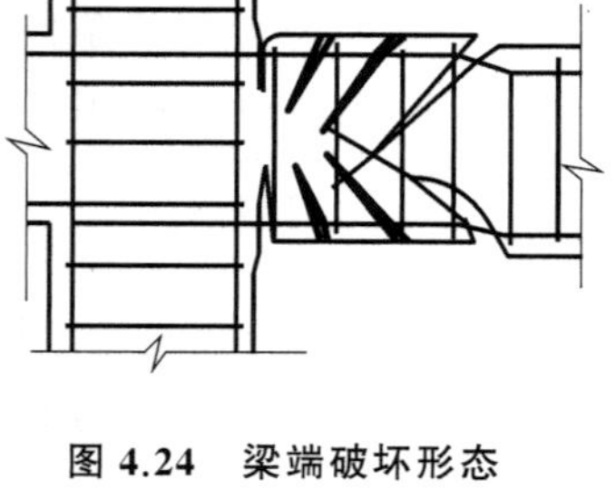

图 4.24　梁端破坏形态

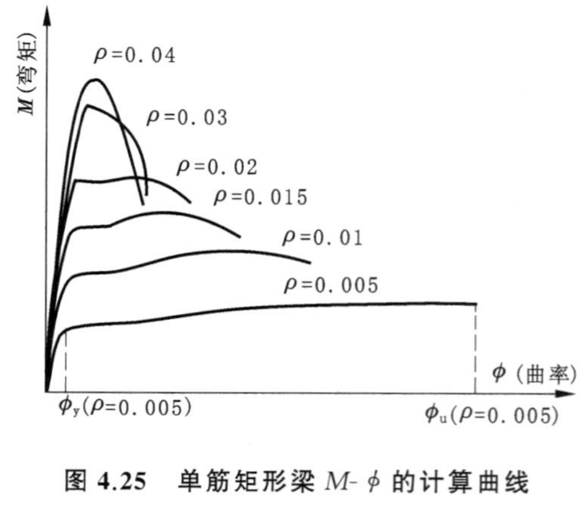

图 4.25　单筋矩形梁 M-ϕ 的计算曲线

(2)剪压比

剪压比即为梁截面上的“名义剪应力”$\frac{V}{bh_0}$与混凝土轴心抗压强度设计值 f_c 的比值。试验表明，梁塑性铰区的截面剪压比对梁的延性、耗能能力及保持梁的强度、刚度有明显的影响。当剪压比大于 0.15 时，梁的强度和刚度即有明显的退化现象，剪压比愈高则退化愈快，混凝土破坏愈早，这时如增加箍筋用量已不能发挥作用。因此必须要限制截面剪压比，实质上也就是限制截面尺寸不能过小。

(3)跨高比

梁的跨高比(即梁净跨与梁截面高度之比)对梁的抗震性能有明显的影响。随着跨高比的减小，剪力的影响加大，剪切变形占全部位移的比重亦加大。试验结果表明，当梁的跨高比小于 2 时，极易发生以斜裂缝为特征的破坏形态。一旦主斜裂缝形成，梁的承载力就急剧下降，从而呈现出极差的延性性能。一般认为，梁净跨不宜小于截面高度的 4 倍。当梁的跨度较小，而梁的设计内力较大时，宜首先考虑加大梁的宽度，这样当然会增加梁的纵筋用量，但对提高梁的延性却十分有利。

(4)塑性铰区的箍筋用量

在塑性铰区配置足够的封闭式箍筋，对提高塑性铰的转动能力是十分有效的。配置足够的箍筋，可以防止梁受压纵筋的过早压曲，提高塑性铰区内混凝土的极限压应变，并可阻止斜裂缝的开展，这些都有利于充分发挥梁塑性铰的变形和耗能能力。因此工程设计中，在框架梁端塑性铰区范围内，箍筋必须加密。

4.7.2 框架梁的承载力计算

(1)梁正截面受弯承载力计算

框架梁正截面受弯承载力计算可见一般的钢筋混凝土结构教材。当考虑地震作用组合时，应考虑相应的承载力抗震调整系数 γ_{RE}。

为保证框架梁的延性，在梁端截面必须配置受压钢筋，同时要限制混凝土受压区高度。具体要求为：

一级抗震等级　　$x \leqslant 0.25h_0$

二、三级抗震等级　　$x \leqslant 0.35h_0$

梁跨中截面受压区高度的限制仍为 $x \leqslant \xi_b h_0$。

(2)梁斜截面受剪承载力计算

为保证框架梁在地震力作用下呈梁铰型延性机构，减少梁端塑性铰区发生脆性剪切破坏的可能性，梁端的斜截面受剪承载力应高于正截面受弯承载力，即应将框架梁设计成“强剪弱弯”构件。

①梁端剪力设计值

四级抗震等级的框架梁可直接取考虑地震作用组合的剪力计算值。一、二、三级抗震等级框架梁的剪力设计值，应根据“强剪弱弯”的抗震设计目标。根据梁端弯矩调整梁端剪力设计值，即按下式计算：

一级框架结构及 9 度时的框架：

$$V = 1.1\frac{M_{\text{bua}}^{l} + M_{\text{bua}}^{\text{r}}}{l_n} + V_{\text{Gb}} \tag{4.20a}$$

其他情况：

$$V = \eta_{\text{Vb}}\frac{M_{\text{b}}^{l} + M_{\text{b}}^{\text{r}}}{l_n} + V_{\text{Gb}} \tag{4.20b}$$

式中 $M_{\text{bua}}^{l}, M_{\text{bua}}^{\text{r}}$——梁左、右端逆时针或顺时针方向实配钢筋的正截面受弯承载力所对应的弯矩值，可根据实配钢筋面积(计入受压钢筋，包括有效翼缘宽度范围内的楼板钢筋)和材料强度标准值并考虑承载力抗震调整系数计算；

$M_{\text{b}}^{l}, M_{\text{b}}^{\text{r}}$——梁左、右端逆时针或顺时针方向截面组合的弯矩设计值，当抗震等级为一级且梁两端弯矩均为负弯矩时，绝对值较小一端的弯矩应取零；

η_{Vb}——梁剪力增大系数，一、二、三级分别取 1.3、1.2 和 1.1；

l_n——梁的净跨；

V_{Gb}——考虑地震作用组合的重力荷载代表值(9度时还应包括竖向地震作用标准值)作用下,按简支梁分析的梁端截面剪力设计值。

设梁端纵向受拉钢筋实际配筋量为 A_s^0,则梁端的正截面受弯抗震极限承载力近似地可取:

$$M_{bua}=A_s^0 f_{yk}(h_0-a_s')/\gamma_{RE} \tag{4.21}$$

由图4.26可见,当梁端弯矩方向为逆时针方向时,梁左端剪力最大;当梁端弯矩方向为顺时针方向时,梁右端剪力最大。故应按逆时针方向和顺时针方向的 M_{bua}^l、M_{bua}^r(或 M_b^l、M_b^r)分别代入式(4.20),方可得梁左端和右端的剪力设计值。

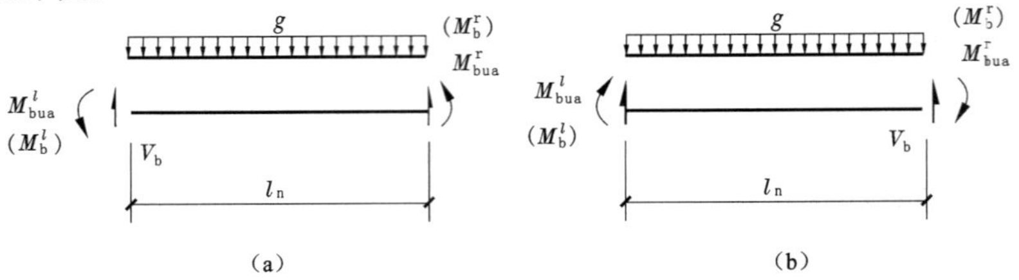

图4.26　梁端剪力计算

②梁斜截面受剪承载力计算公式

对于矩形、T形和工字形截面的一般框架梁,持久、短暂设计状况时,梁的受剪承载力计算公式同普通钢筋混凝土梁,即当为均布荷载作用时

$$V_b \leqslant 0.7 f_t b h_0 + f_{yv}\frac{A_{sv}}{s}h_0 \tag{4.22a}$$

当为集中荷载(包括有多种荷载,且其中集中荷载对支座截面产生的剪力值占总剪力的75%以上)作用时

$$V_b \leqslant \frac{1.75}{\lambda+1.0} f_t b h_0 + f_{yv}\frac{A_{sv}}{s}h_0 \tag{4.22b}$$

地震设计状况时,考虑到地震的反复作用将使梁的受剪承载力降低,其中主要是使混凝土剪压区的剪切强度降低,以及斜裂缝间混凝土咬合力及纵向钢筋暗梢力的降低。因此,应在斜截面受剪承载力计算公式中将混凝土项取静载作用下受剪承载力的0.6倍,而箍筋项则不考虑反复荷载作用的降低。当为均布荷载作用时

$$V_b \leqslant \frac{1}{\gamma_{RE}}\left(0.42 f_t b h_0 + f_{yv}\frac{A_{sv}}{s}h_0\right) \tag{4.22c}$$

当为集中荷载(包括有多种荷载,且其中集中荷载对节点边缘产生的剪力值占总剪力的75%以上的情况)作用时

$$V_b \leqslant \frac{1}{\gamma_{RE}}\left(\frac{1.05}{\lambda+1.0} f_t b h_0 + f_{yv}\frac{A_{sv}}{s}h_0\right) \tag{4.22d}$$

③梁受剪截面限制条件

框架梁截面形式有矩形、T形和工字形等,梁受剪计算时一般仅考虑矩形部分,持久、短暂设计状况时,梁受剪的截面限制条件为:

$$V_b \leqslant 0.25\beta_c f_c b h_0 \tag{4.23a}$$

地震设计状况时,考虑到地震为反复作用的不利影响,其受剪截面应符合下列条件:

当梁跨高比大于2.5时

$$V_b \leqslant \frac{1}{\gamma_{RE}}(0.2\beta_c f_c b h_0) \tag{4.23b}$$

当梁跨高比不大于2.5时

$$V_b \leqslant \frac{1}{\gamma_{RE}}(0.15\beta_c f_c b h_0) \tag{4.23c}$$

4.7.3　框架梁构造要求

(1)材料强度

现浇框架梁的混凝土强度等级,按一、二级抗震等级设计时,不应低于C30,按三、四级抗震等级设计时,不应低于C25。

(2)截面尺寸

框架梁截面高度可按跨度的$\frac{1}{10}$～$\frac{1}{18}$估算后确定，且不小于400mm，也不宜大于梁净跨的$\frac{1}{4}$。框架梁截面宽度可取梁截面高度的$\frac{1}{3}$～$\frac{1}{2}$，且不宜小于200mm，截面高度和截面宽度的比值不宜大于4，以保证梁平面外的稳定性。当梁的截面高度受到限制时，可采用梁宽大于梁高的扁梁，这时梁尚应满足刚度和裂缝的有关要求。在计算梁的挠度时，可扣除梁的合理起拱值。对于现浇梁板结构，宜考虑梁受压翼缘的有利影响。扁梁的截面高度可取梁跨度的$\frac{1}{15}$～$\frac{1}{18}$。也可对框架梁施加预应力，此时梁高度可取跨度的$\frac{1}{15}$～$\frac{1}{20}$。

(3)纵向钢筋

框架梁纵向受拉钢筋的配筋率，不应小于表4.13的数值。抗震设计时，梁端纵向受拉钢筋的配筋率不宜大于2.5%，不应大于2.75%。当梁端受拉钢筋的配筋率大于2.5%时，受压钢筋的配筋率不应小于受拉钢筋的一半。梁顶面和底面均应有一定的钢筋贯通梁全长，对一、二级抗震等级，不应少于2Φ14，且不应少于梁端顶面和底面纵向钢筋中较大截面面积的1/4；三、四级抗震等级和非抗震设计时不应少于2Φ12。一、二、三级抗震等级的框架梁内贯通中柱的每根纵向钢筋的直径，对矩形截面柱，不宜大于柱在该方向截面尺寸的1/20；对圆形截面柱，不宜大于纵向钢筋所在位置柱截面弦长的1/20。

框架梁纵向受拉钢筋最小配筋百分率(%) **表4.13**

抗震等级	截面位置	
	支座(取较大值)	跨中(取较大值)
一级	0.4和$80f_t/f_y$	0.3和$65f_t/f_y$
二级	0.3和$65f_t/f_y$	0.25和$55f_t/f_y$
三、四级	0.25和$55f_t/f_y$	0.20和$45f_t/f_y$

为提高框架梁的延性，梁端塑性铰区必须配置纵向受压钢筋A'_s，且其配筋量应满足下列要求：

一级抗震等级
$$\frac{A'_s}{A_s} \geqslant 0.5 \tag{4.24a}$$

二、三级抗震等级
$$\frac{A'_s}{A_s} \geqslant 0.3 \tag{4.24b}$$

(4)箍筋

抗震设计时，框架梁不宜采用弯起钢筋抗剪。沿梁全长箍筋的面积配筋率ρ_{sv}，一级抗震等级不应小于$0.30\frac{f_t}{f_{yv}}$，二级抗震等级不应小于$0.28\frac{f_t}{f_{yv}}$，三、四级抗震等级不应小于$0.26\frac{f_t}{f_{yv}}$。框架梁梁端箍筋应予以加密，加密区的长度、箍筋最大间距和最小直径应按表4.14采用。当梁端纵向受拉钢筋配筋率大于2%时，表中箍筋最小直径应增加2mm。加密区箍筋肢距，一级抗震等级不宜大于200mm和20倍箍筋直径的较大值，二、三级抗震等级不宜大于250mm和20倍箍筋直径的较大值，四级抗震等级不宜大于300mm；纵向钢筋每排多于4根时，每隔一根宜用箍筋或拉筋固定。

框架梁端箍筋加密区的构造要求 **表4.14**

抗震等级	加密区长度(采用较大值)	箍筋最大间距(采用最小值)	箍筋最小直径
一级	$2h$,500mm	$h/4$,$6d$,100mm	ϕ10
二级	$1.5h$,500mm	$h/4$,$8d$,100mm	ϕ8
三级	$1.5h$,500mm	$h/4$,$8d$,150mm	ϕ8
四级	$1.5h$,500mm	$h/4$,$8d$,150mm	ϕ6

注：①d为纵筋直径，h为梁高。

②一、二级抗震等级框架梁，当箍筋直径大于12mm、肢数不少于4肢且肢距不大于150mm时，箍筋加密区最大间距应允许适当放松，但不应大于150mm。

框架梁箍筋的布置还应满足《混凝土结构设计规范》(GB 50010)中有关梁箍筋布置的构造要求。

4.8 框架柱的设计

4.8.1 框架柱的受力性能

框架柱的破坏一般发生在柱的上下端。由于在侧向力作用下柱端弯矩最大,因此常在柱端出现水平或斜向裂缝,严重的柱端箍筋屈服或被拉断,核心区混凝土被压碎,纵向钢筋压曲呈灯笼状(图 4.27)。

图 4.27 柱端破坏

角柱的破坏比中柱和边柱严重,这是因为在侧向力作用下,结构难免会发生整体扭转,这时角柱所受的剪力最大,同时角柱为双向偏心受压构件,而设计时往往考虑不周。

短柱的剪切破坏在地震中是十分普遍的。所谓短柱,一般是指柱的长细比小于 4 的柱子,由于它的线刚度大,在地震作用下会产生较大的剪力,容易产生斜向或交叉的剪切裂缝,有时甚至剪断,其破坏是脆性的,延性极小。

影响框架柱延性的因素主要有剪跨比、轴压比、箍筋配筋率、纵筋配筋率等。

(1)剪跨比

剪跨比是反映柱截面承受的弯矩与剪力之比值的一个参数,表示为:

$$\lambda = \frac{M}{Vh_0} \tag{4.25}$$

式中 h_0——柱截面计算方向的有效高度。

试验表明,当剪跨比 $\lambda \geqslant 2$ 时为长柱,柱的破坏形态为压弯型,只要构造合理一般都能满足柱的斜截面受剪承载力大于其正截面偏心受压承载力的要求,并且有一定的变形能力。当剪跨比 $1.5 \leqslant \lambda < 2$ 时为短柱,柱将产生以剪切为主的破坏,当提高混凝土强度或配有足够的箍筋时,也可能出现具有一定延性的剪压破坏。当剪跨比 $\lambda < 1.5$ 时为极短柱,柱的破坏形态为脆性的剪切破坏,抗震性能差,一般设计中应当尽量避免。如无法避免,则要采取特殊措施以保证其斜截面承载力。

对于一般的框架结构,柱内弯矩以地震作用产生的弯矩为主,可近似地假定反弯点在柱高的中点,即假定 $M = V\frac{H_n}{2}$,则框架柱剪跨比的计算式可为:

$$\lambda = \frac{1}{2}\frac{H_n}{h_0} \tag{4.26}$$

式中 H_n——柱子净高。

$\frac{H_n}{h_0}$可理解为柱的长细比。按照以上分析,框架柱也可按下列条件分类:当$\frac{H_n}{h_0} \geqslant 4$ 时,为长柱;当 $3 \leqslant \frac{H_n}{h_0} < 4$ 时,为短柱;当$\frac{H_n}{h_0} < 3$ 时,为极短柱。

由于高层建筑框架结构中柱的剪力较大,无论是非抗震结构还是抗震结构,都应该做抗剪承载力验算。抗震规范中规定,框架柱的净高与截面高度比宜大于 4(柱剪跨比宜大于 2),即在有抗震要求的框架结构中,应避免出现短柱。特别应避免在同一层内长柱和短柱共存,这时短柱不仅延性差,而且因其线刚度较大，分配到的楼层剪力也较大。故设计时应慎重对待，采取特殊措施。

(2)轴压比

轴压比 μ_c 是指柱截面考虑地震作用组合的轴向压力设计值 N 与柱的全截面面积 A_c 和混凝土轴心抗压强度设计值 f_c 的乘积比，即柱的名义轴向压应力设计值与 f_c 的比值：

$$\mu_c=\frac{N}{A_c f_c} \tag{4.27}$$

图 4.28 为柱位移延性比与轴压比关系的试验结果。由图 4.28 可见，柱的位移延性比随轴压比的增大而急剧下降。构件受压破坏特征与构件轴压比直接相关。轴压比较小时，即柱的轴压力设计值较小，柱截面受压区高度 x 较小，构件将发生受拉钢筋首先屈服的大偏心受压破坏，破坏时构件有较大变形；当轴压比较大时，柱截面受压区高度 x 较大，属小偏心受压破坏，破坏时，受拉钢筋（或压应力较小侧的钢筋）并未屈服，构件变形较小。

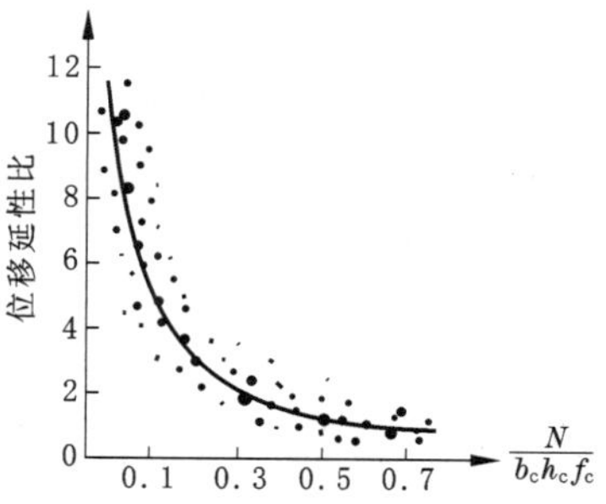

图 4.28 轴压比与延性比的关系

(3)箍筋配筋率

框架柱的破坏除因压弯强度不足引起的柱端水平裂缝外，较为常见的震害是，由于箍筋配置不足或构造不合理，柱身出现斜裂缝，柱端混凝土被压碎，节点斜裂或纵筋弹出。理论分析表明，柱中箍筋对核心混凝土起着有效的约束作用，可显著地提高受压混凝土的极限应变值，阻止柱身斜裂缝的开展，从而大大地提高柱的延性。为此，对柱的各个部位合理地配置箍筋是十分必要的。例如，在柱端塑性铰区适当地加密箍筋，对提高柱的变形能力是十分有利的。但试验结果也表明，加密箍筋对提高柱延性的作用随着轴压比的增大而减小。

试验结果表明，箍筋形式对于箍筋对柱核心区混凝土的约束作用有明显的影响。当配置复式箍筋或螺旋形箍筋时，柱的延性将比配置普通矩形箍筋时有所提高。在箍筋的间距和箍筋的直径相同时，箍筋对核心区混凝土的约束效应还取决于箍筋的无支撑长度(图 4.29)。箍筋的无支承长度越小，箍筋受核心混凝土的挤压而向外弯曲的程度越小，阻止核心混凝土横向变形的作用就越强，所以当箍筋的用量相同时，若减小箍筋直径并增加附加箍筋，从而减小箍筋的无支撑长度，对提高柱的延性更为有利。

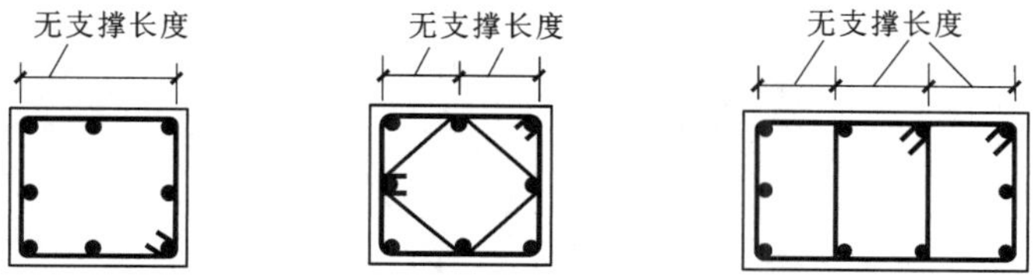

图 4.29 箍筋的无支撑长度

4.8.2 框架柱承载力计算

(1)柱正截面偏心受压承载力计算

框架柱正截面偏心受压承载力计算方法见《混凝土结构》教材。但当有地震作用组合时，应考虑正截面承载力抗震调整系数。对于一、二、三、四级框架柱，为保证“强柱弱梁”设计目标的实现，节点上下柱端的弯矩设计值应根据梁端弯矩调整如下：

一级框架结构及 9 度时的框架：

$$M_c^u + M_c^d = 1.2(M_{bua}^l + M_{bua}^r) \tag{4.28a}$$

其他情况：

$$M_c^u + M_c^d = \eta_c(M_b^l + M_b^r) \tag{4.28b}$$

式中 η_c——柱端弯矩增大系数，对框架结构，二、三级分别取1.5、1.3，对其他结构中的框架，一、二、三、四级分别取1.4、1.2、1.1和1.1；

M_c^u, M_c^d——同一节点上下柱端截面考虑抗震等级的弯矩设计值；

M_b^l, M_b^r——同一节点左右梁端截面考虑地震作用组合的弯矩设计值；

M_{bua}^l, M_{bua}^r——同一节点左右梁端正截面受弯抗震极限承载力，见式(4.21)。

上式中的($M_{bua}^l + M_{bua}^r$)或($M_b^l + M_b^r$)应按顺时针方向[图4.30(a)]或逆时针方向[图4.30(b)]分别计算，取其较大者。求得节点上下柱端弯矩设计值之和后，在一般情况下可按弹性分析所得的节点上下柱端弯矩比进行分配。

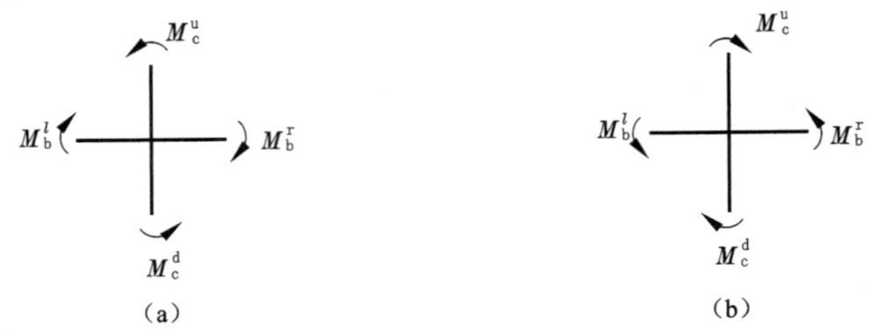

图4.30 节点弯矩平衡条件

对顶层柱、轴压比小于0.15的柱及框支梁柱节点柱，可直接采用地震作用组合所得的弯矩设计值。对一、二、三级抗震等级的框架结构底层柱下端截面的弯矩设计值，应分别乘以1.7、1.5和1.3的增大系数以提高柱根的承载力。底层框架柱纵向钢筋应按上、下端的不利情况配置。考虑到角柱为双向偏心受压的不利因素，一、二、三级抗震等级框架角柱的弯矩设计值应在经上述调整后再乘以不小于1.1的增大系数。

(2)柱斜截面受剪承载力计算

①柱剪力设计值

框架柱的设计除了应满足"强柱弱梁"要求外，还应满足"强剪弱弯"的要求，即柱的斜截面受剪承载力应大于柱正截面受弯承载力，柱的剪力设计值应为：

对于一级框架结构和9度时的框架：

$$V_c = 1.2\,\frac{M_{cua}^t + M_{cua}^b}{H_n} \tag{4.29a}$$

对于其他情况：

$$V_c = \eta_{vc}\,\frac{M_c^t + M_c^b}{H_n} \tag{4.29b}$$

式中 M_{cua}^t, M_{cua}^b——框架柱上下端按实配钢筋计算的正截面受弯抗震极限承载力；

M_c^t, M_c^b——考虑抗震等级，按"强柱弱梁"要求修正后的框架柱上下端弯矩设计值；

η_{vc}——柱端剪力增大系数，对框架结构，二、三级分别取1.3、1.2，对其他结构类型的框架，一、二级分别取1.4和1.2，三、四级均取1.1。

此外，考虑到角柱为双向偏心受压的不利因素，一、二、三、四级抗震等级框架角柱的剪力设计值宜在式(4.29)计算结果的基础上乘以不小于1.1的增大系数。

式(4.29)中的($M_{cua}^t + M_{cua}^b$)或($M_c^t + M_c^b$)应分别按顺时针和逆时针方向进行计算，取其较大者。M_{cua}可参照《混凝土结构》教材中的有关公式计算。对于对称配筋矩形截面大偏心受压柱，由$\sum X = 0$的条件，可得：

$$N = \frac{1}{\gamma_{RE}} f_{ck} b x$$

由$\sum M = 0$的条件，可得：

$$Ne = \frac{1}{\gamma_{RE}}[f_{ck}bx(h_0 - 0.5x) + f_{yk}A_s^a(h_0 - a_s')]$$

由以上两式消去 x，并取 $a_s = a_s'$，可得：

$$M_{cua} = \frac{1}{\gamma_{RE}}\left[0.5\gamma_{RE}Nh\left(1 - \frac{\gamma_{RE}N}{f_{ck}bh}\right) + f_{yk}A_s^a(h_0 - a_s')\right] \tag{4.30}$$

式中 N——地震作用组合所得的柱轴向压力设计值；

b，h——柱截面的宽度、高度；

A_s^a——单边纵向钢筋实配截面面积；

γ_{RE}——承载力抗震调整系数，取 $\gamma_{RE}=0.80$。

②柱斜截面受剪承载力计算公式

试验研究表明，轴向压力对构件的受剪承载力起有利作用，这主要是轴向压力能阻滞斜裂缝的出现和开展，增加了混凝土剪压区高度，从而提高混凝土所承担的剪力。在轴压比的限值内，斜截面水平投影长度与相同参数的无轴压力梁相比基本不变，故轴压力对箍筋所承担的剪力没有明显的影响。另外，轴向压力对受剪承载力的有利作用也是有限度的，当轴压比 $N/(f_cbh)=0.3\sim0.5$ 时，受剪承载力达到最大值；若再增加轴向压力，将导致受剪承载力的降低，并转变为带有斜裂缝的正截面小偏心受压破坏，因此应对轴向压力的受剪承载力提高范围予以限制。基于上述考虑，通过对偏压构件、框架柱试验资料进行分析，计算矩形截面的钢筋混凝土偏心构件的斜截面受剪承载力，可在集中荷载作用下的矩形截面独立梁计算公式的基础上，加一项轴向压力所提高的受剪承载力设计值 $V_N=0.07N$，并对 N 值加以限制。

对于偏心受拉构件，在轴向拉力作用下，构件上可能产生横贯全截面的初始垂直裂缝；施加横向荷载后，构件一边裂缝闭合而另一边裂缝加宽，且斜裂缝可能直接穿过初始垂直裂缝向上发展，也可能沿初始垂直裂缝延伸再斜向发展。斜裂缝呈现宽度较大，倾角也大，斜裂缝末端剪压区高度减小，甚至没有剪压区，因此它的受剪承载力要比受弯构件的受剪承载力有明显的降低，在设计中考虑轴向拉力所降低的受剪承载力设计值为 $V_N=0.2N$。

在有地震作用组合时，由反复荷载作用下偏压柱塑性铰区的受剪承载力试验表明，构件反复加载的受剪承载力比单调加载的要降低10%～30%，这主要是由于混凝土受剪承载力降低所致。设计中可采用与框架梁相同的处理原则，即混凝土项抗震受剪承载力相当于非抗震情况下混凝土项受剪承载力的60%，而箍筋项受剪承载力不变。

基于以上分析，框架柱斜截面受剪承载力可按如下公式计算。

持久、短暂设计状况且当柱受压时

$$V_c \leqslant \frac{1.75}{\lambda+1.0}f_tbh_0 + f_{yv}\frac{A_{sv}}{s}h_0 + 0.07N \tag{4.31a}$$

持久、短暂设计状况且当柱受拉时

$$V_c \leqslant \frac{1.75}{\lambda+1.0}f_tbh_0 + f_{yv}\frac{A_{sv}}{s}h_0 - 0.2N \tag{4.31b}$$

地震设计状况且当柱受压时

$$V_c \leqslant \frac{1}{\gamma_{RE}}\left(\frac{1.05}{\lambda+1.0}f_tbh_0 + f_{yv}\frac{A_{sv}}{s}h_0 + 0.056N\right) \tag{4.31c}$$

地震设计状况且当柱受拉时

$$V_c \leqslant \frac{1}{\gamma_{RE}}\left(\frac{1.05}{\lambda+1.0}f_tbh_0 + f_{yv}\frac{A_{sv}}{s}h_0 - 0.2N\right) \tag{4.31d}$$

式中 λ——框架柱的计算剪跨比，当 $\lambda<1$ 时，取 $\lambda=1$，当 $\lambda>3$ 时，取 $\lambda=3$。

N——与剪力设计值对应的框架柱的轴向力设计值，当柱子受压且 $N>0.3f_cA$ 时，取 $N=0.3f_cA$。当 N 为拉力时，也以正值代入相应的公式中。式(4.31b)右边和(4.31d)右边括号内的计算值小于 $f_{yv}\frac{A_{sv}}{s}h_0$ 时，取等于 $f_{yv}\frac{A_{sv}}{s}h_0$，且 $f_{yv}\frac{A_{sv}}{s}h_0$ 值不应小于 $0.36f_tbh_0$。

③框架柱受剪截面限制条件

为防止框架柱在侧向力作用下发生脆性剪切破坏，保证柱内纵筋和箍筋能够有效地发挥作用，必须要限制柱受剪截面尺寸不能过小。根据静力作用下梁截面受剪的限制条件，考虑框架柱在地震作用时反复加载的不利影响，《高层建筑混凝土结构技术规程》(JGJ 3)规定，矩形截面框架柱的受剪截面应符合下列条件：

持久、短暂设计状况 $$V_c\leqslant 0.25\beta_cf_cbh_0 \tag{4.32a}$$

地震设计状况，剪跨比大于 2 的柱 $$V_c\leqslant\frac{1}{\gamma_{RE}}(0.2\beta_cf_cbh_0) \tag{4.32b}$$

剪跨比不大于 2 的柱 $$V_c\leqslant\frac{1}{\gamma_{RE}}(0.15\beta_cf_cbh_0) \tag{4.32c}$$

4.8.3 框架柱的计算长度

梁与柱为刚接的钢筋混凝土框架柱，其计算长度应根据框架的侧向约束条件及荷载情况，并考虑柱的二阶效应(由轴向力与柱的挠曲变形所引起的附加弯矩)对柱截面设计的影响程度来确定。按《混凝土结构设计规范》规定，一般多层房屋的框架结构，柱子的计算长度可取为：

现浇楼盖，底层柱：　$l_0=1.0H$

其他层柱：　$l_0=1.25H$

装配式楼盖，底层柱：　$l_0=1.25H$

其他层柱：　$l_0=1.5H$

其中 H 对底层柱为从基础顶面到一层楼盖顶面的高度，对其余各层柱为上下两层楼盖顶面之间的高度。

当水平荷载产生的弯矩设计值占总弯矩设计值的 75% 以上时，框架柱的计算长度 l_0 可按下列两个公式计算，并取其中的较小值：

$$l_0=[1+0.15(\psi_u+\psi_l)]H \tag{4.33a}$$

$$l_0=(2+0.2\psi_{min})H \tag{4.33b}$$

式中 ψ_u，ψ_l——柱的上端、下端节点处交汇的各柱线刚度之和与交汇的各梁线刚度之和的比值；

ψ_{min}——比值 ψ_u、ψ_l 的较小值；

H——柱的高度。

4.8.4 框架柱的构造要求

(1)材料强度

框架柱的混凝土强度等级，按一、二级抗震等级设计时，不应低于 C30，按三、四级抗震等级设计时，不应低于 C25。同时，当抗震设防烈度为 9 度时不宜高于 C60，抗震设防烈度为 8 度时不宜高于 C70。

(2)截面尺寸

矩形截面柱的边长，四级抗震等级时不宜小于 300mm，一、二、三级抗震等级时不宜小于 400mm；圆柱的截面直径，四级抗震等级时不宜小于 350mm，一、二、三级抗震等级时不宜小于 450mm；柱截面高度与宽度的比值不宜大于 3，柱的剪跨比宜大于 2。为保证框架柱的延性，柱的轴压比 n 不宜大于表 4.15 规定的限值。经过各项修正后的轴压比限值不应大于 1.05。

框架柱的轴压比限值 **表 4.15**

结构类型	抗震等级			
	一级	二级	三级	四级
框架	0.65	0.75	0.85	—
板柱-剪力墙、框架-剪力墙、框架-核心筒、筒中筒	0.75	0.85	0.90	0.95
部分框支剪力墙	0.60	0.70	—	—

注:①表内数值适用于混凝土强度等级不高于C60的柱。当混凝土强度等级为C65~C70时,轴压比限值应比表中数值降低0.05;当混凝土强度等级为C75~C80时,轴压比限值应比表中数值降低0.10。

②表中数值适用于剪跨比大于2的柱。剪跨比不大于2但不小于1.5的柱,其轴压比限值应比表中数值减小0.05;剪跨比小于1.5的柱,其轴压比限值应专门研究并采取特殊构造措施。

③当沿柱全高采用井字复合箍,箍筋间距不大于100mm、肢距不大于200mm、直径不小于12mm时,柱轴压比限值可增加0.10;当沿柱全高采用复合螺旋箍,箍筋螺距不大于100mm、肢距不大于200mm、直径不小于12mm时,柱轴压比限值可增加0.10;当沿柱全高采用连续复合螺旋箍,且螺距不大于80mm、肢距不大于200mm、直径不小于10mm时,轴压比限值可增加0.10。

④当柱截面中部设置由附加纵向钢筋形成的芯柱,且附加纵向钢筋的纵向截面面积不小于柱截面面积的0.8%时,柱轴压比限值可增加0.05。当本项措施与注③的措施共同采用时,柱轴压比限值可比表中数值增加0.15,但箍筋的配筋特征值仍可按轴压比增加0.10的要求确定。

值得指出的是,对于框架支承结构,底层由于抗侧刚度比上层减少很多而成为薄弱层,地震时将会发生比较大的变形集中。因此,对框支柱的延性要求应比普通框架柱更高一些,故轴压比限值控制得更小些。

(3)纵向受力钢筋

框架柱内纵向受力钢筋宜对称配置。柱中全部纵向受力钢筋的配筋率不应小于表4.16规定的数值,且柱截面每一侧纵向钢筋配筋率不应小于0.2%,同时柱截面全部纵向钢筋的配筋率不应大于5%。对按一级抗震等级设计且剪跨比不大于2的短柱,其单侧纵向受拉钢筋配筋率不宜大于1.2%,并应沿柱全长采用复合箍筋。应该指出,由于角柱的震害比边柱、中柱的震害都要严重,对角柱的纵向钢筋最小配筋率的限制要高于对中柱与边柱的限值。边柱、角柱当考虑地震作用组合产生小偏心受拉时,柱内侧纵筋总截面面积应比计算值增加25%。为使柱截面核心区混凝土有较好的约束,抗震等级为四级时,柱的纵向受力钢筋的间距不宜大于300mm;抗震等级为一、二、三级时,对截面边长大于400mm的柱,纵向钢筋间距不宜大于200mm。同时,柱纵向受力钢筋的净距均不应小于50mm。

框架柱纵向钢筋最小配筋百分率(%) **表 4.16**

柱类型	抗震等级			
	一级	二级	三级	四级
中柱、边柱	0.9(1.0)	0.7(0.8)	0.6(0.7)	0.5(0.6)
角　柱	1.1	0.9	0.8	0.7
框支柱	1.1	0.9	—	—

注:①采用335MPa级、400MPa级纵向受力钢筋时,应分别按表中数值增加0.1和0.05采用;

②当混凝土强度等级为C60级以上时,应按表中数值增加0.1采用;

③表中括号内数值适用于框架结构。

(4)箍筋

框架柱内常用的箍筋形式如图4.31所示。框架柱箍筋的直径和间距应根据柱斜截面受剪承载力的公式计算。沿柱高通长布置,以满足柱斜截面受剪的要求。为提高柱端塑性铰区的变形能力,在柱子的重要部位箍筋应加密,加密区箍筋最大间距和箍筋最小直径应按表4.17的规定取用,加密区一般位于各层柱的两端,加密区长度为矩形截面柱之长边尺寸(或圆形截面柱之直径)、柱净高之1/6和500mm三者之最大者。对于剪跨比不大于2的柱和因填充墙等形成柱净高与柱截面长边尺寸之比不大于4的柱、一级及二级抗震等级的框架角柱、其他需要提高变形能力的柱，应沿柱全高范围加密箍筋。底层柱在刚性地坪上、下各 500mm 范围内、底层柱柱根以上 1/3 柱净高的范围亦应按加密区要求配置箍筋。

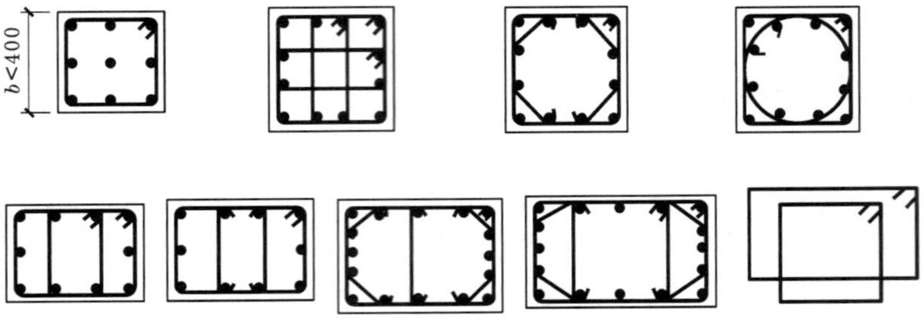

图 4.31　柱的箍筋形式

框架柱箍筋加密区的构造要求　　**表 4.17**

抗震等级	箍筋最大间距(采用较小值)	箍筋最小直径
一　级	$6d$,100mm	ϕ10
二　级	$8d$,100mm	ϕ8
三　级	$8d$,150mm(柱根 100mm)	ϕ8
四　级	$8d$,150mm(柱根 100mm)	ϕ6

注：d 为柱纵向钢筋直径(mm)；柱根指框架柱底部嵌固部位。一级框架柱的箍筋直径大于 12mm 且箍筋肢距小于 150mm 及二级框架柱箍筋直径不小于 10mm 且肢距不大于 200mm 时，除柱根外最大间距应允许采用 150mm；三级框架柱的截面尺寸不大于 400mm 时，箍筋最小直径应允许采用 6mm；四级框架柱的剪跨比不大于 2 或柱中全部纵向钢筋的配筋率大于 3%时，箍筋直径不应小于 8mm。剪跨比不大于 2 的柱，箍筋间距不应大于 100mm。

在柱箍筋加密区范围内，箍筋的体积配箍率应符合下式要求：

$$\rho_v \geqslant \frac{\lambda_v f_c}{f_{yv}} \tag{4.34}$$

式中　ρ_v——柱箍筋的体积配箍率；

λ_v——柱最小配箍特征值，宜按表 4.18 采用；

f_c——混凝土轴心抗压强度设计值，当柱混凝土强度等级低于 C35 时，应按 C35 计算；

f_{yv}——柱箍筋或拉筋的抗拉强度设计值。

柱端箍筋加密区最小配箍特征值 λ_v　　**表 4.18**

抗震等级	箍筋形式	柱轴压比								
		≤0.30	0.40	0.50	0.60	0.70	0.80	0.90	1.00	1.05
一	普通箍、复合箍	0.10	0.11	0.13	0.15	0.17	0.20	0.23	—	—
	螺旋箍、复合或连续复合螺旋箍	0.08	0.09	0.11	0.13	0.15	0.18	0.21	—	—
二	普通箍、复合箍	0.08	0.09	0.11	0.13	0.15	0.17	0.19	0.22	0.24
	螺旋箍、复合或连续复合螺旋箍	0.06	0.07	0.09	0.11	0.13	0.15	0.17	0.20	0.22
三	普通箍、复合箍	0.06	0.07	0.09	0.11	0.13	0.15	0.17	0.20	0.22
	螺旋箍、复合或连续复合螺旋箍	0.05	0.06	0.07	0.09	0.11	0.13	0.15	0.18	0.20

注：普通箍指单个矩形或单个圆形箍；螺旋箍指单个连续螺旋箍筋；复合箍指由矩形、多边形、圆形箍或拉筋组成的箍筋；复合螺旋箍指由螺旋箍与矩形、多边形、圆形箍或拉筋组成的箍筋；连续复合螺旋箍指全部螺旋箍由同一根钢筋加工而成的箍筋。

对一、二、三、四级框架柱，其箍筋加密区范围内箍筋的体积配箍率尚且分别不应小于 0.8%、0.6%、0.4%和 0.4%。剪跨比不大于 2 的柱宜采用复合螺旋箍或井字复合箍，其体积配箍率不应小于 1.2%；设防烈度为 9 度时，不应小于 1.5%。计算复合箍筋的体积配箍率时，可不扣除重叠部分的箍筋体积；计算复合螺旋箍筋的体积配箍率时，其非螺旋箍筋的体积应乘以换算系数 0.8。

抗震设计时，柱箍筋设置尚应符合下列要求：

①箍筋应为封闭式，其末端应做成 135°弯钩且弯钩末端平直段长度不应小于 10 倍的箍筋直径，且不应小于 75mm。

②箍筋加密区的箍筋肢距，一级不宜大于 200mm，二、三级不宜大于 250mm 和 20 倍箍筋直径的较大值，四级不宜大于 300mm。每隔一根纵向钢筋宜要两个方向有箍筋约束，采用拉筋组合箍时，拉筋宜紧靠纵向钢筋并勾住封闭箍。

③柱非加密区的箍筋，其体积配箍率不宜小于加密区的一半；其箍筋间距，不应大于加密区箍筋间距的 2 倍，且一、二级不应大于 10 倍纵向钢筋直径，三、四级不应大于 15 倍纵向钢筋直径。

考虑到柱子在其层高范围内剪力基本不变及可能的扭转影响，为避免柱箍筋加密区外抗剪切能力突然降低很多而造成柱子中段破坏，柱子非加密区的箍筋配筋率不宜小于加密区配筋率的一半，箍筋间距对一、二级抗震等级不应大于 $10d$；对三级抗震等级不宜大于 $15d$，d 为纵筋直径。当柱中全部纵向受力钢筋的配筋率超过 3%时，箍筋应焊成封闭环式。

4.9 框架节点的设计

4.9.1 框架节点的受力性能

在竖向荷载和地震作用下，框架梁柱节点区主要承受柱子传来的轴向力、弯矩、剪力和梁传来的弯矩、剪力的作用，受力比较复杂。如图 4.32 所示。在轴压力和剪力的共同作用下，节点区发生由剪切及主拉应力所造成的脆性破坏。震害表明，梁柱节点的破坏大都是由于梁柱节点区未设箍筋或箍筋过少、抗剪能力不足，导致节点区出现多条交叉斜裂缝，斜裂缝间混凝土被压酥，柱内纵向钢筋压屈。此外，由于梁内纵筋和柱内纵筋在节点区交汇，且梁顶面钢筋一般数量较多，造成节点区钢筋过密，振捣器难以插入，从而影响混凝土浇捣质量，节点强度难以得到保证。也有可能是梁、柱内纵筋伸入节点的锚固长度不足，纵筋被拔出，以致梁柱端部塑性铰难以充分发挥作用。

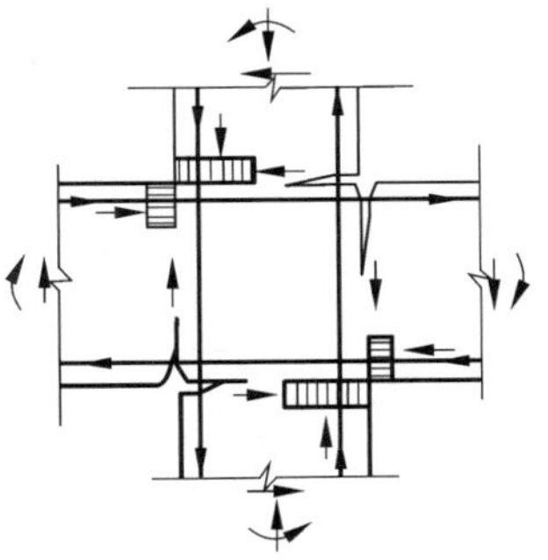

图 4.32 节点核心区受力图

影响框架节点承载力及延性的因素主要有以下几个方面：

(1)直交梁对节点核心区的约束作用

垂直于框架平面与节点相交的梁，称为直交梁。试验表明，直交梁对节点核心区具有约束作用，从而提高了节点核心区混凝土的抗剪强度；但如直交梁梁端与柱面交界处有竖向裂缝，则其对节点核心区的约束作用将受到削弱，因而节点核心区混凝土的抗剪强度也随之降低；而对于四边有梁且带有现浇楼板的中柱节点，则其混凝土抗剪强度比不带楼板的节点有明显的提高，一般认为，四边有梁且带有现浇楼板的中柱节点，当直交梁的截面宽度不小于柱宽的$\frac{1}{2}$，且截面高度不小于框架梁截面高度的$\frac{3}{4}$时，在考虑了直交梁开裂等不利影响后，节点核心区的混凝土抗剪强度比不带直交梁及楼板时要提高 50%左右。试验还表明，对于三边有梁的边柱节点和二边有梁的角柱节点，直交梁的约束作用并不明显。

(2)轴压力对节点核心区混凝土抗剪强度及节点延性的影响

当轴力较小时，节点核心区混凝土抗剪强度随着轴向压力的增加而增加，且直到节点区被较多交叉斜裂缝分割成若干菱形块体时，轴压力的存在仍能提高其抗剪强度。但当轴压力增加到一定程度时，如轴压比大于 0.6～0.8，则节点混凝土抗剪强度将随轴压力的增加而下降。同时，轴压力虽能提高节点核心区混凝土的抗剪强度，但却使节点核心区的延性降低。

(3)剪压比和配箍率对节点受剪承载力的影响

当配箍率较低时,节点的抗剪承载力随着配箍率的提高而提高,这时节点破坏时的特征是混凝土被压碎,箍筋屈服。但当节点水平截面太小、配箍率较高时,节点区混凝土的破坏将先于箍筋的屈服,两者不能同时发挥作用,这样就使节点的受剪承载力达不到理想的最大值,所以应对节点的最小截面尺寸加以限制,以保证箍筋的材料强度得到充分的发挥。在设计中可采用限制节点水平截面上的剪压比来实现这一要求。试验表明,当节点区截面的剪压比大于 0.35 时,增加箍筋的作用已不明显,这时须增大节点水平截面尺寸。

(4)梁纵筋滑移对结构延性影响

框架梁纵筋在中柱节点核心区通常以连续贯通的形式通过。在水平地震作用下,梁中纵筋在节点一边受拉屈服,而在另一边受压屈服。如此循环往复,将使纵筋的黏结迅速破坏,导致梁纵筋在节点核心区贯通滑移。梁纵筋贯通滑移破坏了节点核心区剪力的正常传递,使核心区受剪承载力降低,亦使梁截面后期受弯承载力及延性降低,使节点的刚度和耗能能力明显下降。试验证明,边柱节点梁的纵筋锚固比中柱节点的好,滑移较小。

为防止梁纵筋滑移,最好采用直径不大于$\frac{1}{20}$柱截面边长的钢筋,也就是使梁纵筋在节点核心区有不小于 20 倍直径的直段锚固长度,也可以将梁纵筋穿过柱中心轴后再弯入柱内,以改善其锚固性能。

4.9.2 框架节点的受剪承载力计算

(1)节点剪力设计值

取某中间层中间节点为脱离体,当梁端出现塑性铰时,梁内受拉纵筋应力达到 f_{yk},若忽略框架梁内的轴力,并忽略直交梁对节点受力的影响,则节点受力如图 4.33(a)所示。

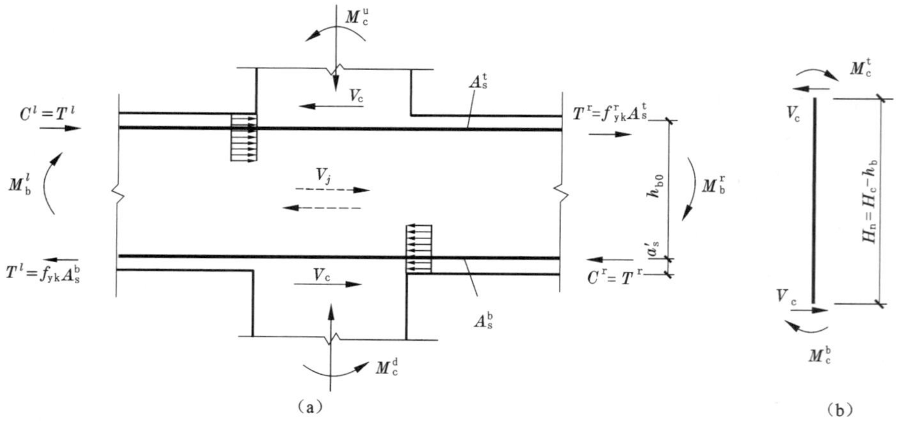

图 4.33 节点受力简图

设节点水平截面上的剪力为 V_j,由节点上半部的平衡条件可得:

$$V_j = C^l + T^r - V_c = \frac{M_b^l}{h_{b0} - a_s'} + \frac{M_b^r}{h_{b0} - a_s'} - V_c \tag{a}$$

取柱净高部分为脱离体,见图 4.25(b),由该柱的平衡条件:

$$V_c = \frac{M_c^b + M_c^t}{H_c - h_b} \tag{b}$$

近似地取 $M_c^b = M_c^u$,$M_c^t = M_c^d$,代入式(b),得:

$$V_c = \frac{M_c^u + M_c^d}{H_c - h_b} \tag{c}$$

又由梁柱节点弯矩平衡条件有:

$$M_c^u + M_c^d = M_b^l + M_b^r \tag{d}$$

将式(d)代入式(c)，则：

$$V_c=\frac{M_b^l+M_b^r}{H_c-h_b} \tag{e}$$

将式(e)代入式(a)：

$$V_j=\frac{M_b^l+M_b^r}{h_{b0}-a_s'}\left(1-\frac{h_{b0}-a_s'}{H_c-h_b}\right) \tag{4.35a}$$

对于顶层节点，在式(a)中取 $V_c=0$，即得：

$$V_j=\frac{M_b^l+M_b^r}{h_{b0}-a_s'} \tag{4.35b}$$

考虑到强度增大系数，同时根据不同抗震等级的延性要求，可得框架节点(4.35b)剪力设计值计算公式如下：

顶层中间节点 $$V_j=\eta_{jb}\frac{M_b^l+M_b^r}{h_{b0}-a_s'} \tag{4.36a}$$

其他层中间节点和端节点 $$V_j=\eta_{jb}\frac{M_b^l+M_b^r}{h_{b0}-a_s'}\left(1-\frac{h_{b0}-a_s'}{H_c-h_b}\right) \tag{4.36b}$$

一级框架结构和9度时的框架的节点剪力设计值按下式确定：

顶层中间节点 $$V_j=1.15\frac{M_{bua}^l+M_{bua}^r}{h_{b0}-a_s'} \tag{4.36c}$$

其他层中间节点 $$V_j=1.15\frac{M_{bua}^l+M_{bua}^r}{h_{b0}-a_s'}\left(1-\frac{h_{b0}-a_s'}{H_c-h_b}\right) \tag{4.36d}$$

式中 V_j——梁柱节点核心区组合的剪力设计值；

h_{b0}——梁截面的有效高度，节点两侧梁截面高度不等时可采用平均值；

a_s'——梁受压钢筋合力点至受压边缘的距离；

H_c——柱的计算高度，可采用节点上、下柱反弯点之间的距离；

h_b——梁的截面高度，节点两侧梁截面高度不等时可采用平均值；

η_{jb}——强节点系数，对于框架结构，一级宜取1.5，二级宜取1.35，三级宜取1.2，对于其他结构中的框架，一级宜取1.35，二级宜取1.2，三级宜取1.1。

$(M_{bua}^l+M_{bua}^r)$、$(M_b^l+M_b^r)$按顺时针方向和逆时针方向各有两组值，计算时应取较大的一组。当M_b^l与M_b^r转动方向相同时，绝对值较小的弯矩应取零。

对抗震等级为四级的框架节点核心区，可不进行节点受剪承载力计算，仅按构造配置箍筋即可。

(2)节点受剪承载力计算公式

对节点受剪承载力进行计算时可考虑直交梁和轴向压力对节点受剪承载力的有利影响，按下列公式计算：

$$V_j\leqslant\frac{1}{\gamma_{RE}}\left(1.1\eta_j f_t b_j h_j+0.05\eta_j N\frac{b_j}{b_c}+f_{yv}A_{svj}\frac{h_{b0}-a_s'}{s}\right) \tag{4.37a}$$

9度时的一级：

$$V_j\leqslant\frac{1}{\gamma_{RE}}\left(0.9\eta_j f_t b_j h_j+f_{yv}A_{svj}\frac{h_{b0}-a_s'}{s}\right) \tag{4.37b}$$

式中 N——对应于组合剪力设计值的节点上柱底部的轴向压力设计值，当$N>0.5f_cb_ch_c$时，取$N=0.5f_cb_ch_c$；当N为拉力时，取$N=0$。

η_j——直交梁对节点的约束影响系数，对两个正交方向均有梁约束的中间节点、楼板为现浇、梁柱中线重合、四侧各梁的截面宽度均大于相应侧柱截面宽度的$\frac{1}{2}$，且直交梁的截面高度不小于框架梁截面高度的$\frac{3}{4}$时，取$\eta_j=1.5$；9度时的一级宜采用$\eta_j=1.25$；其他情况的节点宜采用$\eta_j=1.0$。

b_c,h_c——框架柱剪力计算方向的截面宽度和高度。

h_j——框架节点核心区水平截面的高度,可取剪力计算方向的柱截面高度 h_c。

b_j——框架节点核心区水平截面有效计算宽度,当 $b_b \geqslant b_c/2$ 时,可取 $b_j=b_c$;当 $b_b<b_c/2$ 时,可取 $b_j=b_b+0.5h_c$ 和 $b_j=b_c$ 两者中的较小值,这里 b_b 为梁截面宽度;当梁柱轴线有偏心距 e_0 时,e_0 不宜大于柱截面宽度的 1/4。此时节点截面有效计算宽度应取:① $b_j=0.5b_c+0.5b_b+0.25h_c-e_0$;② $b_j=b_b+0.5h_c$;③ $b_j=b_c$ 三者中的最小值。

A_{svj}——配置在框架节点宽度 b_j 范围内同一截面箍筋各肢的总截面面积。

(3)节点受剪截面限制条件

为防止节点截面太小、核心区混凝土承受过大的斜压应力以致使节点区混凝土先被压碎而破坏,框架节点受剪的水平截面应符合下列条件:

$$V_j \leqslant \frac{1}{\gamma_{RE}}(0.3\eta_j\beta_c f_c b_j h_j) \tag{4.38}$$

【例 4.4】 某抗震等级为二级的钢筋混凝土高层框架底层梁柱中节点(图 4.34),横向左侧梁截面尺寸为 300mm×700mm,右侧梁截面尺寸为 300mm×600mm,纵向梁截面尺寸为 250mm×550mm,柱截面尺寸为 600mm×600mm,梁柱混凝土强度等级为 C30,$f_c=14.3$MPa,$f_t=1.43$MPa。考虑地震作用组合节点左侧梁端弯矩设计值 $M_b^l=287.8$kN·m,右侧梁端弯矩设计值 $M_b^r=458.6$kN·m,均为逆时针方向,对应于该组合弯矩设计值的上柱底部轴向压力设计值 $N=2800$kN,柱端箍筋加密区配置双向四肢井字复合箍筋Φ10@100。节点上下层柱反弯点之间的距离 $H_c=4.5$m。要求:(1)计算节点的剪力设计值;(2)验算节点的剪压比;(3)进行节点受剪承载力设计。

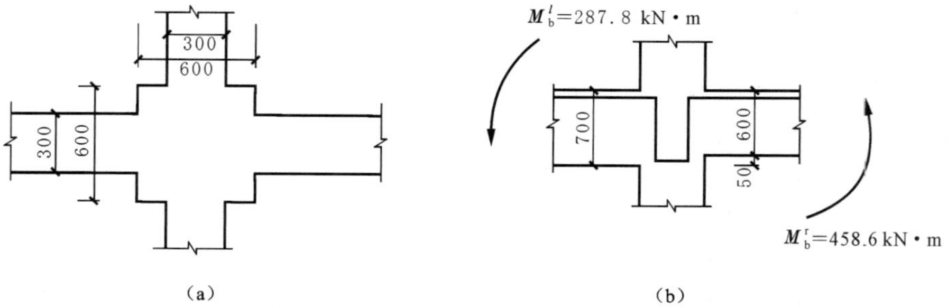

图 4.34 框架节点平面图、剖面图

(a)平面图;(b)剖面图

【解】 (1)计算节点的剪力设计值

二级抗震,$\eta_{jb}=1.2$;节点左右侧梁高度不相等,可取平均值,即 $h_b=(700+600)/2=650$mm;a_s' 取 60mm,则 $h_{b0}=650-60=590$mm;代入式(4.36b)得:

$$V_j=1.2\times\frac{287.8+458.6}{0.59-0.06}\times\left(1-\frac{0.59-0.06}{4.5-0.7}\right)=1454.26\text{kN}$$

(2)验算节点的剪压比

按规定取 $\eta_j=1.5$,$\beta_c=1.0$,$b_j=b_c=600$mm,$h_j=h_c=600$mm,代入式(4.38)得:

$$\frac{1}{\gamma_{RE}}(0.3\eta_j\beta_c f_c b_j h_j)=\frac{1}{0.85}(0.3\times1.5\times1.0\times14.3\times600\times600)=2725.4\text{kN}>V_j=1454.26\text{kN}$$

节点受剪水平截面满足要求。

(3)验算节点的受剪承载力

$0.5f_cb_ch_c=0.5\times14.3\times600\times600=2574$kN,小于对应于组合剪力设计值的上柱轴向压力设计值 2800kN,故取 $N=2574$kN。

假设节点区箍筋按柱端箍筋加密区相同配置,即配置双向四肢井字复合箍筋Φ10@100,则按式(4.37a)计算节点抗剪承载力为:

$$\frac{1}{\gamma_{RE}}\left[1.1\eta_j f_t b_j h_j+0.05\eta_j N\frac{b_j}{b_c}+(f_{yv}A_{svj})\frac{h_{b0}-a_s'}{s}\right]$$

$$=\frac{1}{0.85}\left(1.1\times1.5\times1.43\times600\times600+0.05\times1.5\times2574000\times\frac{600}{600}+270\times4\times78.54\times\frac{590-60}{100}\right)$$

$=1755.3\text{kN}>V_j=1454.26\text{kN}$，满足要求。

节点区柱轴压比 $\mu_c=\frac{N}{f_c b_c h_c}=\frac{2800\times1000}{14.3\times600\times600}=0.544$，查表 4.18 得 $\lambda_v=0.12$，满足二级框架节点核心区配箍特征值不宜小于 0.10 的要求。

$$\frac{\lambda_v f_c}{f_{yv}}=0.12\times\frac{14.3}{270}=0.00636=0.636\%$$

$\rho_v=\frac{4a_k l_k}{l_1 l_2}\times100\%=\frac{4\times78.54\times(550+550)}{550\times550\times100}\times100\%=1.142\%>0.636\%$，满足要求。

4.9.3 框架节点的构造要求

节点设计是框架结构设计中极重要的一环。节点设计应保证整个框架结构安全可靠、经济合理且便于施工。对装配整体式框架的节点，还需保证结构的整体性，受力明确，构造简单，安装方便，又易于调整，在构件连接后能尽早地承受部分或全部设计荷载，使上部结构得以及时继续安装。

(1)材料强度

框架节点区的混凝土强度等级的限制条件与柱子相同，工程中现浇框架节点的混凝土强度等级一般与柱子相同。在装配整体式框架中，现浇节点的混凝土强度等级宜比预制柱的混凝土强度等级提高 5MPa。

(2)箍筋

框架节点核心区应布置水平箍筋。在满足节点受剪承载力的前提下，框架节点区箍筋的间距和直径尚应符合柱端箍筋加密区的构造要求。一、二、三级框架节点核心区配箍特征值分别不宜小于 0.12、0.10 和 0.08，且箍筋体积配箍率分别不宜小于 0.6%、0.5%和 0.4%。柱剪跨比不大于 2 的框架节点核心区的配箍特征值不宜小于核心区上、下柱端配箍特征值中的较大值。

(3)框架梁柱中心线的布置

框架梁、柱中心线宜重合。当梁柱中心线不能重合时，在计算中应考虑偏心对梁柱节点核心区受力和构造的不利影响，以及梁荷载对柱子的偏心影响。

梁、柱中心线之间的偏心距，9 度抗震设计时不应大于柱截面在该方向宽度的 1/4；非抗震设计和 6～8 度抗震设计时不宜大于柱截面在该方向宽度的 1/4，如偏心距大于该方向柱宽的 1/4，可采取增设梁的水平加腋等措施，如图 4.35 所示；设置水平加腋后，仍须考虑梁偏心的不利影响。

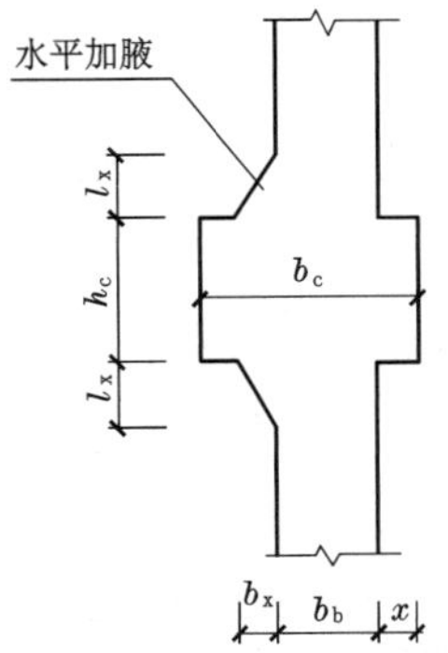

图 4.35　水平加腋梁

梁的水平加腋厚度可取梁截面高度，其水平尺寸宜满足下列要求：

$$b_x/l_x\leqslant1/2 \tag{4.39a}$$

$$b_x/b_b\leqslant2/3 \tag{4.39b}$$

$$b_b+b_x+x\geqslant b_c/2 \tag{4.39c}$$

式中　b_x——梁水平加腋宽度；

l_x——梁水平加腋长度；

b_b——梁截面宽度；

b_c——偏心方向柱截面宽度；

x——非加腋侧梁边到柱边的距离。

梁采用水平加腋时，框架节点有效宽度 b_j 宜符合下式要求：当 $x=0$ 时，$b_j \leqslant b_b + b_x$；当 $x \neq 0$ 时，b_j 取 $b_j \leqslant b_b + b_x + x$ 和 $b_j \leqslant b_b + 2x$ 二式计算的较大值，且应满足 $b_j \leqslant b_b + 0.5h_c$ 的要求。式中，h_c 为柱截面高度。

(4)现浇框架梁柱纵筋的锚固

抗震设计时，框架梁、柱的纵向钢筋在框架节点区的锚固和搭接，应参照图 4.36 所示的要求布置。

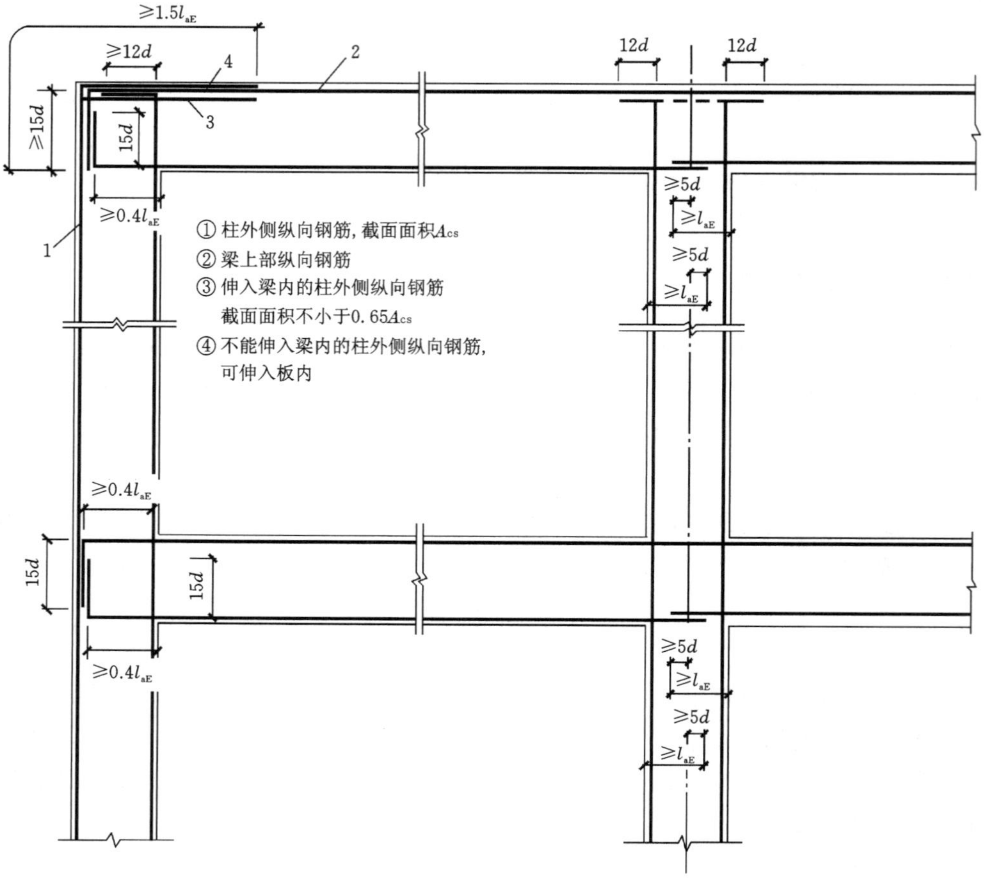

图 4.36　抗震设计时框架梁柱纵筋的锚固

顶层中节点柱纵向钢筋和边节点柱内侧纵向钢筋应伸入至柱顶；当从梁底边计算的直线锚固长度不小于 l_{aE}时，可不必水平弯折，否则应向柱内或梁内、板内水平弯折，锚固段弯折前的竖直投影长度不应小于 $0.5l_{abE}$，弯折后的水平投影长度不宜小于 12 倍的柱纵向钢筋直径。此处，l_{abE}为抗震时钢筋基本锚固长度，一、二级取 $1.15l_{ab}$，三、四级分别取 $1.05l_{ab}$和 l_{ab}。

顶层端节点处，柱外侧纵向钢筋可与梁上部纵向钢筋搭接，搭接长度不应小于 $1.5l_{aE}$，且伸入梁内的柱外侧纵向钢筋截面面积不宜小于柱外侧全部纵向钢筋截面面积的 65%；在梁宽范围以外的柱外侧纵向钢筋可伸入现浇板内，其伸入长度与伸入梁内的相同。当柱外侧纵向钢筋的配筋率大于 1.2%时，伸入梁内的纵向钢筋宜分成两批截断，其截断点之间的距离不宜小于 20 倍的柱纵向钢筋直径。

梁上部纵向钢筋伸入端节点的锚固长度，直线锚固时不应小于 l_{aE}，且伸过柱中心线的长度不应小于 5 倍的梁纵向钢筋直径；当柱截面尺寸不足时，梁上部纵向钢筋应伸至节点对边并向下弯折，弯折前的竖直投影长度不应小于 $0.4l_{abE}$，弯折后的竖直投影长度应取 15 倍的梁纵向钢筋直径。

梁下部纵向钢筋的锚固与梁上部纵向钢筋相同，但采用 90°弯折方式锚固时，竖直段应向上弯入节点内。

(5)框架柱与填充墙的连接构造

框架的填充墙或隔墙应优先选用预制轻质墙板，并必须与框架牢固地连接。抗震设计时，框架结构如采用砌体填充墙，其布置应符合下列要求：

①避免形成上、下层刚度变化过大；

②避免形成短柱；

③减少因抗侧刚度偏心所造成的扭转。

抗震设计时，砌体填充墙及隔墙应具有自身稳定性，并应符合下列要求：

①砌体的砂浆强度等级不应低于 M5，墙顶应与框架梁或楼板密切结合。

②砌体填充墙应沿框架柱全高每隔 500～600mm 左右设置 2 根直径 6mm 的拉筋，拉筋伸入墙内的长度，6、7 度时宜沿墙全长贯通，8、9 度时应沿墙全长贯通。

③墙长大于 5m 时，墙顶与梁(板)宜有钢筋拉结；墙长超过 8m 或层高的 2 倍时，宜设置钢筋混凝土构造柱；墙高超过 4m 时，墙体半高处(或门洞上皮)宜设置与柱连接且沿墙全长贯通的钢筋混凝土水平系梁。

4.10 装配式框架结构设计

装配式混凝土结构是指由预制混凝土构件通过可靠的连接方式装配而成的混凝土结构，包括装配整体式混凝土结构、全装配混凝土结构等。装配整体式混凝土结构是指由预制混凝土构件通过可靠的方式进行连接并与现场后浇混凝土、水泥基灌浆料形成整体的装配式混凝土结构。装配整体式混凝土结构具有较好的整体性和抗震性能。全装配混凝土结构是指由预制混凝土构件通过干法连接(螺栓连接、焊接等)形成整体的装配式混凝土结构。目前我国有关装配式混凝土结构的设计规范主要适用于装配整体式混凝土结构。

我国的装配整体式混凝土结构主要采用等同现浇的设计思路，要求装配整体式混凝土结构的可靠度、耐久性及整体性等基本上与现浇混凝土结构等同。即除了某些特殊规定以外，装配式混凝土结构构件按现浇混凝土结构相同的方法进行设计。这些特殊的规定主要包括部分构件或部位的承载力计算、连接节点和接缝的承载力计算及附加的构造措施，使得装配式结构的承载能力和工作性能与现浇结构等效。

4.10.1 框架结构承载力计算

(1)节点承载力验算

对一、二、三级抗震等级的装配整体式框架，应进行梁柱节点核心区抗震受剪承载力验算；对四级抗震等级的可不进行验算。梁柱节点核心区抗震受剪承载力验算和构造应符合现行国家标准《混凝土结构设计规范》(GB 50010)和《建筑抗震设计规范》(GB 50011)中的有关规定。

(2)叠合梁承载力验算

叠合梁需验算梁端竖向接缝的受剪承受力。叠合梁端竖向接缝的受剪承载力设计值应按下列公式计算：

持久、短暂设计状况

$$V_u = 0.07 f_c A_{c1} + 0.10 f_c A_k + 1.65 A_{sd} \sqrt{f_c f_y} \tag{4.40a}$$

地震设计状况

$$V_{uE} = 0.04 f_c A_{c1} + 0.06 f_c A_k + 1.65 A_{sd} \sqrt{f_c f_y} \tag{4.40b}$$

式中 A_{c1}——叠合梁端截面后浇混凝土叠合层截面面积；

f_c——预制构件混凝土轴心抗压强度设计值；

f_y——垂直穿过结合面钢筋抗拉强度设计值；

A_k——各键槽的根部截面面积(图 4.37)之和，按后浇键槽根部截面和预制键槽根部截面分别计算，并取两者的较小值；

A_{sd}——垂直穿过结合面所有钢筋的面积，包括叠合层内的纵向钢筋。

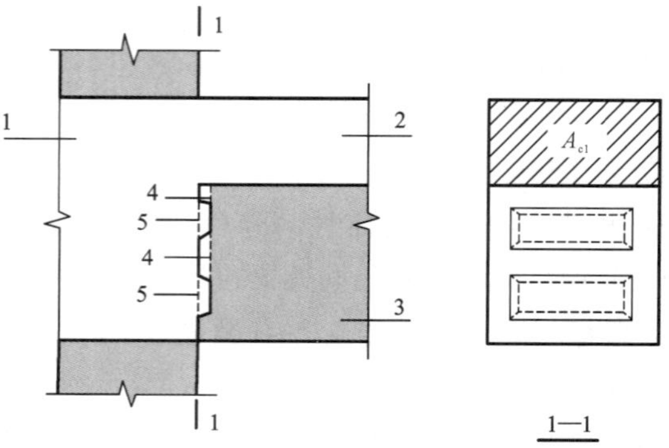

图 4.37 叠合梁端受剪承载力计算参数示意

1—后浇节点区；2—后浇混凝土叠合层；3—预制梁；4—预制键槽根部截面；5—后浇键槽根部截面

(3)预制柱承载力验算

预制柱需验算柱底水平接缝的受剪承受力。在地震设计状况下，预制柱底水平接缝的受剪承载力设计值应按下列公式计算：

当预制柱受压时

$$V_{uE}=0.8N+1.65A_{sd}\sqrt{f_c f_y} \tag{4.41a}$$

当预制柱受拉时

$$V_{uE}=1.65A_{sd}\sqrt{f_c f_y\left[1-\left(\frac{N}{A_{sd}f_y}\right)^2\right]} \tag{4.41b}$$

式中 f_c——预制构件混凝土轴心抗压强度设计值；

f_y——垂直穿过结合面钢筋抗拉强度设计值；

N——与剪力设计值 V 相应的垂直于结合面的轴向力设计值，取绝对值进行计算；

A_{sd}——垂直穿过结合面所有钢筋的面积；

V_{uE}——地震设计状况下接缝受剪承载力设计值。

4.10.2 框架结构构造要求

装配式结构的节点和接缝应受力明确、构造可靠，并应满足承载力、延性和耐久性等要求。

(1)叠合梁的构造设计

装配整体式框架结构中，当采用叠合梁时，框架梁的后浇混凝土叠合层厚度不宜小于 150mm(图 4.38)，次梁的后浇混凝土叠合层厚度不宜小于 120mm；当采用凹口截面预制梁时，凹口深度不宜小于 50mm，凹口边厚度不宜小于 60mm。

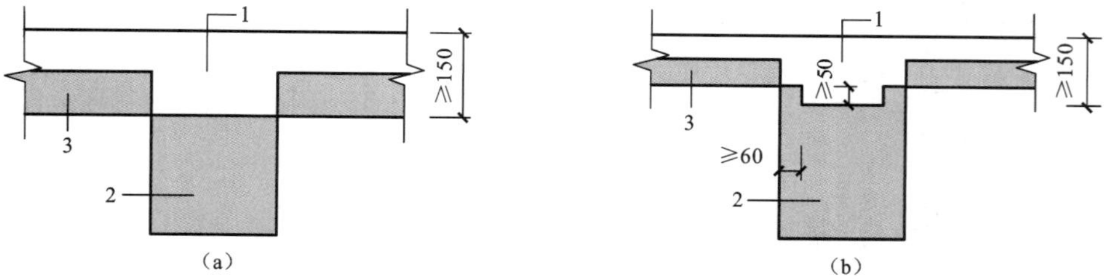

图 4.38 叠合框架梁截面示意

(a)矩形截面预制梁；(b)凹口截面预制梁

1—后浇混凝土叠合层；2—预制梁；3—预制板

叠合梁的箍筋配置应符合下列规定：

①抗震等级为一、二级的叠合框架梁的梁端箍筋加密区宜采用整体封闭箍筋[图 4.39(a)]；当叠合梁

受扭时，宜采用整体封闭箍筋，且整体封闭箍筋的搭接部分，宜设置在预制部分。

②采用组合封闭箍筋的形式[图 4.39(b)]时，开口箍筋上方应做成 135°弯钩；非抗震设计时，弯钩端头平直段长度不应小于 $5d$（d 为箍筋直径）；抗震设计时，平直段长度不应小于 $10d$。现场应采用箍筋帽封闭开口箍，箍筋帽末端应做成 135°弯钩或做成一端 135°另一端 90°弯钩，但 135°弯钩和 90°弯钩应沿纵向受力钢筋方向交错设置；非抗震设计时，弯钩端头平直段长度不应小于 $5d$；抗震设计时，平直段长度不应小于 $10d$。

③框架梁箍筋加密区长度内的箍筋肢距：一级抗震等级，不宜大于 200mm 和 20 倍箍筋直径的较大值，且不应大于 300mm；二、三级抗震等级，不宜大于 250mm 和 20 倍箍筋直径的较大值，且不应大于 350mm；四级抗震等级，不宜大于 300mm，且不应大于 400mm。

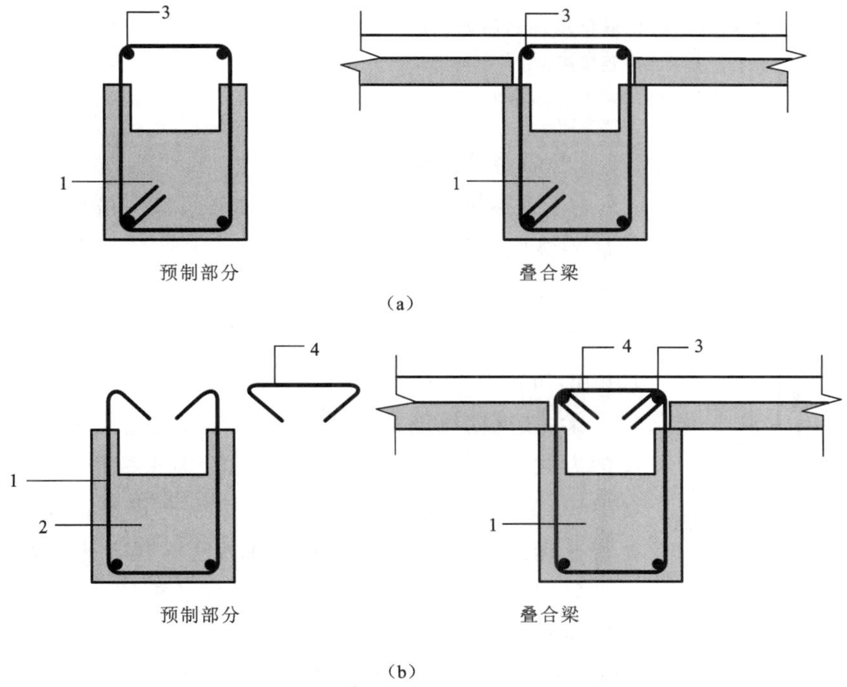

图 4.39　叠合梁箍筋构造示意

(a)采用整体封闭箍筋的叠合梁；(b)采用组合封闭箍筋的叠合梁

1—预制梁；2—开口箍筋；3—上部纵向钢筋；4—箍筋帽

(2)预制柱的构造设计

预制柱的设计应符合现行国家标准《混凝土结构设计规范》(GB 50010)的要求，并应符合下列规定：

①矩形柱截面边长不宜小于 400mm，圆柱截面直径不宜小于 450mm，且不宜小于同方向梁宽的 1.5 倍。

②柱纵向受力钢筋在柱底连接时，柱箍筋加密区长度不应小于纵向受力钢筋连接区域与 500mm 之和；当采用套筒灌浆连接或浆锚搭接连接等方式时，套筒或搭接段上端第一道箍筋距离套筒或搭接段顶部不应大于 50mm(图 4.40)。

③柱纵向受力钢筋直径不宜小于 20mm；纵向受力钢筋的间距不宜大于 200mm，且不应大于 400mm。柱的纵向受力钢筋可集中于四角配置且宜对称布置。柱中可设置纵向辅助钢筋且直径不宜小于 12mm 和箍筋直径；当正截面承载力计算不计入纵向辅助钢筋时，纵向辅助钢筋可不伸入框架节点。

采用预制柱及叠合梁的装配整体式框架中，柱底接缝宜设置在楼面标高处(图 4.41)，并应符合下列规定：

①后浇节点区混凝土上表面应设置粗糙面；

②柱纵向受力钢筋应贯穿后浇节点区；

③柱底接缝厚度宜为 20mm，并应采用灌浆料填实。

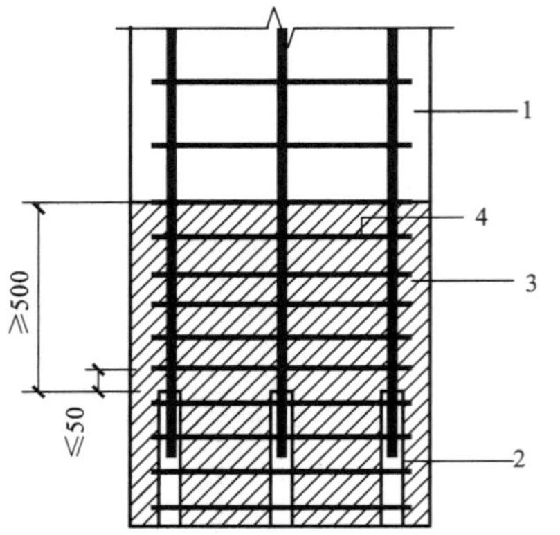

图 4.40　钢筋采用套筒灌浆连接时柱底箍筋加密区域构造示意

1—预制柱；2—套筒灌浆连接接头；
3—箍筋加密区(阴影区域)；4—加密区箍筋

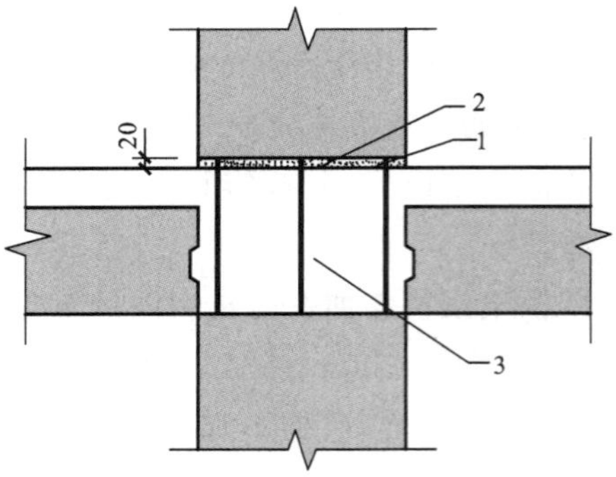

图 4.41　预制柱底接缝构造示意

1—后浇节点区混凝土上表面粗糙面；
2—接缝灌浆层；3—后浇区

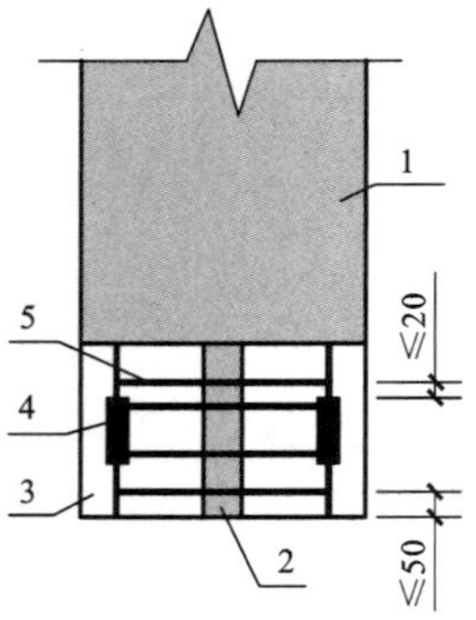

图 4.42　柱底后浇段箍筋配置示意

1—预制柱；2—支腿；3—柱底后浇段；
4—挤压套筒；5—箍筋

(3)后浇节点的构造设计

上、下层相邻预制柱纵向受力钢筋采用挤压套筒连接时(图 4.42)，柱底后浇段的箍筋应满足下列要求：①套筒上端第一道箍筋距离套筒顶部不应大于 20mm，柱底部第一道箍筋距柱底面不应大于 50mm，箍筋间距不宜大于 75mm；②抗震等级为一、二级时，箍筋直径不应小于 10mm，抗震等级为三、四级时，箍筋直径不应小于 8mm。

梁、柱纵向钢筋在后浇节点区内采用直线锚固、弯折锚固或机械锚固的方式时，其锚固长度应符合现行国家标准《混凝土结构设计规范》(GB 50010)中的有关规定；当梁、柱纵向钢筋采用锚固板时，应符合现行行业标准《钢筋锚固板应用技术规程》(JGJ 256)中的有关规定。

采用预制柱及叠合梁的装配整体式框架节点，梁纵向受力钢筋应伸入后浇节点区内锚固或连接，并应符合下列规定：

①对框架中间层中节点，节点两侧的梁下部纵向受力钢筋宜锚固在后浇节点区内[图 4.43(a)]，也可采用机械连接或焊接的方式直接连接[图 4.43(b)]；梁的上部纵向受力钢筋应贯穿后浇节点区。

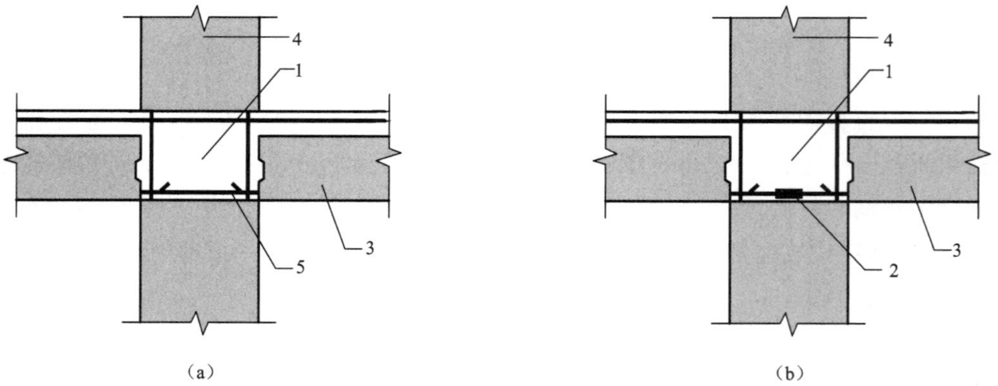

图 4.43　预制柱及叠合梁框架中间层中节点构造示意

(a)梁下部纵向受力钢筋锚固；(b)梁下部纵向受力钢筋连接

1—后浇区；2—梁下部纵向受力钢筋连接；3—预制梁；4—预制柱；5—梁下部纵向受力钢筋锚固

②对框架中间层端节点，当柱截面尺寸不满足梁纵向受力钢筋的直线锚固要求时，宜采用锚固板锚固(图 4.44)，也可采用 90°弯折锚固。

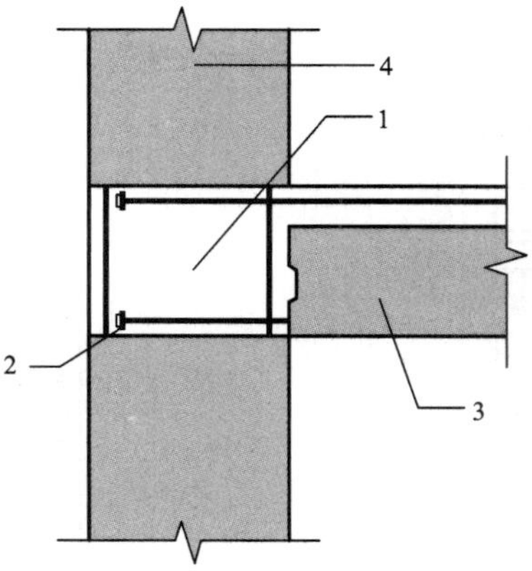

图 4.44　预制柱及叠合梁框架中间层端节点构造示意

1—后浇区；2—梁纵向受力钢筋锚固；3—预制梁；4—预制柱

③对框架顶层中节点，节点两侧的梁下部纵向受力钢筋宜锚固在后浇节点区内[可参照图 4.45(a)]，也可采用机械连接或焊接的方式直接连接[可参照图 4.45(b)]；梁的上部纵向受力钢筋应贯穿后浇节点区。柱纵向受力钢筋宜采用直线锚固；当梁截面尺寸不满足直线锚固要求时，宜采用锚固板锚固。

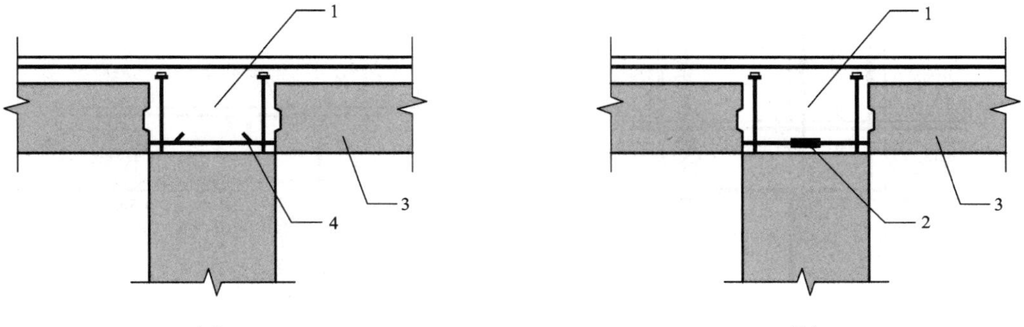

图 4.45　预制柱及叠合梁框架顶层中节点构造示意

(a)梁下部纵向受力钢筋锚固；(b)梁下部纵向受力钢筋连接

1—后浇区；2—梁下部纵向受力钢筋连接；3—预制梁；4—梁下部纵向受力钢筋锚固

④对框架顶层端节点，梁下部纵向受力钢筋应锚固在后浇节点区内，且宜采用锚固板的锚固方式；梁、柱其他纵向受力钢筋的锚固可采用图 4.46 所示的两种做法中的一种。图 4.46(a)所示的做法为柱伸出屋面并将柱纵向受力钢筋锚固在伸出段内，柱纵向受力钢筋宜采用锚固板的锚固方式，此时锚固长度不应小于 $0.6l_{abE}$。伸出段内箍筋直径不应小于 $d/4$（d 为柱纵向受力钢筋的最大直径），伸出段内箍筋间距不应大于 $5d$（d 为柱纵向受力钢筋的最小直径），且不应大于 100mm；梁纵向受力钢筋应锚固在后浇节点区内，且宜采用锚固板的锚固方式，此时锚固长度不应小于 $0.6l_{abE}$；梁上部纵向受力钢筋宜采用锚固板锚固。图 4.46(b)所示的做法为柱外侧纵向受力钢筋与梁上部纵向受力钢筋在后浇节点区搭接，这种构造要求应符合现行国家标准《混凝土结构设计规范》(GB 50010)中的规定；柱内侧纵向受力钢筋宜采用锚固板锚固。

⑤采用预制柱及叠合梁的装配整体式框架结构节点，两侧叠合梁底部水平钢筋挤压套筒连接时，可在核心区外一侧梁端后浇段内连接，如图 4.47 所示；也可在核心区外两侧梁端后浇段内连接，如图 4.48 所示。连接接头距柱边不小于 $0.5h_b$（h_b为叠合梁截面高度）且不小于 300mm，叠合梁后浇叠合层顶部的水平钢筋应贯穿后浇核心区。

梁端后浇段的箍筋间距不宜大于 75mm，且当抗震等级为一、二级时，箍筋直径不应小于 10mm，当抗震等级为三、四级时，箍筋直径不应小于 8mm。

现浇柱与叠合梁组成的框架节点中，梁纵向受力钢筋的连接与锚固同样应符合本节上述相关规定。

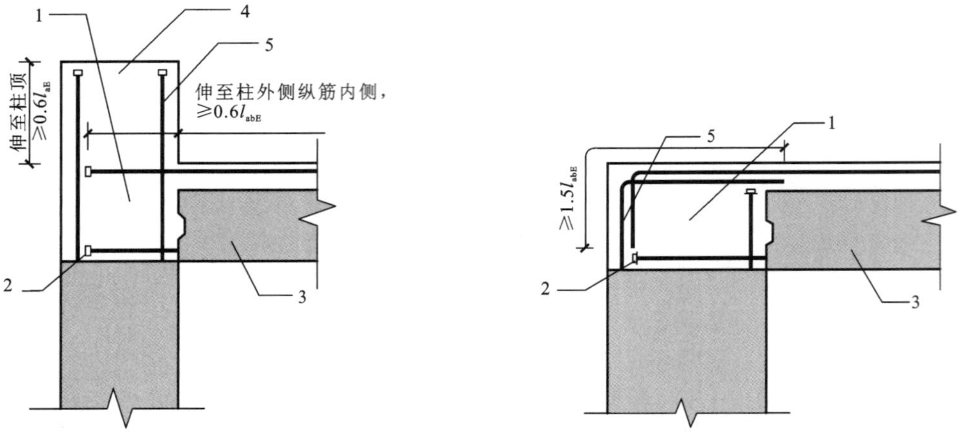

(a) (b)

图 4.46 预制柱及叠合梁框架顶层端节点构造示意

1—后浇区；2—梁下部纵向受力钢筋锚固；3—预制梁；4—柱延伸段；5—梁柱外侧钢筋搭接

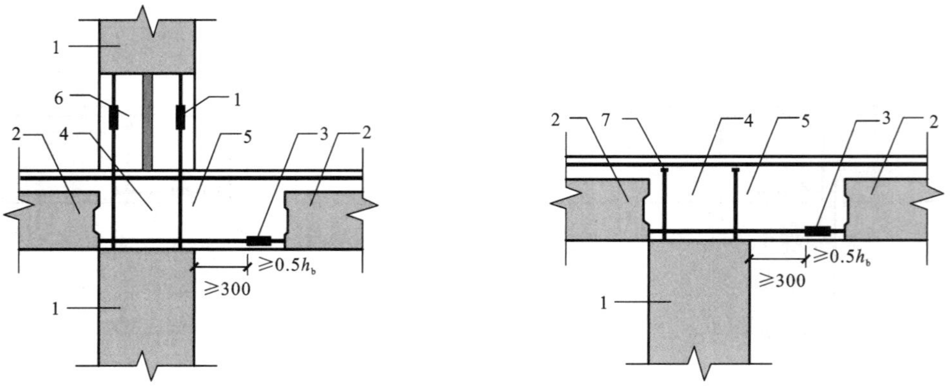

(a) (b)

图 4.47 框架节点叠合梁底部水平钢筋在一侧梁端后浇带内采用挤压套筒头连接示意图

(a)中间层；(b)顶层

1—预制柱；2—叠合梁预制部分；3—挤压套筒；4—后浇区；5—梁端后浇段；6—柱底后浇段；7—锚固板

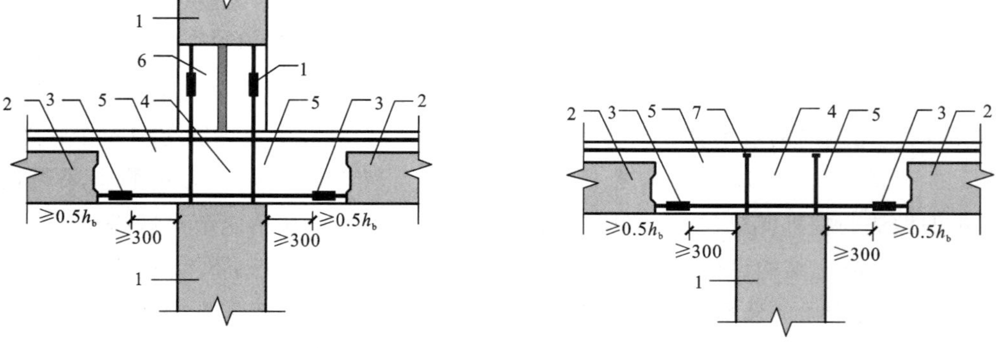

(a) (b)

图 4.48 框架节点叠合梁底部水平钢筋在两侧梁端后浇带内采用挤压套筒头连接示意

(a)中间层；(b)顶层

1—预制柱；2—叠合梁预制部分；3—挤压套筒；4—后浇区；5—梁端后浇段；6—柱底后浇段；7—锚固板

4.10.3 楼盖结构设计要点

高层装配整体式混凝土结构中，结构转换层、作为上部结构嵌固部位的楼层、屋面层和平面受力复杂的楼层，宜采用现浇楼盖。其他楼层宜采用预制叠合楼板，例如预制桁架钢筋混凝土叠合板、预制带肋底板混凝土叠合板、预应力底板混凝土叠合板等。预制部分的设计和构造应根据预制板制作吊装工况符合《混凝土结构设计规范》(GB 50010)及《装配式混凝土结构技术规程》(JGJ 1)的有关规定。叠合楼板的后浇混凝土叠合层厚度不应小于 100mm，且后浇层内应采用双向通长配筋，钢筋直径不宜小于 8mm，间距不宜大于 200mm。

对于桁架钢筋混凝土叠合板，后浇混凝土叠合层厚度不小于 100m 且不小于预制板厚度的 1.5 倍时，支承端预制板内纵向受力钢筋可采用间接搭接方式锚入支撑梁或墙的后浇混凝土中，如图 4.49 所示。附加钢筋的面积应通过计算确定，且不应小于受力方向跨中板底钢筋面积的 1/3。附加钢筋直径不宜小于 8mm，间距不宜大于 250mn。当附加钢筋为构造钢筋时，深入楼板的长度不应小于与板底钢筋的受压搭接长度，伸入支座的长度不应小于 15d(d 为附加钢筋直径)且宜伸过支座中心线，当附加钢筋承受拉力时，深入楼板的长度不应小于与板底钢筋的受拉搭接长度，深入支座的长度不应小于受拉钢筋锚固长度。垂直于附加钢筋的方向应布置横向分布钢筋，在搭接范围内不宜少于 3 根，且钢筋直径不宜小于 6mm，间距不宜大于 250mm。

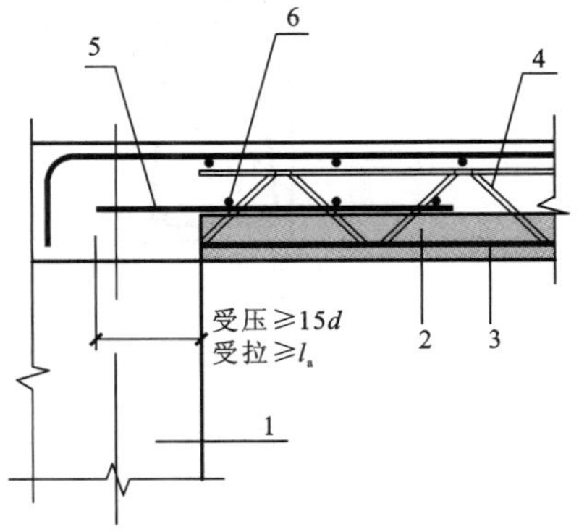

图 4.49 桁架钢筋混凝土叠合板板端构造示意

1—支承梁或墙；2—预制板；3—板底钢筋；4—桁架钢筋；5—附加钢筋；6—横向分布钢筋

对于双向叠合板，板侧的整体式接缝宜设置在叠合板的次要受力方向且宜避开最大弯矩截面。接缝可采用图 4.50 所示的后浇带形式，后浇带宽度不宜小于 200mm，后浇带两侧板底纵向受力钢筋可在后浇带中焊接、搭接、弯折锚固、机械连接。当后浇带两侧板底纵向受力钢筋在后浇带中搭接连接时，预制板板底外伸钢筋可为直线型[图 4.50(a)]，也可为端部带 90°弯钩[图 4.50(b)]或 135°弯钩[图 4.50(c)]，除满足图中注明的构造要求外，钢筋搭接长度应符合现行国家标准《混凝土结构设计规范》(GB 50010)有关钢筋锚固长度的规定。

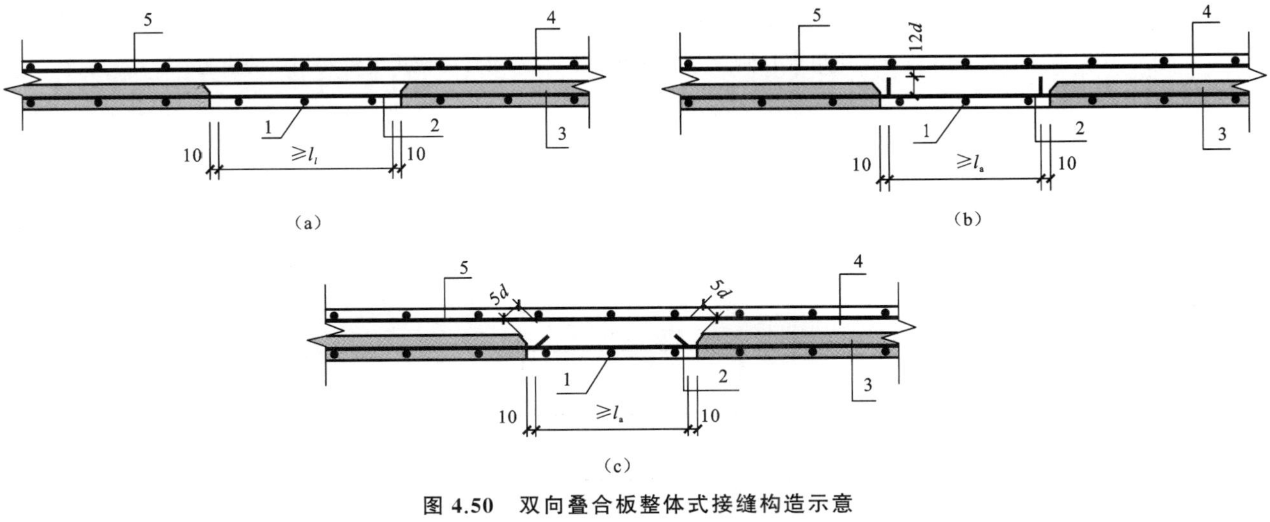

图 4.50 双向叠合板整体式接缝构造示意

(a)板底纵筋直线搭接；(b)板底纵筋末端带 90°弯钩搭接；(c)板底纵筋末端带 135°弯钩搭接

1—通长钢筋；2—纵向受力钢筋；3—预制板；4—后浇混凝土叠合层；5—后浇层内钢筋

当预制楼板为槽形板或空心板时，要使楼盖结构有良好的整体性，在板缝之间应配以必要的联系钢筋并以细石混凝土灌缝，也可在预制板上浇筑不低于 C20 级的钢筋混凝土叠合楼面，厚度不小于 40mm，内配Φ 4@150mm 或Φ 6@250mm 的双向钢筋网。预制板搁置于墙上或梁上的最小长度为 30mm，板端伸出的锚固钢筋长度应不小于 100mm，如图 4.51 所示。

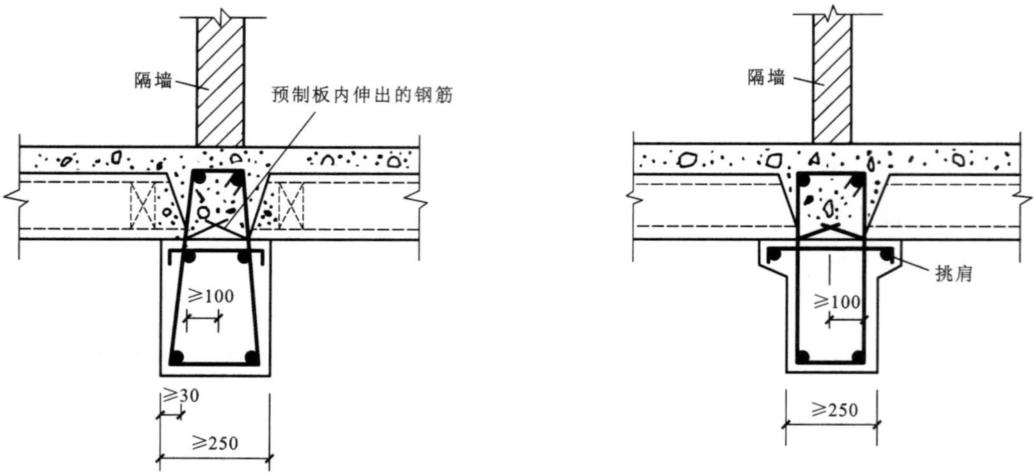

图 4.51　预制板与框架的连接

思　考　题

4.1　D 值法中 D 值的物理意义是什么？

4.2　试分析框架结构在侧向荷载作用下，框架柱反弯点高度的影响因素有哪些？

4.3　试分析单层单跨结构承受侧向荷载作用，当梁柱刚度比由零变到无穷大时，柱反弯点高度是如何变化的？

4.4　一多层多跨框架结构，层高、跨度、梁柱截面尺寸均为常数，试分析该框架底层柱和顶层柱的反弯点高度与中间层的柱反弯点高度有何区别？

4.5　框架结构设计时一般可对梁端负弯矩进行调幅，现浇框架梁与装配式框架梁的负弯矩调幅系数取值是否一致？哪个大？为什么？

4.6　什么是结构的延性？影响框架梁、柱延性的因素有哪些？设计中应采取哪些措施？

4.7　框架结构如何满足"强柱弱梁"、"强剪弱弯"、"强节点弱构件"的抗震设计要求？

4.8　塑性铰与理想铰有何区别？构造上如何保证塑性铰的变形能力？

4.9　作图说明框架节点在有地震作用组合时的受力状态和破坏状态，设计中应采取哪些相应的措施？

习　　题

4.1　如图 4.52 所示某三层框架结构，混凝土强度等级为 C30，其中柱截面尺寸全部为 400mm×400mm，梁截面尺寸均为 250mm×600mm，所受水平荷载每层均为 30kN。要求：(1)用反弯点法求内力图；(2)用 D 值法求内力图；(3)用 D 值法求框架顶点侧移。

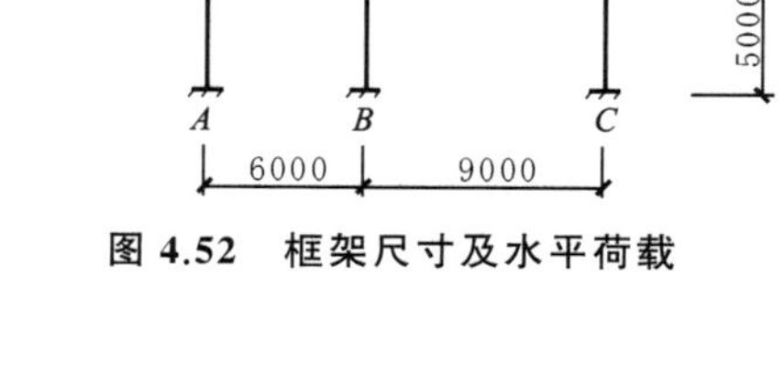

图 4.52　框架尺寸及水平荷载

4.2　某抗震等级为二级的钢筋混凝土高层框架底层梁柱中节点，横向左侧梁截面尺寸为 300mm×800mm，右侧梁截面尺寸为 300mm×600mm，纵向梁截面尺寸为 250×700mm，柱截面尺寸为 600mm×600mm，梁柱混凝土强度等级为 C40，f_c=19.1MPa，f_t=1.71MPa。考虑地震作用组合节点左侧梁端弯矩设计值 M_b^l=420kN·m，右侧梁端弯矩设计值 M_b^r=280kN·m，两侧弯矩均为顺时针方向，上柱底部对应于该组弯矩组合的轴向压力设计值 N=3280kN，节点上下层柱反弯点之间的距离 H_c=4.5m。要求：(1)计算节点的剪力设计值；(2)验算节点的剪压比；(3)进行节点的受剪承载力设计。

5 剪力墙结构设计

5.1 概　　述

5.1.1 剪力墙结构的特点

现浇钢筋混凝土剪力墙结构适用于住宅、公寓、饭店、医院病房楼等平面墙体布置较多的建筑。由于没有梁、柱等外露与凸出，剪力墙结构便于房间内部布置。当住宅、公寓、饭店等建筑，在底部一层或多层需设置机房、汽车房、商店、餐厅等较大平面空间用房时，可以设计成上部为一般剪力墙结构，底部为部分剪力墙落到基础，其余为框架承托上部剪力墙的框支剪力墙结构。

钢筋混凝土剪力墙是截面高度较大而厚度相对较小的"片"状构件，具有平面内承载力和刚度大的优点，但也具有剪切变形相对较大、平面外较薄弱等不利性能。此外，开洞后的剪力墙形式变化多，受力形状比较复杂，因而了解剪力墙的特性，发挥其所长，克服其所短，是正确设计剪力墙的关键。剪力墙主要承受压(拉)、弯、剪作用，在这些力作用下，剪力墙的破坏形态可以分为弯曲破坏、弯剪破坏、剪切破坏和滑移破坏几种。弯曲破坏又分为大偏压破坏和小偏压破坏。大偏压破坏具有延性的破坏形态，而小偏压破坏的延性很小。剪切破坏属脆性破坏。

钢筋混凝土剪力墙的抗侧、抗扭刚度大，地震作用下的变形小，承载能力大。合理设计的剪力墙具有良好的延性和耗能能力，大震作用下的破坏程度较轻。国内外许多已有的震害表明，只有少数剪力墙结构房屋发生倒塌。

5.1.2 剪力墙结构的布置

剪力墙是承受竖向荷载和水平作用(水平地震作用和风荷载)的主要受力构件，所以剪力墙应沿结构的主要轴线布置。抗震设计的剪力墙结构，应避免仅单向有墙的结构布置形式。一般当平面为矩形、T形、L形时，剪力墙沿纵横两个方向布置，两个方向的侧向刚度不宜相差过大；当平面为三角形、Y形时，剪力墙可沿三个方向布置；当平面为多边形、圆形和弧形平面时，则可沿环向和径向布置。剪力墙应尽量布置得比较规则，拉通、对直。当稍有错开或转折时，可作为一道墙来进行考虑(图5.1)。剪力墙宜自下到上连续布置，不宜突然取消或中断，避免刚度突变。为减少刚度突变，可沿高度改变墙厚和混凝土等级，或减少部分墙肢，使抗侧刚度沿高度逐渐减小。顶层取消部分剪力墙形成顶部大房间时，延伸到顶的剪力墙应予以加强。剪力墙的抗侧刚度和承载力均较大，为充分利用剪力墙的能力，减轻结构重量，增大剪力墙结构的可利用空间，墙不宜布置得太密，结构的侧向刚度不宜过大。按剪力墙的间距可分为小开间剪力墙结构和大开间剪力墙结构两种类型。小开间剪力墙结构横墙间距为2.7～4m，一般在3.0～3.6m，剪力墙间距密，墙体多，底层墙截面与底层楼面面积之比可达8%～10%，结构所占面积大，混凝土耗用量较大，结构自重比较大，但楼板容易处理。

大开间剪力墙的间距较大，可达6～8m，墙的数量较小，使用比较灵活，底层墙截面面积与底层楼面面积之比，可以在7%以内。相应地，墙体耗用材料较少，能充分发挥剪力墙的承载力，结构自重也较小，但楼面系统设计比较困难。

剪力墙结构应具有较好的延性，细高的剪力墙容易设计成弯曲破坏的延性剪力墙，避免脆性的剪切破坏。因此，剪力墙每个墙段截面高度不宜大于8m，各墙段的高度与墙段长度之比不宜小于3。当墙肢很长时，可通过开设洞口将长墙分成长度较小、较为均匀的若干墙段。每个墙段可以是整体墙，也可以是用弱连梁连接的联肢墙。

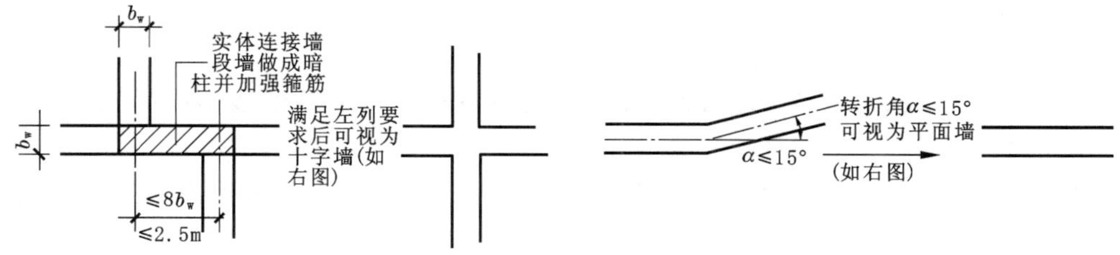

(a) (b)

图 5.1 内外墙错开或转折

(a)墙体错开时;(b)墙体转折时

剪力墙的特点是平面内刚度及承载力大,而平面外刚度及承载力相对很小。当剪力墙与平面外方向的梁连接时,会形成墙肢平面外弯矩,而一般情况下在设计中并不验算墙体平面外的刚度和承载力。事实上,梁端弯矩会造成墙体平面外受力的不利影响,特别是当梁截面高度相对较大时(梁高大于墙厚 2 倍)。为控制剪力墙平面外的弯矩,可采取下列措施之一(图 5.2):

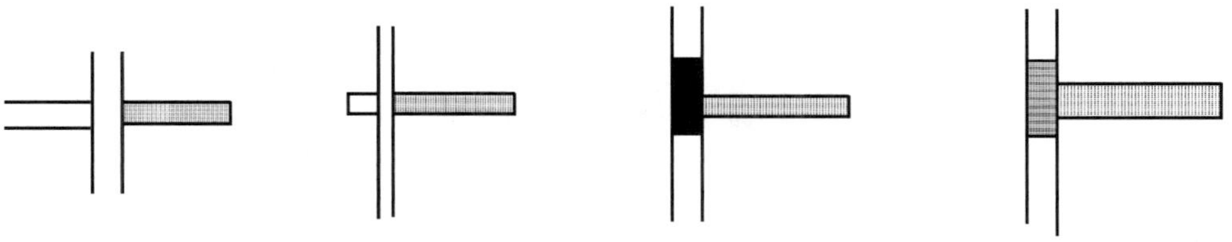

(a) (b) (c) (d)

图 5.2 梁与墙平面外相交时的措施

(a)加墙;(b)加墙垛;(c)加暗柱;(d)加型钢

(1)沿梁轴线方向设置与梁相连的剪力墙,抵抗该墙肢平面外弯矩。

(2)当不能设置与梁轴线方向相连的剪力墙时,宜在墙与梁相交处设置扶壁柱,扶壁柱宜按计算确定截面及配筋。

(3)当不能设置扶壁柱时,应在墙与梁相交处设置暗柱,并宜按计算确定配筋。

(4)必要时,剪力墙内可设置型钢。

5.1.3 剪力墙的分类

为满足使用要求,剪力墙常开有门窗洞口。剪力墙的门窗洞口宜上下对齐、成列布置,形成明确的墙肢和连梁。宜避免使墙肢刚度相差悬殊的洞口设置。理论分析与试验研究表明,剪力墙的受力特性与变形状态取决于剪力墙上的开洞情况。洞口是否存在,洞口的大小、形状及位置的不同将影响剪力墙的受力性能。剪力墙按受力特性的不同可分为整体墙、整体小开口墙、联肢墙及壁式框架几种类型。不同类型的剪力墙,其截面应力分布也不相同,计算其内力和位移时则需采用相应的计算方法。

(1)整体剪力墙

无洞口的剪力墙或剪力墙上开有一定数量的洞口,但洞口的面积不超过墙体面积的 16%,且洞口至墙边的净距及洞口之间的净距大于洞孔长边尺寸时,可以忽略洞口对墙体的影响,这种墙体称为整体剪力墙。

(2)整体小开口墙

当剪力墙上所开洞口面积稍大,超过墙体面积的 16%时,在水平荷载作用下,这类剪力墙截面的正应力分布略偏离了直线分布的规律,变成了相当于在整体墙弯曲时的直线分布应力之上叠加了墙肢局部弯曲应力,当墙肢中的局部弯矩不超过墙体整体弯矩的 15%时,其截面变形仍接近于整体截面剪力墙,这种剪力墙称之为整体小开口墙。

(3)联肢剪力墙

当剪力墙沿竖向开有一列或多列较大的洞口时,由于洞口较大,剪力墙截面的整体性已被破坏,剪力墙的截面变形不再符合平截面的假定。这时剪力墙成为由一系列连梁约束的墙肢所组成的联肢墙。开有一列洞口的联肢墙称为双肢墙，当开有多列洞口时称之为多肢墙。

(4)壁式框架

当剪力墙的洞口尺寸较大，墙肢宽度较小，连梁的线刚度接近于墙肢的线刚度时，剪力墙的受力性能已接近于框架，这种剪力墙称为壁式框架。

图 5.3 为剪力墙体上洞口大小对剪力墙工作性能的影响。关于以上几种剪力墙类型的判别条件将在后续章节中给出。

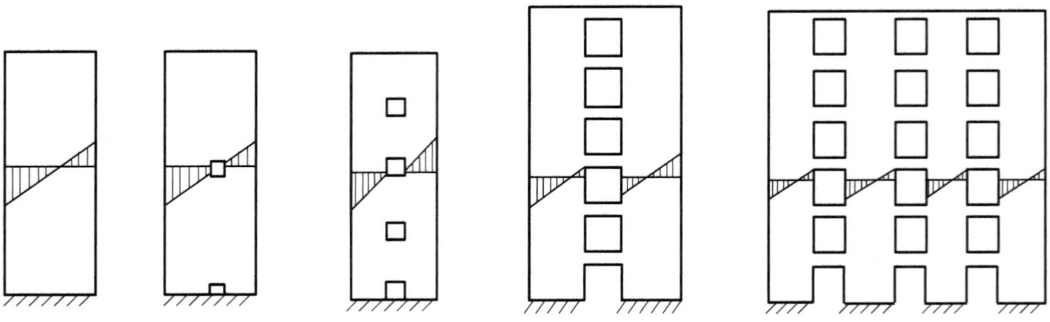

图 5.3 剪力墙计算类型

(a)整体墙；(b)小开口整体墙；(c)双肢墙；(d)多肢墙

5.1.4 剪力墙的分析方法

(1)材料力学分析法

对于整体墙，在水平力作用下截面仍保持平面，法向应力呈线性分布，可采用材料力学中有关公式计算内力及变形。对于小开口剪力墙，其截面变形后基本保持平面，正应力大体呈直线分布。为方便计算，仍采用材料力学中有关公式进行计算并进行局部弯曲修正。一般可将总力矩的 85%按材料力学方法计算墙肢弯矩及轴力，将总力矩的 15%按墙肢的刚度进行分配。

(2)连续化方法

将结构进行某些简化，进而得到比较简单的解析法。计算双肢墙和多肢墙的连续连杆法就属于这一类。此方法是将每一楼层的连梁假想为在层高内均布的一系列连续连杆，由连杆的位移协调条件建立墙的内力微分方程，从中求解出外力。

(3)壁式框架分析法

此法是将开有较大洞口的剪力墙视为带刚域的框架，用 D 值法进行求解，也可以用杆件有限元及矩阵位移法借助计算机进行求解。

(4)有限元法和有限条法

有限元法是剪力墙应力分析中一种比较精确的方法，而且对各种复杂几何形状的墙体都适用。

用有限条法计算结构也是一种简单有效的分析方法，它是将剪力墙结构进行等效连续化处理后，取条带进行计算，也是一种精度较高的计算方法。

5.2 整体剪力墙及整体小开口剪力墙的计算

5.2.1 整体墙的计算

整体墙不开窗洞或开洞很小，在水平荷载作用下，根据其变形特征，可视为一整截面悬臂构件，用材料力学中悬臂梁的内力和变形的有关公式进行计算。

在计算位移时，要考虑小洞口的存在对墙肢的刚度和强度有所削弱，等效截面面积 A_w 取无洞口截面面积 A 乘以洞口削弱系数 γ_0，

$$A_w = \gamma_0 A \tag{5.1}$$

$$\gamma_0 = 1 - 1.25\sqrt{A_{op}/A_f} \tag{5.2}$$

式中 A——剪力墙截面毛面积；

A_w——无洞口剪力墙的截面面积，小洞口整截面墙取折算截面面积；

A_f——剪力墙立面总墙面面积；

A_{op}——剪力墙洞口总面积(立面)。

组合截面惯性矩 I_w，取有洞口截面与无洞口截面惯性矩沿竖向的加权平均值，

$$I_w = \frac{\sum_{i=1}^{n} I_{wi} h_i}{\sum_{i=1}^{n} h_i} \tag{5.3}$$

式中 I_{wi}——剪力墙沿竖向各段的截面惯性矩，无洞口段与有洞口段分别计算，n 为总分段段数；

h_i—— 各段相应高度，$\sum h_i = H$，H 为剪力墙总高度。

计算位移时，除弯曲变形外，宜考虑剪切变形的影响。在 3 种常用水平荷载下，悬臂杆顶点位移计算公式(括弧中后一项为剪切变形影响)如下：

$$\left.\begin{aligned}
u &= \frac{11}{60}\frac{V_0 H^3}{EI_w}\left(1 + \frac{3.64\mu EI_w}{H^2 GA_w}\right) \quad \text{(倒三角形分布荷载)} \\
u &= \frac{1}{8}\frac{V_0 H^3}{EI_w}\left(1 + \frac{4\mu EI_w}{H^2 GA_w}\right) \quad \text{(均布荷载)} \\
u &= \frac{1}{3}\frac{V_0 H^3}{EI_w}\left(1 + \frac{3\mu EI_w}{H^2 GA_w}\right) \quad \text{(顶部集中荷载)}
\end{aligned}\right\} \tag{5.4}$$

式中 V_0——底部截面剪力；

μ——剪力不均匀系数，矩形截面取 $\mu=1.2$，工形截面取 μ=全面积/腹板面积，T 形截面见表 5.1。

T 形截面剪应力不均匀系数 μ 表 5.1

H/t	B/t					
	2	4	6	8	10	12
2	1.383	1.496	1.521	1.511	1.483	1.445
4	1.441	1.876	2.287	2.682	3.061	3.424
6	1.362	1.097	2.033	2.367	2.698	3.026
8	1.313	1.572	1.838	2.106	2.374	2.641
10	1.283	1.489	1.707	1.927	2.148	2.370
12	1.264	1.432	1.614	1.800	1.988	2.178
14	1.245	1.374	1.519	1.669	1.820	1.973
16	1.228	1.317	1.422	1.534	1.648	1.763
18	1.214	1.264	1.328	1.399	1.473	1.549
20	1.208	1.240	1.284	1.334	1.387	1.442

注：B 为翼缘宽度；t 为剪力墙厚度；H 为剪力墙总高度。

为了计算方便，引入等效刚度 EI_{eq} 的概念，它把剪切变形与弯曲变形综合成用弯曲变形的形式表达，写成：

$$\left.\begin{aligned}
u &= \frac{11}{60}\frac{V_0 H^3}{EI_{eq}} \quad \text{(倒三角形分布荷载)} \\
u &= \frac{1}{8}\frac{V_0 H^3}{EI_{eq}} \quad \text{(均布荷载)} \\
u &= \frac{1}{3}\frac{V_0 H^3}{EI_{eq}} \quad \text{(顶部集中荷载)}
\end{aligned}\right\} \tag{5.5}$$

上述 3 种荷载作用下，EI_{eq}分别为：

$$\left.\begin{aligned} EI_{eq}&=EI_w\Big/\left(1+\frac{3.64\mu EI_w}{H^2GA_w}\right)\\ EI_{eq}&=EI_w\Big/\left(1+\frac{4\mu EI_w}{H^2GA_w}\right)\\ EI_{eq}&=EI_w\Big/\left(1+\frac{3\mu EI_w}{H^2GA_w}\right)\end{aligned}\right\}\tag{5.6}$$

进一步简化，将 3 种荷载作用下的公式统一，混凝土剪切模量 $G=0.42E$，式内系数取比平均值偏大的整数，则式(5.6)可写成：

$$EI_{eq}=\frac{EI_w}{1+9\mu I_w/H^2A_w}\tag{5.7}$$

5.2.2 整体小开口剪力墙的计算

整体小开口剪力墙是指门窗洞口沿竖向成列布置、洞口的总面积虽然超过总立面面积的 16%，但总的来说洞口仍很小。试验研究分析的结果表明，整体小开口墙在水平荷载作用下，整体剪力墙既要绕组合截面的形心轴产生整体弯曲变形，各墙肢还要绕各自截面的形心轴产生局部弯曲变形，并在各墙肢产生相应的整体弯曲应力和局部弯曲应力。相比之下，整体弯曲变形是主要的，而局部弯曲变形是次要的，它不超过整体弯曲变形的 15%。

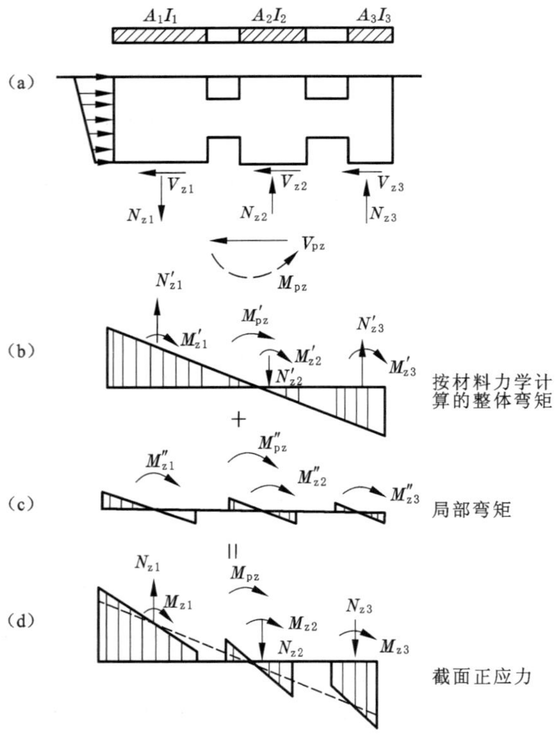

图 5.4 整体小开口墙内力图

(1)内力计算

如图 5.4 所示，在水平荷载作用下，整体小开口墙在 z 高度处第 i 墙肢横截面上产生的轴力为 N_{zi}，剪力为 V_{zi}。在水平荷载的作用下，整个墙绕组合截面形心作整体弯曲时在各墙肢 z 高度处的截面上产生的整体弯矩为 M'_{zi}，各墙肢绕其自身的形心轴作局部弯曲时所产生的局部弯矩为 M''_{zi}，则第 i 墙肢在 z 高度处的总弯矩为：

$$M_{zi}=M'_{zi}+M''_{zi}\tag{5.8}$$

试验分析表明，外荷载在标高 z 处产生的总弯矩可分为两部分，一部分是产生整体弯曲的弯矩，另一部分是产生局部弯曲的弯矩，三者之间的关系为：

$$M_{pz}=M'_{pz}+M''_{pz}\tag{5.9}$$

式中 M_{pz}——外荷载产生的总弯矩；

M'_{pz}，M''_{pz}——产生整体弯曲和局部弯曲时的外弯矩，并且：

$$M'_{pz}=kM_{pz}\tag{5.10}$$

$$M''_{pz}=(1-k)M_{pz}\tag{5.11}$$

式中 k——整体弯矩系数，试验表明，整体小开口墙中的局部弯矩不超过整体弯矩的 15%，可近似取 $k=0.85$。

第 i 个墙肢受到的整体弯曲的弯矩为：

$$M'_{zi}=M'_{pz}\frac{I_i}{I}=kM_{pz}\frac{I_i}{I}\tag{5.12}$$

式中 I_i——墙肢 i 的惯性矩(对自身形心轴)；

I——剪力墙对组合截面形心轴的惯性矩。

第 i 个墙肢受到的局部弯曲的弯矩为：

$$M''_{zi}=M''_{pz}\frac{I_i}{\sum I_i}=(1-k)M_{pz}\frac{I_i}{\sum I_i} \tag{5.13}$$

由式(5.8)知，第 i 个墙肢受到的弯矩为：

$$M_{zi}=M'_{zi}+M''_{zi}=kM_{pz}\frac{I_i}{I}+(1-k)M_{pz}\frac{I_i}{\sum I_i} \tag{5.14}$$

试验研究证实，各墙肢剪力的分配与墙肢的截面积及惯性矩有关，当各墙肢较窄时，基本上按惯性矩的大小分配，当各墙肢较宽时，基本上是按截面面积的大小分配。实际的整体小开口墙中，各墙肢宽度相差较大，故墙肢剪力 V_{zi} 的分配采用分别按面积和惯性矩分配后的平均值进行计算，即：

$$V_{zi}=\frac{1}{2}\left(\frac{A_i}{\sum A_i}+\frac{I_i}{\sum I_i}\right)V_{pz} \tag{5.15}$$

式中　A_i——第 i 个墙肢截面的面积。

各墙肢横截面上的轴向力由整体弯曲正应力来合成，局部弯曲在墙肢中不产生轴向力。

$$N_{zi}=N'_{zi}=\sigma_i A_i=k\frac{M_{pz}}{I}y_i A_i \tag{5.16}$$

式中　y_i——第 i 个墙肢截面形心到组合截面形心之间的距离。

在按式(5.14)与式(5.16)分配内力时，考虑到各墙肢有共同的变形曲线的曲率，但个别细小的墙肢会产生局部弯曲，使局部弯矩增大，此时可将按式(5.14)分配到的弯矩 M_{zi} 修正为：

$$M_{zi0}=M_{zi}+\Delta M_{zi}=M_{zi}+\frac{h_0}{2}V_{zi} \tag{5.17}$$

式中　h_0——洞口的高度。

(2)位移计算

整体小开口墙的侧移可按材料力学公式计算，但由于洞口的存在而使墙的整体抗弯刚度减弱，可将材料力学公式计算出的侧移增大 20%，即：

$$\left.\begin{aligned}
u&=1.2\frac{qH^4}{8EI_w}\left(1+\frac{4\mu EI_w}{GA_wH^2}\right) \quad (\text{均布荷载})\\
u&=1.2\frac{11}{120}\frac{q_{max}H^4}{EI_w}\left(1+\frac{3.64\mu EI_w}{GA_wH^2}\right) \quad (\text{倒三角形荷载})\\
u&=1.2\frac{PH^3}{3EI_w}\left(1+\frac{3\mu EI_w}{GA_wH^2}\right) \quad (\text{顶点集中荷载})
\end{aligned}\right\} \tag{5.18}$$

式中　q_{max}——倒三角形分布荷载中分布荷载的最大值。

【例 5.1】 试计算整体小开口墙的内力。墙肢的布置如图 5.5 所示。底层分配剪力为 561.17kN，底层分配弯矩为 13561.6kN·m，$I_w=23.13m^4$。

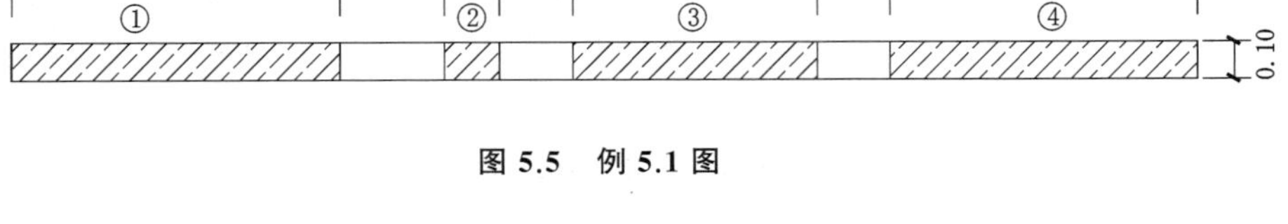

图 5.5　例 5.1 图

【解】

具体计算结果见表 5.2 与表 5.3。

几何参数计算 　　表 5.2

墙　　肢	1	2	3	4	$\sum$
面积 A_i(m^2)	0.539	0.089	0.280	0.638	1.546
惯性矩(m^4)	0.810	0.0023	0.071	0.487	1.43

各墙肢内力分配 　　表 5.3

墙肢号	$\frac{A_i}{\sum A_i}$	$\frac{I_i}{\sum I_i}$	$\frac{A_i y_i}{I}$	$\frac{I_i}{I}$	各层墙肢内力			底层墙肢内力		
					V_{zi}	N_{zi}	M_{zi}	V_{zi}	N_{zi}	M_{zi}
1	0.348	0.3566	0.1073	0.0220	$0.352V_i$	$0.0912M_i$	$0.0722M_i$	197.8	1236.0	979.0
2	0.0576	0.0016	0.0058	0.0001	$0.0296V_i$	$0.0049M_i$	$0.0003M_i$	16.6	66.0	4.5
3	0.1811	0.0497	0.0047	0.00307	$0.1154V_i$	$0.004M_i$	$0.101M_i$	64.7	−54.0	137.0
4	0.412	0.5929	0.1083	0.03662	$0.5025V_i$	$0.0921M_i$	$0.1199M_i$	282.0	−1249	1627

5.3　联肢剪力墙的计算

在多数建筑中，门窗洞口在剪力墙中排列都很整齐，剪力墙可划分为许多墙肢和连梁，将连梁看成墙肢间的连杆，并将它们沿墙离散为均匀分布的连续连杆，用微分方程求解，这种方法称为连续化方法，又称为连续连杆法，是联肢墙内力及位移分析的一种经典的方法。

5.3.1　双肢墙计算

(1)基本假定和微分方程的建立

在双肢和多肢剪力墙内力和位移计算中假定：

①连梁的反弯点在跨中，连梁的作用可以用沿高度均匀分布的连续弹性薄片代替；

②各墙肢的刚度相差不过分悬殊，因而变形曲线相似；

③连梁和墙肢考虑弯曲和剪切变形，墙肢还应考虑轴向变形的影响。

应用力法原理：将连梁中点切开，去掉多余联系，建立静定基本体系如图 5.6(c)所示，切开后连杆弯矩为 0，连杆剪力 $\tau(x)$ 是多余未知力，是一个连续函数，未知轴力 $\sigma(x)$ 虽然存在，但与求解剪力无关，不必解出其值。

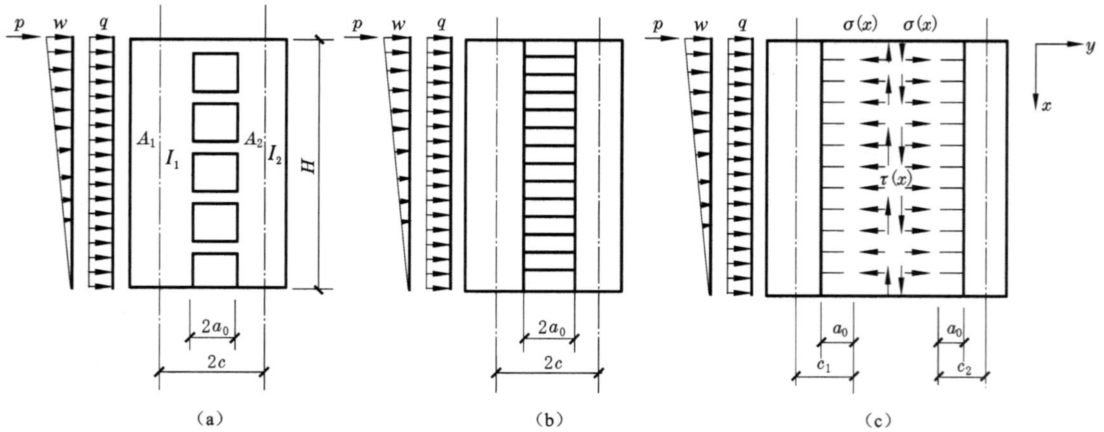

图 5.6　双肢墙计算简图

(a)结构尺寸；(b)连续化假定；(c)基本体系

由切开处的变形连续条件建立 $\tau(x)$ 的微分方程，求解微分方程可得连杆剪力 $\tau(x)$。将一个楼层高度范围内各点剪力积分，还原成一根连梁的剪力。各层连梁中的剪力求出后，所有墙肢及连梁内力都可相继求出。

切开处沿 $\tau(x)$ 方向的变形连续条件可用下式表达：

$$\delta_1(x)+\delta_2(x)+\delta_3(x)=0 \tag{5.19}$$

式中各符号意义及求解方法如下：

①$\delta_1(x)$——由墙肢弯曲变形产生的相对位移。

图 5.7(a)表示墙肢转角与切口处沿 $\tau(x)$ 方向相对位移关系。由基本假定可知：

$$\theta_{1m}=\theta_{2m}=\theta_m$$

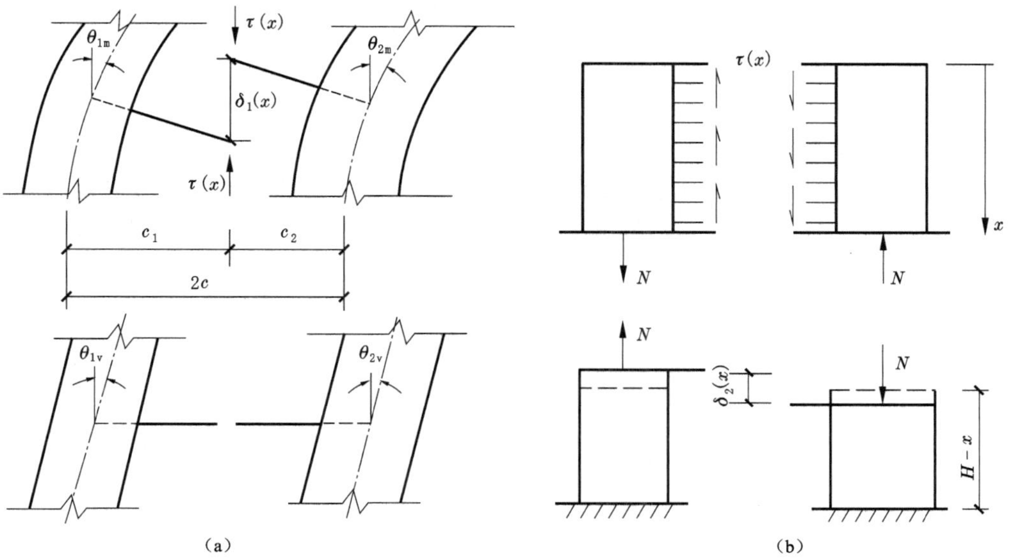

图 5.7 墙肢变形

(a)墙肢转角变形；(b)墙肢轴向变形

墙肢剪切变形对连梁相对位移无影响，见图 5.7(a)，因此

$$\delta_1(x)=-2c\,\theta_m(x) \tag{5.20}$$

转角 θ_m 以顺时针方向为正，$\tau(x)$正方向如图 5.7(a)所示。式中负号表示连梁位移与 $\tau(x)$方向相反。

②$\delta_2(x)$——由墙肢轴向变形所产生的相对位移。

在水平荷载作用下，一个墙肢受拉，另一个墙肢受压，墙肢轴向变形将使连梁切口处产生相对位移，见图 5.7(b)，两墙肢轴向力方向相反，大小相等，由隔离体平衡条件可得：

$$N(x)=\int_0^x \tau(x)\mathrm{d}x \tag{5.21}$$

在墙肢截面，切口处不会有相对位移，但愈向上轴向变形所产生的相对位移愈大，在坐标 x 处，相对位移为：

$$\begin{aligned}\delta_2(x)&=\int_x^H \frac{N(x)}{EA_1}\mathrm{d}x+\int_x^H \frac{N(x)}{EA_2}\mathrm{d}x=\frac{1}{E}\left(\frac{1}{A_1}+\frac{1}{A_2}\right)\int_x^H N(x)\mathrm{d}x\\&=\frac{1}{E}\left(\frac{1}{A_1}+\frac{1}{A_2}\right)\int_x^H\int_0^x \tau(x)\mathrm{d}x\,\mathrm{d}x\end{aligned} \tag{5.22}$$

③$\delta_3(x)$——由连梁弯曲和剪切变形所产生的相对位移。

连梁变形产生的相对位移如图 5.8 所示，取微段 $\mathrm{d}x$ 则微段上连梁截面为$(A_b/h)\mathrm{d}x$，惯性矩为$(I_b/h)\mathrm{d}x$，把连梁看成端部作用力为 $\tau(x)\mathrm{d}x$ 的悬臂梁，由悬臂梁变形公式可得两根梁之间的相对位移为：

$$\delta_3(x)=\delta_{3m}+\delta_{3v}=2\,\frac{\tau(x)ha^3}{3EI_b}+2\,\frac{\mu\tau(x)ha}{A_bG}=\frac{2\tau(x)ha^3}{3EI_b}\left(1+\frac{3\mu EI_b}{A_bGa^2}\right)=\frac{2\tau(x)ha^3}{3EI_b^0} \tag{5.23}$$

$$I_b^0=\frac{I_b}{1+\dfrac{3\mu EI_b}{A_bGa^2}}$$

$$a=\frac{h_b}{4}+a_0$$

式中　μ——剪力不均匀系数；

G——剪切模量；

I_b——连梁的惯性矩，$I_b=\frac{1}{12}th_b^3$；

t——剪力墙的厚度；

h_b——连梁截面高度；

h——层高；

a_0——连梁净跨之半。

I_b^0 称为连梁的折算惯性矩，是以弯曲变形形式表达的，考虑了弯曲和剪切变形效果的惯性矩。当连梁是矩形截面时，$I_b/A_b=h_b^2/12$，$\mu=1.2$，混凝土材料 G 为 $0.42E$，代入 I_b^0 式中，可得下式，当连梁为矩形截面时，可直接使用。

$$I_b^0=\frac{I_b}{1+0.7(h_b/a)^2}$$

把式(5.20)、(5.22)、(5.23)代入式(5.19)，可得位移协调方程如下：

$$-2c\theta_m+\frac{1}{E}\left(\frac{1}{A_1}+\frac{1}{A_2}\right)\int_x^H\int_0^x\tau(x)\mathrm{d}x\mathrm{d}x+\frac{2\tau(x)ha^3}{3EI_b^0}=0 \tag{5.24}$$

对 x 求导二次，得：

$$-2c\theta''_m-\frac{1}{E}\left(\frac{1}{A_1}+\frac{1}{A_2}\right)\tau(x)+\frac{2ha^3}{3EI_b^0}\tau''(x)=0 \tag{5.25}$$

在 x 处截断双肢剪力墙(图 5.9)，由平衡条件可得：

$$M_1(x)+M_2(x)=M_p(x)-N(x)\cdot 2c=M_p(x)-2c\int_0^x\tau(x)\mathrm{d}x \tag{5.26}$$

式中　$M_p(x)$——外荷载产生的倾覆力矩。

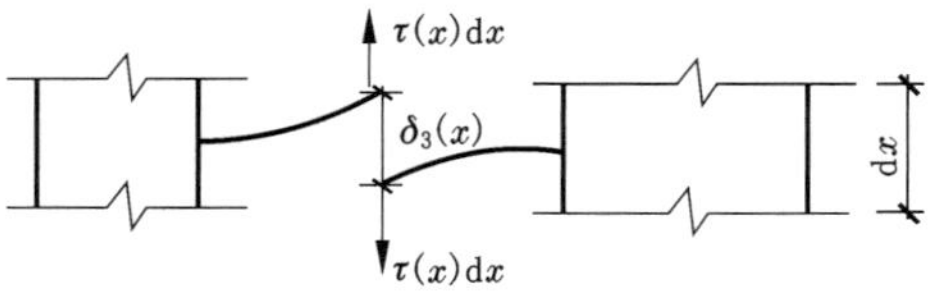

图 5.8　连梁弯曲及剪切变形

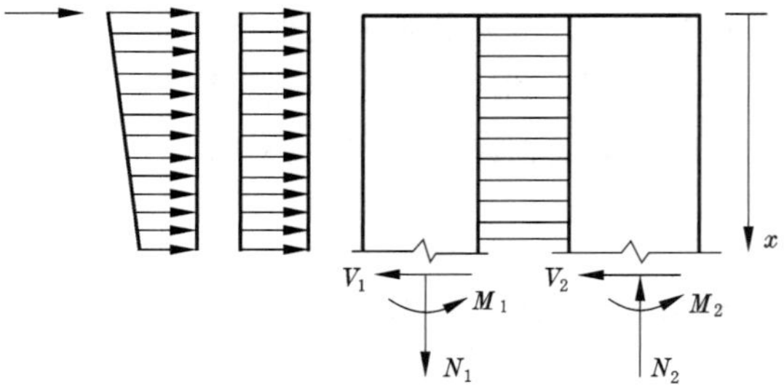

图 5.9　墙肢内力

由梁的弯曲理论有：

$$EI_1\frac{\mathrm{d}^2y_{1m}}{\mathrm{d}x^2}=M_1(x)$$

$$EI_2\frac{\mathrm{d}^2y_{2m}}{\mathrm{d}x^2}=M_2(x)$$

由假设可知：

$$y_{1m}=y_{2m}=y_m$$

$$\theta_{1m}=\theta_{2m}=\theta_m$$

所以

$$M_1(x)+M_2(x)=E(I_1+I_2)\frac{\mathrm{d}^2 y_m}{\mathrm{d}x^2}=M_p(x)-2c\int_0^x \tau(x)\mathrm{d}x \tag{5.27}$$

$$\theta'_m=-\frac{\mathrm{d}^2 y_m}{\mathrm{d}x^2}=-\frac{1}{E(I_1+I_2)}\left[M_p(x)-2c\int_0^x \tau(x)\mathrm{d}x\right] \tag{5.28}$$

$$\theta''_m=-\frac{1}{E(I_1+I_2)}[V_p(x)-2c\tau(x)] \tag{5.29}$$

对于常用的 3 种荷载，

$$\left.\begin{aligned}&V_p(x)=V_0\left[1-\left(1-\frac{x}{H}\right)^2\right] \quad (\text{均布荷载})\\&V_p(x)=V_0\frac{x}{H} \quad (\text{倒三角分布荷载})\\&V_p(x)=V_0 \quad (\text{顶部集中荷载})\end{aligned}\right\} \tag{5.30}$$

式中 V_0——$x=H$ 处的底部剪力。

把 $V_p(x)$代入(5.29)式，可得 3 种荷载下的 θ''_m为：

$$\left.\begin{aligned}&\theta''_m=\frac{1}{E(I_1+I_2)}\left\{V_0\left[\left(1-\frac{x}{H}\right)^2-1\right]+2c\tau(x)\right\}\\&\theta''_m=\frac{1}{E(I_1+I_2)}\left[-V_0\left(\frac{x}{H}\right)+2c\tau(x)\right]\\&\theta''_m=\frac{1}{E(I_1+I_2)}[-V_0+2c\tau(x)]\end{aligned}\right\} \tag{5.31}$$

把 θ''_m代入式(5.25)，并令

$$D=\frac{I_b^0 c^2}{a^3} \quad (\text{连梁刚度系数}) \tag{5.32}$$

$$\alpha_1^2=\frac{6H^2}{h(I_1+I_2)}D \quad (\text{连梁、墙肢刚度比}) \tag{5.33}$$

$$s=\frac{2cA_1A_2}{A_1+A_2} \tag{5.34}$$

整理后，可得：

$$\tau''(x)-\tau(x)\frac{1}{H^2}\left(\frac{6H^2D}{2hsc}+\alpha_1^2\right)=\begin{cases}-\dfrac{\alpha_1^2}{H^2}\dfrac{V_0}{2c}\left[1-\left(1-\dfrac{x}{H}\right)^2\right]\\-\dfrac{\alpha_1^2}{H^2}\dfrac{V_0}{2c}\dfrac{x}{H}\\-\dfrac{\alpha_1^2}{H^2}\dfrac{V_0}{2c}\end{cases} \tag{5.35}$$

进一步令

$$m(x)=2c\tau(x)$$

$$\alpha^2=\alpha_1^2+\frac{6H^2}{2hsc}D$$

式(5.35)可进一步写成：

$$m''(x)-\frac{\alpha^2}{H^2}m(x)=\begin{cases}-\dfrac{\alpha_1^2}{H^2}V_0\left[1-\left(1-\dfrac{x}{H}\right)^2\right]\\-\dfrac{\alpha_1^2}{H^2}V_0\dfrac{x}{H}\\-\dfrac{\alpha_1^2}{H^2}V_0\end{cases} \tag{5.36}$$

这就是双肢墙的基本方程式，是 $m(x)$ 的二阶线性非齐次常微分方程。$m(x)$ 称为连梁对墙肢的约束弯矩。

(2)基本方程的解

为使基本方程表达式进一步简化并便于制成图表，将参数换为无量纲：

$$\xi = \frac{x}{H} \tag{5.37}$$

$$m(x) = \varphi(x) V_0 \frac{\alpha_1^2}{\alpha^2} \tag{5.38}$$

则基本方程可写成：

$$\varphi''(\xi) - \alpha^2 \varphi(\xi) = \begin{cases} -\alpha^2 [1-(1-\xi)^2] \\ -\alpha^2 \xi \\ -\alpha^2 \end{cases} \tag{5.39}$$

非齐次微分方程应由通解和特解组成：

$$\varphi(\xi) = c_1 \mathrm{ch}(\alpha\xi) + c_2 \mathrm{sh}(\alpha\xi) + \begin{cases} 1-(1-\xi)^2 - \dfrac{2}{\alpha^2} \\ \xi \\ 1 \end{cases} \tag{5.40}$$

式中 c_1, c_2——待定常数，由边界条件确定。

边界条件 1：当 $\xi=0$ 时，墙顶弯矩为 0，因而

$$\theta'_{\mathrm{m}} = -\frac{\mathrm{d}^2 y_{\mathrm{m}}}{\mathrm{d}\xi^2} = 0$$

把 θ'_{m} 代入式(5.24)的一次求导式，并注意到该式中第二项在 $\xi=0$ 处为零，可得：

$$\tau'(0) = 0$$

由一般解

$$\varphi'(\xi)_{\xi=0} = 0 = c_1 \alpha \mathrm{sh}(\alpha\xi) + c_2 \alpha \mathrm{ch}(\alpha\xi) + \begin{cases} 2(1-\xi) \\ 1 \\ 0 \end{cases}$$

解出

$$c_2 = \begin{cases} -\dfrac{2}{\alpha} \\ -\dfrac{1}{\alpha} \\ 0 \end{cases} \tag{5.41}$$

边界条件 2：当 $\xi=1$，墙底弯曲转角为 0，即

$$\theta_{\mathrm{m}} = 0$$

把 θ_{m} 代入变形协调方程(5.24)，并注意到在底截面处轴向变形引起的相对位移 $\delta_2=0$，可得：

$$\tau(1) = 0$$

由一般解式(5.40)可得：

$$c_1 = \begin{cases} -\left(1 - \dfrac{2}{\alpha^2} - \dfrac{2\mathrm{sh}\alpha}{\alpha}\right) \dfrac{1}{\mathrm{ch}\alpha} \\ -\left(1 - \dfrac{\mathrm{sh}\alpha}{\alpha}\right) \dfrac{1}{\mathrm{ch}\alpha} \\ -\dfrac{1}{\mathrm{ch}\alpha} \end{cases} \tag{5.42}$$

将 c_1、c_2 代入式(5.40)，并经整理后，3 种典型水平荷载下 $\varphi(\xi)$ 的具体表达式分列如下：

$$\varphi(\xi)=1-(1-\xi)^2-\frac{2}{\alpha^2}+\left(\frac{2\mathrm{sh}\alpha}{\alpha}-1+\frac{2}{\alpha^2}\right)\frac{\mathrm{ch}(\alpha\xi)}{\mathrm{ch}\alpha}-\frac{2}{\alpha}\mathrm{sh}(\alpha\xi)\quad\text{(倒三角形荷载)}\tag{5.43}$$

$$\varphi(\xi)=\xi+\left(\frac{\mathrm{sh}\alpha}{\alpha}-1\right)\frac{\mathrm{ch}(\alpha\xi)}{\mathrm{ch}\alpha}-\frac{\mathrm{sh}(\alpha\xi)}{\alpha}\quad\text{(均布荷载)}\tag{5.44}$$

$$\varphi(\xi)=1-\frac{\mathrm{ch}(\alpha\xi)}{\mathrm{ch}\alpha}\quad\text{(顶部集中荷载)}\tag{5.45}$$

(3)双肢墙的内力计算

由式(5.38)得连杆约束弯矩为：

$$m(\xi)=V_0\frac{\alpha_1^2}{\alpha^2}\varphi(\xi)\tag{5.46}$$

$m(\xi)$是沿高度变化的连续函数，由图 5.10 可见，求出连梁中心坐标处的 $m(\xi)$值，乘以层高 h，可得该连梁的近似约束弯矩值，并进而可计算连梁的剪力与弯矩：

i 层连梁约束弯矩 $$m_i=m(\xi_i)h\tag{5.47}$$

i 层连梁剪力 $$V_{bi}=m(\xi_i)h/2c\tag{5.48}$$

i 层连梁端部弯矩 $$M_{bi}=V_{bi}a_0\tag{5.49}$$

i 层墙肢轴力 $$N_i=\sum_{j=i}^{n}V_{bj}\tag{5.50}$$

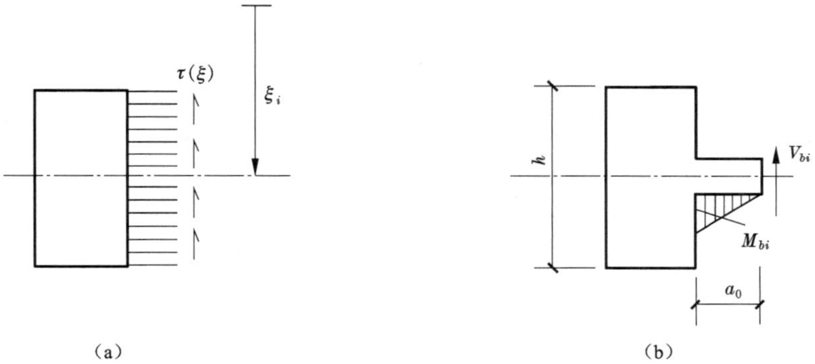

图 5.10　连梁的剪力及弯矩

(a)连杆剪力；(b)连梁剪力、弯矩

在求出连梁剪力后，墙肢的弯矩和轴力便可迎刃而解，由平衡条件，某截面处墙肢轴力为该截面以上所有连梁剪力之和，两个墙肢轴力必然大小相等，方向相反。

由基本假定可知，两个墙肢弯矩按刚度分配，由平衡条件可得：

i 层墙肢弯矩为：

$$\left.\begin{aligned}M_{i1}&=\frac{I_1}{I_1+I_2}\left(M_{pi}-\sum_{j=i}^{n}m_j\right)\\M_{i2}&=\frac{I_2}{I_1+I_2}\left(M_{pi}-\sum_{j=i}^{n}m_j\right)\end{aligned}\right\}\tag{5.51}$$

式中　M_{pi}——水平荷载在 i 层截面处的倾覆力矩。

墙肢剪力可按下式计算，这里另外作了剪力按墙肢刚度分配的假定，与连续连杆法求出的未知函数 $m(\xi)$无关。

i 层墙肢剪力为：

$$\left.\begin{aligned}V_{1i}&=\frac{I_1^0}{I_1^0+I_2^0}V_{pi}\\V_{2i}&=\frac{I_2^0}{I_1^0+I_2^0}V_{pi}\end{aligned}\right\}\tag{5.52}$$

$$I_i^0=\frac{I_i}{1+\frac{12\mu EI_i}{GA_ih^2}} \tag{5.53}$$

式中 I_i^0——考虑剪切变形后的墙肢折算惯性矩；

V_{pi}——水平荷载在 i 层截面处的总剪力。

墙肢墙内力见图 5.11。

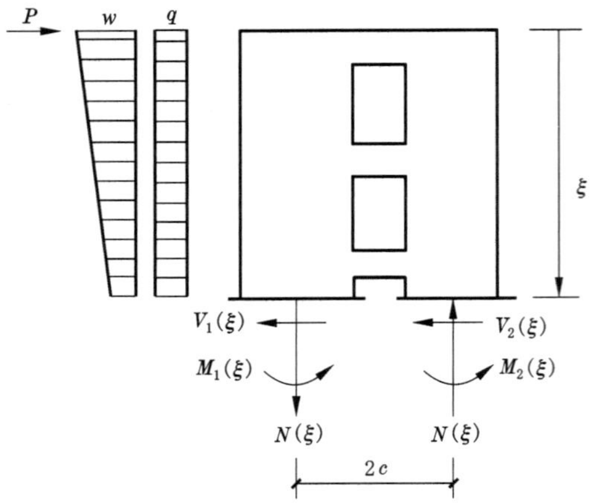

图 5.11 双肢墙内力

(4)双肢墙位移计算及等效抗弯刚度

双肢剪力墙的侧向位移应由墙肢的弯曲变形及剪切变形侧移叠加，即：

$$y=y_m+y_v=\int_1^\xi\int_1^\xi\frac{d^2y_m}{d\xi^2}d\xi d\xi+\int_1^\xi\frac{dy_v}{d\xi}d\xi \tag{5.54}$$

$$\frac{d^2y_m}{d\xi^2}=\frac{1}{E(I_1+I_2)}\left[M_p(\xi)-\int_0^\xi m(\xi)d\xi\right] \tag{5.55}$$

$$\frac{dy_v}{d\xi}=\frac{\mu V_p(\xi)}{G(A_1+A_2)}$$

分别将 3 种荷载作用下的 $m(\xi)$、$M_p(\xi)$、$V_p(\xi)$代入，积分后可得：

倒三角形分布荷载下：

$$\begin{aligned}y=&\frac{V_0H^3}{60E\sum I_i}(1-\tau)(11-15\xi+5\xi^4-\xi^5)+\frac{\mu V_0H}{G\sum A_i}\left[(1-\xi)^2-\frac{1}{3}(1-\xi^3)\right]-\\&\frac{V_0H^3\tau}{E\sum I_i}\{c_1\frac{1}{\alpha^3}[\text{sh}(\alpha\xi)+(1-\xi)\alpha\text{ch}\alpha-\text{sh}\alpha]+\\&c_2\frac{1}{\alpha^3}\left[\text{ch}(\alpha\xi)+(1-\xi)\alpha\text{sh}\alpha-\text{ch}\alpha-\frac{1}{2}\alpha^2\xi^2+\alpha^2\xi-\frac{\alpha^2}{2}\right]-\frac{1}{3\alpha^2}(2-3\xi+\xi^2)\}\end{aligned} \tag{5.56}$$

均布荷载作用下：

$$\begin{aligned}y=&\frac{V_0H^3}{24E\sum I_i}(1-\tau)(3-4\xi+\xi^4)+\frac{\mu V_0H}{2G\sum A_i}(1-\xi^2)-\\&\frac{V_0H^3\tau}{E\sum I_i}\{c_1\frac{1}{\alpha^3}[\text{sh}(\alpha\xi)+(1-\xi)\alpha\text{ch}\alpha-\text{sh}\alpha]+\\&c_2\frac{1}{\alpha^3}\left[\text{ch}(\alpha\xi)+(1-\xi)\alpha\text{sh}\alpha-\text{ch}\alpha-\frac{1}{2}\alpha^2\xi^2+\alpha^2\xi-\frac{\alpha^2}{2}\right]\}\end{aligned} \tag{5.57}$$

顶部集中荷载下：

$$\begin{aligned}y=&\frac{V_0H^3}{6E\sum I_i}(1-\tau)(2-3\xi+\xi^3)+\frac{\mu V_0H}{G\sum A_i}(1-\xi)-\\&\frac{V_0H^3\tau}{E\sum I_i}\{c_1\frac{1}{\alpha^3}[\text{sh}(\alpha\xi)+(1-\xi)\alpha\text{ch}\alpha-\text{sh}\alpha]+\\&c_2\frac{1}{\alpha^3}\left[\text{ch}(\alpha\xi)+(1-\xi)\alpha\text{sh}\alpha-\text{ch}\alpha-\frac{1}{2}\alpha^2\xi^2+\alpha^2\xi-\frac{\alpha^2}{2}\right]\}\end{aligned} \tag{5.58}$$

当 $\xi=0$，并将 c_1 和 c_2 代入后，经过整理可得顶点侧移为：

$$\left.\begin{aligned}u&=\frac{11V_0H^3}{60E\sum I_i}(1+3.64\gamma^2-\tau+\psi_\alpha\tau)\\u&=\frac{V_0H^3}{8E\sum I_i}(1+4\gamma^2-\tau+\psi_\alpha\tau)\\u&=\frac{V_0H^3}{3E\sum I_i}(1+3\gamma^2-\tau+\psi_\alpha\tau)\end{aligned}\right\} \tag{5.59}$$

式中，τ 为墙肢轴向变形影响系数，γ^2 为剪切变形影响系数：

$$\tau=\frac{\alpha_1^2}{\alpha^2}=\frac{2cs}{2cs+I_1+I_2} \tag{5.60a}$$

$$\gamma^2=\frac{E\sum I_i}{H^2G\sum A_i/\mu_i} \tag{5.60b}$$

3 种荷载下的 ψ_α 分别为：

$$\left.\begin{aligned}\psi_\alpha&=\frac{60}{11}\frac{1}{\alpha^2}\left(\frac{2}{3}+\frac{2\mathrm{sh}\alpha}{\alpha^3\mathrm{ch}\alpha}-\frac{2}{\alpha^2\mathrm{ch}\alpha}-\frac{\mathrm{sh}\alpha}{\alpha\mathrm{ch}\alpha}\right)\\\psi_\alpha&=\frac{8}{\alpha^2}\left(\frac{1}{2}+\frac{1}{\alpha^2}-\frac{2}{\alpha^2\mathrm{ch}\alpha}-\frac{\mathrm{sh}\alpha}{\alpha\mathrm{ch}\alpha}\right)\\\psi_\alpha&=\frac{3}{\alpha^2}\left(1-\frac{\mathrm{sh}\alpha}{\alpha\mathrm{ch}\alpha}\right)\end{aligned}\right\} \tag{5.61}$$

ψ_α 是 α 的函数，已制成表 5.4。

ψ_α **值表** **表 5.4**

α	倒三角形荷载	均布荷载	顶部集中力	α	倒三角形荷载	均布荷载	顶部集中力
1.000	0.720	0.722	0.715	11.000	0.026	0.027	0.022
1.500	0.537	0.540	0.523	11.500	0.023	0.025	0.020
2.000	0.399	0.403	0.388	12.000	0.022	0.023	0.019
2.500	0.302	0.306	0.290	12.500	0.020	0.021	0.017
3.000	0.234	0.238	0.222	13.000	0.019	0.020	0.016
3.500	0.186	0.190	0.175	13.500	0.017	0.018	0.015
4.000	0.151	0.155	0.140	14.000	0.016	0.017	0.014
4.500	0.125	0.128	0.115	14.500	0.015	0.016	0.013
5.000	0.105	0.108	0.096	15.000	0.014	0.015	0.012
5.500	0.089	0.092	0.081	15.500	0.013	0.014	0.011
6.000	0.077	0.080	0.069	16.000	0.012	0.013	0.010
6.500	0.067	0.070	0.060	16.500	0.012	0.013	0.010
7.000	0.058	0.061	0.052	17.000	0.011	0.012	0.009
7.500	0.052	0.054	0.046	17.500	0.010	0.011	0.009
8.000	0.046	0.048	0.041	18.000	0.010	0.011	0.008
8.500	0.041	0.043	0.036	18.500	0.009	0.010	0.008
9.000	0.037	0.039	0.032	19.000	0.009	0.009	0.007
9.500	0.034	0.035	0.029	19.500	0.008	0.009	0.007
10.000	0.031	0.032	0.027	20.000	0.008	0.009	0.007
10.500	0.028	0.030	0.024	20.500	0.008	0.008	0.006

由式(5.59)引出等效抗弯刚度，用悬臂墙顶点位移公式重写式(5.59)，即：

$$\left.\begin{aligned}u&=\frac{11}{60}\frac{V_0H^3}{EI_{\mathrm{eq}}}\\u&=\frac{1}{8}\frac{V_0H^3}{EI_{\mathrm{eq}}}\\u&=\frac{1}{3}\frac{V_0H^3}{EI_{\mathrm{eq}}}\end{aligned}\right\} \tag{5.62}$$

式中　EI_{eq}——双肢墙等效抗弯刚度，3 种荷载下分别为：

$$
\left.\begin{aligned}
EI_{eq} &= \frac{E\sum I_i}{1+3.64\gamma_1^2-\tau+\psi_\alpha\tau} \\
EI_{eq} &= \frac{E\sum I_i}{1+4\gamma_1^2-\tau+\psi_\alpha\tau} \\
EI_{eq} &= \frac{E\sum I_i}{1+3\gamma_1^2-\tau+\psi_\alpha\tau}
\end{aligned}\right\} \tag{5.63}
$$

5.3.2 多肢墙计算

具有多于一排且排列整齐的洞口时，就成为多肢剪力墙，它的几何尺寸及几何参数示于图 5.12，多肢墙也可以采用连续杆法求解，基本假定和基本体系的取法都和双肢墙类似。它的基本体系和未知力见图 5.13。在每个连梁切口处建立一个变形协调方程，则可建立 k 个变形协调方程，要注意，在建立第 i 个切口处协调方程时，除了第 i 跨连梁内力外，还要考虑第 $i-1$ 跨连梁内力对 i 墙肢和第 $i+1$ 跨连梁内力对 $i+1$ 墙肢的影响。

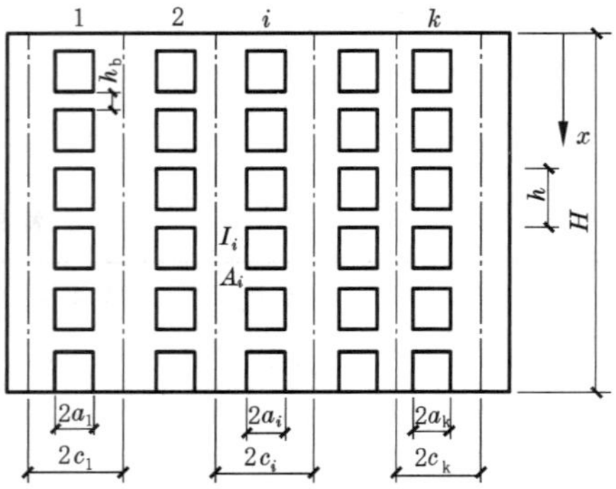

$2a_i$ —第 i 跨连梁计算跨度
$2c_i$ —第 i 跨墙肢轴线间距

图 5.12　多肢墙

与双肢墙不同的是，为便于求解微分方程，将 k 个微分方程叠加，设各排连梁切开口处未知力之和 $\sum_{i=1}^{k} m_i(x) = m(x)$ 为未知量，在求出 $m(x)$ 后再按一定比例拆开，分配到各排连杆，再分别求各连梁的剪力、弯矩和各墙肢弯矩、轴力等内力。

经过叠加这一变化，可建立与双肢墙完全相同的微分方程，取得完全相同的微分方程解，双肢墙的公式和图表都可以应用，但必须注意下面几点区别：

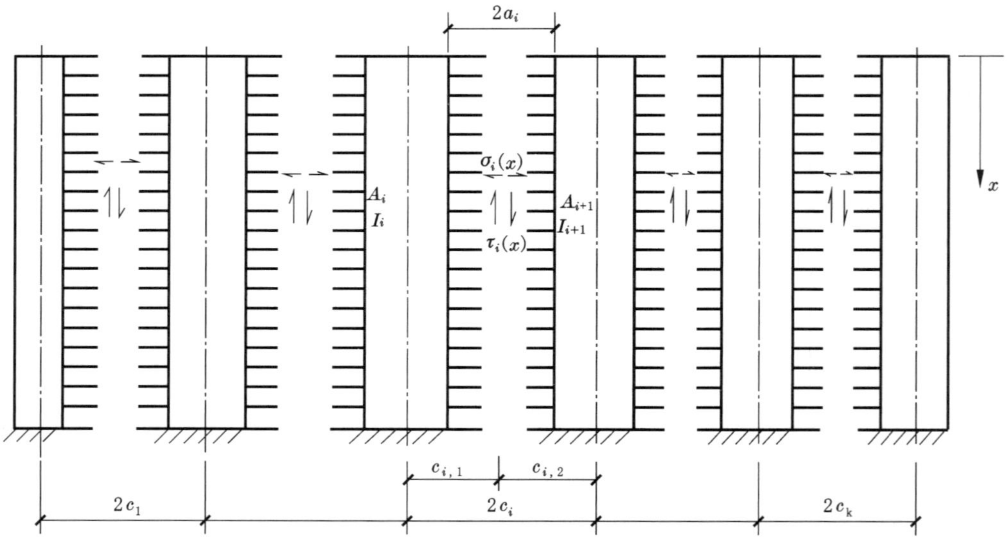

图 5.13　多肢墙计算基本体系

(1)多肢墙共有 $k+1$ 个墙肢，要把双肢墙的两墙肢惯性矩之和及面积之和改为多肢墙的各墙肢惯性矩之和及面积之和，即用 $\sum_{i=1}^{k+1} I_i$ 代替 I_1+I_2，用 $\sum_{i=1}^{k+1} A_i$ 代替 A_1+A_2。

(2)墙中有 k 列连梁，第 i 列连梁的刚度 D_i 用下式计算：

$$D_i = I_{bi}^0 c_i^2 / a_i^3$$

$$I_{bi}^0=\frac{I_{bi}}{1+\frac{3\mu EI_{bi}}{GA_{bi}a_i^2}}$$

式中　a_i——第 i 列连梁计算跨度的一半；

c_i——第 i 和 $i+1$ 墙肢轴线距离的一半。

计算连梁与墙肢刚度比参数 α_1 时，要用各排连梁刚度之和与墙肢惯性矩之和，

$$\alpha_1^2=\frac{6H^2}{h\sum_{i=1}^{k+1}I_i}\sum_{i=1}^{k}D_i \tag{5.64}$$

(3)多肢墙整体系数表达式与双肢墙不同。多肢墙中计算墙肢轴向变形影响比较困难，因此 τ 值用近似值代替，见表 5.5。

多肢墙轴向变形影响系数 τ　　　　**表 5.5**

墙肢数目	3～4 肢	5～7 肢	7 肢以上
τ	0.80	0.85	0.9

整体系数由下式计算：

$$\alpha^2=\alpha_1^2/\tau$$

(4)解出基本未知量 $m(\xi)$后，按分配系数 η_i 计算各列连梁的约束弯矩 $m_i(\xi)$：

$$\left.\begin{aligned} &m_i(\xi)=\eta_i m(\xi)\\ &\eta_i=\frac{D_i\varphi_i}{\sum_{i=1}^{k}D_i\varphi_i}\\ &\varphi_i=\frac{1}{1+\alpha/4}\left[1+1.5\alpha\frac{r_i}{B}\left(1-\frac{r_i}{B}\right)\right]\end{aligned}\right\} \tag{5.65}$$

式中　r_i——第 i 列连梁中点距边墙的距离；

B——墙的总宽度。

φ_i 也可以根据 r_i/B 和 α 值由表 5.6 直接查得，φ_i 称为多肢墙第 i 列连梁约束弯矩分布系数。

约束弯矩分布系数 φ_i　　　　**表 5.6**

α	r_i/B										
	0.00	0.05	0.10	0.15	0.20	0.25	0.30	0.35	0.40	0.45	0.50
	1.00	0.95	0.90	0.85	0.80	0.75	0.70	0.65	0.60	0.55	0.50
0.0	1.000	1.000	1.000	1.000	1.000	1.000	1.000	1.000	1.000	1.000	1.000
0.4	0.903	0.934	0.958	0.978	0.996	1.011	1.023	1.033	1.040	1.044	1.045
0.8	0.833	0.880	0.923	0.960	0.993	1.020	1.043	1.060	1.073	1.080	1.083
1.2	0.769	0.835	0.893	0.945	0.990	1.028	1.060	1.084	1.101	1.111	1.115
1.6	0.714	0.795	0.868	0.932	0.988	1.035	1.074	1.104	1.125	1.138	1.142
2.0	0.666	0.761	0.846	0.921	0.986	1.041	1.086	1.121	1.146	1.161	1.166
2.4	0.625	0.731	0.827	0.911	0.985	1.046	1.097	1.136	1.165	1.181	1.187
2.8	0.588	0.705	0.810	0.903	0.983	1.051	1.107	1.150	1.181	1.199	1.205
3.2	0.555	0.682	0.795	0.895	0.982	1.055	1.115	1.162	1.195	1.215	1.222
3.6	0.525	0.661	0.782	0.888	0.981	1.059	1.123	1.172	1.208	1.229	1.236
4.0	0.500	0.642	0.770	0.882	0.980	1.062	1.130	1.182	1.220	1.242	1.250
4.4	0.476	0.625	0.759	0.876	0.979	1.065	1.136	1.191	1.230	1.254	1.261

续表5.6

α	r_i/B										
	0.00	0.05	0.10	0.15	0.20	0.25	0.30	0.35	0.40	0.45	0.50
	1.00	0.95	0.90	0.85	0.80	0.75	0.70	0.65	0.60	0.55	0.50
4.8	0.454	0.610	0.749	0.871	0.978	1.068	1.141	1.199	1.240	1.264	1.272
5.2	0.434	0.595	0.739	0.867	0.977	1.070	1.146	1.206	1.240	1.274	1.282
5.6	0.416	0.582	0.731	0.862	0.976	1.072	1.151	1.212	1.256	1.282	1.291
6.0	0.400	0.571	0.724	0.859	0.975	1.075	1.156	1.219	1.264	1.291	1.300
6.4	0.384	0.560	0.716	0.855	0.975	1.076	1.160	1.224	1.270	1.298	1.307
6.8	0.370	0.549	0.710	0.852	0.974	1.078	1.163	1.229	1.277	1.305	1.314
7.2	0.357	0.540	0.701	0.848	0.974	1.080	1.167	1.234	1.282	1.311	1.321
7.6	0.344	0.531	0.698	0.846	0.973	1.081	1.170	1.239	1.288	1.317	1.327
8.0	0.333	0.523	0.693	0.843	0.973	1.083	1.173	1.243	1.293	1.323	1.333
12.0	0.250	0.463	0.655	0.823	0.969	1.093	1.195	1.273	1.330	1.363	1.375
16.0	0.200	0.428	0.632	0.811	0.967	1.100	1.208	1.292	1.352	1.388	1.400
20.0	0.166	0.404	0.616	0.804	0.966	1.104	1.216	1.304	1.366	1.404	1.416

下面按计算步骤列出联肢墙的主要计算公式，式中几何尺寸及截面几何参数符号同前，下列公式中，凡未特殊注明者，双肢墙取 $k=1$。

(1)计算几何参数

首先算出各墙肢截面 A_i、I_i 及连梁截面的 A_{bi}、I_{bi}，然后计算以下参数：

①连梁折算惯性矩为：

$$I_{bi}^0=\frac{I_{bi}}{1+3\mu EI_{bi}/a_i^2GA_{bi}}$$

②连梁刚度为：

$$D_i=I_{bi}^0c_i^2/a_i^3$$

上式中 a_i 是第 i 列连梁计算跨度的一半，设连梁净跨为 $2a_{i0}$，则取 $a_i=a_{i0}+h_{bi}/4$。

③梁墙刚度比参数为：

$$\alpha_1^2=\frac{6H^2}{h\sum_{i=1}^{k+1}I_i}\sum_{i=1}^{k}D_i$$

④墙肢轴向变形影响系数为：

对双肢墙

$$\tau=\frac{2cs}{2cs+I_1+I_2} \tag{5.66}$$

对多肢墙，τ 值由表 5.5 查得。

⑤整体系数为：

$$\alpha^2=\frac{\alpha_1^2}{\tau}$$

⑥剪切变形影响系数为：

$$\gamma^2=\frac{E\sum_{i=1}^{k+1}I_i}{H^2G\sum_{i=1}^{k+1}\frac{A_i}{\mu_i}} \tag{5.67}$$

式中 μ_i——第 i 墙肢截面剪应力不均匀系数，根据各个墙肢截面形状确定，当墙的 $H/B\geqslant 4$ 时，可取 $\gamma=0$。

(2)连梁内力计算

首先计算连梁约束弯矩分配系数，双肢墙不必计算。

多肢墙连梁约束弯矩分配系数为：

$$\eta_i = \frac{D_i\varphi_i}{\sum_{i=1}^{k} D_i\varphi_i}$$

$$\varphi_i = \frac{1}{1+\alpha/4}\left[1+1.5\alpha\,\frac{r_i}{B}\left(1-\frac{r_i}{B}\right)\right]$$

i 层连梁约束弯矩为：

$$m_i = \tau h V_0 \varphi(\xi_i) \tag{5.68}$$

i 层第 j 个连梁剪力为：

$$V_{bij} = (\eta_j/2c_j)m_i \tag{5.69}$$

i 层第 j 个连梁弯矩为：

$$M_{bij} = V_{bij}a_{i0} \tag{5.70}$$

(3)计算墙肢轴力

i 层第 1 肢墙：

$$N_{i1} = \sum_{l=i}^{n} V_{bl1} \tag{5.71}$$

i 层第 j 肢墙：

$$N_{ij} = \sum_{l=i}^{n}(V_{blj} - V_{blj-1}) \tag{5.72}$$

i 层第 $k+1$ 肢墙：

$$N_{i,k+1} = \sum_{l=i}^{n} V_{blk} \tag{5.73}$$

(4)计算墙肢弯矩与剪力

i 层第 j 肢墙分担的弯矩为：

$$M_{ij} = \frac{I_j}{\sum_{l=i}^{k+1} I_l}\left(M_{pi} - \sum_{l=i}^{n} m_l\right) \tag{5.74}$$

剪力墙分担的剪力按剪力墙的折算刚度分配。

i 层第 j 肢墙分担的剪力为：

$$V_{ij} = \frac{I_j^0}{\sum_{l=1}^{k+1} I_l^0} V_{pi} \tag{5.75}$$

(5)顶点位移计算

$$u = \begin{cases} \dfrac{11}{60}\dfrac{V_0 H^3}{EI_{eq}}\text{（倒三角形分布荷载）} \\ \dfrac{1}{8}\dfrac{V_0 H^3}{EI_{eq}}\text{（均布荷载）} \\ \dfrac{1}{3}\dfrac{V_0 H^3}{EI_{eq}}\text{（顶部集中荷载）} \end{cases}$$

5.4 壁式框架的计算

5.4.1 壁式框架计算简图

一般框架梁柱断面尺寸较小，可作为线形杆件，梁柱相交于节点。剪力墙则相反，开洞尺寸较小，受力情况是平面应力状态，作为平面问题处理。介于这两者之间的结构就是壁式框架。

壁式框架由于洞口较大，有明显的墙肢和连梁形成框架梁柱，因此与框架类似；另一方面，由于墙肢宽度与连梁高度又较大，它与一般框架又有区别，它们的相交部分不再能看作一个节点，而形成有较大尺寸的节点区；梁柱在进入节点区之后，形成弯曲刚度无限大的刚域。

壁式框架的梁、柱轴线取连梁和墙肢的截面形心轴线。在实际工程计算中，往往以楼面标高作为梁的轴线，以使梁能水平贯通。

试验和有限元计算结果表明，连梁不能在洞口边缘完全固定，因此刚域的长度不能取到洞口。刚域长度的计算可按下式进行(见图 5.14)：

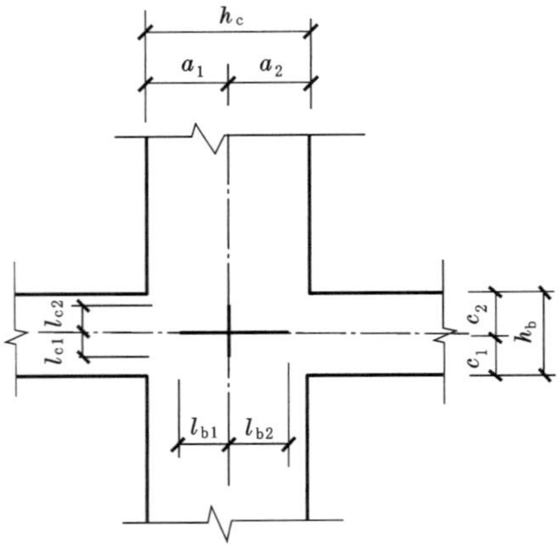

图 5.14　刚域长度

梁刚域长度：

$$\left.\begin{aligned} l_{b1} &= a_1 - \frac{1}{4}h_b \\ l_{b2} &= a_2 - \frac{1}{4}h_b \end{aligned}\right\} \tag{5.76}$$

柱刚域长度：

$$\left.\begin{aligned} l_{c1} &= c_1 - \frac{1}{4}h_c \\ l_{c2} &= c_2 - \frac{1}{4}h_c \end{aligned}\right\} \tag{5.77}$$

式中　h_b——连梁高度；

　　　h_c——墙肢宽度。

当计算的刚域长度小于零时，可不考虑刚域的影响。

5.4.2　壁式框架内力计算

壁式框架在水平荷载作用下的内力分析可采用 D 值法进行，但在计算时应注意以下几点：一是由于壁梁和壁柱截面都比较宽，剪切变形的影响是不可忽略的；二是在梁柱节点处有刚域存在。由于这两个因素的存在，对框架柱的抗侧刚度 D 和反弯点高度都有一定的影响，因此在内力分析前，首先把壁柱的 D 值及反弯点的高度进行修正。

(1)刚域杆件的线刚度计算

图 5.15 为带有刚域长度 al 和 bl 的两端固端杆，当两端有单位转角 $\theta=1$ 时，由于 $11'$ 段和 $22'$ 段为刚性段，在 $1'$ 点和 $2'$ 点处除有单位转角外，还有线位移 al 与 bl，则转角为：

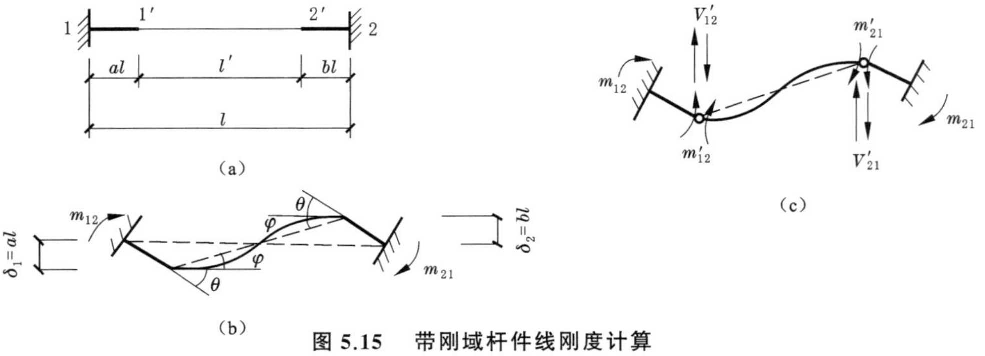

图 5.15　带刚域杆件线刚度计算

$$\varphi = \frac{al+bl}{l'} = \frac{(a+b)l}{(1-a-b)l} = \frac{a+b}{1-a-b} \tag{5.78}$$

为了求 m_{12} 和 m_{21}，可把 $1'$ 和 $2'$ 点当作铰接点。先使刚性边 $11'$ 和 $22'$ 段各产生单位转角，由于 $1'$ 和 $2'$ 点设为铰接点，刚性段有转角时在杆件内并不产生内力，然后再在 $1'$ 和 $2'$ 点上加上弯矩 m'_{12} 和 m'_{21} 使 $1'2'$ 段从虚线位置变到所要求的变形位置，这时，$1'2'$ 段两端都转了一个角度 $(1+\varphi)$。杆件 $1'2'$ 段为等截面杆件，考虑剪切变形后，两端各转动了$(1+\varphi)$角时，1′、2′端的弯矩为：

$$m'_{12}=m'_{21}=\frac{6EI}{(1+\beta)l'}(1+\varphi)=\frac{6EI}{(1+\beta)l}\frac{1}{(1-a-b)^2} \tag{5.79}$$

令线刚度 $i=EI/l$，则上式可写成：

$$m'_{12}=m'_{21}=\frac{6i}{(1+\beta)}\frac{1}{(1-a-b)^2} \tag{5.80}$$

相应的杆端剪力为：

$$V'_{12}=V'_{21}=\frac{m'_{12}+m'_{21}}{l'}=\frac{12i}{(1+\beta)(1-a-b)^3 l} \tag{5.81}$$

由平衡条件有：

$$\begin{aligned} m_{12}&=m'_{12}+V'_{12}(al)=\frac{6i}{(1+\beta)}\frac{1}{(1-a-b)^2}+\frac{12i}{(1+\beta)}\frac{1}{(1-a-b)^3 l}al \\ &=\frac{6i}{(1+\beta)}\frac{(1+a-b)}{(1-a-b)^3}=6ic \end{aligned} \tag{5.82}$$

$$\begin{aligned} m_{21}&=m'_{21}+V'_{21}(bl)=\frac{6i}{(1+\beta)}\frac{1}{(1-a-b)^2}+\frac{12i}{(1+\beta)}\frac{1}{(1-a-b)^3 l}bl \\ &=\frac{6i}{(1+\beta)}\frac{(1-a+b)}{(1-a-b)^3}=6ic' \end{aligned} \tag{5.83}$$

式中 $c=\dfrac{1+a-b}{(1+\beta)(1-a-b)^3}$；

$c'=\dfrac{1-a+b}{(1+\beta)(1-a-b)^3}$；

$\beta=\dfrac{12\mu EI}{GAl'^2}$，为剪切变形影响系数；

$m=m_{12}+m_{21}=12i\left(\dfrac{c+c'}{2}\right)$。

对于同跨度同刚度的等截面杆件，当不考虑剪切变形影响时，转角位移方程为 $m_{12}=6i$，$m_{21}=6i$，与带刚域的杆件相比，只差一个系数 c 和 c'，因此带刚域杆件的刚度可按下式计算取值：

壁梁线刚度取：$k_1=c'i_1$，$k_2=ci_2$；

壁柱线刚度取：$k_c=\dfrac{1}{2}(c+c')i_c$。

(2)考虑剪切变形后壁柱 D 值计算

壁梁和壁柱的刚度确定之后，就可以按照前面类似的方法计算 D 值，具体计算见表 5.7。

(3)考虑剪切变形后对壁柱反弯点高度的修正

壁柱的反弯点高度比按下式计算：

$$y=a+sy_0+y_1+y_2+y_3 \tag{5.84}$$

$$s=\frac{h'}{h}$$

式中 a——壁柱下端刚域段的相对长度；

y_0——标准反弯点高度比，由表 5.7 中 K 查附录 2 的附表 2.1、2.2 确定；

y_1——壁柱上、下壁梁线刚度变化时对反弯点高度的修正值，由 K 和 α 查附录 2 的附表 2.3 确定；

y_2——上层层高变化时对反弯点高度的修正值，由 $\alpha_2=h_{上}/h$ 及 K 查附录 2 的附表 2.4 确定；

y_3——下层层高变化时对反弯点高度的修正值，由 $\alpha_3=h_{下}/h$ 及 K 查附录 2 的附表 2.4 确定。

壁式框架 D 值计算 **表 5.7**

		K	α	D
一般层	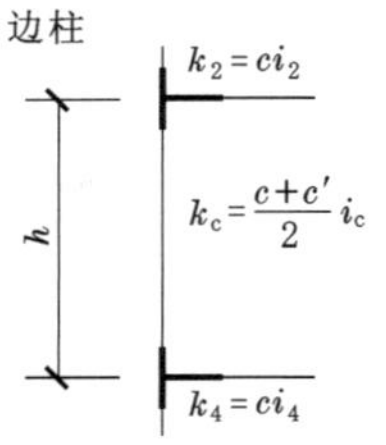 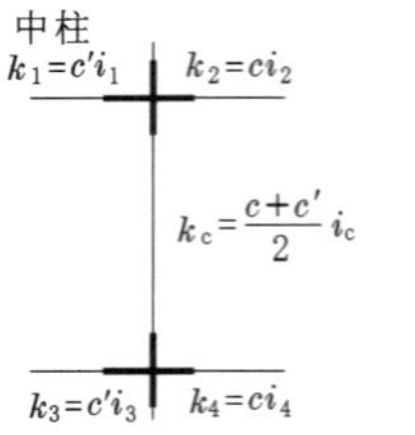	边柱：$K=\frac{k_2+k_4}{2k_c}$ 中柱：$K=\frac{k_1+k_2+k_3+k_4}{2k_c}$	$\alpha=\frac{K}{2+K}$	$D=\frac{12\alpha k_c}{h^2}$
底层	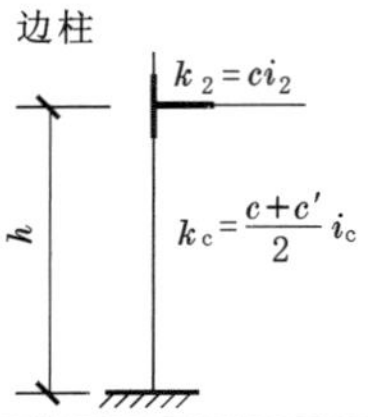 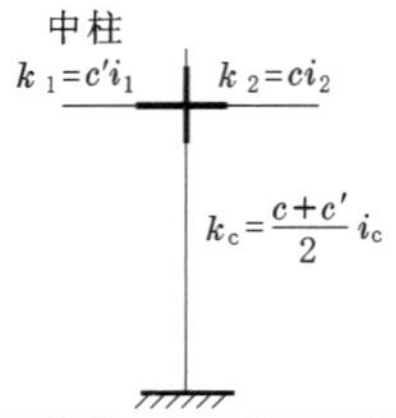	边柱：$K=\frac{k_2}{k_c}$ 中柱：$K=\frac{k_1+k_2}{k_c}$	$\alpha=\frac{0.5+K}{2+K}$	

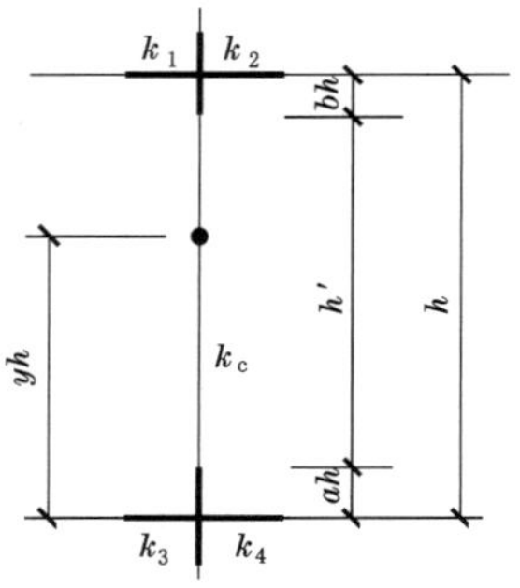

图 5.16　壁柱反弯点位置

壁式框架的 D 值及反弯点(图 5.16)高度确定后，就可以将层剪力按各壁柱 D 值的比例分配给壁柱，再计算柱端及梁端弯矩，具体的计算步骤与普通框架的计算步骤相同。

5.4.3　壁式框架位移计算

壁式框架的水平位移同样也包括两部分：梁柱弯曲变形产生的位移及柱轴向变形产生的侧移。但轴向变形产生的侧移在框架结构中很小，可以略去不计。

梁柱弯曲变形产生的侧移：

层间位移
$$u_i=\frac{V_i}{\sum D}$$

顶点位移
$$u_M=\sum u_i=\sum\frac{V_i}{\sum D}$$

5.5　剪力墙结构的分类

前几节讨论了整体墙、整体小开口端、联肢墙及壁式框架等类型剪力墙的内力分析方法，分析结果表明，具有不同洞口尺寸和排列形式的剪力墙，它们的受力特点和计算方法是不相同的，不但在墙肢截面上的正应力分布有区别，而且沿墙肢高度方向上弯矩的变化规律也不同，因此，在对剪力墙进行内力分析之前，首先应判断一下它属于哪一种类型，然后再采用相应的计算方法进行分析。

5.5.1　按整体参数来划分

在推导联肢墙求解方法的公式中曾给出 $\alpha^2=\frac{6H^2\sum_{i=1}^{k}D_i}{\tau h\sum_{i=1}^{k+1}I_i}$，式中 D_i 为连梁的刚度系数，是衡量连梁转动刚度的依据，其值越大，连梁的转动刚度也越大，连梁对墙肢的约束作用也就越大。式中 $\sum I_i$ 为剪力墙墙肢惯性矩之和，反映剪力墙本身的刚度。剪力墙的整体性程度如何，主要取决于连梁与墙肢两者刚度之间的相对关系，即取决于 α。当剪力墙上的门窗洞口很大，连梁的刚度很小而墙肢的刚度又相对较大时，α 值就小，这些说明连梁对墙肢的约束作用很小，连梁犹如铰接于墙肢的一个连杆，每一墙肢相当于一个单肢的剪力墙，这些单肢剪力墙完全承担了水平荷载，墙肢中的轴力为零，各墙肢横截面上的正应力呈线性分布。

反之，当剪力墙开洞很小，连梁刚度很大而墙肢的刚度又相对较小时，连梁对墙肢的约束作用很强，整个剪力墙的整体性很好。此时的剪力墙犹如一片整体墙或整体小开口墙，在整个剪力墙的截面中，正应力呈线性分布或接近于线性分布。

当连梁对墙肢的约束作用介于上述两种情况之间时，它的受力状态也介于上述两种情况之间，这时整个剪力墙截面正应力不再呈线性分布，墙肢中局部弯曲正应力的比例增大。

经过以上分析，对剪力墙类别的判别可给出一个定性的标准：

(1)当 $\alpha<1$ 时，可以忽略连梁对墙肢的约束作用，剪力墙按独立墙肢进行计算；

(2)当 $\alpha\geqslant10$ 时，连梁对墙肢的约束作用很强，剪力墙可按整体小开口墙进行计算；

(3)当 $1\leqslant\alpha<10$ 时，可按联肢墙进行计算。

上面给出了判断剪力墙类别的一个标准，但并不是唯一标准，在下面的分析中可以清楚地看到这一点。

5.5.2　按剪力墙墙肢惯性矩比值来划分

以上分析表明，整体参数 α 反映了剪力墙整体性的强弱，它基本上能反映出剪力墙的受力状态，但不能反映墙肢弯矩沿墙高度方向是否出现反弯点，因此在某些情况下，仅靠 α 值的大小还不足以完全判别剪力墙的类型。通过分析表明，墙肢是否出现反弯点，与墙肢惯性矩的比值 I_A/I、剪力墙的整体参数 α 及结构的层数 N 等诸多因素有关。理论分析与试验研究的结果证明，当 α 值相同时，随着 I_A/I 的增大，出现反弯点的层数就增多；反之就减小。根据墙肢是否出现反弯点的分析，表 5.8 给出了 I_A/I 的限值 Z，作为划分剪力墙类别的第二个准则。I 为剪力墙对组合截面形心轴的惯性矩，$I_A=I-\sum I_i$，式中 I_i 为第 i 个墙肢对自身形心轴的惯性矩。当墙肢和连梁都比较均匀时，可根据 α、N 由表 5.8 直接查得 Z 值。当各墙肢截面尺寸相差较大时，可由表 5.9 先查出 S 值，然后按下式计算第 i 个墙肢的 Z_i 值：

$$Z_i=\frac{1}{S}\left(1-\frac{3}{2N}\cdot\frac{A_i/\sum A_i}{I_i/\sum I_i}\right) \tag{5.85}$$

系数 Z　　**表 5.8**

α	层数 N									
	均布荷载					倒三角形荷载				
	8	10	12	16	20	8	10	12	16	20
10	0.832	0.897	0.945	1.000	1.000	0.887	0.938	0.974	1.000	1.000
12	0.810	0.874	0.926	0.978	1.000	0.867	0.915	0.950	0.994	1.000
14	0.797	0.858	0.901	0.957	0.993	0.853	0.901	0.933	0.976	1.000
16	0.788	0.847	0.888	0.943	0.977	0.844	0.889	0.924	0.963	0.989
18	0.781	0.838	0.879	0.932	0.965	0.837	0.881	0.913	0.953	0.978
20	0.775	0.832	0.871	0.923	0.956	0.832	0.875	0.906	0.945	0.970
22	0.771	0.827	0.864	0.917	0.948	0.828	0.871	0.901	0.939	0.964
24	0.768	0.823	0.861	0.911	0.943	0.825	0.867	0.897	0.935	0.959
26	0.766	0.820	0.857	0.907	0.937	0.822	0.864	0.893	0.931	0.956
28	0.763	0.818	0.854	0.903	0.934	0.820	0.861	0.889	0.928	0.953
⩾30	0.762	0.815	0.853	0.900	0.930	0.818	0.858	0.885	0.925	0.949

系数 S **表 5.9**

α	层数 N				
	8	10	12	16	20
10	0.915	0.907	0.890	0.888	0.882
12	0.937	0.929	0.921	0.912	0.906
14	0.952	0.945	0.938	0.929	0.923
16	0.963	0.956	0.950	0.941	0.936
18	0.971	0.965	0.959	0.951	0.945
20	0.977	0.973	0.966	0.958	0.953
22	0.982	0.976	0.971	0.964	0.960
24	0.985	0.980	0.976	0.969	0.965
26	0.988	0.984	0.980	0.973	0.968
28	0.991	0.987	0.984	0.976	0.971
≥30	0.993	0.991	0.998	0.979	0.974

5.5.3 剪力墙类型的判别方法

经上面的分析知道，剪力墙的类型判别应以其受力特点为依据，从剪力墙的整体性能及墙肢沿高度是否出现反弯点两个主要特征来进行判别，具体条件如下：

(1)当 $\alpha<1$ 时，忽略连梁对墙肢的约束作用，各墙肢按独立墙肢分别计算；

(2)当 $1\leqslant\alpha<10$ 时，可按联肢墙计算；

(3)当 $\alpha\geqslant10$，且 $I_A/I\leqslant Z$ 时，可按整体小开口墙进行计算；

(4)当 $\alpha\geqslant10$，且 $I_A/I>Z$ 时，按壁式框架计算；

(5)当无洞口或有洞口而洞口面积小于墙总立面的 16%时，按整体墙计算。

【例 5.2】 高层剪力墙结构的某片剪力墙，共 12 层，总高度 36m。首层至 12 层层高均为 3m，各层墙体厚度均为 200mm，各层洞口尺寸及连梁尺寸均相同(图 5.17)。混凝土强度等级为 C30，钢筋采用双向双层布置，材料弹性模量 $E=3.6\times10^4\text{N/mm}^2$，$G=0.42E$。结构受侧向均匀分布荷载 $q=0.8\text{kN/m}$。要求：(1)判断剪力墙的类别；(2)计算剪力墙的等效刚度；(3)计算各墙肢的剪力和顶点位移。

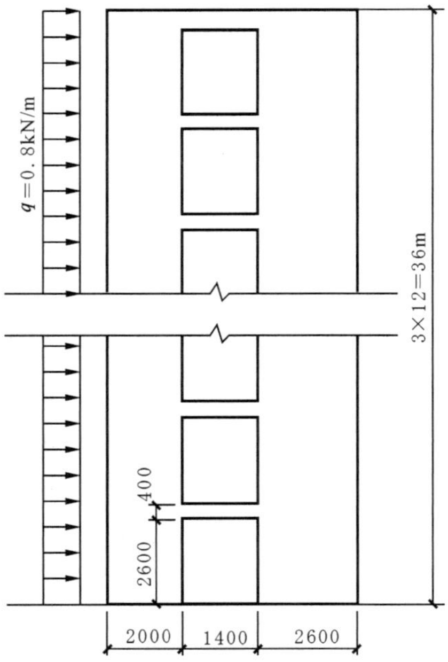

图 5.17 例 5.2 图

【解】

(1)剪力墙类别的判断

①连梁几何参数

截面尺寸： $t\times h_b=200\text{mm}\times400\text{mm}$

截面面积： $A_b=t\times h_b=0.2\times0.4=0.08\text{m}^2$

惯性矩： $I_b=\dfrac{th_b^3}{12}=\dfrac{0.2\times0.4^3}{12}=1.067\times10^{-3}\text{m}^4$

连梁跨度： $2a=2a_0+\dfrac{h_b}{4}\times2=1.4+\dfrac{0.4}{4}\times2=1.6\text{m}, a=0.8\text{m}$

折算惯性矩：

$$I_b^0=\frac{I_b}{1+\dfrac{3\mu EI_b}{a^2GA_b}}=\frac{1.067\times10^{-3}}{1+\dfrac{3\times1.2\times1.067\times10^{-3}}{0.8^2\times0.42\times0.08}}=9.053\times10^{-4}\text{m}^4$$

$$c=\frac{1+1.4+1.3}{2}=1.85\text{m}$$

$$D=\frac{I_b^0c^2}{a^3}=\frac{9.053\times10^{-4}\times1.85^2}{0.8^3}=6.052\times10^{-3}\text{m}^3$$

②墙肢几何参数

左墙肢截面尺寸：　$t \times h_1 = 200\text{mm} \times 2000\text{mm}$

左墙肢截面面积：　$A_1 = 0.2 \times 2 = 0.4\text{m}^2$

右墙肢截面尺寸：　$t \times h_2 = 200\text{mm} \times 2600\text{mm}$

右墙肢截面面积：　$A_2 = 0.2 \times 2.6 = 0.52\text{m}^2$

左墙肢惯性矩：　$I_1 = \dfrac{th_1^3}{12} = \dfrac{0.2 \times 2.0^3}{12} = 0.133\text{m}^4$

右墙肢惯性矩：　$I_2 = \dfrac{th_2^3}{12} = \dfrac{0.2 \times 2.6^3}{12} = 0.293\text{m}^4$

左墙肢折算惯性矩：　$I_1^0 = \dfrac{I_1}{1 + \dfrac{12\mu EI_1}{h^2 GA_1}} = \dfrac{0.133}{1 + \dfrac{12 \times 1.2 \times 0.133}{3^2 \times 0.42 \times 0.4}} = 0.0587\text{m}^4$

右墙肢折算惯性矩：　$I_2^0 = \dfrac{I_2}{1 + \dfrac{12\mu EI_2}{h^2 GA_2}} = \dfrac{0.293}{1 + \dfrac{12 \times 1.2 \times 0.293}{3^2 \times 0.42 \times 0.52}} = 0.0931\text{m}^4$

$$\alpha_1^2 = \frac{6H^2}{h(I_1 + I_2)} D = \frac{6 \times 36^2}{3 \times (0.133 + 0.293)} \times 6.052 \times 10^{-3} = 36.823$$

$$s = \frac{2cA_1A_2}{A_1 + A_2} = \frac{2 \times 1.85 \times 0.4 \times 0.52}{0.4 + 0.52} = 0.837$$

$$\tau = \frac{2cs}{2cs + I_1 + I_2} = \frac{2 \times 1.85 \times 0.837}{2 \times 1.85 \times 0.837 + 0.133 + 0.293} = 0.879$$

整体系数：　$\alpha^2 = \dfrac{\alpha_1^2}{\tau} = \dfrac{36.823}{0.879} = 41.892$

$\alpha = 6.472 < 10$　　故按双肢墙计算

(2)剪力墙的等效刚度计算

剪力影响系数：　$\gamma^2 = \dfrac{E(I_1 + I_2)}{H^2 G\left(\dfrac{A_1}{\mu} + \dfrac{A_2}{\mu}\right)} = \dfrac{0.133 + 0.293}{36^2 \times 0.42 \times \left(\dfrac{0.4}{1.2} + \dfrac{0.52}{1.2}\right)} = 1.225 \times 10^{-3}$

由 $\alpha = 2.669$，查表 5.4 得均布荷载下的 $\psi_\alpha = 0.283$。

等效截面惯性矩：　$I_{eq} = \dfrac{I_1 + I_2}{1 + 4\gamma^2 - \tau + \psi_\alpha \tau} = \dfrac{0.133 + 0.293}{1 + 4 \times 1.225 \times 10^{-3} - 0.879 + 0.283 \times 0.879}$

$= 1.137\text{m}^4$

(3)墙肢剪力和顶点位移计算

根据第 i 层墙肢剪力计算式：

$$V_{1i} = \frac{I_1^0}{I_1^0 + I_2^0} V_{pi}$$

$$V_{2i} = \frac{I_2^0}{I_1^0 + I_2^0} V_{pi}$$

得各层墙肢剪力结果如表 5.10 所示。

各肢剪力计算　　　　**表 5.10**

层数	H_i	V_{pi}(kN)	V_{1i}(kN)	V_{2i}(kN)
12	36	0	0	0
11	33	2.4	0.93	1.47
10	30	4.8	1.86	2.94

续表5.10

层数	H_i	V_{pi}(kN)	V_{1i}(kN)	V_{2i}(kN)
9	27	7.2	2.78	4.42
8	24	9.6	3.71	5.89
7	21	12.0	4.64	7.36
6	18	14.4	5.57	8.83
5	15	16.8	6.50	10.30
4	12	19.2	7.42	11.78
3	9	21.6	8.35	13.25
2	6	24.0	9.28	14.72
1	3	26.4	10.21	16.19
0	0	28.8	11.14	17.66

顶点位移：

$$u=\frac{1}{8}\frac{V_0H^3}{EI_{eq}}=\frac{28.8\times 36^3}{8\times 3.6\times 10^7\times 1.137}\times 1000=4.10\text{mm}$$

5.6 剪力墙的截面设计

5.6.1 墙肢正截面抗弯承载力

墙肢正截面抗弯承载力，可以按照钢筋混凝土偏心受压构件进行计算，与柱配筋不同，墙肢截面中的分布钢筋都能参加受力，计算中应当考虑，以减少端部钢筋数量。但是，由于竖向分布筋都比较细，容易产生压屈现象。所以，在受压区，不考虑分布筋的作用，使设计偏于安全。如有可靠措施防止分布筋压屈，也可以考虑其作用。

(1)偏心受压承载力计算公式

按照平截面变形假定，在轴力及弯矩共同作用下，墙截面应变呈线性分布，由此可求得平衡配筋的名义压区高度与横截面有效高度的比值 $\xi_b=\dfrac{\beta_1}{1+\dfrac{f_y}{E_s\varepsilon_{cu}}}$，由 ξ_b 可以判断墙截面是属于大偏心受压，还是小偏心受压破坏状态。

①大偏心受压情况($\xi\leqslant\xi_b$)

在极限状态下，截面 $\xi\leqslant\xi_b$ 时，为大偏压破坏情况。破坏时远离中和轴的受拉、受压钢筋都可以达到屈服极限 f_y，压区混凝土达到极限强度 f_c，但是，靠近中和轴的竖向分布筋不能达到屈服极限。按照平截面假定，未达屈服极限的范围可以由计算假定，但为了简化计算，在剪力墙正截面计算时，假定只在 $1.5x$ 范围以外的受拉的竖向分布钢筋达到屈服极限 f_{yw} 并参加受力，x 为等效受压区高度。在 $1.5x$ 范围内的钢筋未达到屈服，均不参与受力，因此，如图 5.18 可以根据 $\sum N=0$ 及 $\sum M=0$ 两个平衡条件建立方程式。当剪力墙截面为矩形、对称配筋时，可得相应计算公式。

由轴力平衡条件求名义压区高度 x：

$$N=\alpha_1 f_c b_w x-f_{yw}\frac{A_{sw}}{h_{w0}}(h_{w0}-1.5x)$$

得：

$$x=\frac{N+f_{yw}A_{sw}}{\alpha_1 f_c b_w+1.5f_{yw}A_{sw}/h_{w0}} \tag{5.86}$$

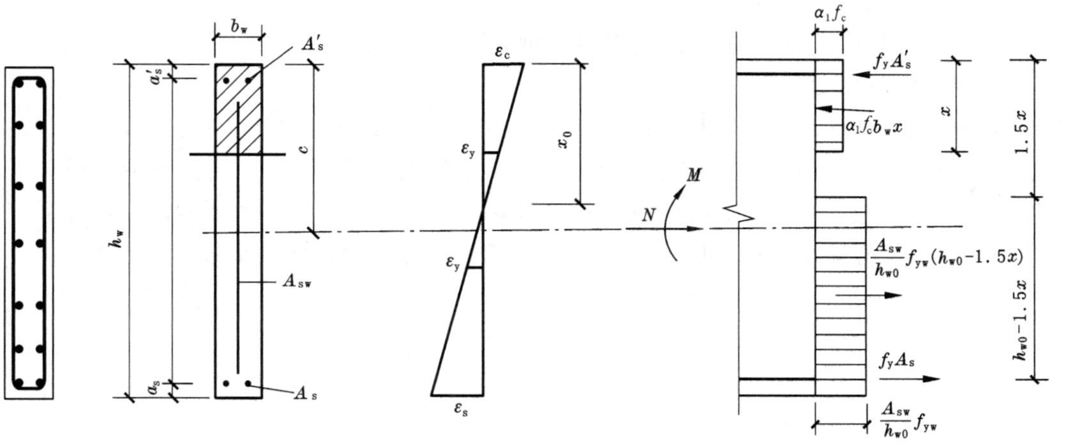

图 5.18 墙肢大偏压截面应力分布

由力矩平衡条件,对压区中心取矩可得:

$$M = f_{yw}\frac{A_{sw}}{h_{w0}}(h_{w0} - 1.5x)\left(\frac{h_{w0}}{2} + \frac{x}{4}\right) + N\left(\frac{h_{w0}}{2} - \frac{x}{2}\right) + f_y A_s(h_{w0} - a'_s)$$

忽略式中 x^2 项化简后得:

$$M = \frac{f_{yw}A_{sw}}{2}h_{w0}\left(1 - \frac{x}{h_{w0}}\right)\left(1 + \frac{N}{f_{yw}A_{sw}}\right) + f_y A_s(h_{w0} - a'_s) \tag{5.87}$$

上式中第一项是竖向分布筋抵抗矩,第二项是端部筋抵抗矩,分别写成:

$$M_w = \frac{f_{yw}A_{sw}}{2}h_{w0}\left(1 - \frac{x}{h_{w0}}\right)\left(1 + \frac{N}{f_{yw}A_{sw}}\right) \tag{5.88}$$

$$M_0 = f_y A_s(h_{w0} - a'_s) \tag{5.89}$$

截面设计时要求:

$$M \leqslant M_0 + M_w \tag{5.90}$$

式中 M——由外荷载作用下,经过荷载组合得到的最不利弯矩。

通常,先给定竖向分布筋全部截面面积 A_{sw},求出 M_w,然后按下式求端部钢筋面积 A_s:

$$A_s \geqslant \frac{M - M_w}{f_y(h_{w0} - a')} \tag{5.91}$$

当不对称配筋时,此时必须先给出分布筋 A_{sw},并给定一端钢筋面积 A_s 或 A'_s,求另一端钢筋面积,平衡方程为 $\sum N = 0$,则:

$$N = \alpha_1 f_c b_w x + f_y A'_s - f_y A_s - \frac{A_{sw}}{h_{w0}} f_{yw}(h_{w0} - 1.5x) \tag{5.92}$$

当已知受拉钢筋面积时,对压筋重心取矩:

$$M \leqslant f_{yw}\frac{A_{sw}}{h_{w0}}(h_{w0} - 1.5x)\left(\frac{h_{w0}}{2} + \frac{3}{4}x - a'_s\right) - \alpha_1 f_c b_w x\left(\frac{x}{2} - a'_s\right) + f_y A_s(h_{w0} - a'_s) + N(c - a'_s) \tag{5.93}$$

当已知受压钢筋面积时,对拉筋重心取矩:

$$M \leqslant -f_{yw}\frac{A_{sw}}{h_{w0}}(h_{w0} - 1.5x)\left(\frac{h_{w0}}{2} - \frac{3}{4}x\right) + \alpha_1 f_c b_w x\left(h_{w0} - \frac{x}{2}\right) + f_y A'_s(h_{w0} - a'_s) - N(h_{w0} - c) \tag{5.94}$$

由式(5.93)、式(5.94)可求出 x,再由式(5.92)求出另一端钢筋面积。

当墙截面为 T 形或 I 形时,可参照 T 形及 I 形偏压柱的计算方法进行计算,首先要判断中和轴位置,然后分别按不同情况计算钢筋面积。计算中同样应按上述原则考虑分布筋的作用。

无论在哪一种情况下，应符合 $x \geqslant 2a_s'$ 的条件，否则按 $x = 2a_s'$ 进行计算。

②小偏心受压情况（$\xi > \xi_b$）

剪力墙截面小偏压破坏和小偏压柱相同，截面上大部分受压或全部受压，在受压较大一边的混凝土达到极限抗压强度而丧失承载能力。靠近受压较大边的端部纵筋到达屈服，但计算中不考虑分布压筋的作用。受拉区纵向分布筋应力较小，未达屈服极限，因而受拉区分布钢筋作用也不考虑。这样假定截面极限状态应力分布与小偏压柱完全相同，见图 5.19，配筋计算方法也完全相同。此时基本方程为：

$$N = \alpha_1 f_c b_w x + f_y A_s' - \sigma_s A_s \tag{5.95}$$

$$Ne = \alpha_1 f_c b_w x \left(h_{w0} - \frac{x}{2}\right) + f_y A_s'(h_{w0} - a_s') \tag{5.96}$$

$$e = e_0 + h_w/2 - a_s \tag{5.97}$$

$$\sigma_s = \frac{\xi - \beta_1}{\xi_b - \beta_1} f_y$$

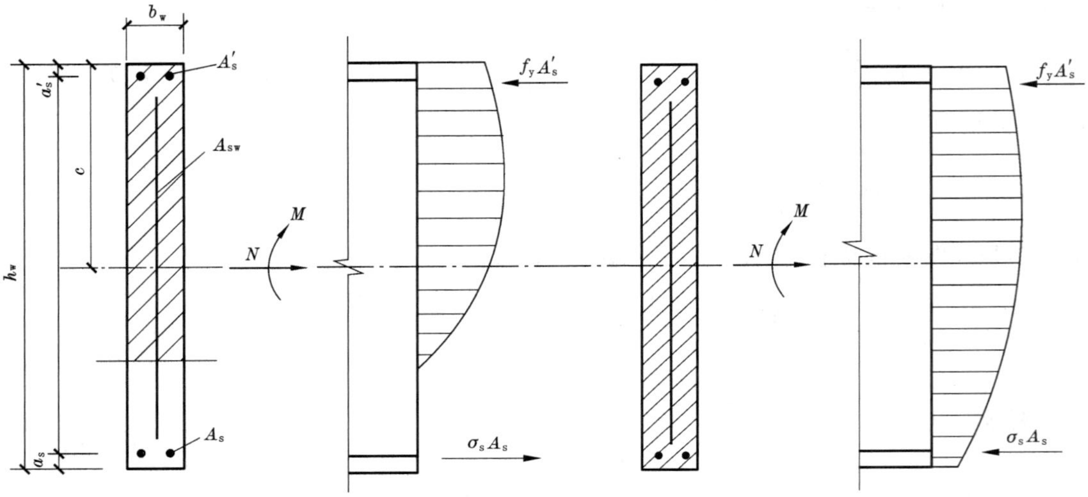

图 5.19 墙肢小偏压截面应力分布

对称配筋情况下，对于常用的钢筋，ξ 的值可用下述公式计算：

$$\xi = \frac{N - \xi_b \alpha_1 f_c b_w h_{w0}}{\dfrac{Ne - 0.43\alpha_1 f_c b_w h_{w0}^2}{(\beta_1 - \xi_b)(h_{w0} - a_s')} + \alpha_1 f_c b_w h_{w0}} + \xi_b \tag{5.98}$$

将 ξ 值代入式(5.96)，可得：

$$A_s = A_s' = \frac{Ne - \xi(1 - 0.5\xi)\alpha_1 f_c b_w h_{w0}^2}{f_y(h_{w0} - a_s')} \tag{5.99}$$

在非对称配筋时，可先按端部配筋构造要求给定 A_s，然后求解 ξ、A_s'。如果 $\xi \geqslant h_w/h_{w0}$，即全截面受压，此时 A_s' 可由下式求出：

$$A_s' = \frac{Ne - \alpha_1 f_c b_w h_w (h_{w0} - h_w/2)}{f_y(h_{w0} - a_s')} \tag{5.100}$$

竖向分布筋则按构造要求设置。

(2)偏心受拉强度计算公式

在弯矩 M 和轴向拉力 N 的作用下，当 $e_0 = M/N > h_w/2 - a_s$ 时，为大偏心受拉，这时，截面上大部分受拉，但仍有小部分受压。假定 $1.5x$ 范围以外的受拉分布钢筋都参与工作并达到屈服极限，其应力分布图形如图 5.20 所示。由平衡条件可知，大偏拉情况下的计算公式与大偏压时相同，只需将轴向力 N 变号。

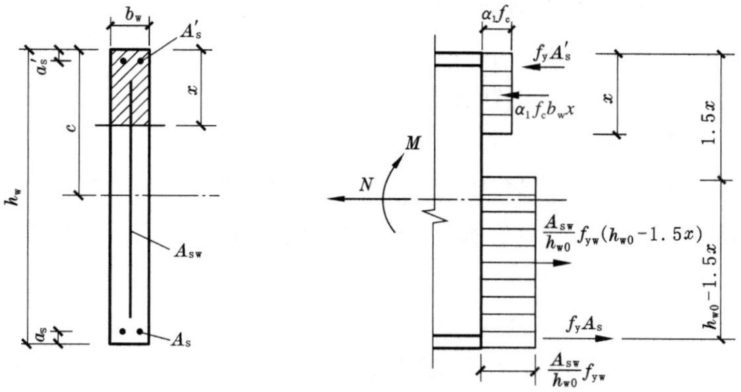

图 5.20 墙肢大偏拉截面应力分布

在矩形截面对称配筋情况下，压区高度 x 可由下式计算：

$$x = \frac{f_{yw}A_{sw} - N}{\alpha_1 f_c b_w + 1.5 f_{yw} A_{sw}/h_{w0}} \tag{5.101}$$

与大偏压公式类似，可推得竖向分布筋抵抗矩为：

$$M_w = \frac{f_{yw}A_{sw}}{2} h_{w0}\left(1 - \frac{x}{h_{w0}}\right)\left(1 - \frac{N}{f_{yw}A_{sw}}\right) \tag{5.102}$$

端部钢筋抵抗矩为：

$$M_0 = f_y A_s (h_{w0} - a_s') \tag{5.103}$$

与大偏压一样，应首先给定分布钢筋数量 A_{sw}，当截面上拉力较大时，为保证截面上有受压区，即要求 $x>0$，由式(5.101)可得分布钢筋面积应当满足下述条件：

$$A_{sw} > N/f_{yw} \tag{5.104}$$

同时，分布筋也应满足构造要求。在两者中选择较大的 A_{sw}，然后按下式求端部钢筋面积：

$$A_s \geqslant \frac{M - M_w}{f_y(h_{w0} - a_s')} \tag{5.105}$$

当拉力较大，使偏心距 $e_0 = M/N < h_w/2 - a_s$ 时，全截面受拉，属于小偏心受拉情况，混凝土开裂将贯通整个截面。一般不允许在剪力墙中出现这种情况。

上述公式适用于无地震作用组合时的计算，在有地震作用组合时，公式中的 M 和 N 要乘以构件的承载力抗震调整系数 γ_{RE}，γ_{RE} 取 0.85。

5.6.2 墙肢斜截面抗剪承载力

墙肢中由混凝土及水平钢筋共同抗剪，在斜裂缝出现以后，穿过斜裂缝的钢筋受拉，可以阻止斜裂缝展开，维持混凝土抗剪压的面积，从而改善沿斜裂缝剪切破坏的脆性性质。

由试验得到的抗剪承载力经验公式：

(1)偏心受压时抗剪承载力计算公式

持久、短暂设计状况：

$$V_w \leqslant \frac{1}{\lambda - 0.5}\left(0.5 f_t b_w h_{w0} + 0.13 N \frac{A_w}{A}\right) + f_{yh}\frac{A_{sh}}{s} h_{w0} \tag{5.106}$$

地震设计状况：

$$V_w \leqslant \frac{1}{\gamma_{RE}}\left[\frac{1}{\lambda - 0.5}\left(0.4 f_t b_w h_{w0} + 0.1 N \frac{A_w}{A}\right) + 0.8 f_{yh}\frac{A_{sh}}{s} h_{w0}\right] \tag{5.107}$$

式中 N——剪力墙的轴向压力设计值，当 $N > 0.2 f_c b_w h_w$ 时，取 $N = 0.2 f_c b_w h_w$；

A，A_w——I形和T形截面的全截面面积和腹板面积，矩形截面时 $A=A_w$；

f_{yh}——水平钢筋设计抗拉强度；

A_{sh}——配置在同一截面内水平钢筋各肢面积总和；

s——水平分布钢筋间距；

λ——计算截面处的剪跨比，$\lambda=M/Vh_{w0}$，当 $\lambda<1.5$ 时，取 $\lambda=1.5$，当 $\lambda>2.2$ 时，取 $\lambda=2.2$，此处 M 为与 V 相应的弯矩值，当计算截面与墙底之间的距离小于 $h_{w0}/2$ 时，λ 应按距墙底 $h_{w0}/2$ 处的 M 与 V 计算。

(2)偏心受拉构件抗剪承载力计算公式

大偏心受拉构件截面尚有部分受压区，混凝土仍可抗剪，但拉力对抗剪是不利的，验算公式为：

持久、短暂设计状况：

$$V_w=\frac{1}{\lambda-0.5}\left(0.5f_tb_wh_{w0}-0.13N\frac{A_w}{A}\right)+f_{yh}\frac{A_{sh}}{s}h_{w0} \tag{5.108}$$

地震设计状况：

$$V_w=\frac{1}{\gamma_{RE}}\left[\frac{1}{\lambda-0.5}\left(0.4f_tb_wh_{w0}-0.1N\frac{A_w}{A}\right)+0.8f_{yh}\frac{A_{sh}}{s}h_{w0}\right] \tag{5.109}$$

式中，N 为拉力，其余符号同前。公式右边第一项小于0时，取其为0，即不考虑混凝土的抗剪作用。

为实现剪力墙的强剪弱弯，一、二、三级的剪力墙底部加强部位，其墙肢截面组合的剪力设计值要按下式进行调整：

$$V=\eta_{vw}V_w \tag{5.110}$$

式中 V——考虑地震作用组合的剪力墙墙肢底部加强部位截面的剪力设计值；

V_w——考虑地震作用组合的剪力墙墙肢底部加强部位截面的剪力计算值；

η_{vw}——剪力增大系数，一级为1.6，二级为1.4，三级为1.2。

在9度一级抗震设计时，剪力墙底部加强部位用实际配筋计算的抗弯承载力计算其剪力增大系数：

$$V=1.1\frac{M_{wua}}{M_w}V_w \tag{5.111}$$

式中 M_{wua}——考虑承载力抗震调整系数 γ_{RE} 后的剪力墙墙肢正截面抗弯承载力，应按实际配筋面积、材料强度标准值和轴向力设计值确定，有翼墙时应考虑墙两侧各一倍翼墙厚度范围内的纵向钢筋；

M_w——考虑地震作用组合的剪力墙墙肢底部加强部位截面的弯矩设计值。

5.6.3 施工缝的抗滑移验算

按一级抗震等级设计的剪力墙，要防止水平施工缝处发生滑移。考虑了摩擦力的有利影响后，要验算通过水平施工缝的竖向钢筋是否足以抵抗水平剪力。当已配置的端部和分布竖向钢筋不够时，可设置附加插筋，附加插筋在上、下层剪力墙中都要有足够的锚固长度。水平施工缝处的抗滑移能力宜符合下式要求：

$$V_{wj}\leqslant\frac{1}{\gamma_{RE}}(0.6f_yA_s+0.8N) \tag{5.112}$$

式中 V_{wj}——水平施工缝处考虑地震作用组合的剪力设计值；

A_s——水平施工缝处剪力墙腹板内竖向分布钢筋、竖向插筋和边缘构件(不包括两侧翼墙)纵向钢筋的总截面面积；

f_y——竖向钢筋抗拉强度设计值；

N——水平施工缝处考虑地震作用组合的不利轴向力设计值，压力取正值，拉力取负值。

5.7 剪力墙轴压比限值及边缘构件配筋要求

在高层剪力墙结构中，钢筋混凝土剪力墙的高度较大，竖向荷载也较大，作用在剪力墙上的轴压应力也随之加大。当偏心受压剪力墙所受轴压力较大时，压区高度增大，与偏心受压的钢筋混凝土柱类似，延性就会降低，对抗震性能不利。因此，与钢筋混凝土框架柱类似，为保证在地震作用下剪力墙具有良好的延性，就需要限制剪力墙轴压比的大小。墙肢轴压比为重力荷载代表值作用下墙肢承受的轴向压力设计值与墙肢全截面面积和混凝土轴心抗压强度设计值乘积之比。研究表明，剪力墙的边缘构件（暗柱、明柱、翼柱）配置横向钢筋，可约束混凝土而改善混凝土的受压性能，提高剪力墙的延性。因此，在剪力墙轴压比满足要求的情况下，还需对剪力墙边缘构件的设计作出规定。

5.7.1 轴压比限值

抗震设计时，一、二、三级抗震等级的剪力墙墙肢的轴压比不宜超过表 5.11 的限值。

剪力墙轴压比限值 **表 5.11**

轴压比	抗震等级（烈度）		
	一级（9 度）	一级（6、7、8 度）	二、三级
$\frac{N}{f_c A}$	0.4	0.5	0.6

注：N—重力荷载代表值作用下剪力墙墙肢的轴向压力设计值；A—剪力墙墙肢截面面积；f_c——混凝土轴心抗压强度设计值。

截面受压区高度不仅与轴压力有关，而且与截面形状有关。在相同的轴压力作用下，带翼缘的剪力墙受压区高度较小，延性相对要好些，而一字形的矩形截面最为不利。因此，对截面形状为一字形的矩形的剪力墙墙肢应从严控制其轴压比。

5.7.2 边缘构件的设计

根据设计要求的不同，边缘构件分为两类：约束边缘构件和构造边缘构件。约束边缘构件的截面尺寸及配筋要求均比构造边缘构件要高。两类边缘构件的设置范围如下：剪力墙底层墙肢底截面的轴压比一级（9 度）超过 0.1、一级（6、7、8 度）超过 0.2 或二、三级超过 0.3，以及部分框支剪力墙结构的剪力墙，应在底部加强部位及相邻上一层设置约束边缘构件，其他情况下，剪力墙应设置构造边缘构件。

（1）约束边缘构件的设计

约束边缘构件可为暗柱、端柱和翼墙。约束边缘构件沿墙肢方向的长度 l_c 和箍筋配箍特征值 λ_v 宜符合表 5.12 的要求，且箍筋或拉筋沿竖向的间距，一级不宜大于 100mm，二、三级不宜大于 150mm；箍筋、拉筋沿水平方向的肢距不宜大于 300mm，不应大于竖向钢筋间距的 2 倍，箍筋的配筋范围如图 5.21 所示，其体积配箍率按下式计算：

$$\rho_v = \lambda_v \frac{f_c}{f_{yv}} \tag{5.113}$$

式中 λ_v——约束边缘构件配箍特征值；

f_c——混凝土轴心抗压强度设计值，混凝土强度等级低于 C35 时，应取 C35 的混凝土轴心抗压强度设计值；

f_{yv}——箍筋、拉筋或水平分布筋的抗拉强度设计值。

当墙肢轴压比达到或接近表 5.11 的限值时，λ_v 按表 5.12 取值；当墙肢轴压比较小时，λ_v 可根据实际情况适当降低。特一级抗震设计时，λ_v 宜增大 20%。

约束边缘构件范围 l_c 及其配箍特征值 λ_v 表 5.12

项目	一级(9度)		一级(6、7、8度)		二、三级	
	$\mu_N \leqslant 0.2$	$\mu_N > 0.2$	$\mu_N \leqslant 0.3$	$\mu_N > 0.3$	$\mu_N \leqslant 0.4$	$\mu_N > 0.4$
l_c(暗柱)	$0.20h_w$	$0.25h_w$	$0.15h_w$	$0.20h_w$	$0.15h_w$	$0.20h_w$
l_c(翼墙或端柱)	$0.15h_w$	$0.20h_w$	$0.10h_w$	$0.15h_w$	$0.10h_w$	$0.15h_w$
λ_v	0.12	0.20	0.12	0.20	0.12	0.20

注:①μ_N 为墙肢在重力荷载代表值作用下的轴压比,h_w 为墙肢的长度。

②剪力墙的翼墙长度小于其 3 倍厚度或端柱边长小于 2 倍墙厚时,视为无翼墙、无端柱。

③l_c 为约束边缘构件沿墙肢的长度。对暗柱不应小于墙厚和 400mm 的较大值;有翼墙或端柱时,不应小于翼墙厚度或端柱沿墙肢方向截面高度加 300mm。

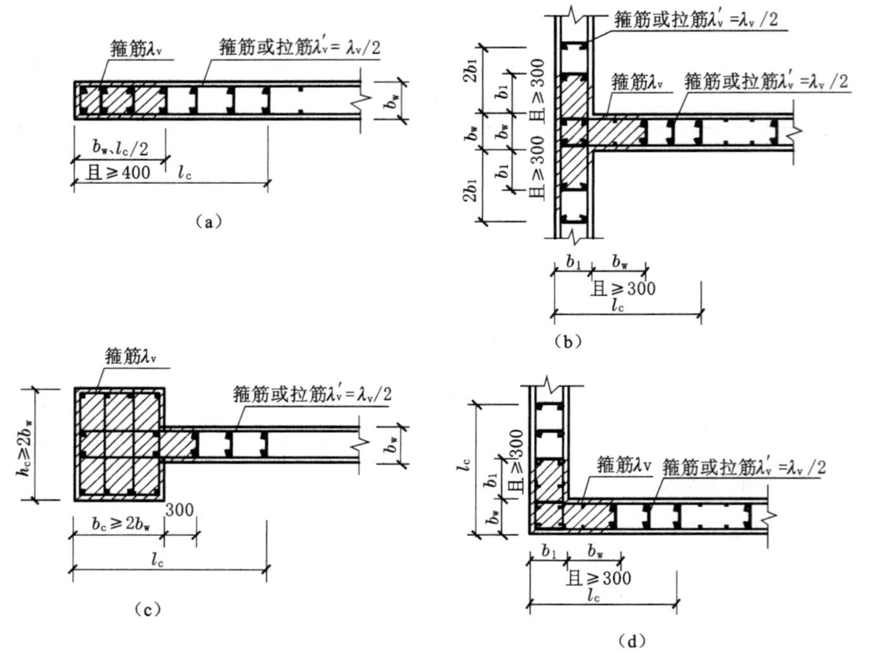

图 5.21 剪力墙的约束边缘构件

(a)暗柱;(b)有翼墙;(c)有端柱;(d)转角墙(L 形墙)

约束边缘构件阴影部分的纵向钢筋除应满足正截面受压(受拉)承载力计算要求外,其纵向钢筋的最小截面面积,一、二、三级抗震设计时分别不应小于图中阴影面积的 1.2%、1.0%和 1.0%,并分别不应小于 8ϕ16 和 6ϕ16 和 6ϕ14。约束边缘构件内箍筋或拉筋沿竖向的间距,一级不宜大于 100mm,二、三级不宜大于 150mm;箍筋、拉筋沿水平方向的肢距不宜大于 300mm,不应大于竖向钢筋间距的 2 倍。

(2)构造边缘构件的设计

构造边缘构件按构造要求设置,其范围和计算纵向钢筋用量的截面面积 A_c 取图 5.22 中的阴影部分。构造边缘构件的纵向钢筋应满足正截面受压(受拉)承载力的要求,最小配筋率应满足表 5.13 的要求。箍筋、拉筋沿水平方向的肢距不宜大于 300mm,不应大于竖向钢筋间距的 2 倍。当端柱承受集中荷载时,其竖向钢筋、箍筋直径和间距应满足框架柱的相应要求。

对于连体结构、错层结构以及 B 级高度的剪力墙结构中的剪力墙(筒体),因为剪力墙(筒体)比较重要或者房屋高度较高,所以其构造边缘构件的最小配筋比一般剪力墙结构中的剪力墙适当加强,且宜采用箍筋或箍筋与拉筋相结合,不宜全部采用拉筋,最小配筋应符合下列要求:①纵向钢筋最小配筋应比表 5.13 中的数值提高 $0.001A_c$;②箍筋的配置范围宜取图 5.22 中的阴影部分,其配箍特征值 λ_v 不宜小于 0.1。

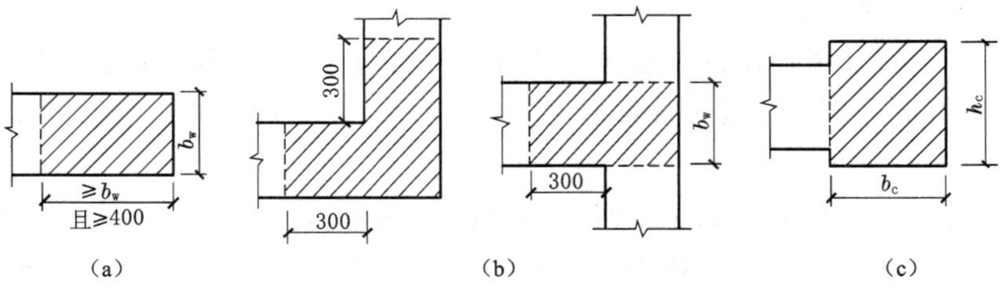

图 5.22 剪力墙的构造边缘构件

(a)暗柱;(b)翼柱;(c)端柱

剪力墙构造边缘构件的配筋要求 **表 5.13**

抗震等级	底部加强部位			其他部位		
	纵向钢筋最小量（取较大值）	箍筋		纵向钢筋最小量（取较大值）	箍筋或拉筋	
		最小直径(mm)	沿竖向最大间距(mm)		最小直径(mm)	沿竖向最大间距(mm)
一级	$0.010A_c$,$6\phi16$	8	100	$0.008A_c$,$6\phi14$	8	150
二级	$0.008A_c$,$6\phi14$	8	150	$0.006A_c$,$6\phi12$	8	200
三级	$0.006A_c$,$4\phi12$	6	150	$0.005A_c$,$4\phi12$	6	200
四级	$0.005A_c$,$4\phi12$	6	200	$0.004A_c$,$4\phi12$	6	250

注:①A_c 为构造边缘构件的截面面积;

②符号 ϕ 表示钢筋直径;

③其他部位的转角处宜采用箍筋。

5.8 短肢剪力墙的设计要求

近年来新建的高层剪力墙结构中兴起了短肢剪力墙。一般剪力墙的墙肢截面高度与厚度之比大于 8,而一般短肢剪力墙的墙肢截面高度与厚度之比为 4～8。当该比值不大于 4 时,可按框架柱进行截面设计。短肢剪力墙有利于住宅的建筑布置,又可减轻结构自重。由于短肢剪力墙的抗震性能较差,地震区应用经验不多,因此在设计中应用短肢剪力墙时应限制其应用范围,并采取一定的加强措施,以保证高层建筑的安全。

5.8.1 应用范围

高层建筑结构不应全部采用短肢剪力墙。短肢剪力墙较多时,应布置筒体(或一般剪力墙),形成短肢剪力墙与筒体(或一般剪力墙)共同抵抗水平力的剪力墙结构。具有较多短肢剪力墙的剪力墙结构的最大适用高度应比一般的剪力墙结构的规定限值适当降低,7 度和 8 度抗震设计时分别不宜大于 100m 和 80m。B 级高度高层建筑和 9 度抗震设计的 A 级高度高层建筑,不宜布置短肢剪力墙,也不应采用具有较多短肢剪力墙的剪力墙结构。需要说明的是,若在剪力墙结构中,只有个别小墙肢,则不属于这种短肢剪力墙与筒体(或一般剪力墙)共同工作的剪力墙结构。

5.8.2 加强措施

有短肢剪力墙的剪力墙结构,应符合下列条件:

(1)短肢剪力墙承担的底部地震倾覆力矩不宜小于结构总底部地震倾覆力矩的 50%。该条的目的是限制短肢剪力墙的数量。

(2)各层短肢剪力墙在重力荷载代表值作用下产生的轴力设计值的轴压比,抗震等级为一、二、三时分别不宜大于 0.45、0.50 和 0.55;对于无翼缘或端柱的一字形短肢剪力墙,其轴压比限值相应降低 0.1。该条的目的也是改善短肢剪力墙的延性。一字形的短肢剪力墙的延性比有翼缘或端柱的短肢剪力墙要差些，故对其轴压比的限值应更严格些。

(3)抗震设计时，除底部加强部位按一般剪力墙调整剪力设计值外，其他各层短肢剪力墙的剪力设计值，一、二、三级抗震等级时分别乘以增大系数 1.4、1.2 和 1.1。本条的目的是避免短肢剪力墙过早发生剪切破坏。

(4)抗震设计时，短肢剪力墙截面的全部纵向钢筋的配筋率，底部加强部位一、二级不宜小于 1.2%，三、四级不宜小于 1.0%，其他部位一、二级不宜小于 1.0%，三、四级不宜小于 0.8%，该条目的是保证短肢剪力墙具有一定的抗弯承载力。

(5)短肢剪力墙截面厚度底部加强部位不应小于 200mm，其他部位不应小于 180mm，该条目的是使墙肢不致过小。

(6)不宜采用一字形短肢剪力墙，不宜在一字形短肢剪力墙上布置平面外与之相交的单侧楼面梁。由于一字形短肢剪力墙的延性和平面外稳定均十分不利，故该条的规定是为了限制一字形短肢剪力墙的使用，改善其延性和平面外的稳定性。

5.9 剪力墙设计构造要求

5.9.1 混凝土强度等级

为了保证钢筋混凝土剪力墙结构的承载力及变形能力，剪力墙结构混凝土的强度等级不应低于 C25；抗震设计时，剪力墙的混凝土强度不宜高于 C60。

5.9.2 剪力墙截面尺寸

为了保证剪力墙平面外的刚度和稳定性能，剪力墙的截面厚度除了应符合稳定性验算要求外，其截面最小厚度尚应满足表 5.14 的要求。

剪力墙截面最小厚度 **表 5.14**

抗震等级	剪力墙部位	一字形独立剪力墙	非一字形独立剪力墙
一、二级	底部加强部位	220mm	200mm
	其他部位	180mm	160mm
三、四级	所有部位	180mm	160mm

注：剪力墙井筒中，分隔电梯井或管道井的墙肢截面厚度可适当减小，但不宜小于 160mm。

当剪力墙的截面尺寸过小而使截面剪应力过高时，即使配置了很多抗剪钢筋，也会在早期出现斜裂缝，而且很可能在钢筋还没有来得及发挥作用时，混凝土就已发生剪切破坏。因此，应规定剪力墙截面尺寸的最小值以限制剪力墙截面上的名义剪应力：

①持久、短暂设计状况

$$V_w \leqslant 0.25\beta_c f_c b_w h_{w0} \tag{5.114}$$

②地震设计状况

剪跨比 λ 大于 2.5 时

$$V_w \leqslant \frac{1}{\gamma_{RE}}(0.20\beta_c f_c b_w h_{w0}) \tag{5.115}$$

剪跨比 λ 不大于 2.5 时

$$V_w \leqslant \frac{1}{\gamma_{RE}}(0.15\beta_c f_c b_w h_{w0}) \tag{5.116}$$

式中 V_w——剪力墙截面剪力设计值，应经过调整增大；

h_{w0}——剪力墙截面的有效高度；

λ——计算截面处的剪跨比，即 $M^c/(V^c h_{w0})$，其中 M^c、V^c 应分别取与 V_w 同一组合的、未进行过调整的弯矩和剪力计算值。

5.9.3 剪力墙的分布钢筋要求

高层建筑的剪力墙厚度大，为防止混凝土表面出现收缩裂缝，同时使剪力墙具有一定的平面外抗弯能力，高层建筑的剪力墙中竖向和水平分布钢筋不应采用单排钢筋。当剪力墙截面厚度不大于 400mm 时，可采用双排配筋。当剪力墙厚度超过 400mm 时，若仅采用双排钢筋，会形成中间大面积的素混凝土，使剪力墙截面应力分布不均匀，故当厚度在 400mm 与 700mm 之间时，宜采用三排钢筋，当厚度大于 700mm 时，宜采用四排钢筋，受力钢筋可均匀分布在各排中，或靠两侧墙面的配筋略大。各排分布钢筋之间的拉接筋间距不应大于 600mm，直径不应小于 6mm，在底部加强部位，约束边缘构件以外的拉接筋间距宜适当加密。

为了防止混凝土墙体在受弯裂缝出现后立即达到极限抗弯承载力，同时为了防止斜裂缝出现后发生脆性的斜拉破坏以及抵抗一定的温度应力，在墙肢中应配置一定数量的水平和竖向分布钢筋。剪力墙竖向和水平分布钢筋的配筋率，一、二、三级时不应小于 0.25%，四级和非抗震设计时均不应小于 0.20%。在一些温度应力较大而易出现裂缝的部位，应适当增大剪力墙分布钢筋的最小配筋率，以抵抗温度应力的不利影响。为保证分布钢筋具有可靠的混凝土握裹力，分布钢筋的直径不宜大于墙肢截面厚度的 1/10，如果要求的分布钢筋直径过大，则应加大墙肢截面厚度。

剪力墙的水平和竖向分布钢筋的配筋率 ρ_{sw} 可按下式计算：

$$\rho_{sw}=\frac{A_{sw}}{b_w s} \tag{5.117}$$

式中 A_{sw}——配置在同一截面内水平向或竖向钢筋各肢总面积；

b_w——截面宽度；

s——水平向或竖向分布钢筋间距。

5.9.4 钢筋锚固和连接要求

抗震设计时剪力墙纵向钢筋的最小锚固长度应取 l_{aE}。剪力墙竖向及水平钢筋的搭接连接如图 5.23 所示，一、二级抗震等级剪力墙的加强部位，接头位置应错开，每次连接的钢筋数量不宜超过总数量的 50%，错开净距不宜小于 500mm；其他情况剪力墙的钢筋可在同一截面连接。非抗震设计时，分布钢筋的搭接长度不应小于 $1.2l_a$；抗震设计时，不应小于 $1.2l_{aE}$。暗柱及端柱纵向钢筋连接和锚固要求宜与框架柱相同。

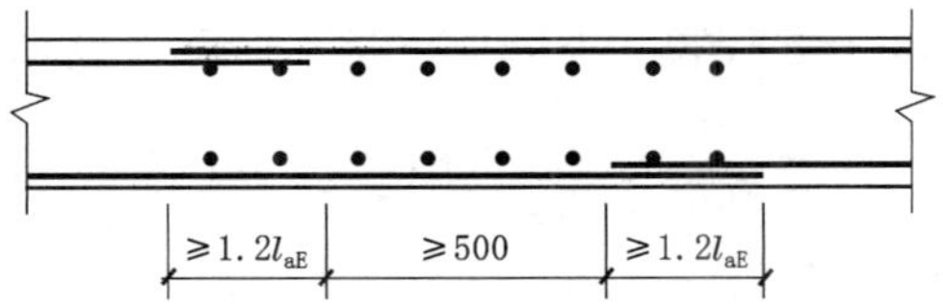

图 5.23 剪力墙内分布钢筋的连接

（注：非抗震设计时图中 l_{aE} 取 l_a）

5.9.5 剪力墙开洞时的构造要求

当剪力墙墙面开有非连续小洞口（各边长度小于 800mm），且在整体计算中不考虑其影响时，应在洞口四周采取加强措施，以抵抗洞口的应力集中，可将洞口处被截断的分布钢筋分别集中配置在洞口上、下和

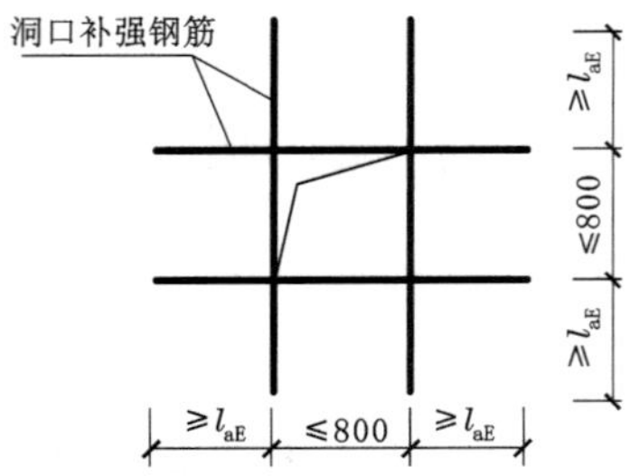

图 5.24 剪力墙洞口补强配筋示意

左、右两边，且钢筋直径不应小于 12mm(图 5.24)。截面面积应分别不小于被截断的水平分布钢筋和竖向分布钢筋的面积。

【例 5.3】 一矩形截面剪力墙，总高 $H=50\text{m}$，$b_w=250\text{mm}$，$h_w=6000\text{mm}$，抗震设防烈度为 9 度，抗震等级为一级。混凝土强度等级为 C30，$f_c=14.3\text{N/mm}^2$，$f_t=1.43\text{N/mm}^2$，$\xi_b=0.55$，纵筋采用 HRB400 级，$f_y=360\text{N/mm}^2$，箍筋采用 HPB300 级，$f_{yw}=270\text{N/mm}^2$，竖向分布钢筋为双排Φ10@200mm，墙肢底部截面考虑地震作用组合的弯矩设计值 $M=20000\text{kN}\cdot\text{m}$，轴力设计值 $N=3800\text{kN}$。重力荷载代表值作用下墙肢的轴向压力标准值 $N_k=3000\text{kN}$。要求：(1)计算该墙肢的轴压比；(2)计算该墙肢底部暗柱的纵向配筋(对称配筋)。

【解】

(1)墙肢轴压比

$$\lambda_N=\frac{N}{f_c b_w h_w}=\frac{3800\times10^3}{14.3\times250\times6000}=0.177$$

(2)剪力墙纵向配筋

①确定底部暗柱的尺寸

根据 5.7 节有关设置约束边缘构件的条件确定该墙肢底部应设置约束边缘构件，根据表 5.12 边缘构件中集中配置纵筋的暗柱沿墙腹方向的长度取下列各值的最大值：

$$\begin{cases}b_w=250\text{mm}\\ \dfrac{l_c}{2}=\dfrac{0.20h_w}{2}=\dfrac{0.20\times6000}{2}=600\text{mm}\\ 400\text{mm}\end{cases}$$

故取最大值 600mm。

剪力墙截面有效高度：$h_{w0}=6000-300=5700\text{mm}$。

②竖向分布钢筋配筋率

$$\rho_w=\frac{nA_{sv}}{bs}=\frac{2\times78.5}{250\times200}=0.314\%>0.25\%$$

③配筋计算

假设 $x<\xi_b h_{w0}$，则 $\sigma_s=f_y$。

因 $A_s=A_s'$，故 $f_y'A_s'-\sigma_s A_s=0$。

$$N\leqslant\frac{1}{\gamma_{RE}}(f_y'A_s'-\sigma_s A_s-N_{sw}+N_c)$$

$$N_c=\alpha_1 f_c b_w x=1.0\times14.3\times250x=3575x$$

$$N_{sw}=(h_{w0}-1.5x)b_w f_{yw}\rho_w=(5700-1.5x)\times250\times270\times0.314\%=1208115-317.9x$$

$$3800\times10^3=\frac{1}{0.85}(0-1208115+317.9x+3575x)$$

$$x=1140\text{mm}<\xi_b h_{w0}=0.55\times5700=3135\text{mm}，与假设相符。$$

$$M_c=\alpha_1 f_c b_w x\left(h_{w0}-\frac{x}{2}\right)=1.0\times14.3\times250\times1140\times\left(5700-\frac{1140}{2}\right)=20907\times10^6\text{N}\cdot\text{mm}$$

$$M_{sw}=\frac{1}{2}(h_{w0}-1.5x)^2 b_w f_{yw}\rho_w=\frac{1}{2}\times(5700-1.5\times1140)^2\times250\times270\times0.314\%$$

$$=1687\times10^6\text{N}\cdot\text{mm}$$

$$e_0=\frac{M}{N}=\frac{20000\times10^6}{3800\times10^3}=5263\text{mm}$$

$$N\left(e_0 + h_{w0} - \frac{h_w}{2}\right) = \frac{1}{\gamma_{RE}}[f_y' A_s' (h_{w0} - a_s') - M_{sw} + M_c]$$

得：$A_s = A_s' = \dfrac{\gamma_{RE} N(e_0 + h_{w0} - 0.5h_w) + M_{sw} - M_c}{f_y'(h_{w0} - a_s')}$

$= \dfrac{0.85 \times 3800 \times 10^3 \times (5263 + 5700 - 0.5 \times 6000) + 1687 \times 10^6 - 20907 \times 10^6}{360 \times (5700 - 300)}$

$= 3344\text{mm}^2$

暗柱处纵筋的最小配筋率为 1.2%，且不少于 8ϕ16，由此计算得到的最小纵筋面积为 1800mm²，故该墙肢底部暗柱的纵筋面积为 3344mm²。

5.10 连梁截面设计及配筋构造

对跨高比小于 5 的连梁，竖向荷载作用下产生的弯矩占总弯矩的比例较小，水平荷载作用下产生的反弯使它对剪切变形十分敏感，容易出现剪切裂缝，应按本节介绍的方法进行设计。当连梁的跨高比不小于 5 时，竖向荷载作用下产生的弯矩占总弯矩的比例较大，与一般框架梁的受力类似，可按照第 4 章介绍的框架梁的设计方法进行设计。

5.10.1 连梁的配筋计算

剪力墙中的连梁受到弯矩、剪力和轴力的共同作用，由于轴力较小，常常忽略而按受弯和受剪构件设计。

(1)抗弯承载力验算

连梁的抗弯承载力验算与普通的受弯构件相同。连梁一般采用对称配筋($A_s = A_s'$)，可按双筋截面验算。由于受压区很小，通常采用简化计算公式：

$$M \leqslant f_y A_s (h_{b0} - a') \tag{5.118}$$

式中 A_s——纵向受拉钢筋面积；

h_{b0}——连梁截面有效高度；

a'——纵向受压钢筋合力点至截面近边的距离。

(2)抗剪承载力验算

大多数连梁的跨高比较小。在住宅、旅馆等建筑采用的剪力墙结构中，连梁的跨高比可能小于 2.5，甚至接近于 1。在水平荷载作用下，连梁两端的弯矩方向相反，剪切变形大，易出现剪切裂缝。尤其在小跨高比情况下，连梁的剪切变形更大，对连梁的剪切破坏影响更大。在反复荷载作用下，斜裂缝会很快扩展到全对角线上，发生剪切破坏，有时还会在梁的端部发生剪切滑移破坏。因此，在地震作用下，连梁的抗剪承载力会降低。连梁的斜截面抗剪承载力可按下式验算：

①持久、短暂设计状况

$$V_b \leqslant 0.7 f_t b_b h_{b0} + f_{yv} \frac{A_{sv}}{s} h_{b0} \tag{5.119}$$

②地震设计状况

当跨高比大于 2.5 时

$$V_b \leqslant \frac{1}{\gamma_{RE}}\left(0.42 f_t b_b h_{b0} + f_{yv} \frac{A_{sv}}{s} h_{b0}\right) \tag{5.120}$$

当跨高比不大于 2.5 时

$$V_b \leqslant \frac{1}{\gamma_{RE}}\left(0.38 f_t b_b h_{b0} + 0.9 f_{yv} \frac{A_{sv}}{s} h_{b0}\right) \tag{5.121}$$

式中 V_b——连梁截面剪力设计值(需经过调整增大，见第 5.10.2 节)；

b_b——连梁截面宽度；

其余符号同前。

另外，若连梁中的平均剪应力过大，剪切斜裂缝就会过早出现，在箍筋未能充分发挥作用之前，连梁就已发生剪切破坏。试验研究表明，连梁截面上的平均剪应力大小对连梁破坏性能影响较大，尤其在小跨高比条件下。因此，要限制连梁截面上的平均剪应力，使连梁的截面尺寸不至于过小，对小跨高比的连梁限制应更严格，限制条件如下：

①持久、短暂设计状况

$$V_b \leqslant 0.25\beta_c f_c b_b h_{b0} \tag{5.122}$$

②地震设计状况

当跨高比大于 2.5 时

$$V_b \leqslant \frac{1}{\gamma_{RE}}(0.20\beta_c f_c b_b h_{b0}) \tag{5.123}$$

当跨高比不大于 2.5 时

$$V_b \leqslant \frac{1}{\gamma_{RE}}(0.15\beta_c f_c b_b h_{b0}) \tag{5.124}$$

当连梁截面上的设计剪力不满足上述公式中的限制条件时，一般可采取下列处理方法：

①减少连梁截面高度。应注意当连梁截面上的平均剪应力超过限值时，若加大截面高度，一般会使作用在连梁上的剪力更大，反而更不利。

②对抗震设计的剪力墙中连梁弯矩及剪力进行塑性调幅，以降低其剪力设计值。可采用两种方法：一种在进行内力计算前就将连梁刚度进行折减，允许在不影响其承受竖向荷载能力的前提下适当开裂，通常，设防烈度低时可少折减一些(6、7 度时可取 0.7)，设防烈度高时可多折减一些(8、9 度时可取 0.5)，折减系数不宜小于 0.5，以保证连梁承受竖向荷载的能力；另一种是在内力计算后再将连梁弯矩和剪力进行折减。这两种方法的目的都是要减少连梁内力和配筋。不论采用哪一种方法，连梁调幅后的弯矩和剪力设计值都不应低于使用状况下的值，也不宜低于比设防烈度低一度的地震组合所得的弯矩设计值，以避免在正常使用状况或小震作用下连梁开裂。一般可控制调幅后的弯矩在 6、7 度时不小于调幅前弯矩(完全弹性)的 0.8 倍，在 8、9 度时不小于 0.5 倍。另外，当部分连梁降低弯矩设计值后，其余部位连梁和墙肢的弯矩设计值应相应提高。

③当连梁破坏对承受竖向荷载无明显影响时，可考虑在大震作用下该连梁不参与工作，按独立墙肢进行第二次多遇地震作用下结构内力分析，墙肢应按两次计算所得的较大内力进行配筋设计。该方法实际上是利用剪力墙作为第二道防线，此时剪力墙的刚度降低，侧移允许增大。当前面两种方法不能解决问题时，可考虑采用该方法。

5.10.2 连梁的剪力设计值计算

为了实现连梁的强剪弱弯，推迟剪切破坏，提高延性，连梁的剪力设计值应大于或等于连梁的抗弯极限承载力。连梁的剪力设计值应按下列规定计算：

(1)非抗震设计以及四级抗震等级时，应取考虑水平风荷载或水平地震作用组合的剪力设计值。

(2)一、二、三级抗震等级时，连梁的剪力设计值应按下式进行调整：

$$V_b = \eta_{vb}\frac{M_b^l + M_b^r}{l_n} + V_{Gb} \tag{5.125}$$

式中 η_{vb}——连梁剪力增大系数，一级取 1.3，二级取 1.2，三级取 1.1；

M_b^l，M_b^r——连梁左、右端顺时针或反时针方向考虑地震作用组合的弯矩设计值；

l_n——连梁的净跨；

V_{Gb}——在重力荷载代表值作用下，按简支梁计算的梁端截面剪力设计值。

9 度时一级剪力墙的连梁尚应根据连梁实际抗弯配筋反算剪力增大系数，按下式计算：

$$V_b = 1.1(M_{bua}^l + M_{bua}^r)/l_n + V_{Gb} \tag{5.126}$$

式中 M_{bua}^l,M_{bua}^r——连梁左、右顺时针或逆时针方向实配的受弯承载力所对应的弯矩值,应按实配钢筋面积(计入受压钢筋)和材料强度标准值并考虑承载力抗震调整系数计算。

5.10.3 连梁配筋构造措施

连梁的配筋构造(图 5.25)应满足下列要求:

(1)连梁顶面、底面纵向受力钢筋伸入墙内的锚固长度,抗震设计时不应小于 l_{aE};非抗震设计时不应小于 l_a,且不应小于 600mm。

(2)抗震设计时,沿连梁全长箍筋的构造应按第 4 章中的框架梁梁端箍筋加密区的构造要求采用;非抗震设计时,沿连梁全长的箍筋直径不应小于 6mm,间距不应大于 150mm。

(3)顶层连梁纵向钢筋伸入墙体的长度范围内,应配置间距不大于 150mm 的构造箍筋,箍筋直径应与该连梁的箍筋直径相同。

(4)墙体水平分布钢筋应作为连梁的腰筋在连梁范围内拉通连续配置;当连梁截面高度大于 700mm 时,其两侧面沿梁高范围设置的纵向构造钢筋(腰筋)的直径不应小于 8mm,间距不应大于 200mm;对跨高比不大于 2.5 的连梁,梁两侧的纵向构造钢筋(腰筋)的面积配筋率不应小于 0.3%。

由于布置管道的需要,有时需在连梁上开洞,在设计时需对削弱的连梁采取加强措施和对开洞处的截面进行承载力验算,并应满足下列要求:穿过连梁的管道宜预埋套管,洞口上、下的有效高度不宜小于梁高的 1/3,且不宜小于 200mm,洞口处宜配置补强钢筋,可在洞口两侧各配置 2Φ14 的钢筋(图 5.26)。

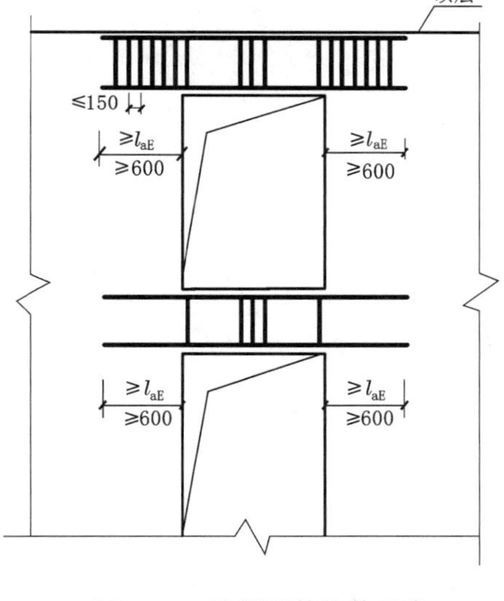

图 5.25 连梁配筋构造示意

(注:非抗震设计时图中 l_{aE} 取 l_a。)

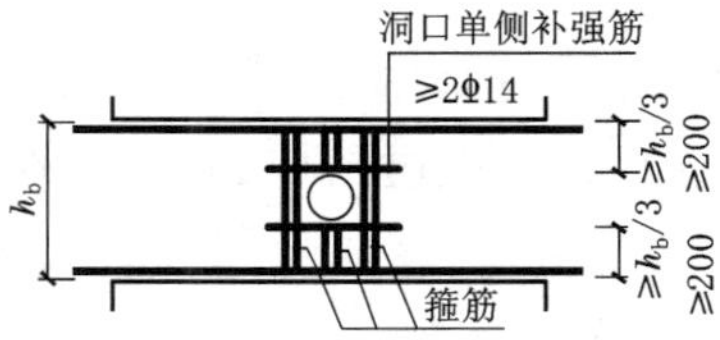

图 5.26 连梁洞口补强配筋示意

跨高比不大于 1.5 的连梁,连梁纵向钢筋的最小配筋率宜符合表 5.15 的要求;跨高比大于 1.5 的连梁,其纵向钢筋的最小配筋率可按框架梁的要求采用。

连梁顶面及底面单侧纵向钢筋的最大配筋率宜符合表 5.16 的要求。如不满足,则应按实配钢筋进行连梁强剪弱弯的验算。

跨高比不大于 1.5 的连梁纵向钢筋的最小配筋率(%)　表 5.15

跨高比	最小配筋率(采用较大值)
$l/h_b \leqslant 0.5$	$0.20, 45f_t/f_y$
$0.5 < l/h_b \leqslant 1.5$	$0.25, 55f_t/f_y$

连梁顶面及底面单侧纵向钢筋的最大配筋率(%)　表 5.16

跨高比	最大配筋率
$l/h_b \leqslant 1.0$	0.6
$1.0 < l/h_b \leqslant 2.0$	1.2
$1.0 < l/h_b \leqslant 2.5$	1.5

【例 5.4】 某高层剪力墙结构，抗震等级为二级，某根连梁的截面尺寸 $b_b=180mm$，$h_b=600mm$，净跨 $l_n=1200mm$。采用混凝土强度等级为 C30，$f_c=14.3N/mm^2$，$f_t=1.43N/mm^2$，纵筋 HRB400，$f_y=360\ N/mm^2$，箍筋 HPB300，$f_{yw}=270N/mm^2$。由地震作用产生的连梁剪力设计值 $V_b=160kN$，重力荷载代表值作用下 $V_{Gb}=50kN$。试计算该连梁的配筋。

【解】

(1)连梁端部弯矩计算

$$M_b=V_b\frac{l_n}{2}=160\times\frac{1.2}{2}=96kN\cdot m$$

$$M_b^l=M_b^r=M_b=96kN\cdot m$$

(2)考虑二级抗震等级时，连梁剪力设计值由下式调整后得到

$$V_b=\eta_{vb}\frac{M_b^l+M_b^r}{l_n}+V_{Gb}=1.2\times\frac{96+96}{1.2}+50=242kN$$

(3)连梁截面尺寸验算

取 $a_s=a_s'=35mm$，$h_{b0}=h_b-a_s=600-35=565mm$。

因$\frac{l_n}{h_b}=\frac{1200}{600}=2.0<2.5$，则

$V_b\leqslant\frac{1}{\gamma_{RE}}(0.15\beta_c f_c b_b h_{b0})=\frac{1}{0.85}\times0.15\times1.0\times14.3\times180\times565=256.6kN$

故连梁截面尺寸满足要求。

(4)连梁纵筋计算

由 $M_b\leqslant\frac{1}{\gamma_{RE}}f_yA_s(h_b-a_s-a_s')$，得

$A_s\geqslant\frac{\gamma_{RE}M_b}{f_y(h_b-a_s-a_s')}=\frac{0.75\times96\times10^6}{360\times(600-35-35)}=377.4mm^2$

$\rho=\frac{A_s}{b_bh_{b0}}=\frac{402}{180\times565}=0.40\%$

选 2Φ16，$A_s=402mm^2$，连梁的纵筋配筋率满足表 4.13 二级框架梁 0.3 和 $65f_t/f_y=0.31$ 的较大值的要求。

(5)连梁箍筋计算

当考虑地震作用时，$\frac{l_n}{h_b}=\frac{1200}{600}=2.0<2.5$，则

$$V_b\leqslant\frac{1}{\gamma_{RE}}\left(0.38f_tb_bh_{b0}+0.9f_{yv}\frac{A_{sv}}{s}h_{b0}\right)$$

得
$$\frac{A_{sv}}{s}=\frac{\gamma_{RE}V_b-0.38f_tb_bh_{b0}}{0.9f_{yv}h_{b0}}=\frac{0.85\times242\times10^3-0.38\times1.43\times180\times565}{0.9\times270\times565}=1.096mm$$

箍筋的构造应满足表 4.14 二级框架梁梁端箍筋加密区的构造要求，直径 $d\geqslant8mm$，取 $d=10mm$。

箍筋间距取以下三者的最小值：

$$\begin{cases}8d=8\times16=128mm\\ \frac{h_b}{4}=\frac{600}{4}=150mm\\ 100mm\end{cases}$$

故取：$s=100mm$。

则$\frac{A_{sv}}{s}=\frac{2\times78.5}{100}=1.57mm>1.096mm$，即箍筋的配置为$\phi$10@100，双肢箍。

5.11 装配式剪力墙结构设计

5.11.1 装配式剪力墙结构的分类及构造形式

装配式剪力墙结构即指剪力墙等主要构件在工厂预制生产，然后运至施工现场进行装配拼接而形成的结构体系。目前，国内外已有的装配式剪力墙按照其构造形式的不同，可分为以下几类：装配式大板剪力墙、套筒灌浆连接装配式剪力墙、浆锚搭接连接装配式剪力墙、装配式叠合剪力墙、预制圆孔板剪力墙、型钢混凝土剪力墙等。

装配式剪力墙结构中的水平接缝、竖向接缝以及节点将预制构件连接成整体，使整体结构具有足够的承载能力、刚度和延性，以及抗震、抗偶然荷载、抗风的能力，因此，这些节点和接缝的可靠连接是保证结构整体性和抗震性能的关键。

装配整体式剪力墙结构墙体构件竖向连接方式(即水平接缝形式)包括灌浆连接、后浇筑混凝土连接、型钢焊接(或螺栓连接)以及后张预应力连接等。灌浆连接方式可以分为套筒灌浆连接和浆锚搭接连接两种方式；后浇筑混凝土连接方式包括叠合剪力墙板、预制圆孔板剪力墙两种方式；型钢混凝土剪力墙通常采用型钢焊接(或螺栓连接)。

在上述几种连接方式中，灌浆和后浇混凝土连接、墙体构件的水平连接(即竖向接缝)一般采用湿连接即后浇筑混凝土的连接方式。型钢混凝土剪力墙，则采用干式连接，采用钢板预埋件焊接或螺栓连接。

以下对目前应用较多的几种装配整体式剪力墙结构进行简要介绍：

(1)套筒灌浆连接装配式剪力墙

套筒灌浆连接方式是装配式建筑采用最多且最成熟的连接方式之一。套筒灌浆连接可以是装配式构件之间直接连接，也可以是装配式构件与后浇筑混凝土连接。目前国内剪力墙结构套筒灌浆连接，多在构件之间隔着后浇混凝土圈梁或水平后浇带(图 5.27)，构件之间直接连接的情况较少。

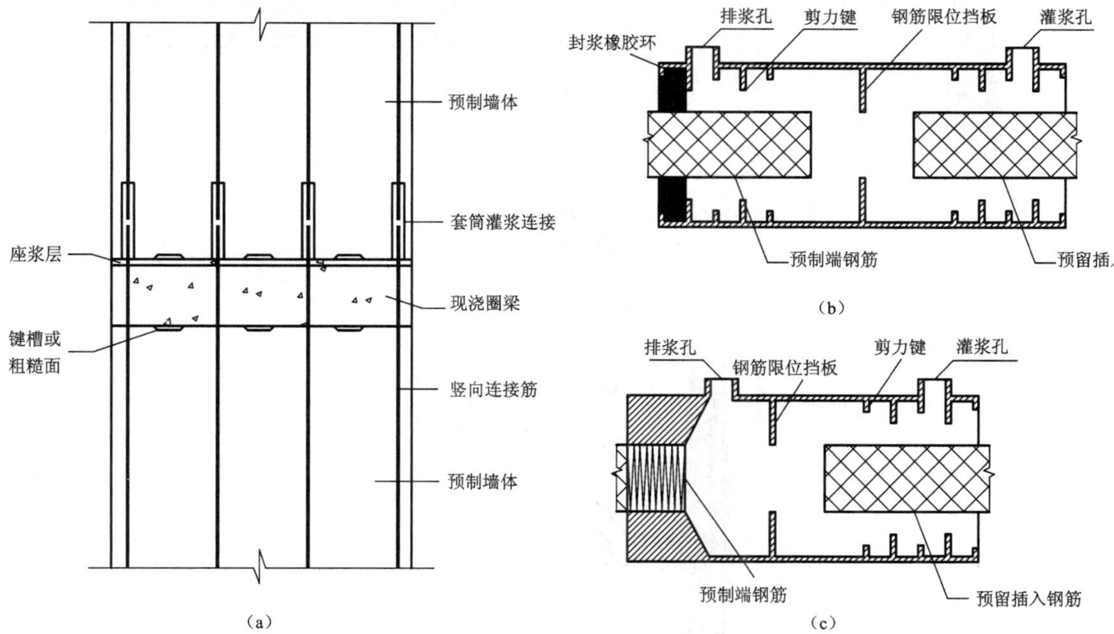

图 5.27 装配式剪力墙套筒灌浆连接示意

(a)套筒灌浆连接；(b)全套筒灌浆连接；(c)半套筒灌浆连接

(2)浆锚搭接连接装配式剪力墙

浆锚搭接连接用于装配整体式剪力墙结构是我国的特有做法，包括螺旋箍筋约束和波纹管成孔两种方式，除搭接节点与套筒灌浆不同外，连接节点的其他构造与套筒灌浆连接相同。其中，螺旋箍筋约束的插入式预留孔灌浆钢筋搭接是我国自主研发的一种钢筋连接形式:在预制构件下端预留内壁为粗糙面的孔洞,安装时,下部墙体的预留钢筋插入孔洞,然后灌入灌浆料使钢筋连为一体。另外,通过沿孔洞长度方向设置螺旋箍筋,进一步增强接头的连接性能,如图5.28所示。

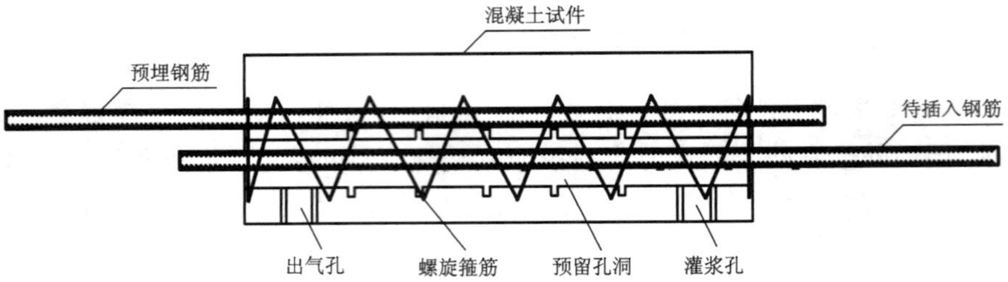

图5.28 装配式剪力墙浆锚搭接连接示意

(3)装配式叠合剪力墙

叠合剪力墙结构体系是指工厂生产的预制墙板构件在现场拼装就位后,通过后浇混凝土叠合层连接形成整体的预制剪力墙体系。该体系最早源于德国,在日本和我国均有成熟应用。预制墙板是两层钢筋混凝土板用桁架筋连接而成,两层板之间为空心,现场安装后,上下构件的竖向钢筋在空心内布置、搭接,然后浇筑混凝土形成实心板。叠合剪力墙板不需要套筒或浆锚连接,具有整体性好、板的两面光洁的特点。按照墙体构造方案的不同,叠合剪力墙主要包括双面叠合剪力墙和单面叠合剪力墙两种。此外,考虑到节能环保以及保温要求,目前还产生了夹心保温叠合剪力墙结构,如图5.29所示。

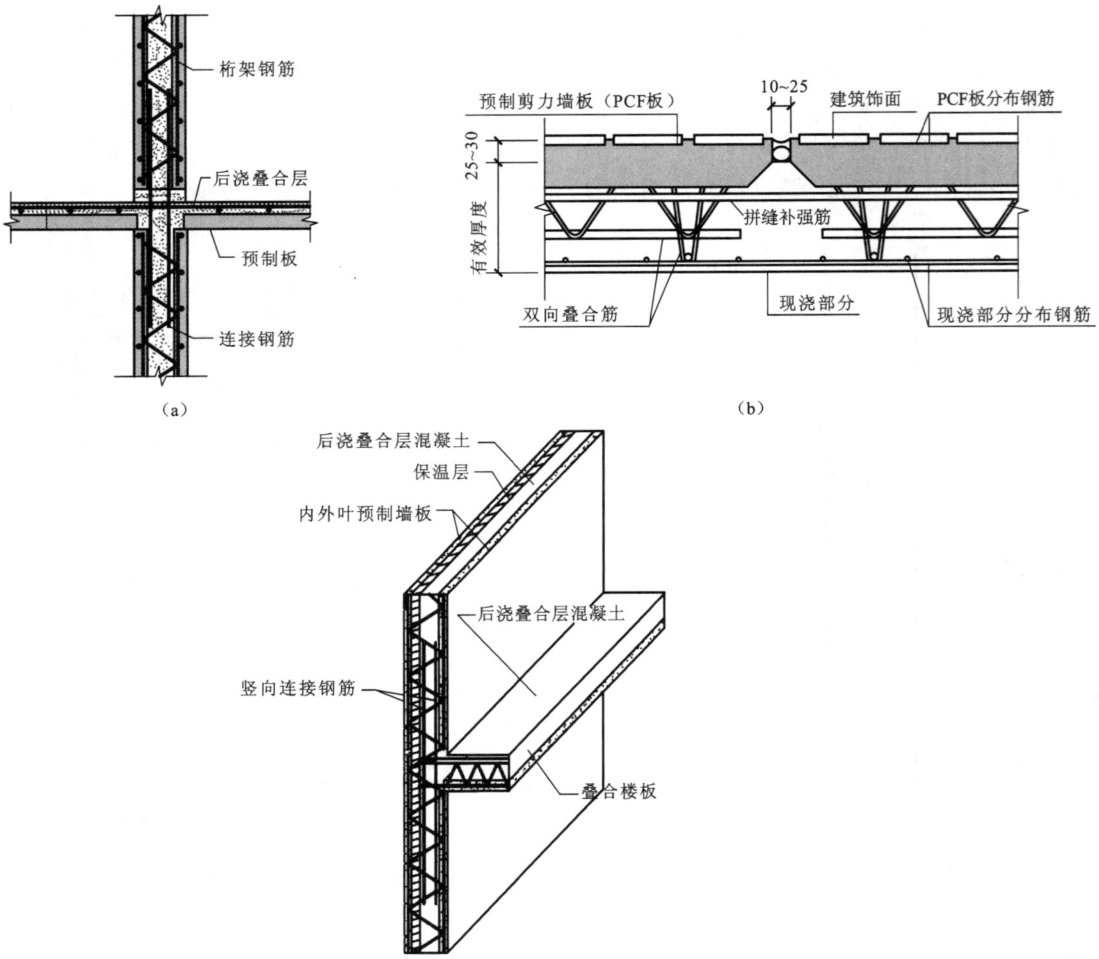

图5.29 装配式叠合剪力墙结构

(a)双面叠合剪力墙;(b)单面叠合剪力墙;(c)夹心保温叠合剪力墙

5.11.2 装配式剪力墙结构设计的一般规定

现行国家行业标准《装配式混凝土结构技术规程》(JGJ 1,以下简称为《装规》)给出了装配整体式混凝土剪力墙结构设计的规定。装配整体式混凝土剪力墙结构是指全部或部分剪力墙采用预制墙板构建成的装配整体式混凝土结构。本节涉及的装配式剪力墙结构均限于装配整体式混凝土剪力墙结构。对于这一类装配式剪力墙结构采用“等同现浇”的思路进行结构设计。

保证装配式剪力墙整体性的主要思路是依靠现浇混凝土,即钢筋采用灌浆连接,上下剪力墙之间设置水平现浇带,剪力墙的水平连接也是靠后浇混凝土。采用套筒灌浆连接时,边缘构件逐根连接;非边缘构件采用隔根连接。浆锚搭接连接方式无论边缘构件还是非边缘构件都逐根连接。叠合板剪力墙为逐根连接。在水平连接后浇区,钢筋采用搭接或焊接方式。

在各种设计状况下,装配整体式剪力墙结构可采用与现浇剪力墙结构相同的方法进行结构分析。抗震设计时,考虑预制剪力墙的接缝会造成墙肢抗侧刚度的削弱,应考虑对弹性计算的内力进行调整,适当放大现浇墙肢在水平地震作用下的剪力和弯矩。对同一层内既有现浇墙肢也有预制墙肢的装配整体式剪力墙结构,现浇墙肢水平地震作用弯矩、剪力宜乘以不小于 1.1 的增大系数。偏于安全考虑,预制剪力墙的弯矩和剪力不减小。

抗震设计时,高层装配整体式剪力墙结构不应全部采用短肢剪力墙;抗震设防烈度为 8 度时,不宜采用具有较多短肢剪力墙的剪力墙结构,电梯井筒宜采用现浇混凝土结构。剪力墙的截面宜简单、规则;预制墙的门窗洞口宜上下对齐、成列布置。

5.11.3 预制剪力墙的构造要求

《装规》对于预制剪力墙的构造给出了如下具体要求:

(1)预制剪力墙板宜采用一字形,也可采用 L 形、T 形或 U 形;开洞预制剪力墙洞口宜居中布置,洞口两侧的墙肢宽度不应小于 200m,洞口上方连梁高度不宜小于 250mm。

(2)预制剪力墙的连梁不宜开洞;当需开洞时,洞口宜预埋套管,洞口上、下截面的有效高度不宜小于梁高的 1/3,且不宜小于 200mm;被洞口削弱的连梁截面应进行承载力验算,洞口处应配置补强纵向钢筋和箍筋,补强纵向钢筋的直径不应小于 12mm。

(3)预制剪力墙开有边长小于 800mm 的洞口且在结构整体计算中不考虑其影响时,应沿洞口周边配置补强钢筋;补强钢筋的直径不应小于 12mm,截面面积不应小于同方向被洞口截断的钢筋面积;该钢筋自孔洞边角算起伸入墙内的长度,非抗震设计时不应小于 l_a,抗震设计时不应小于 l_{aE},如图 5.30 所示。

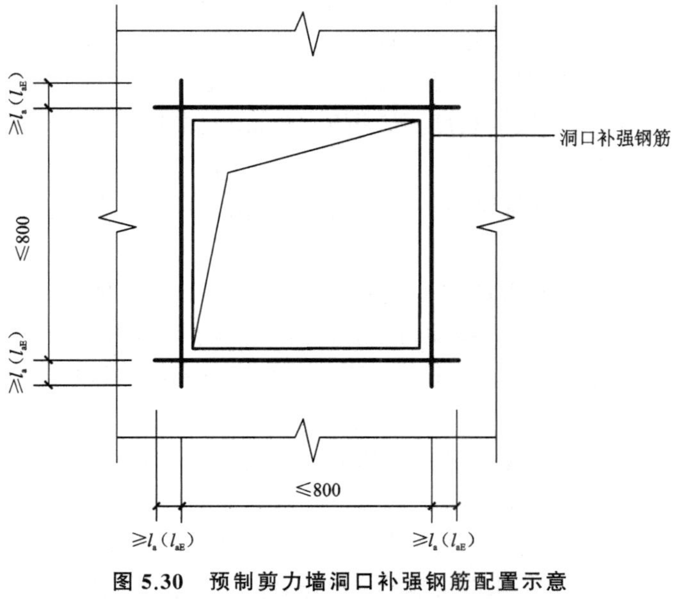

图 5.30 预制剪力墙洞口补强钢筋配置示意

(4)当采用套筒灌浆连接时,自套筒底部至套筒顶部并向上延伸300mm范围内,预制剪力墙的水平分布筋应加密,如图5.31所示,加密区水平分布筋的最大间距及最小直径应符合表5.17的规定,套筒上端第一道水平分布钢筋距离套筒孔顶部不应大于50mm。

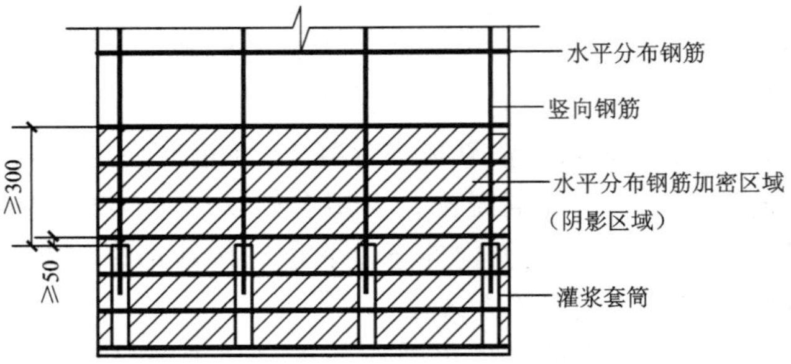

图5.31　钢筋套筒灌浆连接部位水平分布钢筋的加密构造示意

加密区水平分布钢筋的要求　　**表5.17**

抗震等级	最大间距(mm)	最小直径(mm)
一、二级	100	8
三、四级	150	8

(5)端部无边缘构件的预制剪力墙,宜在端部配置2根直径不小于12mm的竖向构造钢筋;沿该钢筋竖向应配置拉筋,拉筋直径不宜小于6mm、间距不宜大于250mm。

(6)当预制外墙采用夹芯墙板时,应满足下列要求:

①外叶板厚度不应小于50mm;且外叶板应与内叶板可靠连接。

②夹芯外墙板的夹层厚度不宜大于120mm。

③当作为承重墙时,内叶板应按剪力墙进行设计。

5.11.4　预制剪力墙的连接设计

预制构件的连接节点应满足结构承载力和抗震性能要求,宜构造简单,受力明确,方便施工。

(1)接缝连接的总体要求

楼层内相邻预制剪力墙之间应采用整体式接缝连接,且应符合下列规定:

①当接缝位于纵横墙交接处的约束边缘构件区域时,约束边缘构件的阴影区域宜全部采用后浇混凝土,如图5.32所示,并应在后浇段内设置封闭箍筋。

②当接缝位于纵横墙交接处的构造边缘构件区域时,构造边缘构件宜全部采用后浇混凝土(图5.33);当仅在一面墙上设置后浇段时,后浇段的长度不宜小于300mm(图5.34)。

③边缘构件内的配筋及构造要求应符合现行国家标准《建筑抗震设计规范》(GB 50011)的有关规定;预制剪力墙的水平分布钢筋在后浇段内的锚固、连接应符合现行国家标准《混凝土结构设计规范》(GB 50010)的有关规定。

④非边缘构件位置,相邻预制剪力墙之间应设置后浇段,后浇段的宽度不应小于墙厚且不宜小于200mm;后浇段内应设置不少于4根竖向钢筋,钢筋直径不应小于墙体竖向分布筋直径且不应小于8mm;两侧墙体的水平分布筋在后浇段内的锚固、连接应符合现行国家标准《混凝土结构设计规范》(GB 50010)的有关规定。

剪力墙竖向接缝位置的确定首先要尽量避免拼缝对结构整体性能的影响,还要考虑建筑功能和艺术效果,便于生产、运输和安装。当主要采用一字形墙板构件时,拼缝通常位于纵横墙片交接处的边缘构件位置,边缘构件是保证剪力墙抗震性能的重要构件,《装规》主张宜全部或者大部分采用现浇混凝土。如边缘构件的一部分现浇,一部分预制,则应采取可靠连接措施,保证现浇与预制部分共同组成叠合式边缘构件。

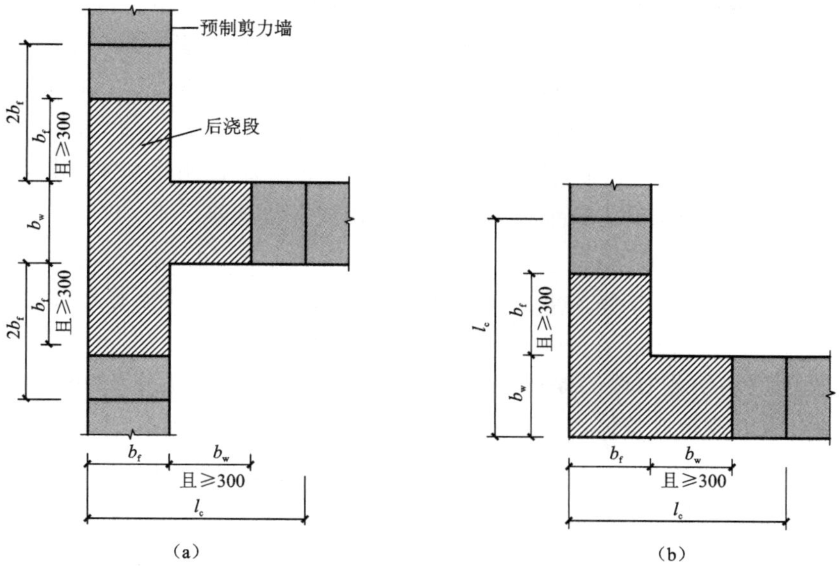

图 5.32　约束边缘构件阴影区域全部后浇构造示意

(a)有翼墙;(b)转角墙

(注:l_c——约束边缘构件沿墙肢的长度)

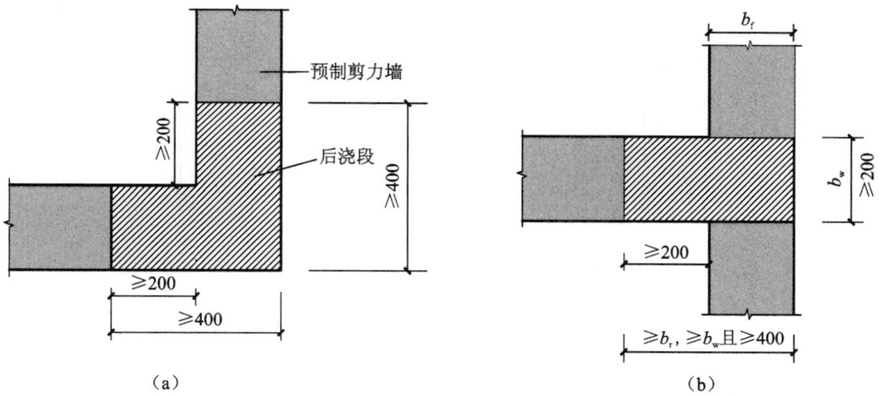

图 5.33　构造边缘构件全部后浇构造示意图(阴影区域为构造边缘构件范围)

(a)转角墙;(b)有翼墙

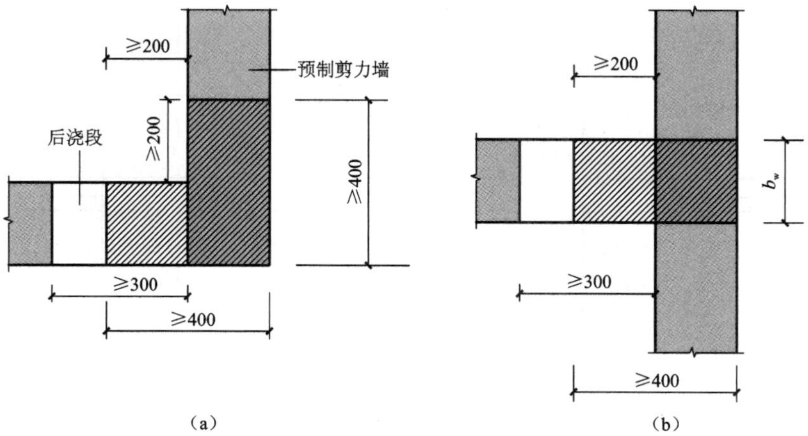

图 5.34　构造边缘构件部分后浇构造示意图(阴影区域为构造边缘构件范围)

(a)转角墙;(b)有翼墙

对于约束边缘构件，阴影区域宜采用现浇，则竖向钢筋可均配置在现浇拼缝内，且在现浇拼缝内配置封闭箍筋及拉筋，预制墙板中的水平分布筋在现浇拼缝内锚固。如果阴影区域部分预制，则竖向钢筋可部分配置在现浇拼缝内，部分配置在预制段内；预制段内的水平钢筋和现浇拼缝内的水平钢筋需通过搭接、焊接等措施形成封闭的环箍，并满足国家现行相关规范的配箍率要求。

墙肢端部的构造边缘构件通常全部预制，当采用L形、T形或者U形墙板时，拐角处的构造边缘构件可全部位于预制剪力墙段内，竖向受力钢筋可采用搭接连接或焊接连接。

(2) 屋面及收进位置后浇圈梁

屋面以及立面收进的楼层，应在预制剪力墙顶部设置封闭的后浇钢筋混凝土圈梁，如图5.35所示，并应符合下列规定：

①圈梁截面宽度不应小于剪力墙的厚度，截面高度不宜小于楼板厚度及250mm的较大值；圈梁应与现浇楼板或者叠合楼、屋盖浇筑成整体。

②圈梁内配置的纵向钢筋不应少于4ϕ12，且按全截面计算的配筋率不应小于0.5%和水平分布筋配筋率的较大值，纵向钢筋竖向间距不应大于200mm；箍筋间距不应大于200mm，且直径不应小于8mm。

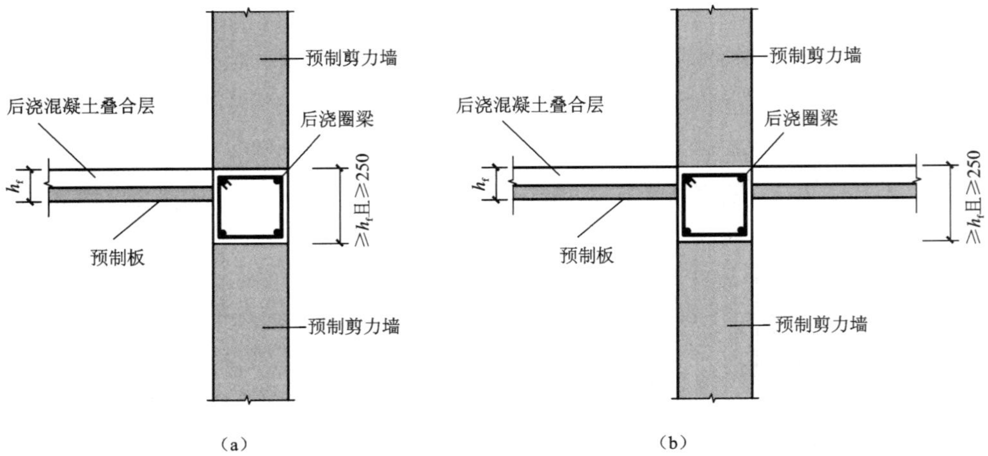

图5.35 后浇钢筋混凝土圈梁构造示意

(a)端部节点；(b)中间节点

(3)楼层水平后浇带

各层楼面位置，预制剪力墙顶部无后浇圈梁时，应设置连续的水平后浇带，如图5.36所示。水平后浇带应符合下列规定：

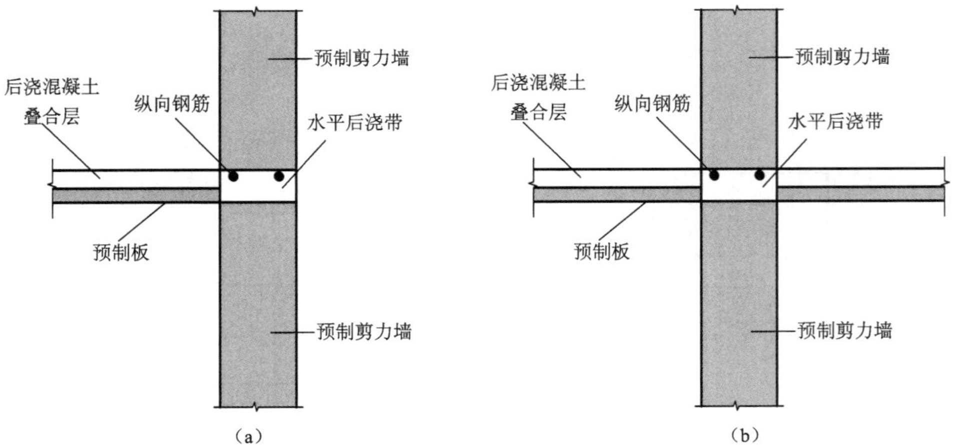

图5.36 水平后浇带构造示意

(a)端部节点；(b)中间节点

①水平后浇带宽度应取剪力墙的厚度，高度不应小于楼板厚度；水平后浇带应与现浇或者叠合楼、屋盖浇筑成整体。

②水平后浇带内应配置不少于 2 根连续纵向钢筋，其直径不宜小于 12mm。

(4)预制剪力墙底部接缝

预制剪力墙底部接缝宜设置在楼面标高处，并应符合下列规定：

①接缝高度宜为 20mm。

②接缝宜采用灌浆料填实。

③接缝处后浇混凝土上表面应设置粗糙面。

(5)竖向钢筋套筒灌浆连接和浆锚搭接连接

上下层预制剪力墙的竖向钢筋，当采用套筒灌浆连接和浆锚搭接时，应符合下列规定：

①边缘构件竖向钢筋应逐根连接。由于边缘构件是保证剪力墙抗震性能的重要构件，而且钢筋较粗，故要求钢筋逐根连接。

②预制剪力墙的竖向分布钢筋，当仅部分连接时，如图 5.37 所示，被连接的同侧钢筋间距不应大于 600mm，且在剪力墙构件承载力设计和分布钢筋配筋率计算中不得计入不连接的分布钢筋。不连接的竖向分布钢筋直径不应小于 6mm。

③一级抗震等级剪力墙以及二、三级抗震等级底部加强部位，剪力墙的边缘构件竖向钢筋宜采用套筒灌浆连接。

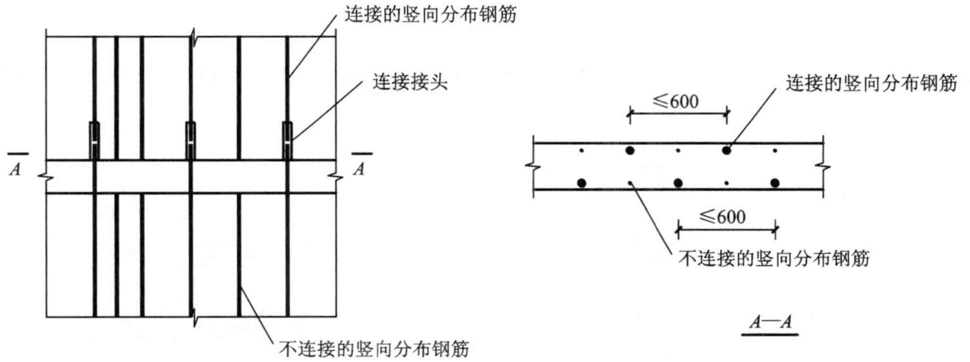

图 5.37　预制剪力墙竖向分布钢筋连接构造示意

预制剪力墙相邻下层为现浇剪力墙时，预制剪力墙与下层现浇剪力墙中竖向钢筋的连接应符合前述规定，下层现浇剪力墙顶面应设置粗糙面。

在地震设计状况下，剪力墙的水平接缝的受剪承载力设计值应按下式计算：

$$V_{uE}=0.6f_yA_{sd}+0.8N \tag{5.127}$$

式中　f_y——垂直穿过结合面的钢筋抗拉强度设计值；

N——与剪力设计值 V 相应的垂直于结合面的轴向力设计值，压力时取正，拉力时取负；

A_{sd}——垂直穿过结合面的抗剪钢筋面积。

(6)预制剪力墙洞口上方连梁

预制剪力墙洞口上方的预制连梁宜与后浇圈梁或水平后浇带形成叠合连梁，如图 5.38 所示，叠合连梁的配筋及构造要求应符合现行国家标准《混凝土结构设计规范》(GB 50010)的有关规定。

(7)楼面梁与剪力墙连接

楼面梁不宜与预制剪力墙在剪力墙平面外单侧连接；当楼面梁与剪力墙在平面外单侧连接时，宜采用铰接。

(8)预制叠合连梁的连接

预制叠合连梁的预制部分宜与剪力墙整体预制，也可在跨中拼接或在端部与预制剪力墙拼接。当预制叠合连梁在跨中拼接时，可按框架结构叠合梁的对接连接进行接缝构造设计。

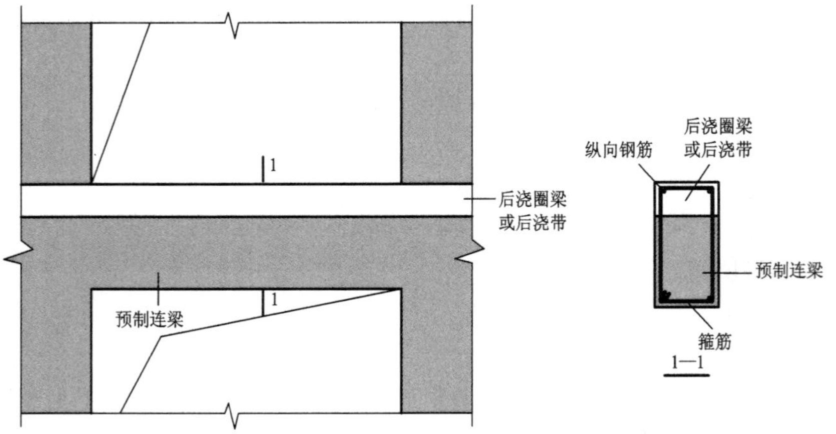

图 5.38 预制剪力墙叠合连梁构造示意图

(9)预制叠合连梁与预制剪力墙拼接

当预制叠合连梁端部与预制剪力墙在平面内拼接时,接缝构造应符合下列规定:

①当墙端边缘构件采用后浇混凝土时,连梁纵向钢筋应在后浇段中可靠锚固[图 5.39(a)]或连接[图 5.39(b)]。

②当预制剪力墙端部上角预留局部后浇节点区时,连梁的纵向钢筋应在局部后浇节点内可靠锚固[图 5.39(c)]或连接[图 5.39(d)]。

(10)预制叠合连梁与预制剪力墙后浇连接

当采用后浇连梁时,宜在预制剪力墙端伸出预留纵向钢筋,并与后浇连梁的纵向钢筋可靠连接,如图 5.40 所示。

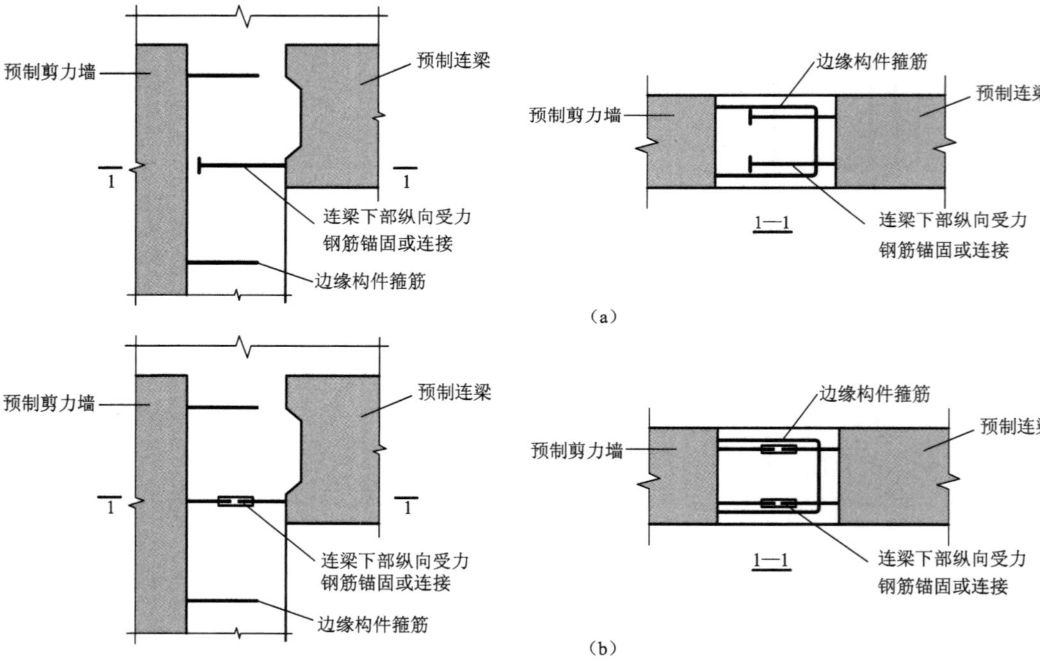

图 5.39 同一平面内预制连梁与预制剪力墙连接构造示意

(a)预制连梁钢筋在后浇段内锚固构造示意;(b)预制连梁钢筋在后浇段内与预制剪力墙预留钢筋连接构造示意;

(c)预制连梁钢筋在预制剪力墙局部后浇节点区内锚固构造示意;

(d)预制连梁钢筋在预制剪力墙局部后浇节点区内与墙板预留钢筋连接构造示意

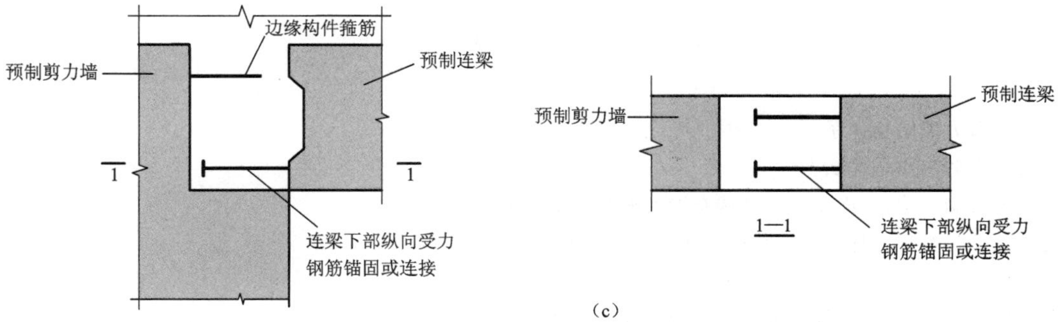

(c)

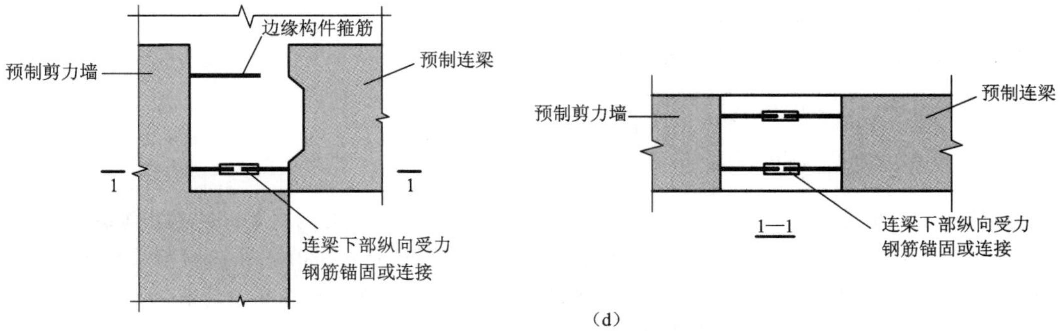

(d)

续图 5.39

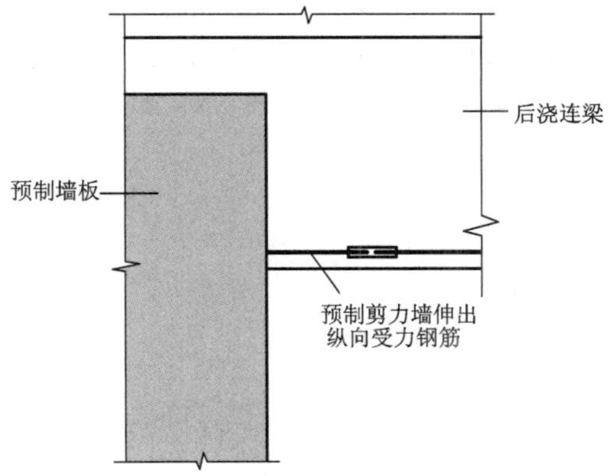

图 5.40　后浇连梁与预制剪力墙连接构造示意

(11)预制剪力墙洞口下墙

预制剪力墙洞口下方有墙时,宜将洞口下墙作为单独的连梁进行设计,如图 5.41 所示。

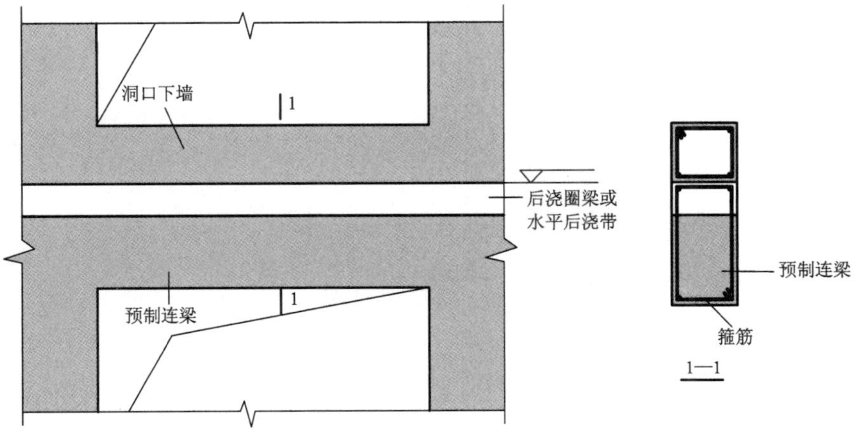

图 5.41　预制剪力墙洞口下墙与叠合连梁的关系示意图

思 考 题

5.1 什么是剪力墙结构体系?

5.2 剪力结构的特点是什么?

5.3 对于剪力墙结构,平面及竖向结构布置有哪些基本要求?

5.4 剪力墙分类有哪几种?各类是根据什么条件区分的?

5.5 剪力墙墙体开洞时,有哪些基本要求?

5.6 剪力墙结构设计中,采取什么措施才能保证其延性?

5.7 双肢、多肢剪力墙的连梁设计和构造有哪些要求?

5.8 剪力墙的横墙和竖向钢筋锚固连接构造有哪些要求?

习 题

5.1 一矩形截面剪力墙,总高 $H=45\text{m}$,$b_w=200\text{mm}$,$h_w=6000\text{mm}$,抗震设防烈度为8度,抗震等级为二级。混凝土强度等级为C30,$f_c=14.3\text{N/mm}^2$,$f_t=1.43\text{N/mm}^2$,纵筋采用HRB400级,$f_y=360\text{N/mm}^2$,箍筋采用HPB300级,$f_{yw}=270\text{N/mm}^2$,竖向分布钢筋为双排ϕ10@200mm,墙肢底部截面考虑地震作用组合的弯矩设计值 $M=18000\text{kN}\cdot\text{m}$,轴力设计值 $N=3200\text{kN}$。重力荷载代表值作用下墙肢承受的轴向压力标准值 $N_k=2500\text{kN}$。要求:(1)计算该墙肢的轴压比;(2)计算剪力墙底部的纵向配筋(对称配筋)。

5.2 已知连梁截面尺寸为 $b_b=200\text{mm}$,$h_b=600\text{mm}$,$l_n=900\text{mm}$,混凝土强度等级为C30,$f_c=14.3\text{N/mm}^2$,$f_t=1.43\text{N/mm}^2$,纵筋HRB400,$f_y=360\text{N/mm}^2$,箍筋HPB300,$f_{yw}=270\text{N/mm}^2$,抗震等级为二级。由楼层荷载传到连梁的剪力 V_{Gb} 很小,略去不计。由地震作用产生的连梁剪力设计值 $V_b=150\text{kN}$。要求:(1)计算连梁的纵向钢筋截面面积;(2)计算连梁所需的箍筋 $\dfrac{A_{sv}}{s}$。

6 框架-剪力墙结构设计

6.1 概　　述

6.1.1 框架-剪力墙结构的特点

(1)框架-剪力墙结构，亦称为框架-抗震墙结构，简称框剪结构，它是由框架和剪力墙组成的结构体系。在钢筋混凝土高层和多层公共建筑中，当框架结构的刚度和强度不能满足抗震或抗风要求时，采用刚度和强度均较大的剪力墙与框架协同工作，可由框架构成自由灵活的大空间，以满足不同建筑功能的要求；同时又有刚度较大的剪力墙，从而使框剪结构具有较强的抗震抗风能力，并大大减少了结构的侧移，在大地震时还可以防止砌体填充墙、门窗、吊顶等非结构构件的严重破坏和倒塌。因此，有抗震设防要求时，宜尽量采用框剪结构来替代纯框架结构。

框架-剪力墙结构适用于需要灵活大空间的多层和高层建筑，如办公楼、商业大厦、饭店、旅馆、教学楼、试验楼、电讯大楼、图书馆、多层工业厂房及仓库、车库等建筑。

(2)框剪结构由框架和剪力墙两种不同的抗侧力结构组成，这两种结构的受力特点和变形性质是不同的。在水平力作用下，剪力墙是竖向悬臂结构，其变形曲线呈弯曲型[图 6.1(a)]，楼层越高水平位移增长速度越快，顶点水平位移值与高度是四次方关系：

均布荷载时
$$u=\frac{qH^4}{8EI} \tag{6.1}$$

倒三角形荷载时
$$u=\frac{11q_{max}H^4}{120EI} \tag{6.2}$$

式中　H——总高度；

　　EI——弯曲刚度。

在一般剪力墙结构中，由于所有抗侧力结构都是剪力墙，在水平力作用下各片墙的侧向位移相似，所以，楼层剪力在各片墙之间是按其等效刚度 EI_{eq} 比例进行分配。

框架在水平力作用下，其变形曲线为剪切型[图 6.1(b)]，楼层越高水平位移增长越慢，在纯框架结构中，各榀框架的变形曲线相似，所以，楼层剪力按框架柱的抗侧移刚度 D 值比例分配。

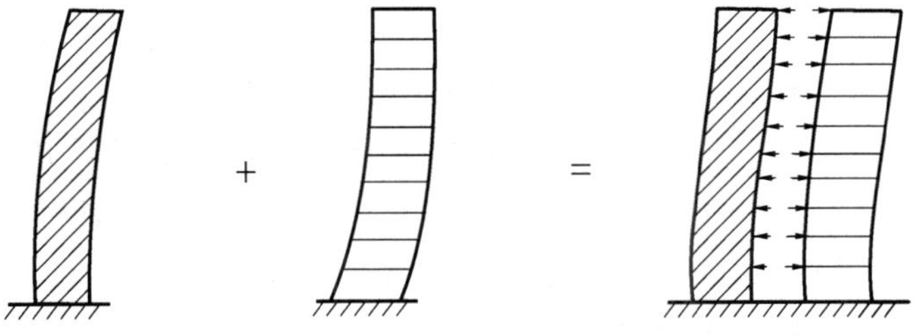

图 6.1　框剪结构变形特点

框剪结构，既有框架又有剪力墙，它们之间通过平面内刚度无限大的楼板连接在一起，在水平力作用下，使它们水平位移协调一致，不能各自自由变形，在不考虑扭转影响的情况下，在同一楼层的水平位移必须相同。因此，框剪结构在水平力作用下的变形曲线呈反 S 形的弯剪型位移曲线[图 6.1(c)]。

(3)框剪结构在水平力作用下，由于框架与剪力墙协同工作，在下部楼层，因为剪力墙位移小，它拉住框架的变形，使剪力墙承担了大部分剪力；上部楼层则相反，剪力墙的位移越来越大，而框架的变形反而小，所以，框架除承受水平力作用下的那部分剪力外，还要负担拉回剪力墙变形的附加剪力，因此，在上部楼层即使水平力产生的楼层剪力很小，而框架中仍有相当数值的剪力。

(4)框剪结构在水平力作用下，框架与剪力墙之间楼层剪力的分配和框架各楼层剪力分布情况，随楼层所处高度而变化，与结构刚度特征值 λ 直接相关，见图 6.2。由图 6.2 可知，框剪结构中框架底部剪力为零，剪力控制截面在房屋高度的中部甚至是上部，而纯框架最大剪力在底部。因此，当实际布置有剪力墙(如楼梯间墙、电梯井墙、设备管道井墙等)的框架结构，必须按框剪结构协同工作计算内力，不能简单按纯框架分析，否则不能保证框架部分上部楼层构件的安全。

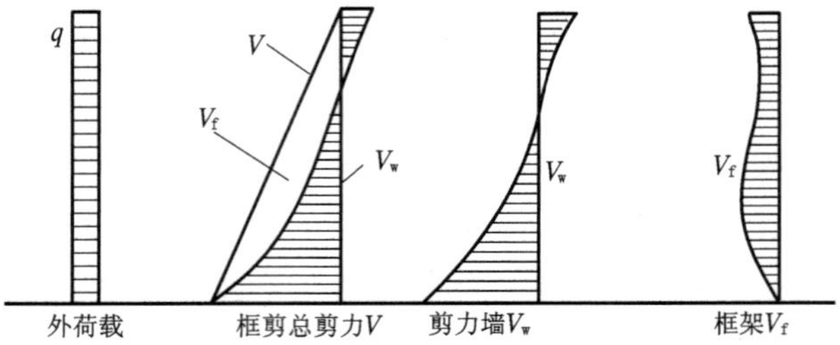

图 6.2　框剪结构受力特点

(5)框剪结构，由延性较好的框架、抗侧力刚度较大并带有边框的剪力墙和有良好耗能性能的连梁所组成，具有多道抗震防线。国内外经受地震后的震害调查表明，框剪结构确为一种抗震性能很好的结构体系。

(6)框剪结构在水平力作用下，水平位移是由楼层层间位移与层高之比 $\Delta u/h$ 控制，而不是顶点水平位移进行控制。层间位移最大值发生在(0.4～0.8)H 范围内的楼层，H 为建筑物总高度。

(7)框剪结构在水平力作用下，框架上下各楼层的剪力取用值比较接近，梁、柱的弯矩和剪力值变化较小，使得梁、柱构件规格较少，有利于施工。

6.1.2　框架-剪力墙结构中的梁

(1)框架-剪力墙结构中的梁有 3 种(图 6.3)：

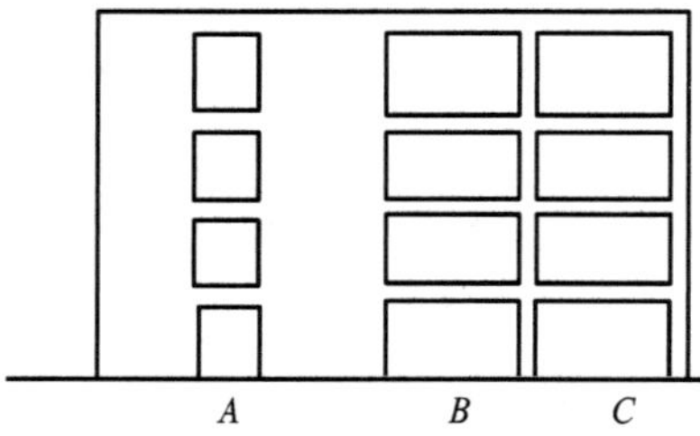

图 6.3　框架-剪力墙结构中的梁

第一种是普通框架梁 C，即两端均与框架柱相连的梁。第二种是剪力墙之间的连梁 A，即两端均与墙肢相连的梁。第三种是一端与墙肢相连，另一端与框架柱相连的梁 B。

(2)梁 C 按框架梁设计，梁 A 按双肢或多肢剪力墙的连梁设计。

(3)梁 B 一端与墙相连，墙肢刚度很大；另一端与框架柱相连，柱刚度较小。梁 B 在水平力作用下，会由于弯曲变形很大而出现很大的弯矩和剪力，首先开裂、屈服，进入弹塑性工作状态。因此，梁 B 应设计为强剪弱弯，保证在剪切破坏前已弯曲屈服而产生塑性变形。

(4)在进行内力和位移计算时，由于梁 B 可能弯曲屈服进入弹塑性状态，梁 B 的刚度应乘以折减系数 β 予以降低。为防止裂缝开展过大，避免破坏，β 值不宜小于 0.5。如配筋困难，还可以在刚度足够、满足水平位移限值的条件下，降低连梁的高度而减小刚度，降低内力。

6.1.3　适用高度及高宽比

(1)框剪结构有两种类型：其一，由框架和单肢整截面墙、整体小开口墙、小筒体墙、双肢墙组成的一般框剪结构；其二，外周边为柱距较大的框架和中部为封闭式剪力墙筒体组成的框架-筒体结构。这两种类型结构在进行内力和位移分析、构造处理时均按框剪结构考虑。它们的高宽比限值见第 2 章表 2.3 和表 2.4。

(2)为了防止产生过大的侧向变形,减少非结构构件如填充墙、内隔墙、门窗和吊顶等的破坏,以及防止在强烈地震作用下或强台风袭击下房屋的整体倾覆,尤其是在软弱地基上的高层建筑,框剪结构房屋不宜超过表 2.1 和表 2.2 的高度限值。

6.1.4 剪力墙的合理数量

剪力墙布置得多一些好,还是少一些好,一直是广大设计人员争论的焦点。但近 40 年来,多次地震中实际震害的情况表明:在钢筋混凝土结构中,剪力墙数量越多,地震震害减轻得越多。日本曾分析十胜冲地震和福井地震中钢筋混凝土建筑物的震害,揭示了一个重要规律:墙越多,震害越轻。1978 年罗马尼亚地震和 1988 年苏联亚美尼亚地震都有明显的规律:框架结构在强震中大量破坏、倒塌,而剪力墙结构震害轻微。

因此,一般来说,多设剪力墙对抗震是有利的。但是,剪力墙超过了必要的限度,是不经济的。剪力墙太多,虽然有较强的抗震能力,但由于刚度太大,周期太短,地震作用要加大,不仅使上部结构材料增加,而且带来基础设计的困难。另外,框架-剪力墙结构中,框架的设计水平剪力有最低限值,剪力墙再增多,框架的材料消耗也不会再减少。所以,单从抗震的角度来说,剪力墙数量以多为好;从经济性来说,剪力墙则不宜过多,因此,有一个剪力墙的合理数量问题。

6.1.5 剪力墙的布置

框架-剪力墙结构应设计成双向抗侧力体系。抗震设计时,结构两主轴方向均应布置剪力墙。主体结构构件之间除个别节点外(如为了调整个别梁的内力分布或为了避免由于不均匀沉降而产生过大内力等而采用铰接)应采用刚接,以保证结构整体的几何不变和刚度的发挥。梁与柱或柱与剪力墙的中线宜重合,使内力传递和分布合理且保证节点核心区的完整性。

剪力墙的布置,应遵循“均匀、分散、对称、周边”的原则。均匀、分散是指剪力墙宜片数较多,均匀、分散布置在建筑平面上。单片剪力墙底部承担的水平剪力不应超过结构底部总水平剪力的 30%。对称是指剪力墙在结构单元的平面上尽可能对称布置,使水平力作用线尽可能靠近刚度中心,避免产生过大的扭转。周边是指剪力墙尽可能布置在建筑平面周边,以加大其抗扭转内臂,提高其抵抗扭转的能力;同时,在端部附近设剪力墙可以避免端部楼板外挑长度过大。剪力墙宜贯通建筑物的全高,宜避免刚度突变。剪力墙开洞时,洞口宜上下对齐。抗震设计时,剪力墙的布置宜使结构各主轴方向的侧向刚度接近。

一般情况下,剪力墙宜布置在平面的下列部位:

(1)竖向荷载较大处　增大竖向荷载可以避免墙肢出现偏心受拉的不利受力状态。

(2)建筑物端部附近　减少楼面外伸段的长度,而且有较大的抗扭刚度。

(3)楼梯、电梯间　楼梯、电梯间楼板开洞较大,设剪力墙予以加强。

(4)平面形状变化处　在平面形状变化处应力集中比较严重,在此处设剪力墙予以加强,可以减少应力集中对结构的影响。

当建筑平面为长矩形或平面有一部分较长时,在该部位布置的剪力墙除应有足够的总体刚度外,各片剪力墙之间的距离不宜过大,宜满足表 6.1 的要求。若剪力墙之间的距离过大,剪力墙之间的楼盖会在自身平面内发生弯曲变形,造成处于该区间的框架不能与邻近的剪力墙协同工作而增加负担。当剪力墙之间的楼盖开有较大的洞口时,该区段楼盖的平面内刚度更小,故此时剪力墙的间距应再适当减小。另外,纵向剪力墙不宜布置在平面的两尽端,以避免房屋的两端被抗侧刚度较大的剪力墙锁住而造成中间部分的楼盖在混凝土收缩或温度变化时出现裂缝。

剪力墙的间距 **表 6.1**

楼盖形式	抗震设防烈度		
	6 度、7 度（取较小值）	8 度（取较小值）	9 度（取较小值）
现　浇	4.0B,50	3.0B,40	2.0B,30
装配整体	3.0B,40	2.5B,30	—

注：①表中 B 为剪力墙之间的楼盖宽度，单位为 m；

②装配整体式楼盖应设置厚度不小于 50mm 的钢筋混凝土现浇层；

③现浇层厚度大于 60mm 的叠合楼板可作为现浇板考虑；

④当房屋端部未布置剪力墙时，第一片剪力墙与房屋端部的距离，不宜大于上表中剪力墙间距的 1/2。

6.2 框架-剪力墙结构的内力计算

6.2.1 基本假定及总剪力墙和总框架刚度计算

框架-剪力墙结构体系在水平荷载作用下的内力分析是一个三维超静定问题，通常把它简化为平面结构来计算，并在结构分析中作如下基本假定：

（1）楼板在自身平面内的刚度无限大。这一假定保证楼板将整个计算区段内的框架和剪力墙连成一个整体，在水平荷载作用下，框架和剪力墙之间不产生相对位移。

（2）当结构体型规则、剪力墙布置比较对称均匀时，结构在水平荷载作用下不计扭转的影响；否则，应考虑扭转的影响。

（3）不考虑剪力墙和框架柱的轴向变形及基础转动的影响。

在以上的基本假定的前提下，计算区段内结构在水平荷载作用下，处于同一楼面标高处各片剪力墙及框架的水平位移相同。此时，可把所有剪力墙综合在一起成总剪力墙；将所有框架综合在一起成总框架。楼板的作用是保证各片平面结构具有相同的水平侧移，但楼面外刚度为零，它对各平面结构不产生约束弯矩，可以把楼板简化成铰接连杆。铰接连杆、总框架、总剪力墙构成框剪结构简化分析的铰接计算体系。如图 6.4 为某框架-剪力墙结构的平面图，图 6.5 为其计算简图。图 6.5 中总剪力墙包含 3 片墙，总框架包含 4 榀框架。另外，还有一种计算体系称为刚接体系，这种体系包括总剪力墙、总框架和刚性连杆。此连杆实为一连梁，连接剪力墙和框架。该梁对剪力墙有约束作用，视为刚接，该梁对柱也有约束作用，此约束作用反映在柱的抗侧刚度 D 中。图 6.6 所示为某框架-剪力墙结构平面图，图 6.7 为其计算简图。在图 6.7 中总剪力墙包含 4 片墙，总框架包含 5 榀框架。

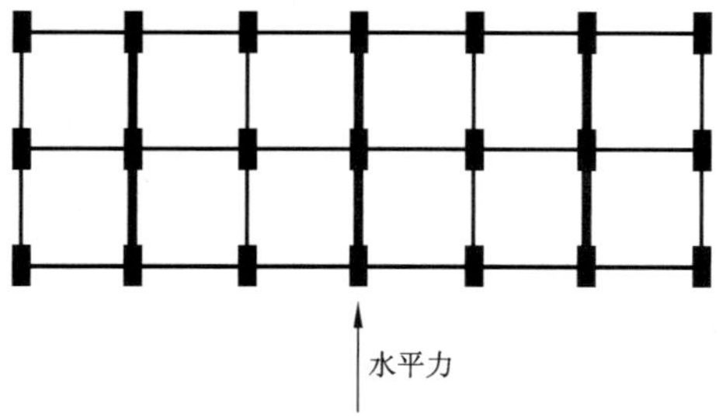

图 6.4　框架-剪力墙结构平面图

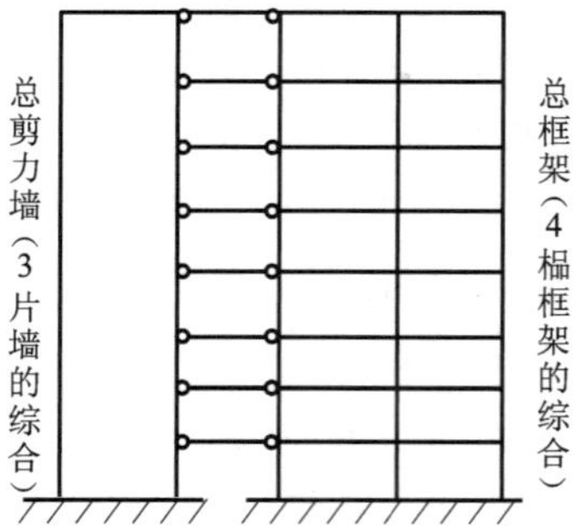

图 6.5　铰接体系计算简图

在工程设计中，通常根据连梁截面尺寸的大小，选用图 6.5 所示的铰接体系或选用图 6.7 所示的刚接体系。如果连梁截面尺寸较小，其刚度就小，约束作用很弱，也可忽略它对墙肢的约束作用，把连梁处理成铰接的连杆。

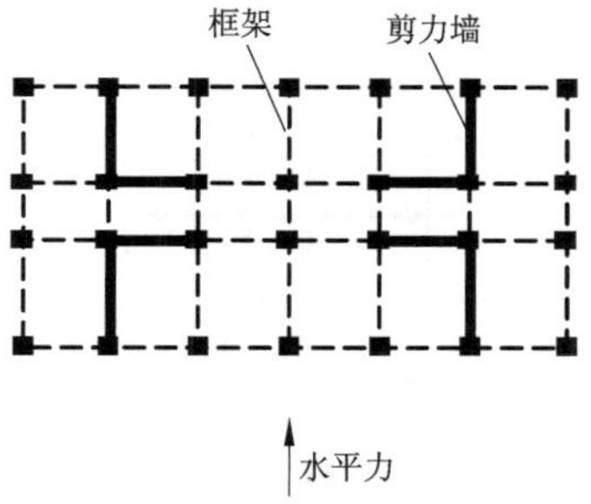

图 6.6 框架-剪力墙结构平面图

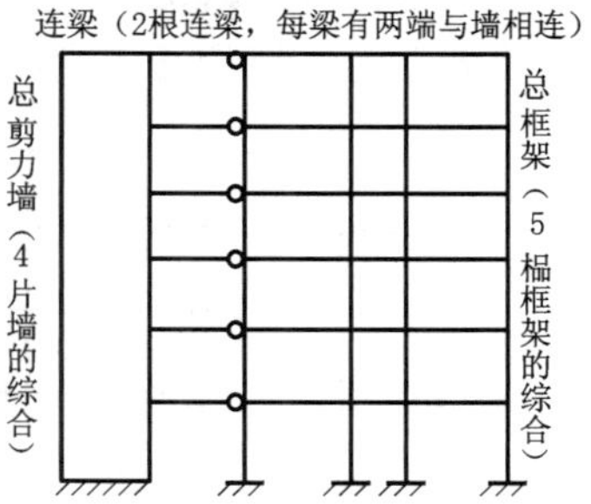

图 6.7 刚接体系计算简图

在协同工作计算时，要涉及总剪力墙和总框架刚度的计算问题。

(1)总剪力墙刚度计算

$$EI_{w} = \sum_{n} EI_{eq} \tag{6.3}$$

式中 n——总剪力墙中剪力墙数量；

EI_{eq}——单片剪力墙的等效抗弯刚度，根据剪力墙的开口大小，可用第 5 章介绍的方法计算。

(2)总框架刚度计算

在第 4 章用 D 值法求框架结构内力时，曾引入修正后的柱抗侧移刚度 D 值，其物理意义是使框架柱两端产生单位相对侧移时所需要的剪力，表达式为：

$$D = 12\alpha \frac{i_{c}}{h^{2}}$$

式中各系数的物理意义可参照第 4 章 D 值法部分。对总框架来说，D 值应为同一层内所有框架柱的抗侧移刚度之和，即 $D = \sum D_j$。

设总框架的剪切刚度 C_f 为使总框架在楼层间产生单位剪切变形时所需要的水平剪力，由此可得：

$$C_{f} = hD = h\sum D_{j} \tag{6.4}$$

在工程实际中，总框架各层抗侧移刚度 C_f 及总剪力墙各层等效抗弯刚度 EI_{eq}沿结构高度不一定完全相同，而是有变化的，如果变化不大，其平均值可采用加权平均法算得：

$$C_{f} = \frac{\sum_{m} h_{i} C_{fi}}{H} \tag{6.5}$$

$$EI_{w} = \frac{\sum_{m} h_{i} EI_{wi}}{H} \tag{6.6}$$

式中 C_{fi}——总框架各层抗侧移刚度；

EI_{wi}——总剪力墙各层抗弯刚度；

h_i——各层层高；

H—— 建筑物总高度，$H = \sum_{m} h_{i}$。

6.2.2 按铰接体系框剪结构的内力计算

框架-剪力墙结构在水平荷载作用下，外荷载由框架和剪力墙共同承担，外力在框架和剪力墙之间的分配由协同工作计算确定，协同工作计算采用连续连杆法。图 6.8 给出了框剪结构铰接体系计算简图，将连杆切断后在各楼层标高处框架和剪力墙之间存在相互作用的集中力 P_{fi}，为简化计算，集中力 P_{fi} 简化为连续分布力 $p_f(x)$。当楼层层数较多时，将集中力简化为分布力不会给计算结果带来多大误差。将连梁切开后，框架和剪力墙之间的相互作用相当于一个弹性地基梁之间的相互作用。总剪力墙相当于置于弹性地基上的梁，同时承受外荷载 $p(x)$ 和"弹性地基"——总框架对它的弹性反力 $p_{\mathrm{f}}(x)$。总框架相当于一个弹性地基，承受着总剪力墙传给它们的力 $p_{\mathrm{f}}(x)$。

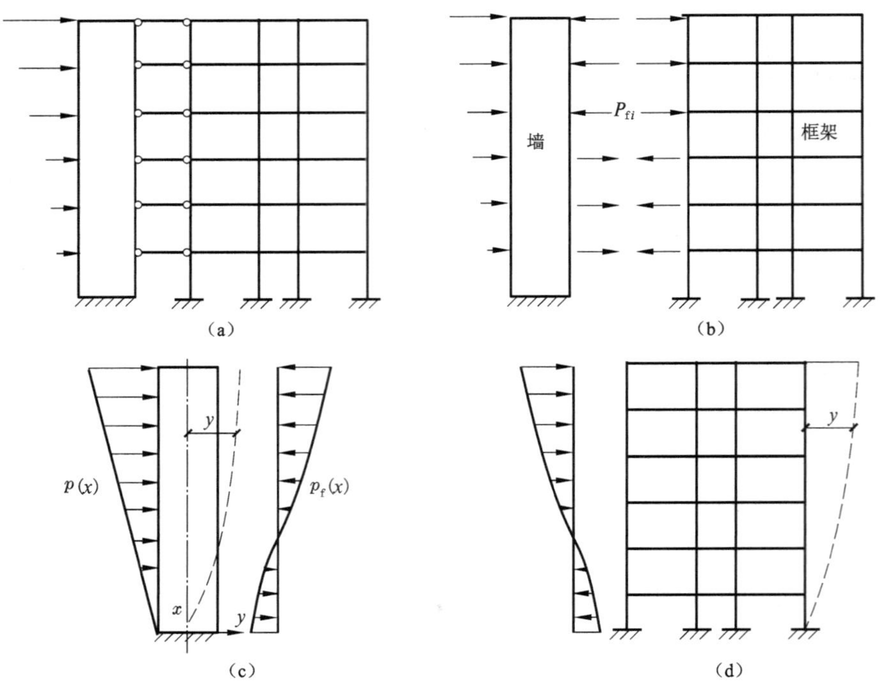

图 6.8　铰接体系计算简图

将铰接体系中的连杆切开，建立协同工作微分方程时取总剪力墙为脱离体，计算简图如图 6.9 所示。此剪力墙是一个竖向受弯构件，为静定结构，受外荷载 $p(x)$、$p_{\mathrm{f}}(x)$ 作用。剪力墙上任一截面的转角、弯矩及剪力的正负号仍采用梁中通用的规定，图 6.9 中所示方向均为正方向。把总剪力墙当作悬臂梁，其内力与弯曲变形的关系如下：

$$EI_{\mathrm{w}}\frac{\mathrm{d}^4 y}{\mathrm{d}x^4}=p(x)-p_{\mathrm{f}}(x) \tag{6.7}$$

由计算假定可知，总框架和总剪力墙具有相同的侧移曲线，取总框架为脱离体可以给出 $p_{\mathrm{f}}(x)$ 与侧移 $y(x)$ 之间的关系。

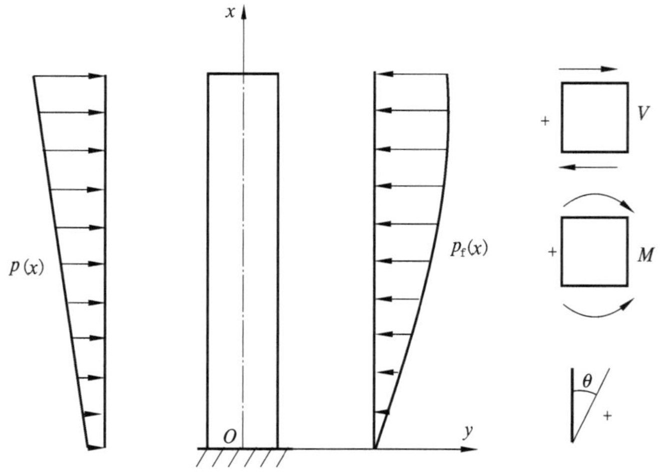

图 6.9　总剪力墙脱离体及符号规则

前面已定义 C_{f} 为使总框架在楼层处产生单位剪切变形时所需要的水平剪力。当总框架的剪切变形为 $\theta=\mathrm{d}y/\mathrm{d}x$ 时，由定义可得总框架层间剪力为：

$$V_f = C_f\theta = C_f \frac{dy}{dx} \tag{6.8}$$

对上式微分得：

$$\frac{dV_f}{dx} = -p_f(x) = C_f \frac{d^2 y}{dx^2} \tag{6.9}$$

将式(6.9)代入式(6.7)，整理后得：

$$\frac{d^4 y}{dx^4} - \frac{C_f}{EI_w}\frac{d^2 y}{dx^2} = \frac{p(x)}{EI_w} \tag{6.10}$$

为叙述方便引入符号：

$$\xi = x/H$$

$$\lambda = H\sqrt{\frac{C_f}{EI_w}} \tag{6.11}$$

λ 称为结构刚度特征值，是反映总框架和总剪力墙刚度之比的一个参数，对框剪结构的受力状态和变形状态及外力的分配都有很大的影响。

引入式(6.11)中的符号后，式(6.10)则变为：

$$\frac{d^4 y}{d\xi^4} - \lambda^2 \frac{d^2 y}{d\xi^2} = \frac{H^4}{EI_w}p(\xi) \tag{6.12}$$

上式是一个四阶常系数非齐次线性微分方程，它的解包括两部分，一部分是相应齐次方程的通解，另一部分是该方程的一个特解。

(1)通解 y_1

方程(6.12)的特征方程为：

$$r^4 - \lambda^2 r^2 = 0$$

特征方程的解为：

$$r_1 = r_2 = 0, \quad r_3 = \lambda, \quad r_4 = -\lambda$$

因此，齐次方程的通解为：

$$y_1 = C_1 + C_2\xi + A\,\mathrm{sh}(\lambda\xi) + B\,\mathrm{ch}(\lambda\xi)$$

(2)特解 y_2

方程(6.12)的特解 y_2 取决于外荷载的形式，可用待定系数法求解。

①均布荷载

设均布荷载的分布密度为 q，因此有 $p(\xi)=q$，另外，特解方程中 $r_1=r_2=0$，故可设

$$y_2 = a\xi^2$$

因此有：

$$\frac{d^2 y_2}{d\xi^2} = 2a, \quad \frac{d^4 y_2}{d\xi^4} = 0$$

代入式(6.12)得：

$$a = -\frac{qH^4}{2\lambda^2 EI_w} = -\frac{qH^2}{2C_f}$$

因此有：

$$y_2 = -\frac{qH^2}{2C_f}\xi^2$$

②三角形分布荷载

设三角形分布荷载的最大分布密度为 q，则任意高度 ξ 处的分布密度为 $p(\xi)=q\xi$，由 $r_1=r_2=0$ 可假设：

$$y_2 = a\xi^3$$

代入式(6.12)可得：

$$-6a\lambda^2\xi=\frac{H^4}{EI_w}p(\xi)=\frac{H^4}{EI_w}q\xi$$

因此有：

$$a=-\frac{H^4}{6\lambda^2EI_w}q=-\frac{qH^2}{6C_f}$$

所以得特解：

$$y_2=-\frac{qH^2}{6C_f}\xi^3$$

③顶部集中荷载

顶部作用有集中荷载 P 时，$p(\xi)=0$，则特解为 $y_2=0$。

综合以上计算结果可得微分方程(6.12)的解为：

$$y=C_1+C_2\xi+A\operatorname{sh}(\lambda\xi)+B\operatorname{ch}(\lambda\xi)-\begin{cases}\dfrac{qH^2}{2C_f}\xi^2（均布荷载）\\ \dfrac{qH^2}{6C_f}\xi^3（倒三角形分布荷载）\\ 0（顶部集中荷载）\end{cases}\tag{6.13}$$

(3)确定通解中积分常数

对于剪力墙脱离体，其 4 个边界条件分别为：

①当 $\xi=0$(即 $x=0$)时，结构底部位移 $y=0$；

②当 $\xi=0$ 时，结构底部转角 $\theta=\mathrm{d}y/\mathrm{d}\xi=0$；

③当 $\xi=1$(即 $x=H$)时，结构顶部弯矩为零，即$\dfrac{\mathrm{d}^2y}{\mathrm{d}\xi^2}=0$；

④当 $\xi=1$ 时，结构顶部总剪力

$$V=V_w+V_f=\begin{cases}0（均布荷载）\\ 0（倒三角形分布荷载）\\ P（顶部集中荷载）\end{cases}$$

下面以均布荷载为例，说明积分常数 C_1、C_2、A、B 的确定方法。

式(6.13)给出了框剪结构的侧移，由此位移函数可确定剪力墙任意截面处的转角 θ、弯矩 M_w 和剪力 V_w：

$$\theta=\mathrm{d}y/\mathrm{d}x=\frac{1}{H}\frac{\mathrm{d}y}{\mathrm{d}\xi}\tag{6.14a}$$

$$M_w=EI_w\frac{\mathrm{d}\theta}{\mathrm{d}x}=EI_w\frac{\mathrm{d}^2y}{\mathrm{d}x^2}=\frac{EI_w}{H^2}\frac{\mathrm{d}^2y}{\mathrm{d}\xi^2}\tag{6.14b}$$

$$V_w=-\frac{\mathrm{d}M_w}{\mathrm{d}x}=-EI_w\frac{\mathrm{d}^3y}{\mathrm{d}x^3}=-\frac{EI_w}{H^3}\frac{\mathrm{d}^3y}{\mathrm{d}\xi^3}\tag{6.14c}$$

而

$$V_f=C_f\frac{\mathrm{d}y}{\mathrm{d}x}=\frac{C_f}{H}\frac{\mathrm{d}y}{\mathrm{d}\xi}\tag{6.15}$$

对式(6.13)中第一式即均布荷载作用下的解逐次求导，则有：

$$\frac{\mathrm{d}y}{\mathrm{d}\xi}=C_2+A\lambda\operatorname{ch}(\lambda\xi)+B\lambda\operatorname{sh}(\lambda\xi)-\frac{qH^2}{C_f}\xi\tag{6.16a}$$

$$\frac{\mathrm{d}^2y}{\mathrm{d}\xi^2}=A\lambda^2\operatorname{sh}(\lambda\xi)+B\lambda^2\operatorname{ch}(\lambda\xi)-\frac{qH^2}{C_f}\tag{6.16b}$$

$$\frac{\mathrm{d}^3y}{\mathrm{d}\xi^3}=A\lambda^3\operatorname{ch}(\lambda\xi)+B\lambda^3\operatorname{sh}(\lambda\xi)\tag{6.16c}$$

a.边界条件①及式(6.13)中的第一式则有：

$$C_1 + B = 0 \tag{6.17a}$$

b.边界条件②及式(6.16a)可得：

$$C_2 + A\lambda = 0 \tag{6.17b}$$

c.边界条件③及式(6.16b)可得：

$$A\lambda^2 \text{sh}\lambda + B\lambda^2 \text{ch}\lambda - \frac{qH^2}{C_f} = 0 \tag{6.17c}$$

d.$\xi=1$ 时，

$$V_w + V_f = 0$$

由式(6.14a)及式(6.15)可得：

$$\frac{EI_w}{H^3}\frac{d^3 y}{d\xi^3} = \frac{C_f}{H}\frac{dy}{d\xi}$$

即

$$\lambda^2 \frac{dy}{d\xi} = \frac{d^3 y}{d\xi^3}$$

把式(6.16a)及式(6.16c)代入上式，整理后得：

$$C_2 = \frac{qH^2}{C_f} \tag{6.17d}$$

由式(6.17a)至式(6.17d)可确定出 4 个积分系数：

$$C_1 = -\frac{qH^2}{C_f\lambda^2}\left(\frac{\lambda\,\text{sh}\lambda + 1}{\text{ch}\lambda}\right)$$

$$C_2 = \frac{qH^2}{C_f}$$

$$A = -\frac{qH^2}{C_f\lambda}$$

$$B = \frac{qH^2}{C_f\lambda^2}\frac{(\lambda\,\text{sh}\lambda + 1)}{\text{ch}\lambda}$$

用同样的方法可以确定三角形分布荷载和顶部集中荷载作用下侧移曲线的 4 个积分常数。

将 3 种荷载作用下的积分常数 A、B、C_1、C_2 分别代入式(6.13)，则可得到微分方程(6.12)的解如下：

$$y = \begin{cases} \dfrac{qH^4}{EI_w\lambda^4}\left\{\dfrac{1+\lambda\,\text{sh}\lambda}{\text{ch}\lambda}[\text{ch}(\lambda\xi)-1] - \lambda\,\text{sh}(\lambda\xi) + \lambda^2\xi\left(1-\dfrac{\xi}{2}\right)\right\} & (\text{均布荷载}) \\ \dfrac{qH^4}{EI_w\lambda^2}\left[\dfrac{\text{ch}(\lambda\xi)-1}{\text{ch}\lambda}\left(\dfrac{\text{sh}\lambda}{2\lambda} - \dfrac{\text{sh}\lambda}{\lambda^3} + \dfrac{1}{\lambda^2}\right) + \left(\xi - \dfrac{\text{sh}(\lambda\xi)}{\lambda}\right)\left(\dfrac{1}{2} - \dfrac{1}{\lambda^2}\right) - \dfrac{\xi^3}{6}\right] & (\text{倒三角形分布荷载}) \\ \dfrac{PH^3}{EI_w\lambda^3}\left\{\dfrac{\text{sh}\lambda}{\text{ch}\lambda}[\text{ch}(\lambda\xi)-1] - \text{sh}(\lambda\xi) + \lambda\xi\right\} & (\text{顶部集中荷载}) \end{cases} \tag{6.18}$$

上式就是框剪结构在均布、三角形分布、顶部集中荷载作用下的位移计算公式，有了式(6.18)后就可以确定总剪力墙的内力 M_w 和 V_w 以及总框架的剪力 V_f。

式(6.14b)和式(6.14c)已经给出了总剪力墙位移与内力 M_w 和 V_w 的关系。

将侧移公式(6.18)代入式(6.14b)和式(6.14c)即可得到总剪力墙在 3 种典型水平荷载作用下的内力 M_w 和 V_w。

由式(6.18)至式(6.20)可知，剪力墙位移 y，内力 M_w、V_w 均是 λ、ξ 的函数，计算起来比较烦琐，为方便计算，给出 3 种典型荷载作用下 y、M_w、V_w 的计算图表(图 6.10 至图 6.18)，设计时便可直接查用。

$$M_w=\begin{cases}\dfrac{qH^2}{\lambda^2}\left[\dfrac{\lambda\,\mathrm{sh}\lambda+1}{\mathrm{ch}\lambda}\mathrm{ch}(\lambda\xi)-\lambda\,\mathrm{sh}(\lambda\xi)-1\right]（均布荷载）\\ \dfrac{qH^2}{\lambda^2}\left[\left(1+\dfrac{1}{2}\lambda\,\mathrm{sh}\lambda-\dfrac{\mathrm{sh}\lambda}{\lambda}\right)\dfrac{\mathrm{ch}(\lambda\xi)}{\mathrm{ch}\lambda}-\left(\dfrac{\lambda}{2}-\dfrac{1}{\lambda}\right)\mathrm{sh}(\lambda\xi)-\xi\right]（倒三角形分布荷载）\\ PH\left[\dfrac{\mathrm{sh}\lambda}{\lambda\,\mathrm{ch}\lambda}\mathrm{ch}(\lambda\xi)-\dfrac{1}{\lambda}\mathrm{sh}(\lambda\xi)\right]（顶部集中荷载）\end{cases}\tag{6.19}$$

$$V_w=\begin{cases}\dfrac{qH}{\lambda}\left[\lambda\,\mathrm{ch}(\lambda\xi)-\dfrac{1+\lambda\,\mathrm{sh}\lambda}{\mathrm{ch}\lambda}\mathrm{sh}(\lambda\xi)\right]（均布荷载）\\ -\dfrac{qH}{\lambda^2}\left[\left(1+\dfrac{\lambda\,\mathrm{sh}\lambda}{2}-\dfrac{\mathrm{sh}\lambda}{\lambda}\right)\dfrac{\lambda\,\mathrm{sh}(\lambda\xi)}{\mathrm{ch}\lambda}-\left(\dfrac{\lambda}{2}-\dfrac{1}{\lambda}\right)\lambda\,\mathrm{ch}(\lambda\xi)-1\right]（倒三角形分布荷载）\\ P\left[\mathrm{ch}(\lambda\xi)-\dfrac{\mathrm{sh}\lambda}{\mathrm{ch}\lambda}\mathrm{sh}(\lambda\xi)\right]（顶部集中荷载）\end{cases}\tag{6.20}$$

图 6.10 至图 6.18 并没有直接给出位移 y、弯矩 M_w 和剪力 V_w 的值，而是位移系数 $y(\xi)/f_H$、弯矩系数 $M_w(\xi)/M_0$ 和剪力系数 $V_w(\xi)/V_0$，这里 f_H 是剪力墙单独承受水平荷载时在顶点产生的侧移，M_0、V_0 为水平荷载在剪力墙底部产生的总弯矩和总剪力。3 种不同荷载所对应的 f_H、M_0、V_0 均分别示于相应的图中。计算时首先根据结构刚度特征值 λ 及所求截面相对坐标 ξ 从图 6.10 至图 6.18 中分别查出各系数，然后根据下列式子求得结构该截面处的位移及内力：

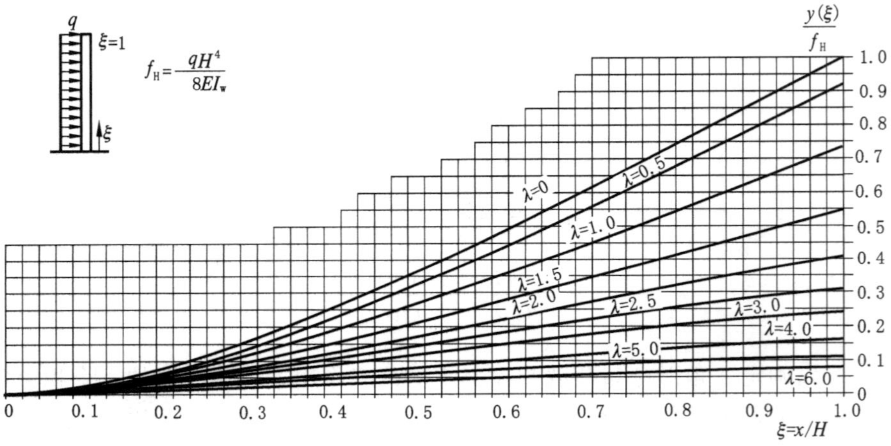

图 6.10　均布荷载作用下剪力墙的位移系数

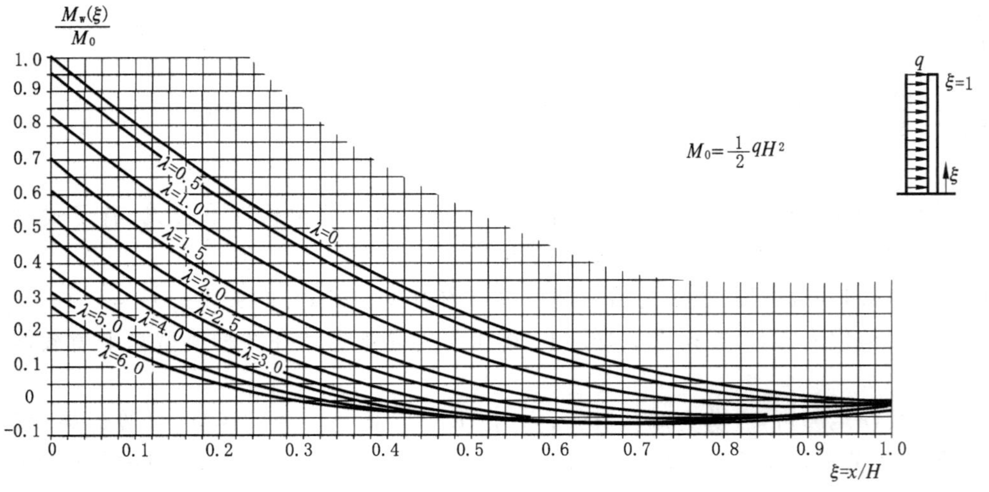

图 6.11　均布荷载作用下剪力墙的弯矩系数

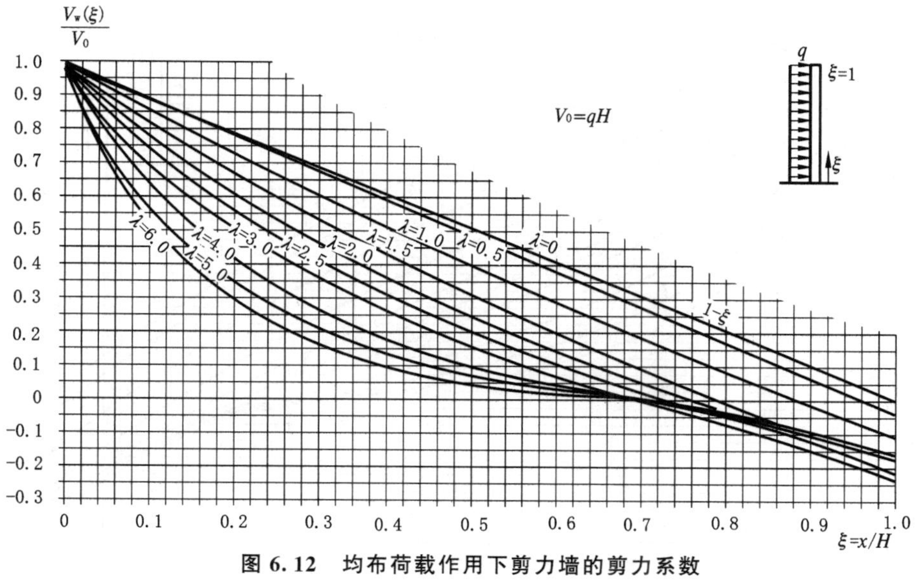

图 6.12 均布荷载作用下剪力墙的剪力系数

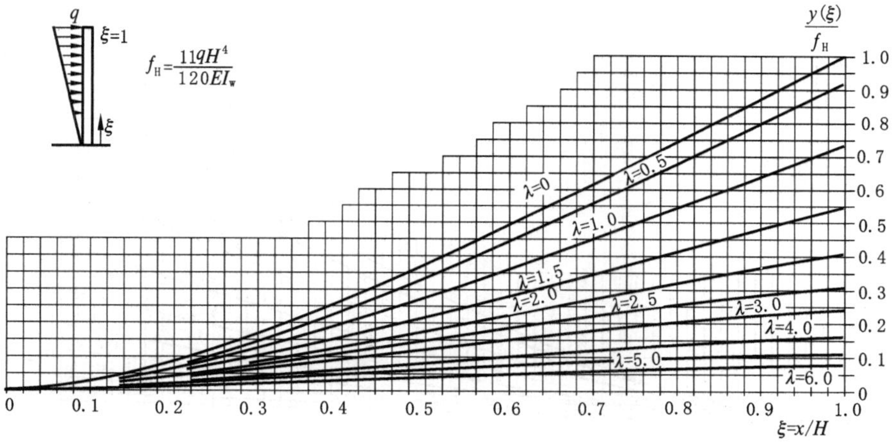

图 6.13 倒三角形荷载作用下剪力墙的位移系数

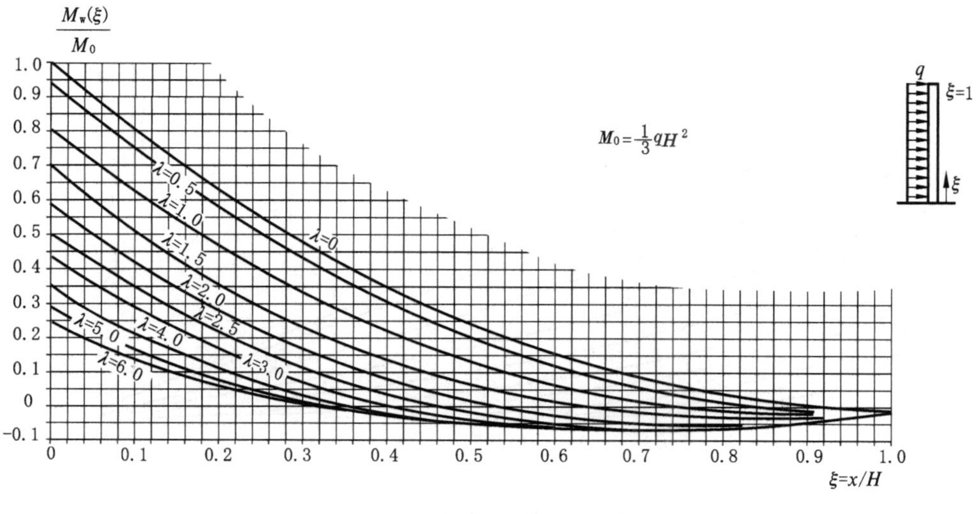

图 6.14 倒三角形荷载作用下剪力墙的弯矩系数

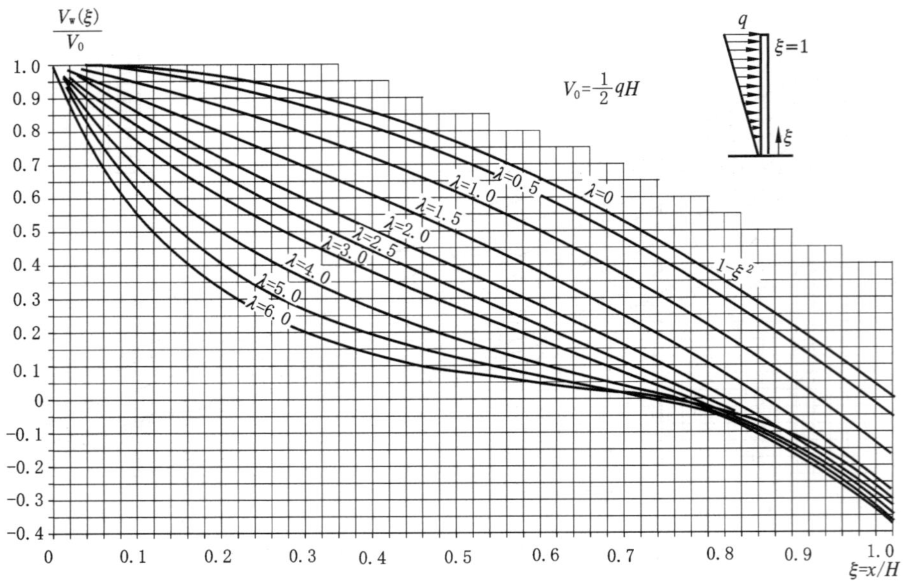

图 6.15 倒三角形荷载作用下剪力墙的剪力系数

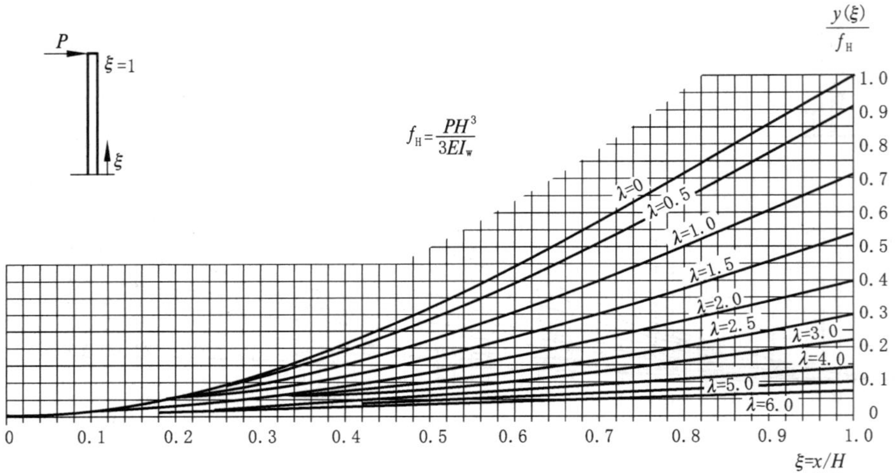

图 6.16 集中荷载作用下剪力墙的位移系数

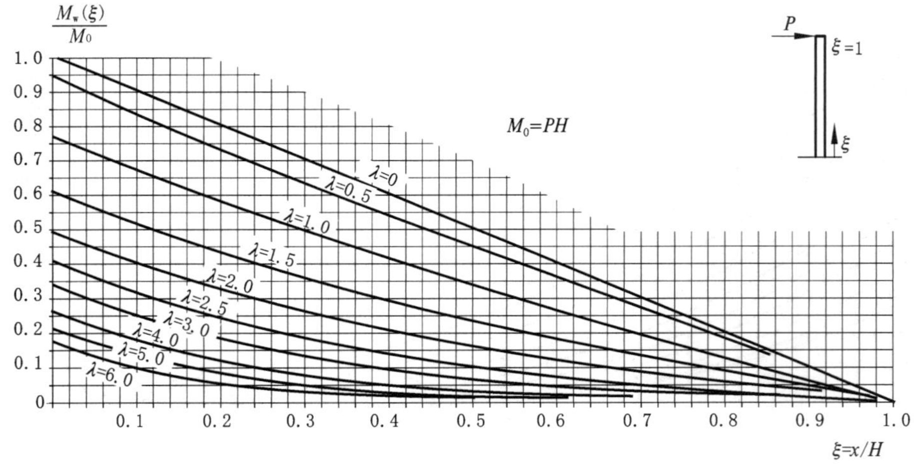

图 6.17 集中荷载作用下剪力墙的弯矩系数

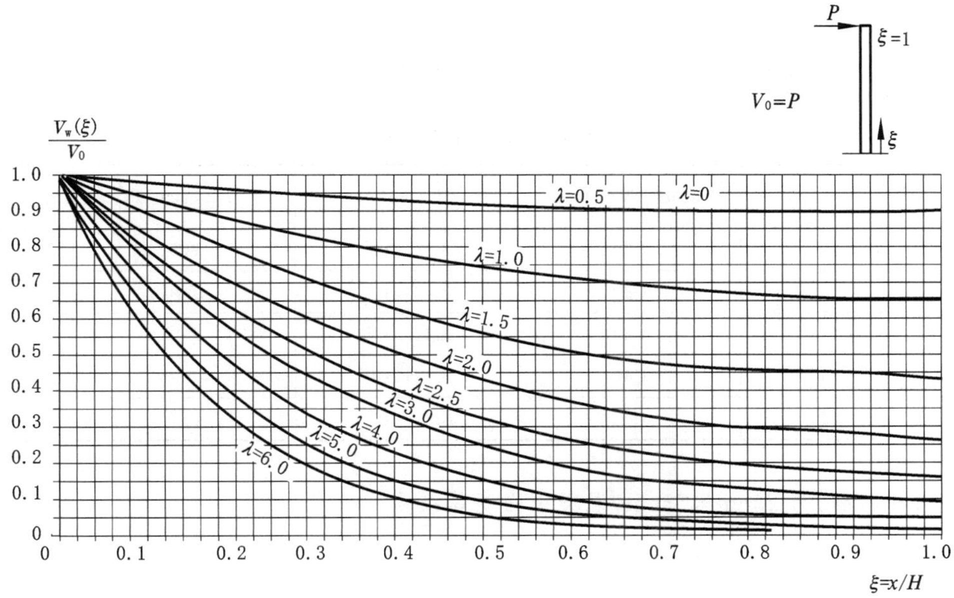

图 6.18　集中荷载作用下剪力墙的剪力系数

$$\left.\begin{aligned} y &= \left[\frac{y(\xi)}{f_H}\right] f_H \\ M_w &= \left[\frac{M_w(\xi)}{M_0}\right] M_0 \\ V_w &= \left[\frac{V_w(\xi)}{V_0}\right] V_0 \end{aligned}\right\} \tag{6.21}$$

总框架的剪力可直接由总剪力减去剪力墙的剪力得到：

$$V_f = V_p(\xi) - V_w(\xi) = \begin{cases} (1-\xi)qH - V_w(\xi)\text{(均布荷载)} \\ \dfrac{1}{2}(1-\xi^2)qH - V_w(\xi)\text{(倒三角形分布荷载)} \\ P - V_w(\xi)\text{(顶部集中荷载)} \end{cases} \tag{6.22}$$

【例 6.1】　某 12 层住宅楼，底层层高 6m，标准层层高 3m，顶层层高 3.8m。底层自重为 8344.6kN，2～10 层自重为 6733.8kN，11 层自重为 7076.4kN，顶层自重为 5431.2kN，结构布置如图 6.19 所示（仅画出一半，另一半为对称）。设计烈度为 8 度，Ⅰ类场地，设计地震分组为第二组，结构基本自振周期为 1.37s。计算横向地震作用下（Y 向）框架-剪力墙的内力。

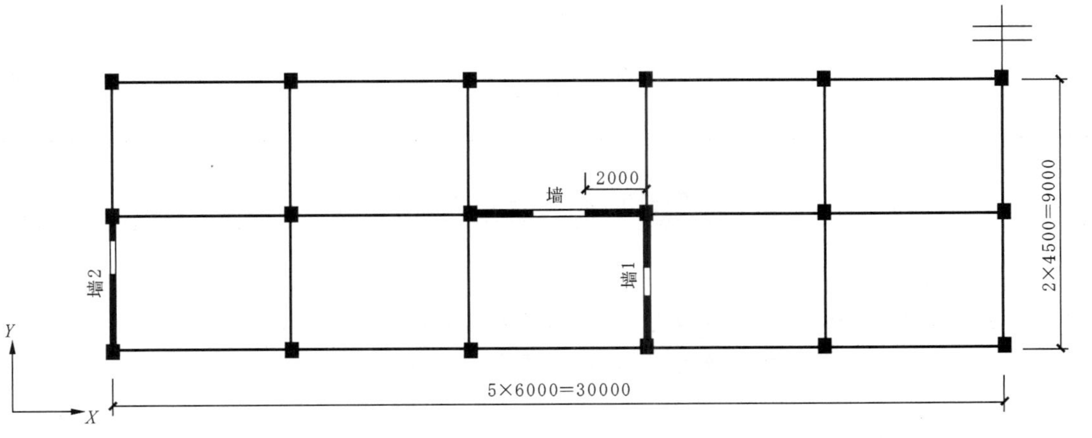

图 6.19　例 6.1 平面简图

【解】

(1)柱截面特性计算

柱截面特性计算结果列于表 6.2。

柱截面特性计算结果 **表 6.2**

层数	截面尺寸(cm)	混凝土强度等级	$I_c(cm^2)$	$I_c/h(cm^2)$	$i_c=E\frac{I_c}{h}(kN\cdot m)$
12	45×45	C20	3.42×10^5	900	2.30×10^4
8～11	45×45	C20	3.42×10^5	1140	2.91×10^4
4～7	45×45	C30	3.42×10^5	1140	3.36×10^4
2～3	45×45	C40	3.42×10^5	1140	3.70×10^4
1	50×50	C40	5.21×10^5	867	2.82×10^4

梁截面尺寸(宽×高)为 25cm×55cm,混凝土强度等级为 C20 级。

$$I_b = 25\times55^3\times\frac{1.2}{12} = 4.16\times10^5\,cm^4$$

$$i_b = E\frac{I_b}{l} = 2.55\times10^4\times\frac{4.16\times10^5}{450} = 2.36\times10^4\,kN\cdot m$$

(2)框架刚度计算

采用 D 值法计算。由图 6.19 可知中柱 7 根,边柱 22 根。

标准层:$\alpha=\dfrac{K}{(2+K)}, K=\dfrac{\sum i_b}{2i_c}$;

底层:$\alpha=\dfrac{(0.5+K)}{(2+K)}, K=\dfrac{\sum i_b}{i_c}$;

框架刚度:$C_f=Dh=\dfrac{\sum 12\alpha i_c}{h}$。

其计算结果列于表 6.3。

框架刚度计算结果 **表 6.3**

楼层	中柱			边柱			总刚度
	K	α	$C(kN)$	K	α	$C(kN)$	$C_f(kN)$
12	2.050	0.506	2.570×10^5	1.025	0.339	4.400×10^5	7.000×10^5
8～11	1.622	0.448	3.650×10^5	0.811	0.289	6.060×10^5	9.710×10^5
4～7	1.404	0.413	3.880×10^5	0.702	0.260	6.290×10^5	10.170×10^5
2～3	1.276	0.390	4.040×10^5	0.638	0.242	6.450×10^5	10.490×10^5
1	1.672	0.591	2.330×10^5	0.836	0.471	4.780×10^5	7.110×10^5

平均总刚度 $C_f=\dfrac{7.0\times3.8+9.71\times12+10.17\times12+10.49\times6+7.11\times6}{39.8}\times10^5=93.16\times10^4\,kN$

(3)剪力墙刚度计算

剪力墙厚度一律取 20cm,混凝土等级与柱相同,剪力墙截面见图 6.20。

根据《混凝土结构设计规范》相关规定,有效翼缘宽度取 2.0m。

墙 1:

首层:$I_w=6.53m^4, EI_w=6.53\times3.25\times10^7=21.2\times10^7\,kN\cdot m^2$

2～3 层:$I_w=5.73m^4, EI_w=18.5\times10^7\,kN\cdot m^2$

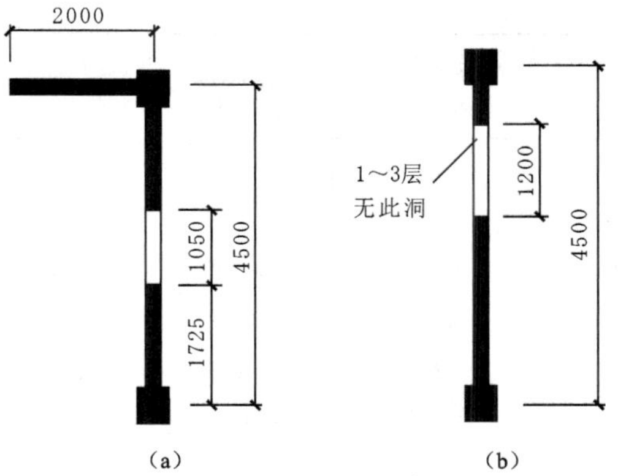

图 6.20　剪力墙截面图

(a)墙 1;(b)墙 2

4～7 层：$I_w=5.73m^4$，$EI_w=16.8\times10^7kN\cdot m^2$

8～12 层：$I_w=5.73m^4$，$EI_w=14.5\times10^7kN\cdot m^2$

$$\text{平均 }EI_w=\frac{(21.2\times6+18.5\times6+16.8\times12+14.5\times15.8)\times10^7}{39.8}=16.8\times10^7kN\cdot m^2$$

墙 2：

首层：$I_w=5.30m^4$，$EI_w=5.3\times3.25\times10^7=17.2\times10^7kN\cdot m^2$

2～3 层：$I_w=4.52m^4$，$EI_w=14.7\times10^7kN\cdot m^2$

4～7 层：$I_w=3.93m^4$，$EI_w=11.60\times10^7kN\cdot m^2$

8～12 层：$I_w=3.93m^4$，$EI_w=10.04\times10^7kN\cdot m^2$

平均 $EI_w=12.29\times10^7kN\cdot m^2$

墙 1、墙 2 各两片，总剪力墙刚度 $\sum EI_w=58.2\times10^7kN\cdot m^2$

(4)地震作用计算

查表 3.9，得 $T_g=0.3s$；查表 3.8，得 $\alpha_{max}=0.16$。

按铰接体系(不考虑梁的约束弯矩)计算地震作用，已知计算自振周期 1.37s，修正周期 $T_1=0.8\times1.37=1.1s$。

阻尼比为 0.05，由图 3.2，$\alpha_1=(T_g/T)^{0.9}\alpha_{max}=(0.3/1.1)^{0.9}\times0.16=0.05$。

由式(3.9)，结构底部剪力(总地震作用)为：

$$F_{EK}=\alpha_1G_{eq}=0.05\times0.85\times81456.4=3461.9kN$$

顶层附加地震作用：

$$\Delta F_n=(0.08T_1+0.07)F_{EK}=0.158\times3461.9=547kN$$

地震作用沿高度分布，由式(3.10)计算：

$$F_i=\frac{(F_{EK}-\Delta F_n)G_ih_i}{\sum G_ih_i}=2915\times\frac{G_ih_i}{\sum G_ih_i}$$

F_i、V_i、F_ih_i 值计算见表 6.4，其中顶层的地震作用为 $F_i+\Delta F_n$。

各层地震作用计算结果 **表 6.4**

层数	h_i(m)	G(kN)	$G_ih_i\times10^5$ (kN·m)	$\frac{G_ih_i}{\sum G_ih_i}$	F_i(kN)	V_i(kN)	$F_ih_i\times10^3$ (kN·m)
12	39.8	5431.2	2.16	0.1205	898.0	898.0	35.74
11	36	7076.4	2.54	0.1417	413.1	1311.1	14.89
10	33	6733.8	2.22	0.1239	361.1	1672.2	11.91

续表6.4

层数	h_i(m)	G(kN)	$G_ih_i\times10^5$ (kN·m)	$\frac{G_ih_i}{\sum G_ih_i}$	F_i(kN)	V_i(kN)	$F_ih_i\times10^3$ (kN·m)
9	30	6733.8	2.02	0.1127	328.4	2000.6	9.84
8	27	6733.8	1.82	0.1015	295.5	2296.1	7.98
7	24	6733.8	1.62	0.0904	263.4	2559.5	6.32
6	21	6733.8	1.41	0.0790	230.5	2790.0	4.84
5	18	6733.8	1.21	0.0675	196.6	2986.6	3.54
4	15	6733.8	1.01	0.0564	164.3	3150.9	2.47
3	12	6733.8	0.808	0.0451	131.3	3282.2	1.58
2	9	6733.8	0.605	0.0338	98.3	3379.5	0.88
1	6	8344.6	0.500	0.0280	81.4	3461.9	0.49
$\sum$		81456.4	17.92		3461.9		100.45

按基底等弯矩将楼层集中力折算成倒三角形分布荷载，得到顶部分布荷载最大值。

$$q=\frac{3M_0}{H^2}=\frac{3\times100.45\times10^3}{39.8^2}=190.2\text{kN/m}$$

(5)框架-剪力墙协同工作计算

由 λ 值及荷载类型查图表计算内力。

$$\lambda=H\sqrt{\frac{C_f}{\sum EI_w}}=39.8\sqrt{\frac{93.16\times10^4}{58.2\times10^7}}=1.592$$

①各层剪力墙底截面内力 M_w、V_w，倒三角形分布荷载下的系数查图 6.14 及图 6.15。

②表 6.3 中框架层剪力按下式计算，系数$\frac{V_f'}{V_0}$由下式中括号内数据计算：

$$V_f'=\left(\frac{V_f'}{V_0}\right)\times V_0=V-V_w=\frac{qH(1-\xi^2)}{2}-V_w=\left[(1-\xi^2)-\frac{V_w}{V_0}\right]\times V_0$$

③各层总框架柱剪力 V_f 应由上、下楼层处 V_f'值平均计算。

$$V_{fi}=\frac{V'_{fi-1}+V_{fi}'}{2}$$

计算结果见表 6.5。

各层地震作用计算结果 **表 6.5**

层数	标高 (mm)	$\xi=\frac{x}{H}$	$\frac{M_w}{M_0}$	$M_w\times10^3$ (kN·m)	$\frac{V_w}{V_0}$	$V_w\times10^3$ (kN)	$\frac{V_f'}{V_0}$	$V_f'\times10^3$ (kN)	$V_f\times10^3$ (kN)
12	39.8	1.0	0	0	−0.28	−1.06	0.28	1.06	1.08
11	36	0.905	−0.02	−2.01	−0.11	−0.42	0.29	1.10	1.18
10	33	0.829	−0.025	−2.51	−0.02	−0.08	0.33	1.25	1.18
9	30	0.754	−0.02	−2.01	0.14	0.53	0.29	1.10	1.10
8	27	0.679	0.015	1.51	0.25	0.95	0.29	1.10	1.06
7	24	0.603	0.04	4.02	0.35	1.33	0.27	1.02	1.06
6	21	0.528	0.08	8.04	0.43	1.63	0.29	1.10	1.08
5	18	0.452	0.14	14.1	0.52	1.97	0.28	1.06	1.02
4	15	0.377	0.20	20.1	0.60	2.27	0.26	0.98	0.93

续表6.5

层数	标高 (mm)	$\xi=\frac{x}{H}$	$\frac{M_w}{M_0}$	$M_w\times10^3$ (kN·m)	$\frac{V_w}{V_0}$	$V_w\times10^3$ (kN)	$\frac{V_f'}{V_0}$	$V_f'\times10^3$ (kN)	$V_f\times10^3$ (kN)
3	12	0.302	0.27	27.1	0.68	2.57	0.23	0.87	0.82
2	9	0.226	0.34	34.2	0.75	2.84	0.20	0.76	0.65
1	6	0.151	0.44	44.2	0.84	3.18	0.14	0.53	0.27
	0	0	0.67	67.3	1.0	3.78	0	0	

6.2.3 按刚接体系框剪结构的内力计算

在框剪结构铰接体系中连杆对墙肢没有约束作用。当考虑连杆对剪力墙有约束弯矩作用时，框剪结构就可以简化为图 6.21(a)所示的刚接体系。铰接体系与刚接体系相同之处是总剪力墙与总框架通过连杆传递之间的相互作用力，不同之处是在刚接体系中连杆对总剪力墙的弯曲有一定的约束作用。

在框架-剪力墙刚接体系中，将连杆切开后，连杆中除有轴向力外还有剪力和弯矩。将剪力和弯矩对总剪力墙墙肢截面形心轴取矩，就得到对墙肢的约束弯矩 M_i。连杆轴向力 P_{fi} 和约束弯矩 M_i 都是集中力，作用在楼层处，计算时需将其在层高内连续化，这样便得到了图 6.21(d)所示的计算简图。

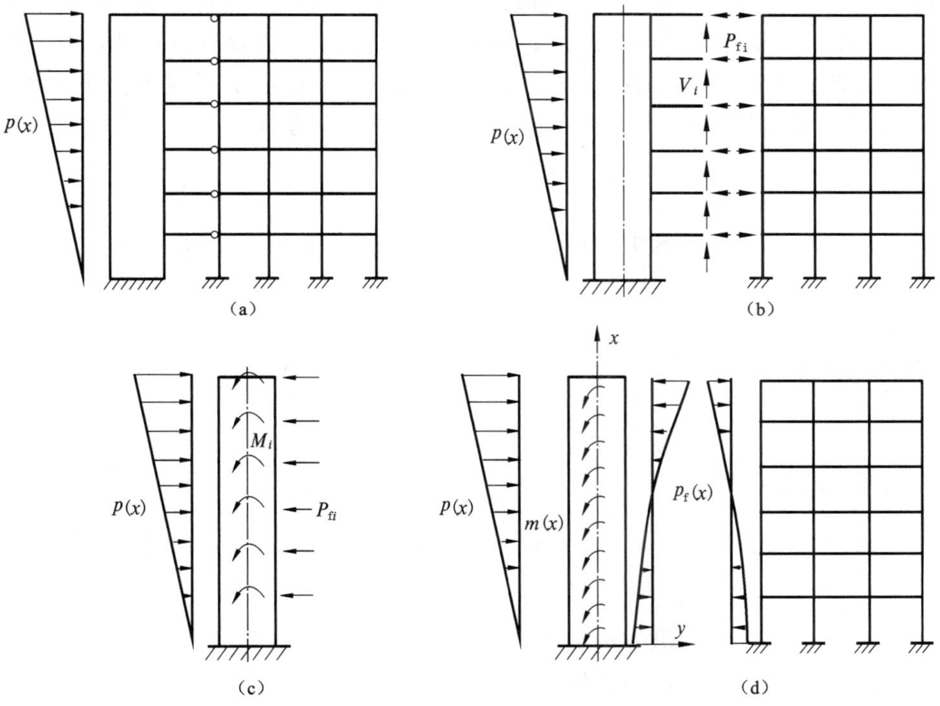

图 6.21 刚接体系计算简图

如图 6.22 所示，在框架-剪力墙结构刚接体系中，形成刚接连杆的连梁有两种，一种是连接墙肢与框架的连梁，另一种是连接墙肢与墙肢的连梁。这两种连梁都可以简化为带刚域的梁，如图 6.23 所示。

约束弯矩系数 m 为当梁端有单位转角时，梁端产生的约束弯矩。约束弯矩系数表达式如下，式中所有符号的意义见图 6.23。

$$\left.\begin{aligned} m_{12}&=\frac{1+a-b}{(1+\beta)(1-a-b)^3}\frac{6EI}{l}\\ m_{21}&=\frac{1-a+b}{(1+\beta)(1-a-b)^3}\frac{6EI}{l}\end{aligned}\right\}\tag{6.23}$$

在上式中令 $b=0$，则得到仅在一端带有刚性段的梁端约束弯矩系数为：

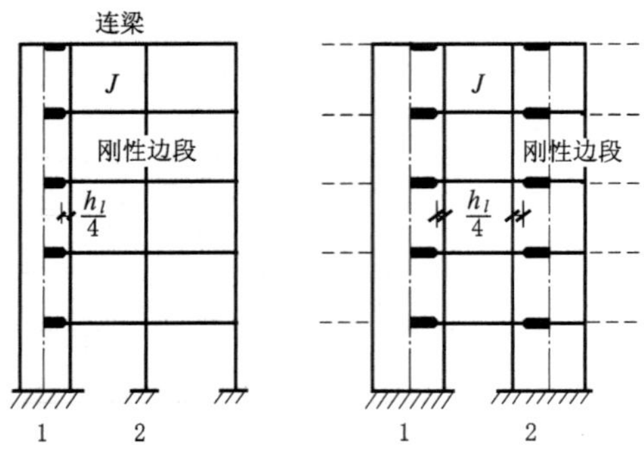

图 6.22　两种连梁

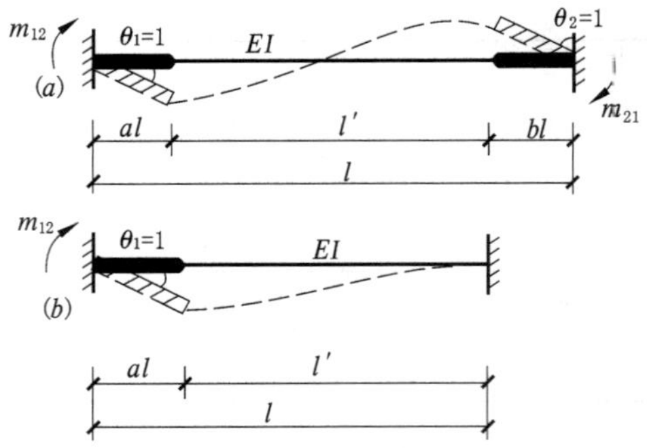

图 6.23　带刚域连梁

$$\left.\begin{aligned} m_{12} &= \frac{1+a}{(1+\beta)(1-a)^3}\frac{6EI}{l} \\ m_{21} &= \frac{1-a}{(1+\beta)(1-a)^3}\frac{6EI}{l} \end{aligned}\right\} \tag{6.24}$$

式中　$\beta=\dfrac{12\mu EI}{GAl'^2}$——考虑剪切变形时的影响系数，如果不考虑剪切变形的影响，可令 $\beta=0$。

由式(6.23)和(6.24)计算出连梁的弯矩往往较大，按此弯矩对梁进行配筋时，所需要的钢筋量也很多。为了减少配筋量，在工程实际中允许考虑连梁的塑性变形能力，对连梁进行塑性调幅。调幅的办法是对连梁刚度予以降低，即在式(6.23)和式(6.24)中用 $\beta_h EI$ 代替 EI，这里 β_h 取值不宜小于 0.5。

由梁端约束弯矩系数的定义可知，当梁端有转角 θ 时，梁端约束弯矩为：

$$\left.\begin{aligned} M_{12} &= m_{12}\theta \\ M_{21} &= m_{21}\theta \end{aligned}\right\} \tag{6.25}$$

上式给出的梁端约束弯矩为集中约束弯矩，为便于用微分方程求解，要把它简化为沿层高 h 均布的分布弯矩：$m_i(x)=\dfrac{M_{abi}}{h}=\dfrac{m_{abi}}{h}\theta(x)$。

某一层内总约束弯矩为：

$$m=\sum_{i=1}^{n} m_i(x)=\sum_{i=1}^{n}\frac{m_{abi}}{h}\theta(x) \tag{6.26}$$

式中　n——与墙肢相交的结点数；

$\sum\limits_{i=1}^{n}\dfrac{m_{abi}}{h}$——连梁总约束刚度。$m_{ab}$ 中下标 a、b 分别代表“1”或“2”，即当连梁两端与墙肢相连时，m_{ab} 是指 m_{12} 或 m_{21}。

如果框架部分的层高及杆件截面沿结构高度不变化，则连梁的约束刚度是常数，但实际结构中各层的 m_{ab} 是不相同的，这时应取各层约束刚度的加权平均值。

在图 6.21(d)所示的刚接体系计算简图中，连梁线性约束弯矩在总剪力墙 x 高度的截面处产生的弯矩为：

$$M_m(x)=-\int_x^H m\,dx$$

产生此弯矩所对应的剪力和荷载分别为：

$$V_m(x)=-\frac{dM_m}{dx}=-m=-\sum_{i=1}^{n}\frac{m_{abi}}{h}\theta(x)=-\sum_{i=1}^{n}\frac{m_{abi}}{h}\frac{dy}{dx} \tag{6.27a}$$

$$p_m(x)=-\frac{dV_m}{dx}=\sum_{i=1}^{n}\frac{m_{abi}}{h}\frac{d^2y}{dx^2} \tag{6.27b}$$

式中　$V_m(x)$，$p_m(x)$——“等代剪力”，“等代荷载”，分别代表刚性连梁的约束弯矩作用所承受的剪力和荷载。

在连梁约束弯矩影响下，总剪力墙内力与弯曲变形的关系可参照下式：

$$EI_{\mathrm{w}}\frac{\mathrm{d}^4 y}{\mathrm{d}x^4}=p(x)-p_{\mathrm{f}}(x)+p_{\mathrm{m}}(x) \tag{6.28}$$

式中 $p(x)$——外荷载；

$p_{\mathrm{f}}(x)$——总框架与总剪力墙之间的相互作用力，由式(6.9)确定。

则有：

$$EI_{\mathrm{w}}\frac{\mathrm{d}^4 y}{\mathrm{d}x^4}=p(x)+C_{\mathrm{f}}\frac{\mathrm{d}^2 y}{\mathrm{d}x^2}+\sum_{i=1}^{n}\frac{m_{\mathrm{ab}i}}{h}\frac{\mathrm{d}^2 y}{\mathrm{d}x^2}$$

整理后有：

$$\frac{\mathrm{d}^4 y}{\mathrm{d}x^4}-\frac{\left(C_{\mathrm{f}}+\sum_{i=1}^{n}\frac{m_{\mathrm{ab}i}}{h}\right)}{EI_{\mathrm{w}}}\frac{\mathrm{d}^2 y}{\mathrm{d}x^2}=\frac{p(x)}{EI_{\mathrm{w}}} \tag{6.29}$$

为叙述方便引入记号：

$$\xi=x/H \tag{6.30a}$$

$$\lambda=H\sqrt{\frac{C_{\mathrm{f}}+\sum_{i=1}^{n}\frac{m_{\mathrm{ab}i}}{h}}{EI_{\mathrm{w}}}} \tag{6.30b}$$

则方程(6.29)可化为：

$$\frac{\mathrm{d}^4 y}{\mathrm{d}\xi^4}-\lambda^2\frac{\mathrm{d}^2 y}{\mathrm{d}\xi^2}=\frac{p(\xi)H^4}{EI_{\mathrm{w}}} \tag{6.31}$$

上式即为刚接体系的微分方程，此式与铰接体系所对应的微分方程是完全相同的，因此铰接体系微分方程的解及图 6.10 至图 6.18 对刚接体系也都适用，但应用时应注意下列问题：

①λ 值计算不同。λ 值按式(6.30b)计算。

②内力计算不同。图 6.10 至图 6.18 并没有直接给出总剪力墙分配到的剪力 V_{w}。要求出 V_{w} 需进行一些变换。

在刚接体系中，由于连梁对剪力墙有一定的约束作用，这种关系可写为：

$$EI_{\mathrm{w}}\frac{\mathrm{d}^3 y}{\mathrm{d}\xi^3}=-V_{\mathrm{w}}+m(\xi)=-V'_{\mathrm{w}} \tag{6.32}$$

V'_{w}可通过查图 6.10 至图 6.18 得到，如果知道了 $m(\xi)$，就可以借助上式求出剪力墙分配到的剪力 V_{w}。

在刚接体系中，由结构任意高度处水平方向力的平衡条件可得：

$$V_{\mathrm{p}}=V'_{\mathrm{w}}+m+V_{\mathrm{f}} \tag{6.33}$$

令

$$V'_{\mathrm{f}}=m+V_{\mathrm{f}} \tag{6.34}$$

则式(6.33)可以变成

$$V_{\mathrm{p}}=V'_{\mathrm{w}}+V'_{\mathrm{f}} \tag{6.35}$$

即

$$V'_{\mathrm{f}}=V_{\mathrm{p}}-V'_{\mathrm{w}} \tag{6.36}$$

由式(6.32)至式(6.36)可归纳出刚接体系中总剪力在总剪力墙和总框架中的分配计算步骤如下：

①由刚接体系的刚度特征值 λ 和某一截面处的无量纲量 ξ，查图 6.12、图 6.15 和图 6.18 得到剪力系数，确定 V'_{w}；

②由式(6.36)计算 V'_{f}；

③根据总框架的抗侧移刚度和总连梁的约束刚度按比例分配 V'_{f}，得到总框架和总连梁的剪力：

$$V_{\mathrm{f}}=\frac{C_{\mathrm{f}}}{C_{\mathrm{f}}+\sum_{i=1}^{n}\frac{m_{\mathrm{ab}i}}{h}}V'_{\mathrm{f}} \tag{6.37a}$$

$$m=\frac{\sum_{i=1}^{n}\frac{m_{abi}}{h}}{C_f+\sum_{i=1}^{n}\frac{m_{abi}}{h}}V'_f \tag{6.37b}$$

④由式(6.32)确定总剪力墙分配到的剪力 $V_w=V'_w+m$。

利用铰接体系的计算图 6.10 至图 6.18,按照步骤①至④就可以将总剪力分配给总框架梁、总剪力墙及总连梁。

6.2.4 内力分配计算

(1)剪力墙内力分配计算

由框架-剪力墙协同工作计算求得总剪力墙的弯矩 M_w 和剪力 V_w 后,按各片墙的等效抗弯刚度 EI_{eqj} 分配,即得各片剪力墙的内力:

$$M_{wij}=\frac{EI_{eqj}}{\sum_{k=1}^{n}EI_{eqk}}M_{wi} \tag{6.38a}$$

$$V_{wij}=\frac{EI_{eqj}}{\sum_{k=1}^{n}EI_{eqk}}V_{wi} \tag{6.38b}$$

式中 M_{wij},V_{wij}——第 i 层第 j 个墙肢分配到的弯矩和剪力;

n——墙肢总数。

(2)框架梁、柱内力计算

由框架-剪力墙协同工作关系确定总框架所承担的剪力 V_f 后,可按各柱的抗侧移刚度 D 值把 V_f 分配到各柱,这里的 V_f 应当是柱反弯点标高处的剪力,但实际计算中为简化计算,常近似地取各层柱的中点为反弯点的位置,用各楼层上、下两层楼板标高处的剪力 V_{fi} 取平均值作为该层柱中点处剪力。因此,第 i 层第 j 个柱子的剪力为:

$$V_{cij}=\frac{D_j}{\sum_{j=1}^{k}D_j}\frac{V_{fi}+V_{f,i-1}}{2} \tag{6.39}$$

式中 k——第 i 层中柱子总数;

V_{fi},$V_{f,i-1}$——第 i 层柱柱顶与柱底楼板标高处框架的总剪力。

求得各柱的剪力之后即可确定柱端弯矩,再根据节点平衡条件,由上、下柱端弯矩求得梁端弯矩,再由梁端弯矩确定梁端剪力;由各层框架梁的梁端剪力可以求得各柱轴向力。

(3)刚接连梁内力计算

式(6.37b)给出的连梁约束弯矩 m 是沿结构高度连续分布的,在计算刚接连梁的内力时首先应该把各层高范围内的约束弯矩集中成弯矩 M 作用在连梁上,再根据刚接连梁的梁端刚度系数将 M 按比例分配给各连梁;如果第 i 层有 n 个刚接点即有 n 个梁端与墙肢相连,则第 j 个梁端的弯矩为:

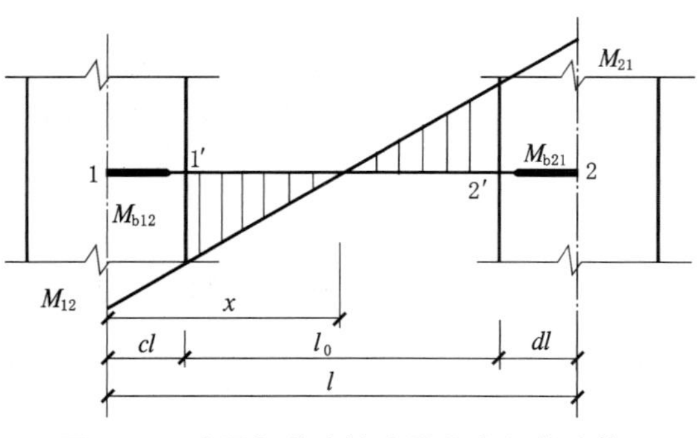

图 6.24 连梁与剪力墙边界处弯矩的计算

$$M_{ij\text{ab}}=\frac{m_{j\text{ab}}}{\sum_{j=1}^{n}m_{j\text{ab}}}m_ih_i \tag{6.40}$$

式中 h_i——第 i 层的层高;

m_{ab}——表示 m_{12} 或 m_{21}。

由式(6.40)计算出的弯矩是连梁在剪力墙轴线处的弯矩,而连梁的设计内力应该取剪力墙边界处的值,因此还应该把式(6.38)给出的弯矩换算到墙边界处,如图 6.24 所示,由比例关系可确定连梁设计弯矩:

$$\left.\begin{aligned}M_{b12}&=\frac{x-cl}{x}M_{12}\\M_{b21}&=\frac{l-x-dl}{l-x}M_{21}\end{aligned}\right\}\tag{6.41}$$

式中　x——连梁反弯点到左侧墙肢轴线的距离，

$$x=\frac{M_{12}}{M_{12}+M_{21}}l$$

连梁剪力设计值可以用连梁在墙边处的弯矩表示为：

$$V_b=\frac{M_{b12}+M_{b21}}{l'}\tag{6.42}$$

也可以用连梁在剪力墙轴线处的弯矩来表示：

$$V_b=\frac{M_{12}+M_{21}}{l}\tag{6.43}$$

式(6.42)和式(6.43)是完全等价的。

在框架-剪力墙协同工作计算体系中，组成总剪力墙的各片剪力墙常含有双肢墙，下面简要介绍一下双肢墙的一种简化计算步骤：

(1)在双肢墙与框架协同工作分析时，可近似按顶点位移相等的条件求出双肢墙换算为无洞口墙的等效刚度，再与其他墙和框架一起协同计算。

(2)由协同计算求得双肢墙的基底弯矩，可按基底等弯矩求倒三角形分布的等效荷载，然后求出双肢墙各部分的内力。

按基底等弯矩求等效荷载时，基底剪力应与实际剪力值相近，如相差太大则可按两种荷载分布情况求等效荷载然后叠加。

(3)由等效荷载求各层连梁的剪力及连梁对墙肢的约束弯矩。

(4)计算墙肢各层截面内的弯矩。

(5)双肢墙内力按各墙肢的等效抗弯刚度在两肢间分配。

6.3　框架-剪力墙结构协同工作性能

6.3.1　结构的侧向位移特征

如第6.1节所述，在框架结构中设置部分剪力墙组成框架-剪力墙结构，既可以改善结构的受力性能，增强抵抗地震作用的能力，又可以改善结构的层间位移，因而在高层建筑结构中有着广泛的应用。

图6.1(c)便是框剪结构的侧移曲线，这类曲线称之为弯剪型。框架与剪力墙的共同工作特点是超静定结构的一种特殊情况。当它们单独承受侧向荷载时，其侧移曲线截然不同，但由于刚性楼板的连接作用，就要求它们必须协调一致。若考虑框架单独承受全部侧向荷载，则为抵抗各楼层的剪力，将在柱与梁内产生弯矩，这时框架将产生图6.1(b)所示的剪切型侧移情况。虽然框架节点要发生转动，但其楼面仍保持水平状态，由于柱轴向变形所引起的倾覆状的变形影响是次要的。由D值法可知，框架结构的层间位移与层总剪力成正比，而越向下，层总剪力越大，故其层间位移亦越大。另一方面，若考虑剪力墙单独承受侧向荷载，则剪力墙各层楼面处的弯矩，将等于外荷载在该楼面标高处产生的倾覆力矩。该力矩与剪力墙纵向变形的曲率成正比。这时剪力墙的侧移形状与悬臂梁位移曲线相同，即弯曲型。当剪力墙与框架共同工作时，由于两者位移必须协调一致，结构侧移曲线即为弯剪型。

框架-剪力墙结构的侧移曲线，随其刚度特征值λ的变化而变化。当λ值很小时(例如$\lambda\leqslant1$)，即综合框架的抗侧移刚度比总剪力墙的等效抗弯刚度小很多时，结构侧移曲线比较接近于剪力墙结构的侧移曲线，即曲线凸向原始位置。反之，当λ值较大时(例如$\lambda\geqslant6$)，即综合框架的抗侧移刚度比综合剪力墙的等

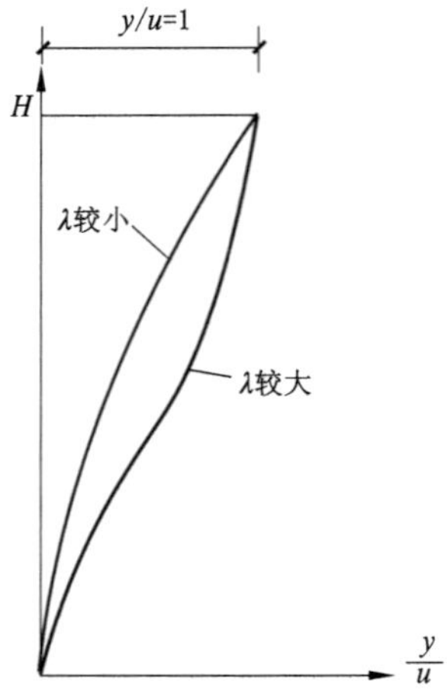

图 6.25 结构侧移曲线

效抗弯刚度大很多时，结构侧移曲线比较接近于框架结构的侧移曲线，即曲线凹向原始位置，如图 6.25 所示。

6.3.2 结构的内力分布特征

作用在整个框架-剪力墙结构上的荷载 p 由综合剪力墙和综合框架共同承担。即

$$p = p_w + p_f$$

因为剪力墙与框架在侧向荷载作用下的变形特征不同，从而导致了 p_w 与 p_f 沿结构高度方向的分布形式与外荷载形式不一致。当剪力墙与框架在同一个建筑物中同时存在时，由于楼板在其平面内刚度无穷大，则两者的最终变形必须协调。因此，两者都有企图阻止对方发生自由变形的趋势，这就必然会在两者之间发生力的重分布，如图 6.26 所示。在结构的顶部，框架在单独受力时侧移曲线的转角较小，而剪力墙在单独受力时侧移曲线的转角较大，但在其顶部却明显受到了框架的“扶持”。在结构的底部，因剪力墙侧移曲线的转角为零，剪力墙提供了极大的刚度，使综合框架所承受的剪力不断减小直至为零。这时，剪力墙所负担的荷载 p_w 大于总水平荷载 p，而框架所承担的荷载 p_f 的作用方向与外荷载 p 的作用方向相反。当然，p_w 与 p_f 的代数和仍等于外荷载 p 值。图 6.27 为均布荷载作用下，外荷载在框架与剪力墙之间的分配。

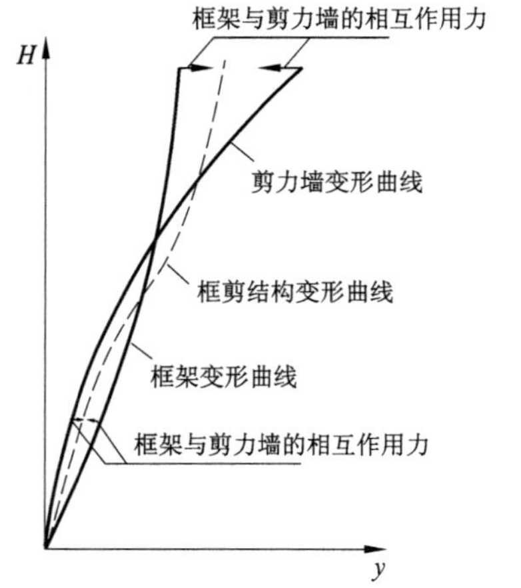

图 6.26 力的重分布

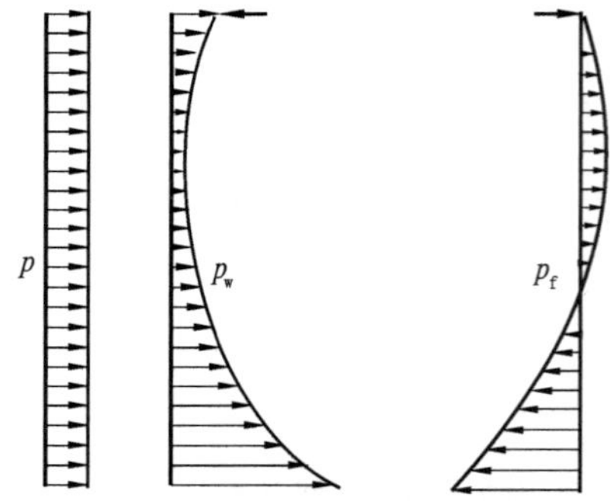

图 6.27 均布荷载下外荷载在框架与剪力墙之间的分配

图 6.28 表示在均布荷载作用下，综合剪力墙和综合框架承受的剪力 V_w、V_f 随结构刚度特征值 λ 的变化情况。值得注意的是，在结构的底部，框架所承受的总剪力总是等于零，外荷载所产生的剪力均由剪力墙承担。在结构的顶部，尽管外荷载所产生的总剪力应等于零，但综合剪力墙的剪力 V_w 和综合框架的剪力 V_f 都不等于零，它们数值相等，方向相反，两者恰好平衡。

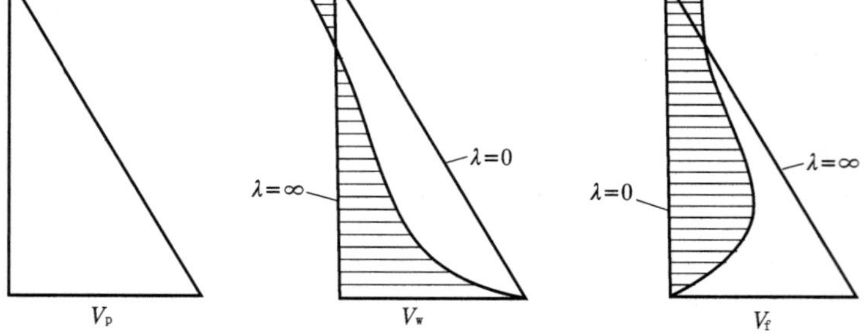

图 6.28 均布荷载下 V_w、V_f 随 λ 的变化

6.4 框架-剪力墙结构构件的截面设计及构造要求

框架-剪力墙结构构件的截面设计及构造要求除满足本节规定外，尚应符合第 4 章和第 5 章的有关规定。

6.4.1 框架部分设计的调整

抗震设计的框架-剪力墙结构，应根据在规定的水平力作用下结构底层框架部分承受的地震倾覆力矩与结构总地震倾覆力矩的比值，确定相应的设计方法，并应符合下列规定：

(1)框架部分承受的地震倾覆力矩不大于结构总地震倾覆力矩的 10%时，按剪力墙结构设计，其中的框架部分应按框架-剪力墙结构的框架进行设计；

(2)当框架部分承受的地震倾覆力矩大于结构总地震倾覆力矩的 10%但不大于 50%时，按框架-剪力墙结构进行设计；

(3)当框架部分承受的地震倾覆力矩大于结构总地震倾覆力矩的 50%但不大于 80%时，按框架-剪力墙结构进行设计，其最大适用高度可比框架结构适当增加，框架部分的抗震等级和轴压比限值宜按框架结构的规定采用；

(4)当框架部分承受的地震倾覆力矩大于结构总地震倾覆力矩的 80%时，按框架-剪力墙结构进行设计，但其最大适用高度宜按框架结构采用，框架部分的抗震等级和轴压比限值应按框架结构的规定采用。

框架-剪力墙结构对应于地震作用标准值的各层框架总剪力应符合下列要求：

(1)框架部分承担的总地震剪力满足式(6.44)要求的楼层，其框架总剪力不必调整；不满足该式要求的楼层，其框架总剪力应按 $0.2V_0$ 和 $1.5V_{f,max}$ 两者的较小值采用：

$$V_f \geqslant 0.2V_0 \tag{6.44}$$

式中 V_0——对框架柱数量从下至上基本不变的规则建筑，应取对应于地震作用标准值的结构底部总剪力；对框架柱数量从下至上分段有规律变化的结构，应取每段底层结构对应于地震作用标准值的总剪力。

V_f——对应于地震作用标准值且未经调整的各层(或某一段内各层)框架承担的地震总剪力。

$V_{f,max}$——对框架柱数量从下至上基本不变的规则建筑，应取对应于地震作用标准值且未经调整的各层框架承担的地震总剪力中的最大值；对框架柱数量从下至上分段有规律变化的结构，应取每段中对应于地震作用标准值且未经调整的各层框架承担的地震总剪力中的最大值。

(2)各层框架所承担的地震总剪力按第(1)条调整后，应按调整前、后剪力的比值调整每根框架柱和与之相连框架梁的剪力及端部弯矩标准值，框架柱的轴力可不予调整。

(3)按振型分解反应谱法计算地震作用时，为便于操作，第(1)条中所规定的调整可在振型组合之后，并满足表 3.11 关于楼层最小地震剪力系数的前提下进行。

6.4.2 截面设计

框架梁柱的截面设计按第 4 章进行；剪力墙的截面设计按第 5 章进行。

6.4.3 剪力墙的配筋构造要求

剪力墙的竖向和水平分布钢筋的配筋率均不应小于 0.25%，并应至少双排布置(具体应根据墙厚确定，可参照剪力墙结构的相关规定)。各排分布钢筋之间应设置拉筋，拉筋直径不应小于 6mm，间距不应大于 600mm。

6.4.4 带边框剪力墙的构造要求

带边框剪力墙的墙板应有足够的厚度以保证其稳定性，一、二级剪力墙的底部加强部位不应小于200mm，在其他情况下，不应小于160mm。若墙板厚度不能满足上述要求，则应验算墙板的稳定性。剪力墙的水平钢筋应全部锚入边框柱内，锚固长度不应小于 l_a（非抗震设计时）或 l_{aE}（抗震设计时）；剪力墙的混凝土强度等级宜与边框柱相同。剪力墙的截面设计应将之作为工字形截面来考虑，故剪力墙端部的纵向钢筋应配置在边框柱截面内。

与剪力墙重合的框架梁可保留，亦可做成宽度与墙厚相同的暗梁，暗梁截面高度可取墙厚的2倍或与该片框架梁截面等高，暗梁的配筋可按构造配置且应符合一般框架梁相应抗震等级的最小配筋要求。

边框柱截面宜与该榀框架其他柱的截面相同，边框柱应符合第4章有关框架柱构造配筋的要求；剪力墙底部加强部位边框柱的箍筋宜沿全高加密；当带边框剪力墙上的洞口紧邻边框柱时，边框柱的箍筋宜沿全高加密。

思考题

6.1 什么是框架-剪力墙结构？为什么框架和剪力墙两者可以协同工作？

6.2 怎样建立框架-剪力墙结构的计算简图？说明框架与剪力墙的区别？

6.3 框架-剪力墙结构协同工作计算的目的是什么？总剪力在单片抗侧力结构间的分配与纯剪力墙结构、纯框架结构有什么区别？

6.4 框架-剪力墙结构协同工作计算的基本假定是什么？建立微分方程的基本未知量是什么？

6.5 什么是刚度特征值 λ？它对框架-剪力墙结构的内力分配、侧移有什么影响？

6.6 当框架或剪力墙沿高度方向刚度变化时，怎样确定 λ 值？

6.7 求解微分方程的边界条件是什么？

6.8 怎么区分铰接体系和刚接体系？在计算内容和计算步骤上有什么不同？

6.9 总框架、总剪力墙和总连梁的刚度如何计算？D 值和 C_f 值物理意义有什么不同？它们有什么关系？

6.10 从图6.10至图6.18中如何查得位移、弯矩及剪力系数？利用查得的位移和内力系数，如何确定铰接体系的位移和内力？如何确定刚接体系的位移和内力？

习题

某6层住宅，层高为3m。每层自重为3250kN，每层结构布置相同，如图6.29所示。抗震设计烈度为7度，Ⅳ类场地，设计地震分组为第二组，结构基本自振周期为1.12s。柱截面尺寸全部为400mm×400mm，混凝土强度等级为C30。梁截面尺寸全部为250mm×400mm，混凝土强度等级为C25。剪力墙厚度为200mm，混凝土强度等级为C30。计算横向地震作用下（Y向）框架-剪力墙的内力。

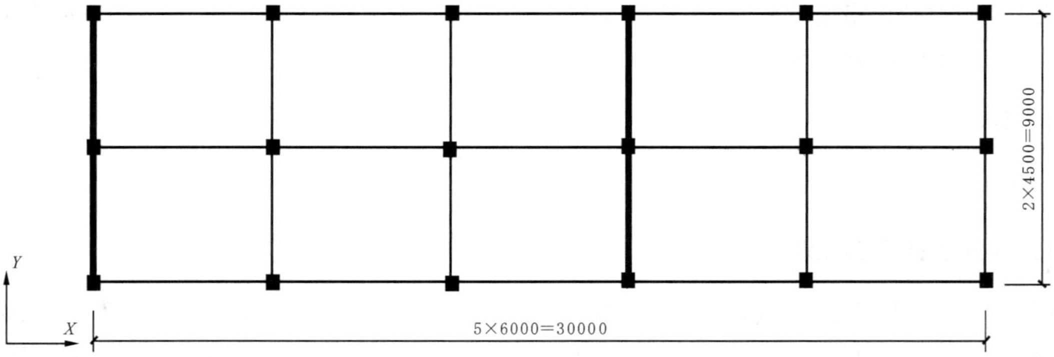

图6.29 某住宅平面简图

7 筒体结构设计

7.1 筒体结构的布置

7.1.1 核心筒结构

核心筒作为一种高层建筑的承重结构，可以同时承受竖向荷载和侧向力的作用。当单个核心筒独立工作时，建筑物四周的柱子一般不落地，仅有核心筒将上部荷载传至基础。因此，核心筒结构占地面积小，可在地面留出较大的空间以满足绿化、交通、保护既有建筑物等规划要求。核心筒结构中建筑周边的柱子仅承受若干层的楼面竖向荷载，其截面尺寸较小，便于建筑上开窗采光，视野开阔，很受用户欢迎。

核心筒结构具有较大的抗侧刚度，且受力明确，分析方便。核心筒本身是一个典型的竖向悬臂结构，在竖向荷载和侧向力作用下，可按偏心受压构件进行筒身截面配筋设计。但在地震区，实腹的核心筒结构的受力性能并不理想。实腹形的筒体结构易于出现脆性的破坏形态，且在地震作用下，作为悬臂结构的实腹核心筒为静定结构，没有多余的约束，缺乏第二道防线。当核心筒底部在水平力作用下形成塑性铰时，整个结构即成为机构而倒塌。同时，水塔状的建筑外形和质量分布及刚性的结构形式，使核心筒结构具有较大的地震反应。因此，结构布置时应该在筒壁四周适当地布置一些结构洞，或者根据结构抗震的要求对筒壁上的门窗洞口进行适当的调整，使筒壁成为联肢剪力墙的结构形式，利用连系梁梁端的塑性铰耗散地震能量，使之出现"强肢弱梁"型的破坏形态。

当建筑周边柱子不落地时，楼面竖向荷载只能通过水平悬挑构件传至核心筒。因为悬臂段跨度较大，水平悬挑构件的形式一般为桁架结构，当层数较多时还可在竖向分成若干区段，设置多个桁架，各区段范围内楼盖可以通过小框架支承于下层的悬挑桁架上，也可通过悬挂索支承于上层的悬挑桁架上。

图 7.1 为同济大学图书馆新楼的结构布置。该楼建于原有图书馆的天井内，为核心筒悬挑式结构，当核心筒上升至原有图书馆屋顶以上后再向四边布置预应力悬挑桁架及楼盖结构。核心筒内布置楼梯间、电梯间和卫生间等服务性用房，悬挑部分布置阅览室。该结构核心筒尺寸为 8.3m×8.3m，标准层建筑平面为 25.0m×25.0m。楼盖结构支承于每两层一榀的预应力悬挑空腹桁架上，该桁架在平面上呈井字形布置，支承于核心筒上，同时在建筑外围的四周布置四榀预应力空腹桁架使楼盖结构形成整体工作。

图 7.2 为长沙黄兴路综合大楼的结构剖面，该大楼为核心筒承重结构。在第 9、15、21 层分别设置悬挑大梁，大梁为部分预应力结构，支承上部 5 层小框架的竖向荷载。为增强结构底部的承载力和提高结构延性，核心筒下部数层与裙房连为整体，共同抵抗侧向力。

当核心筒成组布置时，可形成较大的使用空间，常常被用于高层办公楼建筑中。这时常布置一些柱子承受竖向荷载以减小楼盖结构的跨度，这些柱子承受侧向力的能力很小，侧向力主要由核心筒承受。

7.1.2 框筒结构

典型的框筒结构平面如图 7.3(a)所示。当框筒单独作为承重结构时，一般在中间需布置柱子，承受竖向荷载，以减小楼盖结构的跨度，如图 7.3(b)所示，水平力全部由框筒结构承受。房屋中间的柱子仅承受竖向荷载，这些柱子所形成的框架结构对抵抗侧向力的作用很小，可忽略不计。

为保证翼缘框架在抵抗侧向力中的作用，充分发挥筒的空间工作性能，一般要求每一立面孔洞面积不宜大于立面总面积的 50%；周边柱轴线间距为 2.0～3.0m，不宜大于 4.5m；窗裙梁横截面高度为 0.6～1.2m，截面宽度为 0.3～0.5m；整个结构的高宽比宜大于 3，结构平面的长宽比不宜大于 2。

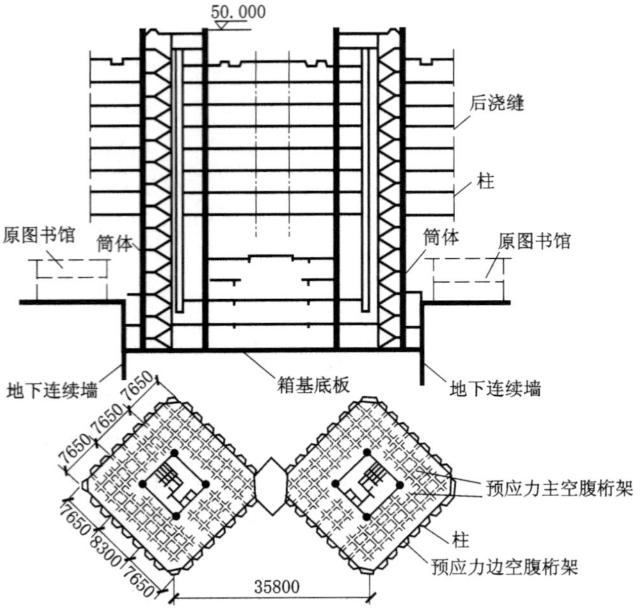

图 7.1　同济大学图书馆

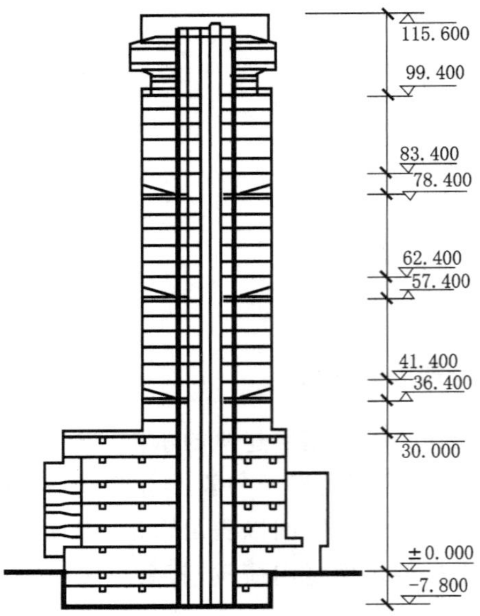

图 7.2　长沙黄兴路综合大楼

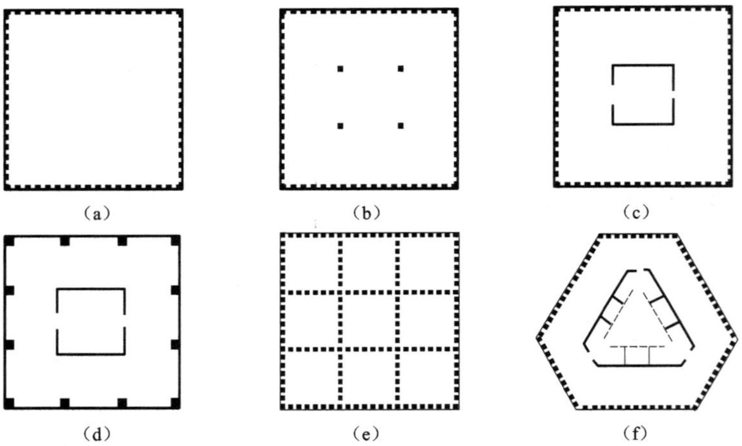

图 7.3　筒体结构平面

框筒结构外筒柱距较密，常常不能满足建筑使用要求。为扩大底层柱距，减少底层柱子数，常用巨大的拱、梁或桁架等支承上部的柱子，如图 7.4 所示。

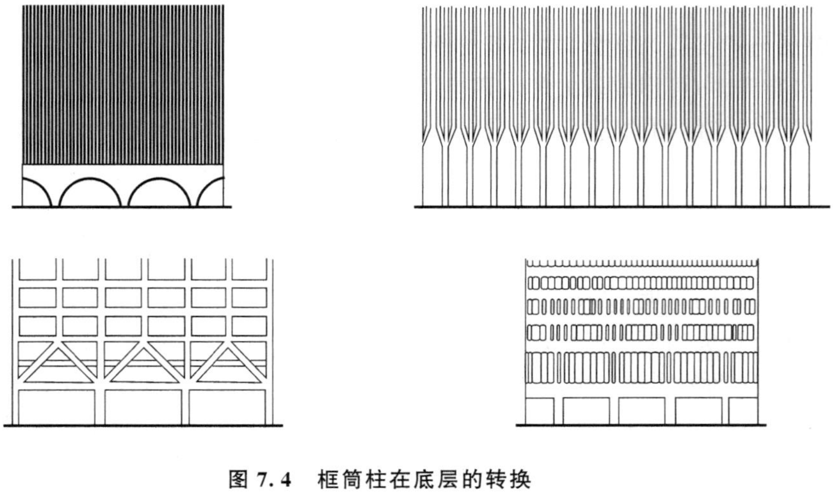

图 7.4　框筒柱在底层的转换

角柱对框筒结构的抗侧刚度和整体抗扭具有十分重要的作用。在侧向力作用下，角柱内往往产生较大的应力，因此应使角柱具有较大的截面面积和刚度，有时甚至在角柱位置布置实腹筒(或称为角筒)。

7.1.3 筒中筒结构

把核心筒结构布置于框筒结构的中间，便成为筒中筒结构，如图 7.3(c)所示。筒中筒结构平面可以为正方形、矩形、圆形、三角形或其他形状。建筑布置时一般是把楼梯间、电梯间等服务性设施全部布置在核心筒内，而在内外筒之间则提供了环形的开阔空间，可满足建筑上自由分隔、灵活布置的要求。因此，筒中筒结构常被用于供出租用的商务办公中心，以便于满足各承租客户的不同要求。

筒中筒结构的内筒与外筒的中距，非抗震设计不大于 15m，抗震设计不大于 12m 为宜。当内外筒之间的距离较大时，可另设柱子作为楼面梁的支承点，以减小楼盖结构的跨度。一般来说，内筒的边长为外筒相应边长的 1/3 左右较为适宜。内筒过大，内外筒之间的使用面积减小，影响到建筑的使用效益；内筒过小，则结构的抗侧刚度变小，影响到结构受力的合理性。

7.1.4 框架-核心筒结构

筒中筒结构外部柱距较密，常会与建筑立面、建筑造型或建筑使用功能相矛盾。有时建筑布置上要求外部柱距在 4～5m 左右或更大。这时，周边柱子已不能形成筒的工作状态，而相当于框架的作用。这类结构称为框架-核心筒结构，如图 7.3(d)所示。

如把内筒看成剪力墙结构，则框架-核心筒结构的受力性能与框架-剪力墙结构相似，但框架-核心筒结构中的柱子往往数量少而断面大。因此，应特别注意保证内筒的抗侧刚度和结构的抗震性能。

框架-核心筒结构可提供较大的开阔空间，因此常被用于高层办公楼建筑中。

7.1.5 成束筒结构

当建筑物高度或其平面尺寸进一步加大，以至于框筒结构或筒中筒结构无法满足抗侧刚度要求时，可采用束筒结构(也称组合筒或模数筒)，如图 7.3(e)所示。中间两排密柱框架的作用，可以有效地减轻外筒翼缘框架中的剪力滞后效应，使翼缘框架柱子充分发挥作用。

7.1.6 多重筒结构

当建筑平面尺寸很大或当内筒较小时，内外筒之间的距离较大，即楼盖结构的跨度较大，这样势必会增加板厚或楼面大梁的高度。为保证楼盖结构的合理性，降低楼盖结构的高度，可在筒中筒结构的内外筒之间增设一圈柱子或剪力墙。若将这些柱子或剪力墙用梁连系起来使之也形成一个筒的作用，则可认为是由三个筒共同作用来抵抗侧向力，亦即成为一个三重筒结构，如图 7.3(f)所示。

7.2 侧向力作用下的受力特点

在侧向力作用下，框筒结构的受力既相似于薄壁箱形结构，又有其自身的特点。从材料力学可知，当侧向力作用于箱形结构时，箱形结构截面内的正应力均呈线性分布，其应力图形在翼缘方向为矩形，在腹板方向为一拉一压两个三角形；但当侧向力作用于框筒结构时，框筒底部柱内正应力沿框筒水平截面的分布不是呈线性关系，而是呈曲线分布，如图 7.5 所示。正应力在角柱较大，在中部逐渐减小，这种现象称为剪力滞后效应。这是由翼缘框架中梁的剪切变形和梁、柱的弯曲变形所造成的。同时，在框筒结构的顶部，角柱内的正应力反而小于翼缘框架中柱内的正应力，这一现象称为负剪力滞后效应。事实上，对于实腹的箱形截面，当考虑板内纵向剪切变形影响时，其横截面内的正应力分布也有剪力滞后或负剪力滞后的现象出现。

由于剪力滞后效应的影响，角柱内的轴力加大，而远离角柱的柱子则由于剪力滞后效应仅有较小的应

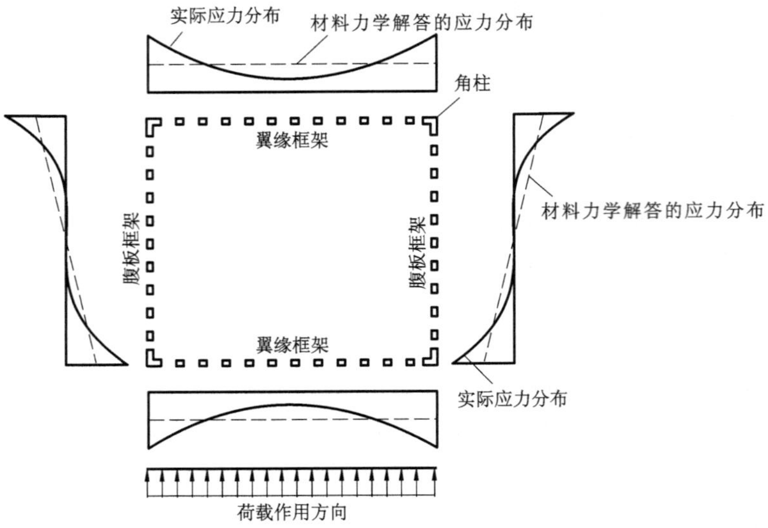

图 7.5　框筒结构底部柱内正应力分布

力，不能充分发挥材料的作用，也减小了结构的空间整体抗侧刚度。为了减少剪力滞后效应的影响，在结构布置时要采取一系列措施，如减小柱间距，加大窗裙梁的刚度，调整结构平面使之接近于正方形，控制结构的高宽比等。

在筒体结构中，侧向力所产生的剪力主要由其腹板部分承担。对于筒中筒结构，则主要由外筒的腹板框架和内筒的腹板部分承担。外力所产生的总剪力在内外筒之间的分配与内外筒之间的抗侧刚度比有关，且在不同的高度，侧向力在内外筒之间的分配比例是不同的。一般来说，在结构底部，内筒承担了大部分剪力，外筒承担的剪力很小，例如深圳国贸中心大厦的分析结果表明，底层外筒承担的剪力占外荷载总剪力的 27%，内筒承担的剪力占总剪力的 73%。这一受力特点与框架-剪力墙结构是相似的。

侧向力所产生的弯矩则由内外筒共同承担。由于外筒柱离建筑平面形心较远，故外筒柱内的轴力所形成的抗倾覆弯矩极大。在外筒中，翼缘框架又占了其中的主要部分，角柱也发挥了十分重要的作用，而外筒腹板框架及内筒腹板墙肢的局部弯曲所产生的弯矩极小。例如在深圳国贸中心大厦的底层，为平衡侧向力所产生的弯矩，外框筒柱内轴力所形成的弯矩占 50.4%，内筒墙肢轴力所形成的弯矩占 40.3%，而外框筒柱和内筒墙肢的局部弯曲所产生的弯矩仅占 2.7%和 6.6%。

由以上的分析可以看出，在框筒结构或筒中筒结构中，尽管受到剪力滞后效应的影响，翼缘框架柱内的应力比材料力学的计算结果要小，但翼缘框架对结构抵抗侧向力仍有十分重要的作用，这说明结构仍有十分强的空间整体工作性能，从而达到节省材料，降低造价的目的。这就是框筒结构或筒中筒结构被广泛地应用于高层建筑的主要原因。

框筒结构或筒中筒结构在侧向力作用下的侧向位移曲线呈弯剪型。这是因为在侧向力作用下，腹板框架将发生剪切型的侧向位移变形曲线，而翼缘框架一侧受拉、一侧受压的受力状态则将形成弯曲型的变形曲线，内筒也将发生弯曲型的变形曲线，共同工作的结果将使整个结构的侧向位移曲线呈弯剪型。

在高层建筑中，通常每隔数层就有一个设备层，布置水箱、空调机房、电梯机房或安置一些其他设备。这些设备层在立面上一般没有或很少有布置门窗洞口的要求，因此，可以利用该设备层的高度，布置一些强度和刚度都很大的水平构件（桁架或现浇钢筋混凝土大梁），即形成水平加强层或称为刚性层，这些水平构件既连接建筑物四周的柱子，又将核心筒和外柱连接起来，可约束周边框架和核心筒的变形，减少结构在水平荷载作用下的侧移量，并使各竖向构件的变形趋于均匀，减少楼盖结构的翘曲。这些大梁或大型桁架如与布置在建筑物四周的大型柱子或钢筋混凝土井筒整体连接，便形成具有强大抗侧刚度的巨型框架结构。这种巨型框架结构可以作为独立的承重结构，也可作为筒体结构中的加强构件。

7.3 筒体结构的计算方法

7.3.1 空间杆系-薄壁柱矩阵位移法

空间杆系-薄壁柱分析法是把一般的梁柱单元作为空间杆件考虑，而把内筒、角柱等部位的单元作为空间薄壁杆件，用矩阵位移法求解。对于一般的空间杆件单元，如图7.6所示，每个杆端有6个自由度，即沿 x、y、z 三个方向的平移和绕 x、y、z 三个方向的转角。对于空间开口薄壁杆件单元，如图7.7所示，在一般情况下，杆件在弯曲的同时，还将产生扭转，且杆件横截面不再保持平面而发生翘曲，每个杆端有7个自由度，比普通空间杆件单元增加了双力矩所产生的扭转角。空间杆系-薄壁柱矩阵位移法的优点是可以分析梁柱为任意布置的一般的空间框架结构或筒体结构，可以分析平面为非对称的结构或荷载，并可获得薄壁柱受约束扭转所引起的翘曲应力。

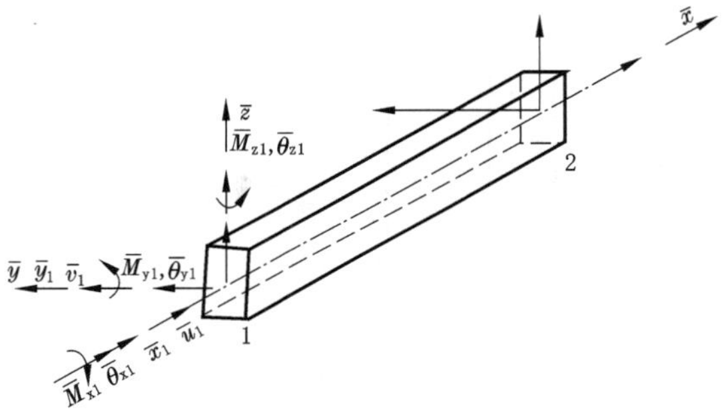

图7.6 一般的空间杆件单元

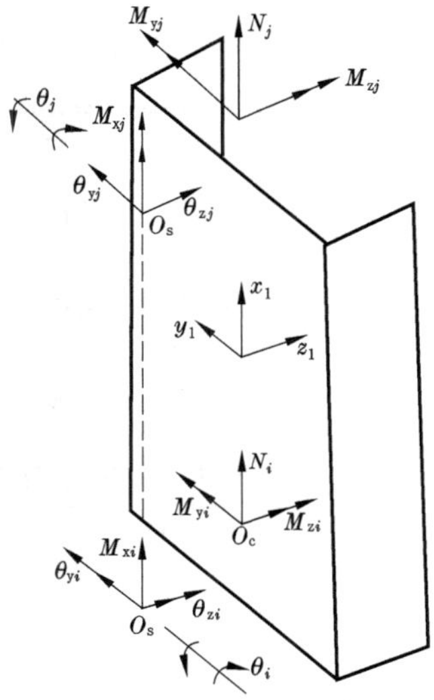

图7.7 空间开口薄壁杆件单元

7.3.2 平面展开矩阵位移法

通过对矩形平面的框筒结构或筒中筒结构受力性能的分析可知，在侧向力作用下，筒体结构的腹板部分主要抗剪，翼缘部分的轴力形成弯矩作用主要抗弯；筒体结构的各榀平面单元主要在其自身平面内受力，而在平面外的受力则很小。因此，可采用如下两点基本假定：

①对筒体结构的各榀平面单元，可略去其出平面外的刚度，而仅考虑在其自身平面内的作用。因此，可忽略外筒的梁柱构件各自的扭转作用。

②楼盖结构在其自身平面内的刚度可视为无穷大，因此，在对称侧向力作用下，在同一楼层标高处的内外筒的侧移量应相等，楼盖结构在其平面外的刚度则可忽略不计。

对于图7.8(a)所示的筒中筒结构，在对称侧向力作用下，整个结构不发生整体扭转，并且内外筒各榀平面结构在自身平面外的作用以及外筒的梁柱构件各自的扭转作用与筒中筒结构的主要受力作用相比，均小得多而可忽略不计。另外，又因楼盖结构出平面的刚度小，可略去它对内、外筒壁的变形约束作用。因此，可进一步把内外筒分别展开到同一平面内，分别展开成带刚域的平面壁式框架和带门洞的墙体，并相互由简化成楼盖连杆的楼面体系相连。由于大部分筒中筒结构在双向都为轴对称，因此，可取四分之一平面的结构来分析。而对称轴上的有关边界条件则需按筒中筒结构的变形及其受力特点来确定。

在对称侧向力作用下，在翼缘框架的对称轴，即 A-A 轴处，框架平面内既不产生水平位移，也不产生转角，只会出现竖向位移。因此，在各层的梁柱节点上，力学模式中应有两个约束。在内筒的翼缘墙的对称轴，即 F-F 轴处，同样亦应设置图 7.8(b)所示的约束。在对称侧向力作用下的腹板框架的对称轴，即 C-C 轴处，由于腹板框架这时的变形及其受力情况都是反对称的，因此，在对称轴 C-C 处，柱的轴向力应为零，但在此处会产生腹板框架平面内的侧向位移与相应的转角。因此，在各层的相应节点上，应设置一个竖向约束。同理，在内筒的腹板墙的对称轴 D-D 处，亦应设立相应的竖向约束。由于楼盖结构在其自身平面内的刚度为无限大，且忽略了筒壁的出平面的作用，所以，作用在结构某层上的侧向力，其荷载作用点可简化到该层外筒的腹板框架或内筒的腹板墙上的任一节点。基于同样的理由，把楼盖结构简化成轴向刚度为无穷大的、与内外筒以铰相连的连杆，以保证内外筒结构的侧向位移在各楼层处一一相同。

这里有一个很重要的问题是在展开成平面结构时对角柱的处理。随着空间结构的平面化，L 形角柱应展开成分属于两榀正交平面壁式框架的两根边柱（以下简称虚拟角柱）。角柱分开后，在每一楼层处用一仅能传递竖向剪力的虚拟机构[图 7.8(c)]将它们连接起来，以保持两个虚拟角柱的竖向变形一致，而相互之间又不传递水平力及弯矩。同样，在内筒展开成平面结构时，在两相邻筒壁之间，亦在每一楼层处设置虚拟单元，以保证两相邻筒壁在原交结面上的竖向变形一致，而相互之间又不传递水平力。

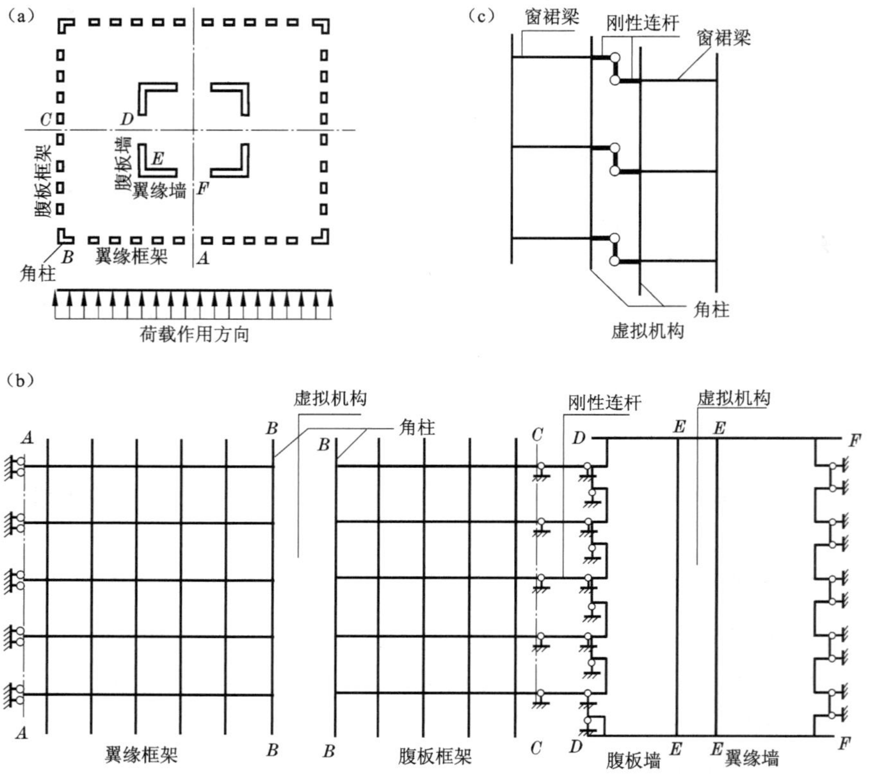

图 7.8　筒中筒结构的平面展开矩阵位移法

在把实际角柱分成两个虚拟角柱以后，虚拟角柱刚度的取值可以有以下两种方法：第一种方法是，当计算虚拟角柱的轴向刚度时，其截面面积取实际角柱截面面积的一半；当计算虚拟角柱的弯曲刚度时，其惯性矩可取实际角柱在相应方向上的惯性矩。第二种方法是，从虚拟角柱的简化力学模式，根据在相同荷载作用下变形相等的原则，导出虚拟角柱的轴向刚度与抗弯刚度的计算公式。

把筒中筒这一空间结构简化成平面结构后，可利用分析平面结构的方法和电算程序进行计算，使计算工作量大为减少。

7.3.3　等效弹性连续体能量法求解

等效弹性连续体能量法是基于楼板在其平面内的刚度为无限大和框筒的筒壁在其自身平面外的作用

很小，只考虑其平面内的作用的基本假定，把框筒结构简化成由四榀等效的正交异性弹性板所组成的实腹筒体，用能量法求解。

在实际工程中，梁和柱的间距沿建筑物高度方向常常保持不变。为了在分析中简化公式推导，同时假定梁与柱的横截面沿建筑物高度方向保持不变。于是由密集柱和窗裙梁所组成的每榀框架都可用一榀等厚的正交异性弹性板来等效，从而把框筒结构等效成了一个无孔实腹筒体(图 7.9)，并可利用能量法求解。等效正交异性弹性板的刚度特征值可通过弹性板与实际结构的变形等效条件来导得。

在轴向力作用(图 7.10)的情况下，对于每个开间，如果能满足：

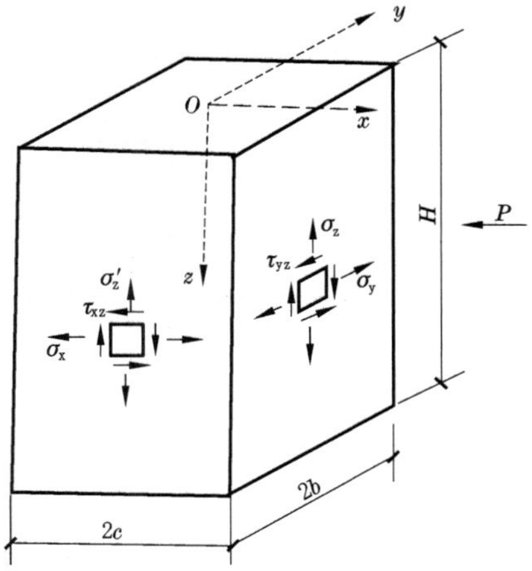

图 7.9　等效无孔实腹筒体

$$AE = dtE_{eq} \tag{7.1}$$

式中　A——每根柱的截面面积；

E——材料的弹性模量；

d——柱距；

t——等效板厚；

E_{eq}——等效弹性模量。

则框架与墙板两者在轴力作用下的荷载变形关系将会相等。

若取等效板的截面面积 dt 和柱子截面面积 A 相等，则：

$$E_{eq} = E \tag{7.2}$$

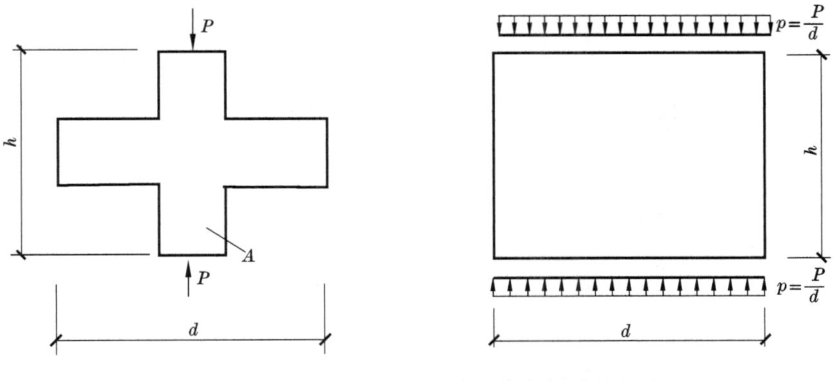

图 7.10　等效正交异性弹性板的轴向刚度特征值

等效墙板的剪切模量应按壁式框架与等效墙板在承受相同的剪力 V 时，两者能发生相等的水平位移这一条件来选择(图 7.11)。今假定在图 7.11 所示的壁式框架中，柱中的反弯点都在层高的中间，梁内的反弯点都在梁的跨中。这样，整个壁式框架的受力与变形特性就可取一个梁柱单元来进行研究。由于柱的间距很小，窗裙梁的截面又相对地很高，相对于柱的层高与梁的跨度来说，梁柱节点区的刚域就必须加以考虑了。这时，可假定梁柱单元在每个节点处存在着短的刚臂，其宽度等于柱宽，其高度等于梁高。

框架梁柱单元上的受力及边界约束条件如图 7.11(a)所示。如果水平剪力值为 V，作用于节点 D，最终的水平位移是 Δ，可得出剪力与位移之间的关系为：

$$V\frac{h}{2} = \frac{6EI_c}{e^2}\left(1+\frac{t_2}{e}\right)\frac{\Delta}{1+\dfrac{2\dfrac{I_c}{e}\left(1+\dfrac{t_2}{e}\right)^2}{\dfrac{I_{b1}}{l_1}\left(1+\dfrac{t_1}{l_1}\right)^2+\dfrac{I_{b2}}{l_2}\left(1+\dfrac{t_1}{l_2}\right)^2}} \tag{7.3}$$

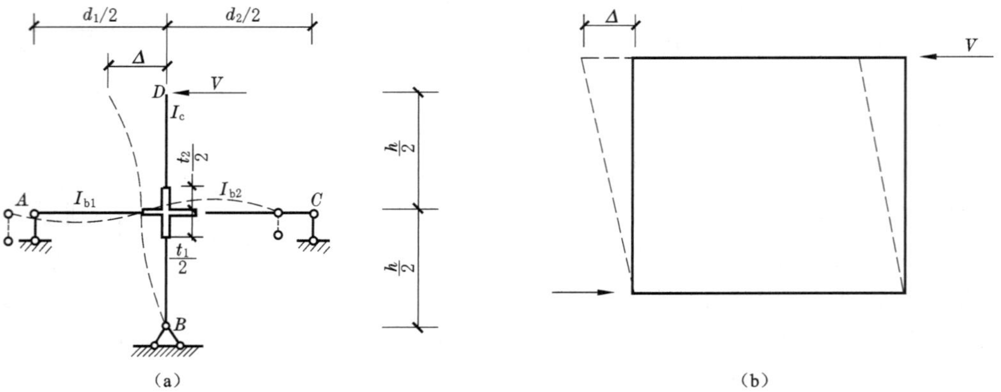

图 7.11　等效正交异性弹性板的剪切刚度特征值

式中，$e=h-t_2$；$l_1=d_1-t_1$；$l_2=d_2-t_1$。

对于具有同样开间宽度，承受同样大小的剪力 V 的等效墙板[图 7.11(b)]，它的荷载与位移间的关系是：

$$\Delta=\frac{V}{GA}h \tag{7.4}$$

式中　G——等效板的剪切弹性模量；

　　　A——每根柱的截面面积亦即等效板的截面面积。

由式(7.3)、式(7.4)，可得等效板的剪切刚度为：

$$GA=\frac{12EI_c}{e^2}\left(1+\frac{t_2}{e}\right)\frac{1}{1+\dfrac{2I_c(1+\frac{t_2}{e})^2}{e\left[\dfrac{I_{b1}}{l_1}(1+\frac{t_1}{l_1})^2+\dfrac{I_{b2}}{l_2}(1+\frac{t_1}{l_2})^2\right]}} \tag{7.5}$$

若把其中一根梁的惯性矩设为零，则这个关系式可用于边柱。

一般来说，在实际结构工程中，常有 $I_{b1}=I_{b2}=I_b$，$d_1=d_2=d$，$l_1=l_2=l=d-t_1$，则：

$$GA=\frac{12EI_c}{e^2}\left(1+\frac{t_2}{e}\right)\frac{1}{1+\dfrac{l}{e}\cdot\dfrac{I_c\left(1+\frac{t_2}{e}\right)^2}{I_b\left(1+\frac{t_1}{l}\right)^2}} \tag{7.6}$$

等效墙板的总剪切刚度 GA 等于各单个柱的等效剪切刚度 GA_i 值的总和。

这样，就把实际为密柱深梁的框筒结构等效为厚度为 t、等效弹性模量为 E、等效剪切模量为 G 的封闭的实腹筒，并可根据能量法进一步求解。

7.3.4　有限条分析法

作为结构分析中最有效的和用途最广泛的解算工具，有限单元法已众所周知并得到了充分的应用。但对于高层建筑结构特别是对于筒体结构来说，由于建筑物层数多、梁柱单元多，节点位移未知量多，早期受计算机内存的限制和计算速度的制约，运用前面所述的空间杆系-薄壁柱分析法或平面展开分析法计算时要花费很长的计算时间，甚至无法完成。有限条分析法则可以克服上述缺点。有限条分析法是一种半解析法，它通过分离变量，使得三维空间结构的分析简化为二维问题，二维问题化为一维问题。用数学方法使得结构总刚度矩阵大大降阶，使得求解高层建筑结构内力的问题在小型计算机上得到实现，并可大大缩短计算时间。在高层建筑结构分析中，有限条分析法是以竖向的条作为分析单元，可以不受结构高度影响，因而更显示了该法的优点。

有限条分析法的第一步工作是连续化，即按照前面所述的方法把框筒结构简化成等效弹性连续体。当为刚接楼盖并要考虑楼盖结构的平面外刚度时，还须把楼盖结构在竖向连续化。连续化后，用假想的结线，把内、外筒壁和楼盖梁分成若干个底部嵌固、顶部自由的竖条。当楼盖结构与内外筒之间为铰接或楼盖结构在其自身平面外的刚度可略去不计时，各榀平面结构都处于平面应力状态，这时的有限条元是平面应力有限条，各条元之间的关系，除了满足结线处位移协调外，还应满足楼盖结构在其自身平面内的刚度为无穷大的条件。满足了这两点，就可利用平面应力有限条来分析筒体结构这类空间受力体系。

一般来说，对于筒体结构，有限条单元可以分成如下几类：第一类是由框筒切出的框筒条，由于筒壁孔洞分布均匀，可按第 7.3.3 节的方法先将框筒结构连续成等效实体筒，然后按精度要求划分条元，亦可直接取孔洞的等分线和两相邻计算面的交接线作为结线，条元的物理常数可按第 7.3.3 节所述的等效连续的正交异性板计算；第二类是由内筒的无孔部分所切出的实条，其物理常数可直接取用材料的物理常数；第三类可称之为内筒虚条，它是由内筒连系梁等效而成的正交异性板，假定这类条元仅能传递薄膜剪力和横向力，便可导得内筒虚条的各个物理常数；第四类为楼盖虚条，它是当楼盖结构与内外筒为刚接时，考虑楼盖平面外刚度的虚拟条元，其条元的物理常数也可根据楼盖结构的刚度导得。

7.4 筒体结构的截面设计及构造要求

筒体结构的设计是一个十分复杂的问题，限于篇幅，这里只能就几个主要问题作些简要的说明。

7.4.1 混凝土

筒体结构应采用现浇钢筋混凝土结构，混凝土强度等级不宜低于 C30。

7.4.2 外框筒

外框筒梁和内筒连梁的截面尺寸应符合下列要求：

持久、短暂设计状况

$$V_b \leqslant 0.25\beta_c f_c b_b h_{b0} \tag{7.7a}$$

地震设计状况，当跨高比大于 2.5 时，

$$V_b \leqslant \frac{1}{\gamma_{RE}}(0.20\beta_c f_c b_b h_{b0}) \tag{7.7b}$$

当跨高比不大于 2.5 时，

$$V_b \leqslant \frac{1}{\gamma_{RE}}(0.15\beta_c f_c b_b h_{b0}) \tag{7.7c}$$

式中 V_b——外框筒梁或内筒连梁剪力设计值；

b_b——外框筒梁或内筒连梁截面宽度；

h_{b0}——外框筒梁或内筒连梁截面的有效高度。

框筒梁上下纵向钢筋的直径不应小于 16mm，腰筋直径不应小于 10mm。腰筋间距不应大于 200mm。箍筋直径不应小于 10mm，箍筋间距沿梁长不变，且不应大于 100mm。当梁内设交叉暗撑时，箍筋间距不应大于 200mm。

跨高比不大于 2 的框筒梁和内筒连梁宜增配对角斜向钢筋，跨高比不大于 1 的框筒梁和内筒连梁宜采用交叉暗撑，如图 7.12 所示。这时梁的截面宽度不宜小于 400mm，全部剪力应由暗撑承担。每肢交叉斜筋的总面积 A_s 按下式计算：

持久、短暂设计状况

$$A_s = \frac{V_b}{2f_y \sin\alpha} \tag{7.8a}$$

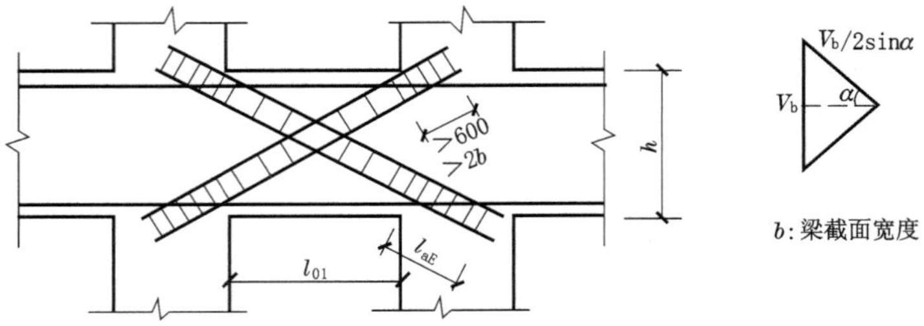

图 7.12 梁配置交叉暗撑

地震设计状况

$$A_s=\frac{V_b\gamma_{RE}}{2f_y\sin\alpha} \tag{7.8b}$$

式中 α——暗撑斜向钢筋与水平线的夹角。

每个暗撑应由不少于 4 根纵向钢筋组成，直径不小于 14mm，并用直径不小于 8mm 的矩形箍筋或螺旋箍筋绑扎成小柱状，箍筋间距不应大于 150mm。纵筋伸入竖向构件的长度不应小于 l_{al}，非抗震设计时，l_{al} 可取 l_a；抗震设计时的 l_{al} 宜取 $1.15l_a$。

外框筒柱的正截面(压、弯)承载力按双向偏心受压计算。前面已经提到，在侧向力作用下，角柱起着特别重要的作用，为保证角柱的承载力，计算时取用的角柱在两个方向上的受压偏心距均不应小于相应边长的 1/10。

外框筒柱的轴压比限值、抗剪截面限制条件及配筋构造要求，详见有关设计规范，此不赘述。

7.4.3 核心筒

(1)墙肢

筒体墙的加强部位、轴压比限制、边缘构件的设置以及配筋设计，应符合《高层建筑混凝土结构技术规程》的有关规定。框架-核心筒结构的核心筒和筒中筒结构的内筒，应设置约束边缘构件或构造边缘构件，其底部加强部位在重力荷载作用下的墙体轴压比不宜超过轴压比限值。框架-核心筒结构的核心筒角部边缘构件应按下列要求予以加强：底部加强部位约束边缘构件沿墙肢的长度应取墙肢截面高度的1/4，约束边缘构件范围内应主要采用箍筋；其底部加强部位以上宜按规程的规定设置约束边缘构件。

计算核心筒墙肢正截面(压、弯)承载力时宜考虑墙身分布钢筋与翼缘的作用，按双向偏心受压计算。计算核心筒墙肢斜面受剪承载力时，仅考虑与剪力作用方向平行的肋部的面积，不考虑翼缘部分的作用。

墙肢应进行墙身平面外正截面受弯承载力校核，以验算竖向分布钢筋的配筋量。此时，墙身轴向力取竖向荷载作用产生的轴向力与风荷载、地震作用产生的轴向力的组合计算，偏心距不应小于墙厚的 1/10。

墙肢的端部钢筋及分布钢筋在底部加强区范围内，应保持配筋量不变。底部加强区应按剪力墙的构造要求确定。墙肢的端部均需按柱的要求配置封闭箍筋，在底部加强区范围内，箍筋间距不应大于 $6d$ 及 100mm，其他部位箍筋构造要求按剪力墙的构造要求采用。

(2)连梁

核心筒结构墙肢间连梁的截面限制条件、配筋计算及构造要求与外框筒的设计要求一致，此不赘述。

思 考 题

7.1 筒体结构的高宽比、平面长宽比、柱距、立面开洞情况有哪些要求？为什么要提这些要求？

7.2 什么是剪力滞后效应？什么是负剪力滞后效应？为什么会出现这些现象？对筒体结构的受力有什么影响？

7.3 筒体结构平面展开分析法有哪些基本假定？

7.4 说明筒体结构平面展开分析法中虚拟机构的作用和传力机理，各榀平面结构之间的联系或边界约束条件是如何确定的？

7.5 筒体结构窗裙梁的设计与普通框架梁的设计相比有何特点？

8 钢与混凝土组合结构设计

8.1 概 述

随着高层建筑结构层数增多、高度加大,结构体系、形式的选择变得更加重要。钢筋混凝土结构虽然具有良好的受力性能,造价也较低,但是自重过大,尤其是对于软土地基及抗震要求较高的地区。混凝土柱因受轴压比控制,截面尺寸也较大,使建筑布置困难。钢结构具有自重轻、抗震性能好的优点,但用钢量大、造价高,且结构刚度较小,侧移较大;而以钢与混凝土为主的组合结构体系正可将两者的优势结合起来,取长补短,因此日益为人们所重视。

早期的组合结构主要是劲性钢筋混凝土结构,又称钢骨混凝土结构,简称 SRC 结构,也常指型钢混凝土结构。型钢混凝土组合结构构件应由混凝土、型钢、纵向钢筋和箍筋组成。它以型钢或钢管为骨架,外包或内填混凝土形成组合构件,可用作梁、柱、墙等。它通过连接件或材料间的黏结力使钢部件和混凝土部件一起共同受力和变形。混凝土材料的抗压性能好,但抗拉抗裂性能差,而钢材正好具备良好的抗拉压性能,把它们合理、可靠地连接在一起,就能够得到性能良好的组合构件。型钢混凝土结构、钢管混凝土结构、钢梁部件和支承于其上的混凝土翼板所构成的组合楼面梁等都是被广泛使用的劲性钢筋与混凝土结构的典型形式。

上述结构可与普通钢筋混凝土构件、钢结构构件共同组成各种高层建筑混合结构体系。它把钢结构的强度高、延性好、构件轻巧的长处和钢筋混凝土结构抗侧刚度大、抗剪性能和防火性能好的优势组合起来,以大刚度的混凝土部分来承受风荷载和地震作用,以高强度的钢框架为主承担竖向荷载,在高层建筑中得到了广泛的应用。可以形成框架结构、框架-剪力墙结构、底部大空间剪力墙结构、框架核心筒结构等结构体系。但对各类结构体系的框架柱,当房屋的设防烈度为 9 度,且抗震等级为一级时,框架柱的全部结构构件应采用型钢混凝土结构。

归纳起来,钢与混凝土组合结构主要有以下特点及优点:

(1)受力合理,材料利用充分。组合结构构件充分利用混凝土的抗压性能和钢材的抗拉压性能,钢筋混凝土与型钢形成整体,共同受力,比普通混凝土具有更高的承载力,与全钢结构比可节约 1/3 左右的钢材,性能价格比良好。

(2)稳定性好,抗风抗震性能也好。外包混凝土对钢骨有较强的约束作用,可防止钢骨的局部屈曲,提高钢骨的整体刚度和抗扭能力。型钢混凝土截面具有较好的延性,有利于结构抗震。在设计时考虑质量与刚度有一个比较合理的比值,并可调节结构的阻尼特性,能使结构最优化,具有小于其他类型高层建筑的风振加速度和水平侧移值;较小的结构自重也有利于现代高层建筑的减震与制振设计,通过设置消能机构减轻地震反应,以实现明显的抗风、抗震效果。

(3)综合经济效益好。与纯钢结构相比,节省用钢量,造价降低;与全混凝土结构相比构件截面尺寸小,结构自重轻;可用建筑空间大,便于建筑灵活布置;此外还可减小结构总高。

(4)钢筋混凝土的外壳可作为保护层,大大增强型钢的防火防锈能力,提高结构的耐久性。

(5)施工方便,建造速度快。结构施工时混凝土部分和钢结构部分可以同时建造,亦可有先后。施工时,钢结构骨架可作为临时的支架承担上面的若干层的施工荷载,也可作为下面楼层浇筑混凝土的操作平台,以代替脚手架工程。

由于上述优点,钢与混凝土组合结构的应用前景十分广阔,在我国高层及超高层建筑中有较多的使用。

8.2 组合结构的基本构件和结构布置

8.2.1 组合结构的基本单元

(1)柱单元

组合结构柱主要有型钢混凝土柱、钢管混凝土柱等。型钢混凝土柱截面形式较为丰富,可为矩形、圆形、多边形等,型钢多为钢板焊接而成,有工字形、十字形、箱形等截面,如图 8.1 所示。

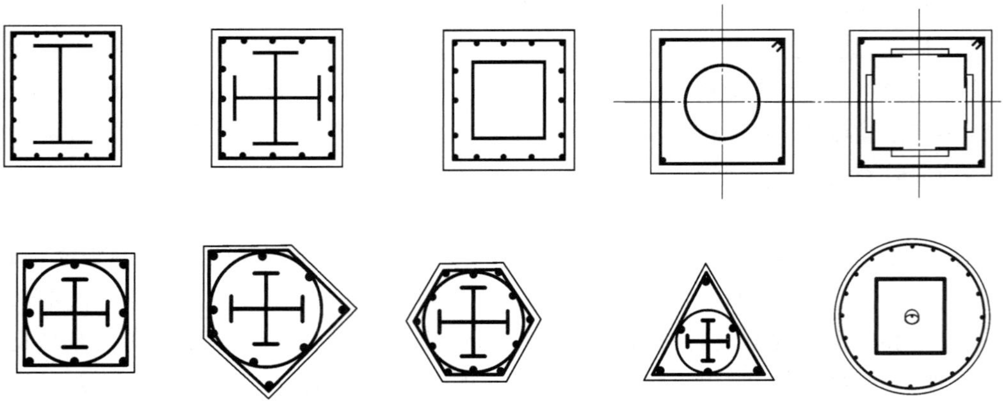

图 8.1 组合结构柱的截面形式

钢管混凝土柱是指在钢管中填充素混凝土而形成的构件,其截面有圆形和方形,如图 8.2 所示。圆形截面受力性能更好,承载能力更高。

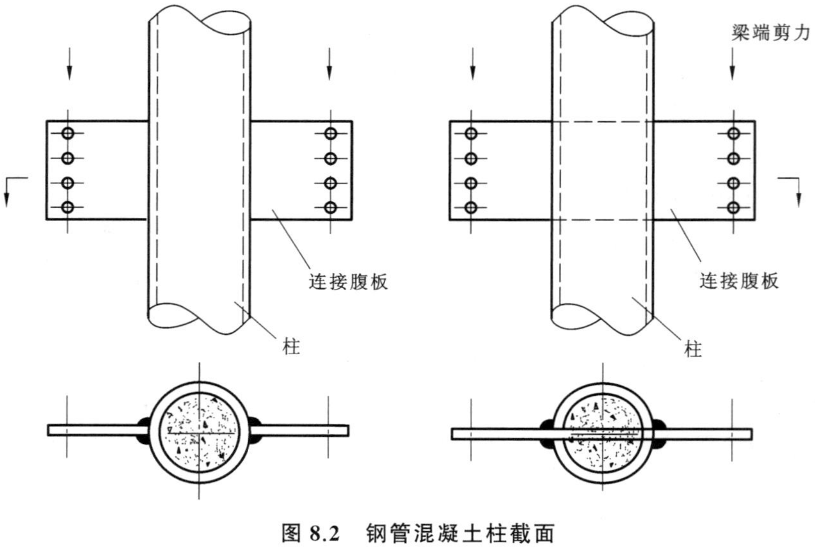

图 8.2 钢管混凝土柱截面

(2)梁单元

组合结构的梁一般由钢梁部件和支承于其上的翼板所组成。翼板包括钢筋混凝土翼板和混凝土板托、后浇混凝土板与压型钢板、抗剪连接件、钢梁 4 个部分。按翼板的不同形式,梁可分为 3 种:型钢与普通钢筋混凝土楼板组合梁(图 8.3)、型钢与压型钢板楼板组合梁(图 8.4)、型钢与预制装配式钢筋混凝土楼板组合梁(图 8.5)。当梁截面高度较高时,可采用桁架式型钢混凝土梁。

(3)墙单元

在钢筋混凝土剪力墙或钢筋混凝土核心筒壁中加入 H 型钢形成型钢混凝土墙体结构。实腹型钢宜布置在剪力墙的边缘构件中。图 8.6 为一筒体结构平面,图 8.6(b)为核心筒内 H 型钢的布置,其目的是形成暗柱来防止由于混凝土核心筒过于高瘦，导致弯曲应力过大而引起水平裂缝。当需要增强剪力墙的抗剪承载力时，也可在剪力墙腹板内加设斜向钢支撑。

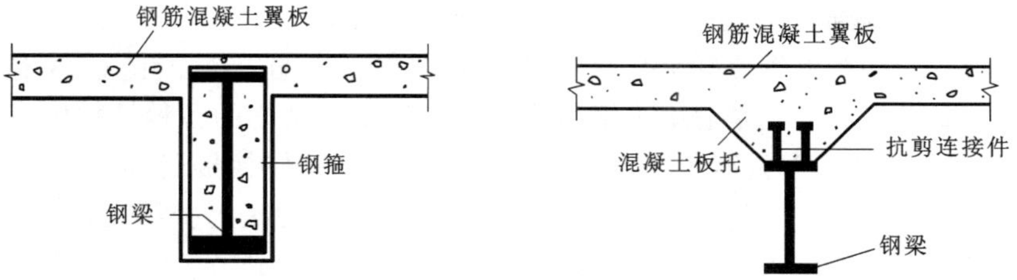

(a)　　(b)

图 8.3　普通钢筋混凝土楼板组合梁

(a)外包混凝土组合梁；(b)钢梁外露的组合梁

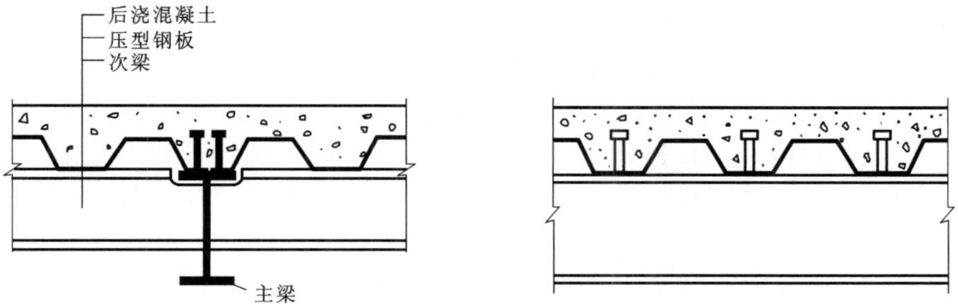

(a)　　(b)

图 8.4　压型钢板楼板组合梁

(a)肋平行于钢梁；(b)肋垂直于钢梁

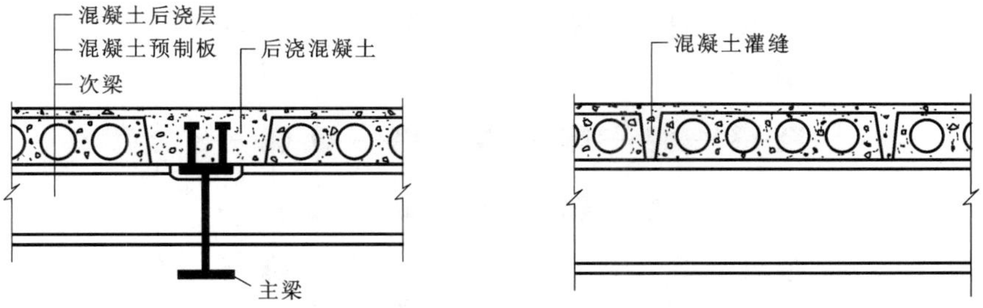

(a)　　(b)

图 8.5　预制多孔板组合梁截面形式

(a)板跨平行于钢梁；(b)板跨垂直于钢梁

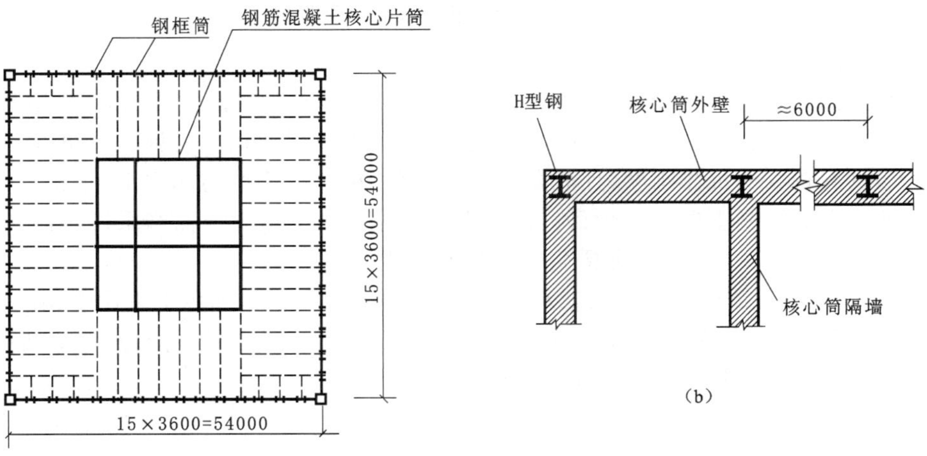

(a)　　(b)

图 8.6　型钢混凝土核心筒壁

8.2.2 高层建筑组合结构布置举例

劲性钢筋混凝土结构与钢结构、普通钢筋混凝土结构有许多不同的组合方式，以满足不同高度、不同建筑功能和结构受力上的要求。因为型钢混凝土受力合理、材料利用充分、抗震性能良好，又造价经济、施工便捷，所以在高层建筑中应用日益广泛。凡是适用于钢结构和钢筋混凝土结构的各种结构体系都可以运用型钢混凝土结构。另外，它还经常用于钢筋混凝土基础和上部结构间的结构转换楼层，进行刚度缓冲。组合结构高层建筑结构的形式是多样的，可以根据工程实际，灵活地组合钢、钢筋混凝土、型钢混凝土构件，构造出结构性能良好的抗侧力体系和竖向承重体系。一般在实际工程设计中，可以优先考虑以下几个组合方式：

(1)钢筋混凝土核心筒，钢框架(含支撑)，钢梁组合楼面；

(2)钢筋混凝土核心筒，钢外框筒，钢梁组合楼面；

(3)钢筋混凝土核心筒，钢外桁架筒，钢梁组合楼面；

(4)钢筋混凝土外框筒，钢内柱，钢梁组合楼面；

(5)钢筋混凝土竖向抗侧力结构，钢梁组合楼面。

之所以选择这样几种组合，是因为工程实践证明，它们能更充分地发挥组合结构不同材料性能的优势，具有较高的结构功能合理性，更有利于建筑的造型和布置，且造价经济、施工便捷。当然，在有可靠依据并采取相应的措施后，选择其他的结构形式也是完全可行的。下面介绍几例组合结构的布置方案。

(1)框架结构

框架结构的主要形式有型钢混凝土柱与组合梁或型钢混凝土柱与钢梁形成的框架结构等。框架结构梁柱全部刚接，整体刚度均匀，但抗侧刚度较小，一般仅适用于 20～30 层的高层建筑。图 8.7 为北京长富宫饭店，地上 25 层，地下 3 层，高 88m，地下部分至 2 层为型钢混凝土结构，上部为钢框架结构。

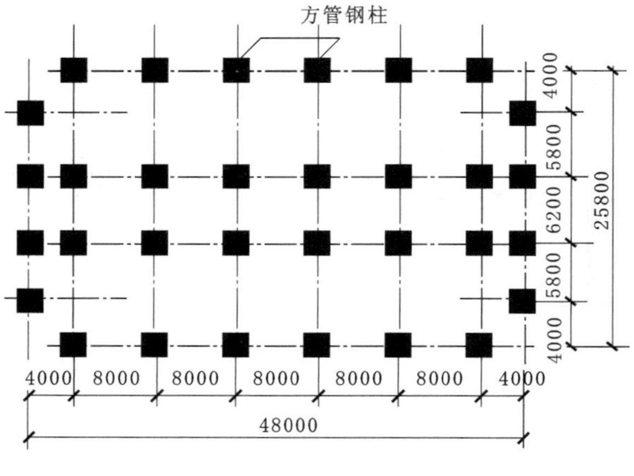

图 8.7 北京长富宫饭店平面简图

(2)框架-剪力墙结构

由钢筋混凝土剪力墙和劲性钢筋混凝土框架组成。钢筋混凝土墙是主要的抗侧力构件，劲性钢筋混凝土框架则主要是作为竖向承重构件。其中，混凝土墙又分为预制和现浇两种。现浇混凝土墙整体性好，水平截面面积大，具有较大的抗侧刚度，且沿高度均匀分布，在水平荷载的作用下，承担了大部分的倾覆力矩和水平剪力；劲性钢筋混凝土框架一般只负担很小一部分的水平剪力。而当采用预制混凝土墙时，水平荷载就需由劲性钢筋混凝土框架和钢筋混凝土墙板联合起来共同承担。

图 8.8 为北京京广中心结构平面，总高 208m，按 8 度抗震设防。地面以下采用型钢混凝土框架和现浇混凝土剪力墙。地面以上采用钢框架和预制钢筋混凝土墙板，即在电梯井周围的钢框架中填充带竖缝的预制钢筋混凝土墙板(图 8.8 中的两个三角形区域)。

(3)外框架-核心筒结构

外框架-核心筒结构以钢筋混凝土核心筒为主承受侧向荷载，再配合布置各种形式的外框架，建筑造型丰富、平面布置灵活。

图 8.9 为上海瑞金大厦平面，27 层，由型钢混凝土及普通钢筋混凝土内筒、型钢混凝土框架组成。1～9 层为型钢混凝土结构，主要柱截面为 600mm×600mm，次要柱截面为 400mm×400mm，柱内为焊接十字形型钢。9 层以上为钢柱。内筒为钢筋混凝土结构，壁厚 150mm。

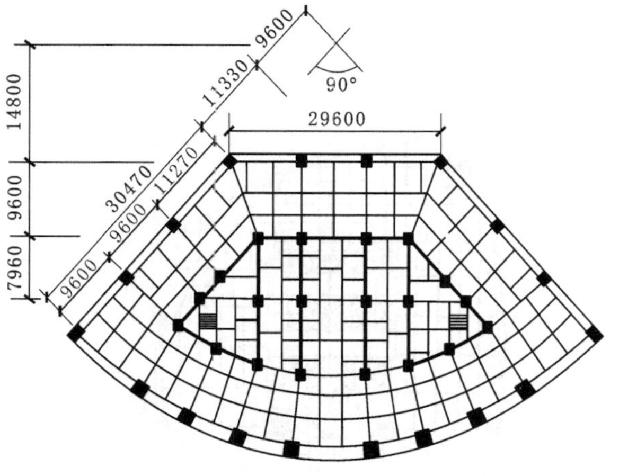

图 8.8 北京京广中心结构平面简图

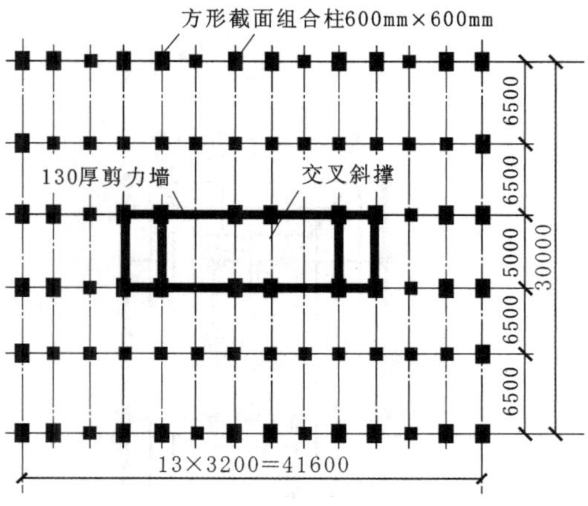

图 8.9 上海瑞金大厦结构平面简图

(4)巨型框架(或桁架)结构

外部为钢筋混凝土巨型框架，巨型框架内用钢或钢筋混凝土次框架承受竖向荷载，内部再配以钢框架结构。钢筋混凝土的巨型框架不仅能承受大部分的竖向荷载，而且因为具有很大的水平刚度，能承担主要的水平荷载；次框架和内部结构只需传递楼面荷载。图 8.10 为香港中国银行，73 层，总高 368m，采用巨型桁架结构。它的竖杆为型钢混凝土结构，斜杆为钢结构，组成 4 个三角形空间桁架。体系内部的钢框架使建筑平面布置灵活、有效使用空间较大，而外露的巨型框架支撑体系，使建筑立面的造型十分丰富。

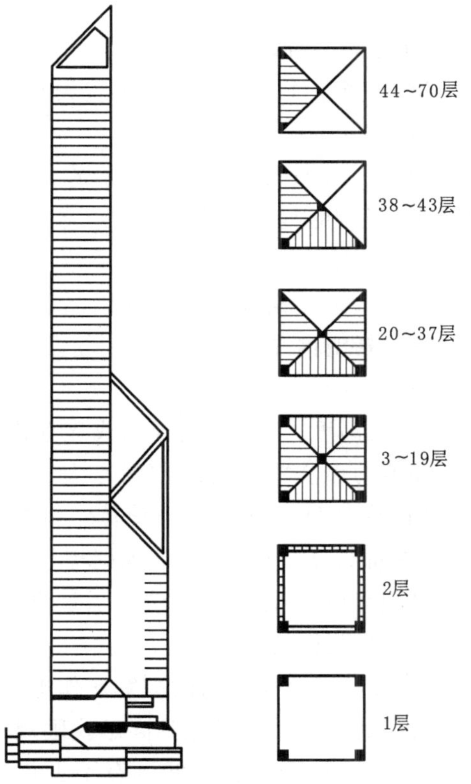

图 8.10 香港中国银行大厦方案

在结构布置中，也可将巨型框架柱布置在建筑物核心区以集中承受巨大的竖向荷载。图 8.11 所示的美国西雅图太平洋第一中心大厦，44 层，其核心区由 8 根直径为 2.286m 的钢管混凝土柱组成，混凝土强度为 $124N/mm^2$。图 8.12 为美国西雅图双联广场大厦(58 层，总高 219m)，在中部放置了 4 根钢管混凝土柱，承受了总重的 65%。钢管直径 3.048m，壁厚 30mm，混凝土强度为 $138N/mm^2$，用钢量仅为 $57.6kg/m^2$。

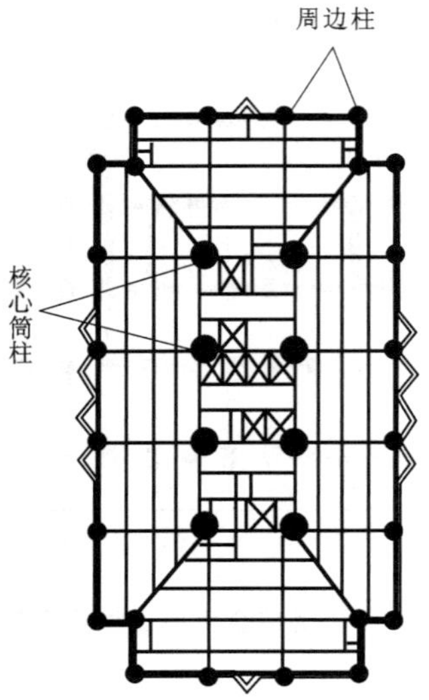

图 8.11　美国西雅图太平洋第一中心大厦结构平面简图

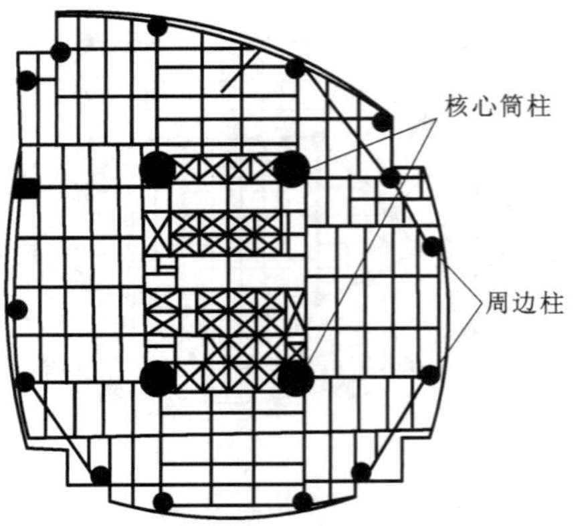

图 8.12　美国西雅图双联广场大厦结构平面简图

8.2.3　结构的总体布置原则

(1)结构的平面布置

建筑平面的外形宜简单、规则，宜采用风压体型系数较小的平面形状。结构平面的布置应力求使结构的抗侧力中心与水平荷载的合力中心重合，尽量减少偏心，否则应考虑扭转的影响。

在布置柱网时，不宜使钢柱截面过大，所采用的钢板厚度不宜大于 100mm；否则会使柱子焊接时剖口很大，焊接时间长，焊接变形不易控制，施工困难。

较高的高层建筑宜调整平面形状和尺寸，采取构造和施工措施，尽量不设温度伸缩缝、沉降缝和抗震缝。当一定需要设缝时，应将高层建筑划分为独立的结构单元，并应满足设缝的构造要求。

(2)结构的立面布置

采用型钢混凝土组合结构时，房屋最大适用高度可比普通钢筋混凝土结构的高度限值适当提高。当全部结构构件均采用型钢混凝土结构，包括型钢混凝土框架和钢筋混凝土筒体组成的混合结构，除设防烈度为 9 度外，房屋最大适用高度可相应提高 30%～40%。

高层建筑的层数多，高度大，结构应沿高度方向均匀、规则或逐渐内收，不要有突变或过大的外挑，以利于抗风、抗震。钢筋混凝土核心筒和剪力墙作为主要的抗侧力构件，刚度宜自下而上渐减，剪力墙的厚度也应逐渐减薄。不应采用刚度突变的底层框支剪力墙或筒体。钢框架部分的竖向支撑宜自下而上连续、均匀地布置。除底层部分、顶层大空间部分、加强层和不规则楼层外，支撑的形式和布置宜上下一致。通常，为减小结构的侧移和混凝土内筒的弯矩，会沿竖向布置几道加强层。加强层可采用水平的外伸桁架形成。顶部布置帽状桁架，中间楼层采用带状桁架。

另外，对于钢筋混凝土核心筒体系，还必须对核心筒的高宽比作出限制。因为高层建筑结构的水平刚度在较大程度上取决于核心筒的高宽比，而高宽比大是很难满足我国规范对水平位移的限制值的，故一般从抗风抗震考虑，核心筒的高宽比不宜超过 10。近几年，我国有不少建筑采用这种结构体系，但由外国设计者设计的高层建筑的核心筒高宽比大都超过 10，一部分原因是我国规范制定较外国偏于安全和严格，所以需要在加强管理的同时，对这种结构的抗震性能及适用高度与条件等作出进一步地科学探讨。

8.3 组合结构构件设计

8.3.1 截面形式和构造要求

型钢混凝土梁内一般放置工字形型钢，当截面尺寸较大时，型钢多为钢板焊接而成，图 8.13 为型钢混凝土梁的截面配筋实例。型钢混凝土柱中型钢的截面形式则较为多样，有工字形、十字形及箱形等多种，型钢多为钢板焊接而成，其中，十字形钢骨截面较适合以承受轴力为主的高层或超高层建筑的柱子，以减小截面尺寸并满足轴压比的要求；箱形截面则一般用于大跨结构以承受弯矩为主的大偏心受压柱。图 8.14 为型钢混凝土柱的截面配筋实例。型钢混凝土框架节点包括型钢混凝土柱与型钢混凝土梁组成的节点、型钢混凝土柱与钢筋混凝土梁或钢梁组成的节点。图 8.15 为某工程梁柱节点构造图。

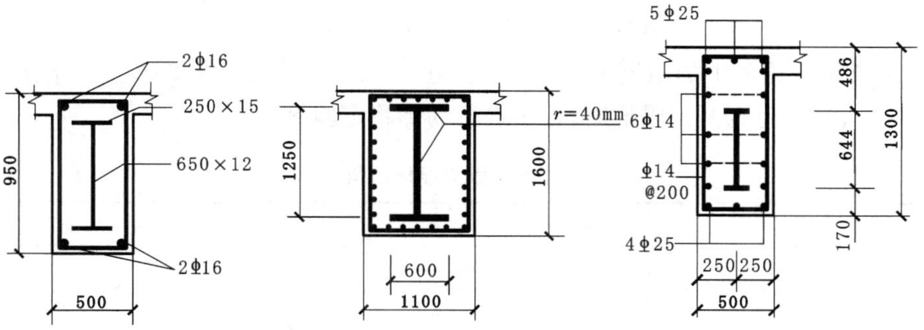

(a)　(b)　(c)

图 8.13　型钢混凝土梁的配筋实例

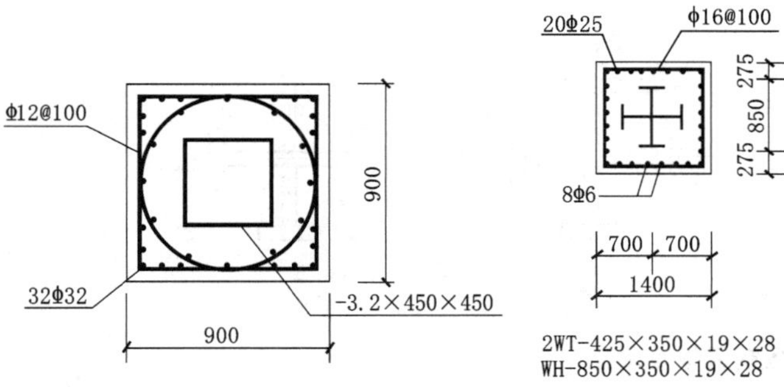

图 8.14　型钢混凝土柱的配筋实例

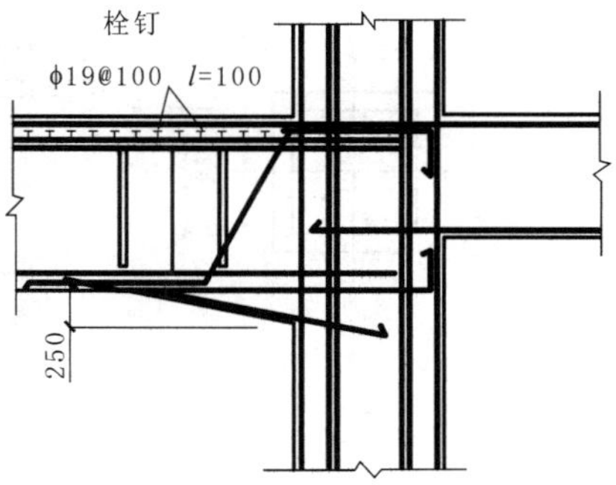

图 8.15　某工程梁柱节点构造

型钢混凝土组合结构的混凝土强度等级不宜小于 C30。混凝土最大骨料直径宜小于型钢外侧混凝土保护层厚度的 1/3，且不宜大于 25mm。

型钢混凝土组合结构构件中，纵向受力钢筋直径不宜小于 16mm，纵筋宜沿截面四周布置，纵筋与型钢的净距不宜小于 30mm，其纵向受力钢筋的最小锚固长度、搭接长度应符合《混凝土结构设计规范》(GB 50010)的要求。

箍筋直径不宜小于 8mm。考虑地震作用组合的型钢混凝土组合结构构件，宜采用封闭箍筋，其末端应有 135°弯钩，弯钩端头平直长度不应小于 8 倍箍筋直径。由于型钢混凝土比普通钢筋混凝土构件具有更好的延性和耗能性能，故对其配箍率的要求可比普通钢筋混凝土构件有所降低，一般最小配箍率为 0.4%左右。

型钢混凝土组合结构构件中纵向受力钢筋的混凝土保护层最小厚度应符合《混凝土结构设计规范》

(GB 50010)的规定。型钢的混凝土保护层最小厚度，对梁不宜小于 100mm，且梁内型钢翼缘离两侧距离之和(b_1+b_2)，不宜小于截面宽度的 1/3；对柱不宜小于 120mm，如图 8.16 所示。

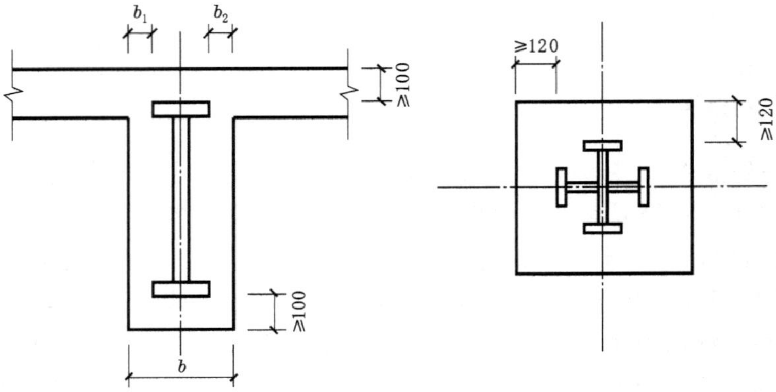

图 8.16 型钢的混凝土保护层最小厚度

型钢混凝土组合结构构件中的型钢钢板厚度不宜小于 6mm，其钢板宽厚比应符合表 8.1 的规定，图中符号意义见图 8.17。当满足宽厚比限值时，可不进行局部稳定验算。

型钢钢板宽厚比限值 **表 8.1**

钢 号	梁		柱	
	b_{af}/t_f	h_w/t_w	b_{af}/t_f	$\xi_b=x_b/h_0$
Q235	<23	<107	<23	<96
Q345	<19	<91	<19	<81
Q390	<18	<83	<18	<75

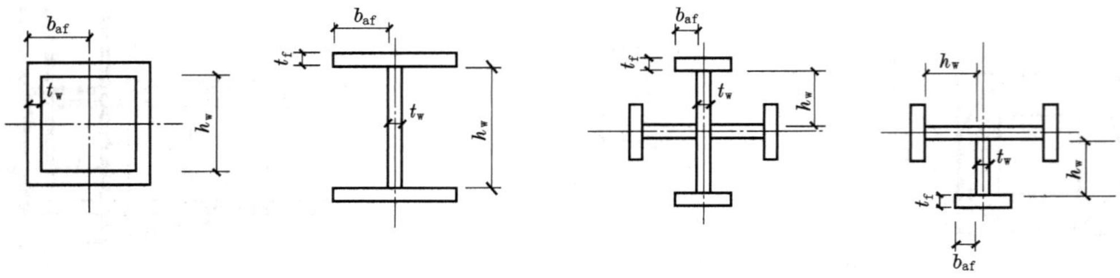

图 8.17 型钢钢板宽厚比

型钢上宜焊接栓钉，以加强型钢与混凝土的连接。在需要设置栓钉的部位，可按弹性方法计算型钢翼缘外表面处的剪应力，相应于该剪应力的剪力由栓钉承担；栓钉承载力应按国家标准《混凝土结构设计规范》(GB 50010)的规定计算。型钢上设置的抗剪栓钉的直径规格宜选用 19mm 和 22mm，其长度不宜小于 4 倍栓钉直径，栓钉间距不宜小于 6 倍栓钉直径。

型钢混凝土结构的抗震等级及构件的承载力抗震调整系数与普通混凝土结构不一，设计时应查阅相应的技术规程。

8.3.2 型钢混凝土梁的计算

(1)抗弯承载力

型钢混凝土框架梁正截面受弯承载力计算可采用下列基本假定：

①截面应变保持平面；

②不考虑混凝土的抗拉强度；

③受压边缘混凝土极限压应变 ε_{cu} 取 0.003，相应的最大压应力取混凝土轴心抗压强度设计值 f_c，受压区应力图形简化为等效的矩形应力图，其高度取按平截面假定所确定的中和轴高度乘以系数 0.8，矩形应力图的应力取为混凝土轴心抗压强度设计值；

④型钢腹板的应力图形为拉、压梯形应力图形，设计计算时，简化为等效矩形应力图形；

⑤钢筋应力取为钢筋应变与其弹性模量的乘积，但不大于其强度设计值，受拉钢筋和型钢受拉翼缘的极限拉应变 b_b 取 0.01。

根据上述假定，对于型钢截面为充满型实腹型钢的型钢混凝土框架梁，其截面受力状态如图 8.18 所示。正截面受弯承载力计算公式为：

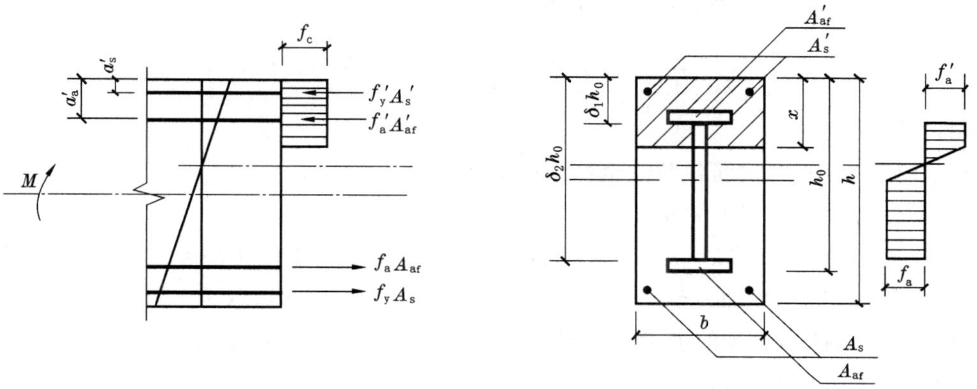

图 8.18　框架梁正截面受弯承载力计算

$$M \leqslant \frac{1}{\gamma_{RE}}\left[f_c bx\left(h_0-\frac{x}{2}\right)+f_y'A_s'(h_0-a_s')+f_a'A_{af}'(h_0-a_a')+M_{aw}\right] \tag{8.1a}$$

$$f_c bx+f_y'A_s'+f_a'A_{af}'-f_yA_s-f_aA_{af}+N_{aw}=0 \tag{8.1b}$$

当 $\delta_1 h_0<1.25x$，$\delta_2 h_0>1.25x$ 时

$$N_{aw}=[2.5\xi-(\delta_1+\delta_2)]t_w h_0 f_a \tag{8.2a}$$

$$M_{aw}=\left[\frac{1}{2}(\delta_1^2+\delta_2^2)-(\delta_1+\delta_2)+2.5\xi-(1.25\xi)^2\right]t_w h_0^2 f_a \tag{8.2b}$$

$$\xi_b=\frac{0.8}{1+\dfrac{f_y+f_a}{2\times 0.003E_s}} \tag{8.3}$$

混凝土受压区高度 x 尚应符合下列公式要求：

$$x \leqslant \xi_b h_0 \tag{8.4a}$$

$$x \geqslant a_a'+t_f \tag{8.4b}$$

式中　ξ——相对受压区高度，$\xi=x/h_0$；

ξ_b——相对界限受压区高度，$\xi_b=x_b/h_0$；

x_b——界限受压区高度；

M_{aw}——型钢腹板承受的轴向合力对型钢受拉翼缘和纵向受拉钢筋合力点的力矩；

N_{aw}——型钢腹板承受的轴向合力；

δ_1——型钢腹板上端至截面上边距离与 h_0 的比值；

δ_2——型钢腹板下端至截面上边距离与 h_0 的比值；

t_w——型钢腹板厚度；

t_f——型钢翼缘厚度；

h_w——型钢腹板高度；

h_0——型钢受拉翼缘和纵向受拉钢筋合力点至混凝土受压边缘距离。

(2)抗剪承载力

对于充满型实腹型钢的型钢混凝土框架梁，随着剪跨比的不同，其破坏形式主要为剪压破坏和斜压破坏。防止剪压破坏由受剪承载力计算来保证，防止斜压破坏由截面控制条件来保证。根据型钢混凝土梁受剪试验结果，表明型钢部分受剪承载力的贡献为型钢腹板部分的受剪承载力，其值与腹板强度、腹板含量有关，对集中荷载作用下的梁还与剪跨比有关，近似地取型钢腹板的抗剪强度为 $0.58f_a$，这样可得梁斜截面受剪承载力的计算公式如下：

$$V_b \leqslant \frac{1}{\gamma_{RE}}(0.06f_c bh_0 + 0.8f_{yv}\frac{A_{sv}}{s}h_0 + 0.58f_a t_w h_w) \tag{8.5}$$

集中荷载作用下的梁，其斜截面受剪承载力应按下列公式计算：

$$V_b \leqslant \frac{1}{\gamma_{RE}}\left[\frac{0.06}{\lambda + 1.5}f_c bh_0 + 0.8f_{yv}\frac{A_{sv}}{s}h_0 + \frac{0.58}{\lambda}f_a t_w h_w\right] \tag{8.6}$$

式中 f_{yv}——箍筋强度设计值；

A_{sv}——配置在同一截面内箍筋各肢的全部截面面积；

s——沿构件长度方向上箍筋的间距；

λ——计算截面剪跨比，λ 可取 $\lambda=a/h_0$，a 为计算截面至支座截面或节点边缘的距离，计算截面取集中荷载作用点处的截面，当 $\lambda<1.4$ 时，取 $\lambda=1.4$，当 $\lambda>3$ 时，取 $\lambda=3$。

型钢混凝土框架梁考虑抗震等级的剪力设计值 V_b 应按强剪弱弯的抗震设计原则，根据框架梁左、右端实配钢筋和实配型钢、强度标准值，且考虑承载力抗震调整系数的正截面受弯承载力所对应的弯矩值或考虑地震作用组合的框架梁左、右端弯矩设计值，同时考虑地震作用组合时的重力荷载代表值产生的剪力设计值，按简支梁计算确定，计算方法与第 4 章普通钢筋混凝土框架梁基本一致，此不赘述。

需要指出的是，由于目前对型钢混凝土宽扁梁尚未进行试验，因此，上述框架梁受剪承载力计算公式对宽扁梁不能直接采用，有待进一步研究。

当梁的荷载较大，需要的截面高度较高时，为节省钢材，减少自重，可采用桁架式空腹型钢的型钢混凝土梁，其受弯承载力可按《混凝土结构设计规范》(GB 50010)的有关公式计算，计算中可将上、下弦型钢考虑为纵向钢筋；斜腹杆承载力的竖向分力可作为受剪箍筋考虑。

(3)构造要求

为防止梁发生斜压破坏，型钢混凝土框架梁的受剪截面应符合下列条件：

$$V_b \leqslant \frac{1}{\gamma_{RE}}(0.36f_c bh_0) \tag{8.7a}$$

$$\frac{f_a t_w h_w}{f_c bh_0} \geqslant 0.10 \tag{8.7b}$$

上述控制条件是通过集中荷载作用下斜截面受剪承载力试验确定的，这对于均布荷载是偏于安全的。

为保证框架梁对框架节点的约束作用，以及便于型钢混凝土梁的浇筑，型钢混凝土框架梁的截面宽度不宜小于 300mm。另外，考虑到截面高度与宽度比值过大，对梁抗扭和侧向稳定不利，梁截面的高度和宽度的比值不宜大于 4。

为保证梁底部混凝土浇筑密实，梁中纵向受力钢筋不宜超过两排。如超过两排，施工上应采取措施，如分层浇筑等，以保证梁底混凝土密实。梁纵向受拉钢筋混凝土的配筋率宜大于 0.3%，直径宜取 16～25mm，净距不宜小于 30mm 和 $1.5d$（d 为钢筋的最大直径），以保证混凝土与钢筋和型钢有良好的黏结力，同时也有利于梁在正常使用状态下裂缝分布均匀和减小裂缝宽度。梁的上部和下部纵向钢筋伸入节点的锚固构造应符合《混凝土结构设计规范》(GB 50010)的规定。

型钢混凝土框架梁的截面高度大于或等于 500mm 时，在梁的两侧沿高度方向每隔 200mm 应设置一根纵向钢筋，且腰筋与型钢间宜配置拉结钢筋。型钢混凝土框架梁在支座处和上翼缘受有较大固定集中荷载处，应在型钢腹板两侧对称设置支承加劲肋，以助于承受剪力。

型钢混凝土框架梁中箍筋的配置应符合《混凝土结构设计规范》(GB 50010)的规定：考虑地震作用组合的型钢混凝土框架梁，梁端应设置箍筋加密区，其加密区长度、箍筋最大间距和箍筋最小直径及非加密区的配筋要求与钢筋混凝土框架梁基本一致，此不赘述。

【例 8.1】 某型钢混凝土梁，截面尺寸 $b\times h=450\text{mm}\times 850\text{mm}$，混凝土强度等级为 C30，$f_c=14.3\text{N/mm}^2$，Q345 型钢 HZ600，$W_a=3069\text{mm}^3$，$f_a=315\text{N/mm}^2$。配筋见图 8.19，纵向钢筋为 HRB400，$f_y=f_y'=360\text{N/mm}^2$，纵向钢筋的净保护层为 40mm。箍筋为 HPB300，$f_{yv}=270\text{N/mm}^2$，ϕ8@200。梁的支座截面承受负弯矩设计值 $M=2270\text{kN}\cdot\text{m}$，剪力设计值 $V_b=1880\text{kN}$。要求：(1)对该型钢混凝土梁进行抗弯承载力验算；(2)对该型钢混凝土梁进行抗剪承载力验算。

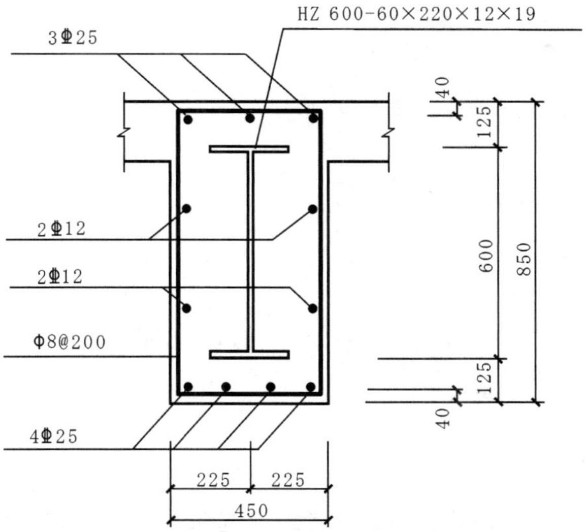

图 8.19 某型钢混凝土梁剖面图

【解】 (1)抗弯承载力计算

型钢受拉翼缘与受拉钢筋合力作用点至梁底的距离：

$$a=\frac{f_aA_{af}\times(125+19/2)+f_yA_s\times(40+25/2)}{f_aA_{af}+f_yA_s}=\frac{315\times220\times19\times134.5+360\times1964\times52.5}{315\times220\times19+360\times1964}=106\text{mm}$$

$h_0=h-a=850-106=744\text{mm}$

$\delta_1h_0=125+19=144\text{mm}, \delta_1=\frac{144}{744}=0.194$

$\delta_2h_0=850-144=706\text{mm}, \delta_2=\frac{706}{744}=0.949$

由式(8.2a)求型钢腹板承受的轴向合力为：

$N_{aw}=[2.5\xi-(\delta_1+\delta_2)]t_wh_0f_a=[2.5\xi-(0.194+0.949)]\times12\times744\times315=7030800\xi-3214481$

由平衡方程式(8.1b)，同时注意到 $f_a'A_{af}'=f_aA_{af}$，有：

$$14.3\times450\times744\xi+360\times1473-360\times1964+(2.5\xi-1.143)\times2812320=0$$

$$4787640\xi+530280-707040+7030800\xi-3214481=0$$

$$11818440\xi-3479621=0$$

得 $\xi=0.294, x=\xi h_0=0.294\times744=219\text{mm}$

$$\xi_b=\frac{0.8}{1+\dfrac{360+315}{2\times0.003\times2.0\times10^5}}=0.512$$

则 $x<\xi_b h_0=0.512\times744=381\text{mm}$；$x>a_a'+t_f=125+19/2+19=153.5\text{mm}$。满足要求。

由式(8.2b)求型钢腹板承受的轴向合力产生的力矩为：

$$\begin{aligned}M_{aw}&=[0.5\times(\delta_1^2+\delta_2^2)-(\delta_1+\delta_2)+2.5\xi-(1.25\xi)^2]t_w h_0^2 f_a\\&=[0.5\times(0.194^2+0.949^2)-(0.194+0.949)+2.5\times0.294-(1.25\times0.294)^2]\times12\times744^2\times315\\&=-154.70\text{kN}\cdot\text{m}\end{aligned}$$

由式(8.1a)得型钢混凝土梁受弯承载力：

$$\frac{1}{\gamma_{RE}}[f_c bx(h_0-\frac{x}{2})+f_y'A_s'(h_0-a_s')+f_a'A_{af}'(h_0-a_s')+M_{aw}]$$

$$=\frac{1}{0.75}[14.3\times450\times219\times(744-\frac{219}{2})+360\times1473\times(744-40-12.5)+315\times220\times19\times(744-134.5)-154.70]\times10^6$$

$$=\frac{1}{0.75}(894.18+366.69+802.53-154.70)\times10^6$$

$=2544.90\text{kN}\cdot\text{m}>M=2270\text{kN}\cdot\text{m}$。满足要求。

(2)抗剪承载力计算

由式(8.5)得型钢混凝土梁受剪承载力：

$$\frac{1}{\gamma_{RE}}(0.06f_c bh_0+0.8f_{yv}\frac{A_{sv}}{s}h_0+0.58f_a t_w h_w)$$

$$=\frac{1}{0.85}(0.06\times14.3\times450\times744+0.8\times270\times\frac{101}{200}\times744+0.58\times315\times12\times562)=1882991\text{N}$$

$=1883\text{kN}>V_b=1880\text{kN}$，满足要求。

8.3.3 型钢混凝土柱的设计

型钢混凝土柱要考虑由混凝土、钢筋和型钢三者组合起来共同受力，计算比较复杂。它的计算模型一般有两种思路：强度叠加模型和变形协调模型。

强度叠加模型的基本思想是将型钢混凝土柱视为两个彼此独立的构件：型钢构件和钢筋混凝土构件。它们变形相互独立，整个组合构件的承载力是两者承载力之和，叠加原理参见图 8.20。强度叠加模型注重于构件的极限状态，将一个复杂的模型分解为两个较为简单的模型，从而使计算公式大大简化，且它的计算结果是偏于安全的。日本规范就采用了强度叠加模型。

对于偏压构件，强度的叠加原则如下：

当 $N\leqslant N_{RC}^0$ 时

$$N=N_{RC},\quad M\leqslant M_S^0+M_{RC} \tag{8.8}$$

当 $N>N_{RC}^0$ 时

$$N=N_{RC}^0+N_S,\quad M\leqslant M_S \tag{8.9}$$

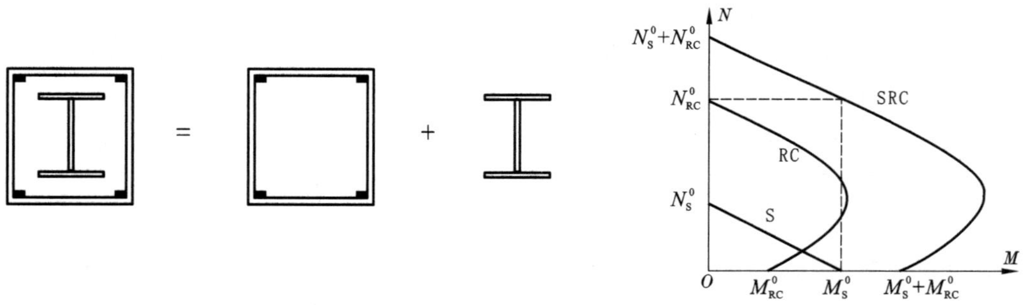

图 8.20 强度叠加模型原理示意图

变形协调模型假定型钢与混凝土变形协调，即始终没有相对滑移，构件截面始终保持为平面，其基本假定与前面梁的分析一致。其优点是从公式推导上保持了与普通钢筋混凝土构件的连贯性，力学概念明确。存在的主要问题，一是实验表明，在达到极限承载力之前型钢与混凝土之间已产生了一定的相对滑移；二是型钢形式多样，钢筋一般又只能配置在柱截面角部，且第一、二排钢筋相距又远，都增大了计算公式的复杂程度，公式的推导也极为困难。这些都给该模型的应用带来很大的局限性。我国有关规范采用的是一种较为简单的变形协调模型。

(1)柱偏心受压正截面承载力计算

配置充满型实腹型钢的型钢钢筋混凝土柱的正截面偏心受压承载力计算，仍采用与梁相同的基本假定，把型钢腹板应力图形简化为拉压矩形应力图，如图 8.21 所示，采用极限平衡的方法，可推导出型钢截面为充满型实腹型钢的型钢混凝土框架柱偏心受压构件正截面受压承载力计算公式如下：

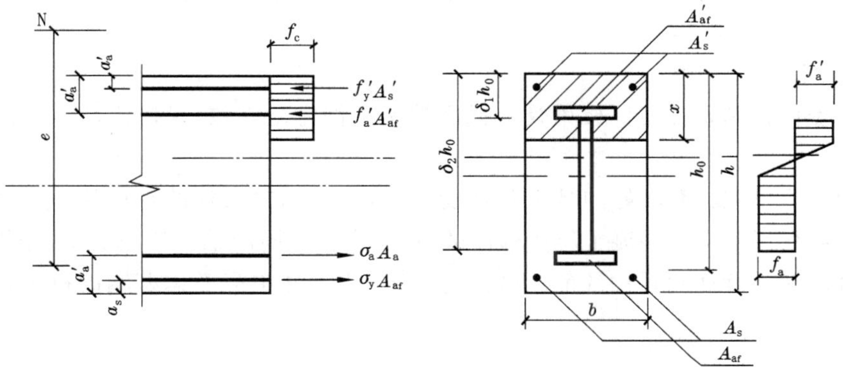

图 8.21　偏心受压框架柱的承载力计算

$$N \leqslant \frac{1}{\gamma_{RE}}(f_c bx + f_y'A_s' + f_a'A_{af}' - \sigma_a A_s - \sigma_a A_{af} + N_{aw}) \tag{8.10a}$$

$$Ne \leqslant \frac{1}{\gamma_{RE}}[f_c bx(h_0 - x/2) + f_y'A_s'(h_0 - a_s') + f_a'A_{af}'(h_0 - a_a') + M_{aw}] \tag{8.10b}$$

式中，e 为轴向力作用点至纵向受拉钢筋和型钢受拉翼缘的合力点之间的距离，在初始偏心距的基础上要考虑荷载位置不定性、材料不均匀、施工偏差等引起的附加偏心距，并考虑挠曲影响的轴向力偏心距增大系数。上述参数的计算公式与钢筋混凝土偏压承载力计算公式中的一致。

当 $\delta_1 h_0 < 1.25x$，$\delta_2 h_0 > 1.25x$ 时

$$N_{aw} = [2.5\xi - (\delta_1 + \delta_2)]t_w h_0 f_a \tag{8.11a}$$

$$M_{aw} = \left[\frac{1}{2}(\delta_1^2 + \delta_2^2) - (\delta_1 + \delta_2) + 2.5\xi - (1.25\xi)^2\right]t_w h_0^2 f_a \tag{8.11b}$$

当 $\delta_1 h_0 < 1.25x$，$\delta_2 h_0 > 1.25x$ 时

$$N_{aw} = (\delta_2 - \delta_1)t_w h_0 f_a \tag{8.12a}$$

$$M_{aw} = \left[\frac{1}{2}(\delta_1^2 - \delta_2^2) + (\delta_2 - \delta_1)\right]t_w h_0^2 f_a \tag{8.12b}$$

受拉边或受压较小边的钢筋应力 σ_s 和型钢翼缘应力 σ_a 可按下列条件计算：当 $x \leqslant \xi_b h_0$ 时，为大偏心受压构件，取 $\sigma_s = f_y$，$\sigma_a = f_a$；当 $x > \xi_b h_0$ 时，为小偏心受压构件，σ_s 及 σ_a 可近似按下式计算：

$$\sigma_s = \frac{f_y}{\xi_b - 0.8}\left(\frac{x}{h_0} - 0.8\right) \tag{8.13a}$$

$$\sigma_a = \frac{f_a}{\xi_b - 0.8}\left(\frac{x}{h_0} - 0.8\right) \tag{8.13b}$$

考虑地震作用组合的框架柱的内力设计值应按抗震设计等级调整，与钢筋混凝土框架柱内力调整方法基本一致，此不赘述。

(2)柱斜截面抗剪承载力计算

试验研究表明，型钢混凝土框架柱的斜截面受剪承载力可由钢筋混凝土和型钢两部分的斜截面受剪承载力组成，在计算中型钢部分对受剪承载力的贡献中考虑型钢腹板部分的受剪承载力。同时考虑轴向

压力对受剪承载力的有利影响，具体计算公式如下：

$$V_c \leqslant \frac{1}{\gamma_{RE}}\left(\frac{0.16}{\lambda+1.5}f_c b h_0 + 0.8 f_{yv}\frac{A_{sv}}{s}h_0 + \frac{0.58}{\lambda}f_a t_w h_w + 0.056N\right) \tag{8.14}$$

式中 λ——框架柱的计算剪跨比，其值取上、下端较大弯矩设计值 M 与对应的剪力设计值 V 和柱截面有效高度 h_0 的比值，即 M/Vh_0；当框架结构中的框架柱的反弯点在柱层高范围内时，柱剪跨比也可采用 1/2 柱净高与柱截面有效高度 V 的比值。当 λ 小于 1 时，取 1；当 λ 大于 3 时，取 3。

N——考虑地震作用组合的框架柱的轴向压力设计值，当 $N>0.3f_cA_c$ 时，取 $N=0.3f_cA_c$。

型钢混凝土框架柱的剪力设计值应按强剪弱弯的抗震设计原则作适当调整，其计算方法与钢筋混凝土柱基本一致。

(3)柱的构造要求

框架柱的受剪截面控制条件与框架梁受剪截面控制条件完全一致，仅把式(8.7a)、式(8.7b)中 V_b 换成 V_c 即可。

为保证型钢混凝土框架具有较好的延性和耗能能力，应控制框架柱的轴压比。通过不同轴压比情况下承受低周反复荷载作用的型钢混凝土压弯构件试验，表明在相同的轴压比情况下，型钢混凝土柱比钢筋混凝土柱具有更好的滞回特性和延性性能。因此，其轴压比计算中应考虑型钢的有利作用。定义型钢混凝土柱的轴压比为

$$n = \frac{N}{f_cA_c + f_aA_a} \tag{8.15}$$

则轴压比限值如表 8.2 所示。

型钢混凝土框架柱的轴压比限值 **表 8.2**

结构类型	箍筋型式	抗震等级		
		一级	二级	三级
框架结构	复合箍筋	0.65	0.75	0.85
框架-剪力墙结构 框架-筒体结构	复合箍筋	0.70	0.80	0.90
框支结构	复合箍筋	0.60	0.70	0.80

注：剪跨比不大于 2 的框架柱，其轴压比限值应比表 8.2 中数值减小 0.05。

型钢混凝土柱的型钢配筋率不宜过小，只有配置了一定量的型钢，才能使型钢混凝土构件具有比钢筋混凝土构件更高的承载力和更好的延性。同时，构件中也必须配置一定数量的纵向钢筋，以便在混凝土、纵筋、箍筋的约束下的型钢能充分发挥其强度和塑性性能。因此，受力型钢的含钢率不宜小于 0.4%，且不宜大于 10%。型钢混凝土框架柱全部纵向受力钢筋的配筋率不宜小于 0.8%，且必须在四角配置一根直径不小于 16mm 的纵向钢筋。考虑到型钢混凝土柱承受的弯矩和轴力较大，纵向钢筋直径不宜过小。同时，为便于浇筑混凝土，框架柱内纵向钢筋的净距不宜小于 60mm。

型钢混凝土框架柱中箍筋的配置应符合《混凝土结构设计规范》(GB 50010)的规定；考虑地震作用组合的型钢混凝土框架柱，柱端箍筋加密区长度、箍筋最大间距和最小直径、柱箍筋加密区的箍筋最小体积配筋百分率与钢筋混凝土柱的要求基本一致，此不赘述。

在箍筋加密区长度以外，箍筋的体积配筋率不宜小于加密区配筋率的一半，且对一、二级抗震等级，箍筋间距不应大于 $10d$；对三级抗震等级不宜大于 $15d$，d 为纵向钢筋直径。箍筋要求必须与纵筋牢固连接，以便起到约束混凝土的作用。

8.3.4 钢管混凝土构件设计

钢管混凝土结构是在钢管中浇筑素混凝土后形成的组合构件，最适用于轴心受压构件。它有如下几个特点：

(1)构件的承载力大大提高　外钢管使其内部的混凝土在轴心受力的状态下处于三向受压，延缓了混凝土的受压纵向开裂，使混凝土的抗压强度大大提高；而填充于钢管内的混凝土又保证了薄壁钢管的局部稳定，实验和理论分析证明，圆钢管混凝土受压构件的承载力可达到钢管和混凝土单独承载力之和的1.7～2.0倍。

(2)构件延性提高，抗震性能好　核心混凝土由于钢管的约束，不但使用阶段的弹性功能有所改善，而且破坏时也出现了很大的塑性变形，表现出良好的塑性和韧性。

(3)经济效果显著　和钢柱相比，可节约钢材50%，降低造价约45%；与钢筋混凝土柱比，可节约混凝土70%，减小自重70%，节省模板100%，用钢量基本相等或只稍多一些。

(4)施工简单易行，缩短工程周期　因为它零件少、焊缝短，且柱脚构造简单；再加上近年来成功运用的高位抛落无振捣及泵送混凝土施工工艺，混凝土的施工质量也可以得到保证。

所以，钢管混凝土以它的轻巧、经济，良好的抗震性能和简单的施工方法，不仅被广泛地应用于拱桥、工业厂房、设备构架、塔杆等结构中，而且对于高层建筑更具优越性。

采用钢管混凝土后，柱的抗压和抗剪承载力较高，柱截面尺寸大大减小，扩大了使用空间，且由于自重的减轻，地震反应减小，利于抗震，还降低了地基基础的造价。钢管混凝土柱的钢管壁较薄，一般不超过40mm(若使用全钢结构，钢板的厚度通常会达到80～130mm)，施工简便且质量有保证。

钢管混凝土柱的钢管由钢板卷焊而成，可为直缝形或螺旋形焊接管。钢管的厚度一般为直径的1/100～1/70。钢管可以2～3层高为一个安装单元，长度为6～10m一段。

钢管的长细比l_0/D一般不宜超过50，式中l_0为柱的计算长度，D为柱的直径。当用少量巨型钢管混凝土柱支承整个结构时，通常在柱间加X形钢支撑或隔若干层做水平腰桁架，以提高空间整体性。

钢管混凝土中的混凝土等级一般不低于C30。实际上，工程中为了减小柱的截面尺寸，提高承载力，普遍使用高等级的混凝土。而且，为了提高混凝土的强度，可以加入硅粉；也可以掺入塑化剂增加坍落度到15cm以上，在浇筑时不必振捣，施工方便。

钢管混凝土结构的承载力计算可参考有关专著，此不赘述。

8.3.5　型钢混凝土的梁柱节点设计

在型钢混凝土的梁柱节点中，混凝土部分的抗剪能力由于钢骨的腹板和翼缘对混凝土的约束而显著提高，而混凝土的存在也保证型钢的腹板不会产生局部屈曲，故一般情况下，仅仅依靠节点核心区型钢的抗剪能力，就可以满足节点抗剪强度的要求。箍筋的作用主要是保证纵向钢筋不发生压屈。

(1)节点受剪承载力计算

型钢混凝土框架节点包括型钢混凝土柱与型钢混凝土梁组成的节点、型钢混凝土柱与钢筋混凝土梁或钢梁组成的节点。各类节点都需要保证在梁端出现塑性铰后，节点不发生脆性剪切破坏。根据型钢混凝土梁柱节点试验，其受剪承载力由混凝土、箍筋和型钢所组成。对于一、二级抗震等级的框架节点，其受剪承载力应按下列公式计算：

①型钢混凝土柱与型钢混凝土梁连接的梁柱节点

一级抗震等级，

$$V_j \leqslant \frac{1}{\gamma_{RE}}\left[0.3\phi_j\eta_j f_c b_j h_j + f_{yv}\frac{A_{sv}}{s}(h_0 - a_s') + 0.58 f_a t_w h_w\right] \tag{8.16a}$$

二级抗震等级，

$$V_j \leqslant \frac{1}{\gamma_{RE}}\left[\phi_j\eta_j\left(0.3 + 0.05\frac{N}{f_c b_c h_c}\right) f_c b_j h_j + f_{yv}\frac{A_{sv}}{s}(h_0 - a_s') + 0.58 f_a t_w h_w\right] \tag{8.16b}$$

②型钢混凝土柱与钢筋混凝土梁连接的梁柱节点

一级抗震等级，

$$V_j \leqslant \frac{1}{\gamma_{RE}}\left[0.14\phi_j\eta_j f_c b_j h_j + f_{yv}\frac{A_{sv}}{s}(h_0 - a_s') + 0.2 f_a t_w h_w\right] \tag{8.17a}$$

二级抗震等级，

$$V_j \leqslant \frac{1}{\gamma_{RE}}\left[\phi_j\eta_j\left(0.14 + 0.05\frac{N}{f_c b_c h_c}\right) f_c b_j h_j + f_{yv}\frac{A_{sv}}{s}(h_0 - a_s') + 0.2 f_a t_w h_w\right] \tag{8.17b}$$

③型钢混凝土柱与钢梁连接的梁柱节点

一级抗震等级，

$$V_j \leqslant \frac{1}{\gamma_{RE}}\left[0.25\phi_j\eta_j f_c b_j h_j + f_{yv}\frac{A_{sv}}{s}(h_0 - a_s') + 0.58 f_a t_w h_w\right] \tag{8.18a}$$

二级抗震等级，

$$V_j \leqslant \frac{1}{\gamma_{RE}}\left[\phi_j\eta_j\left(0.25 + 0.05\frac{N}{f_c b_c h_c}\right) f_c b_j h_j + f_{yv}\frac{A_{sv}}{s}(h_0 - a_s') + 0.58 f_a t_w h_w\right] \tag{8.18b}$$

式中 ϕ_j——节点位置影响系数，中柱中间节点取 $\phi_j=1.0$，边柱节点及顶层中间节点取 $\phi_j=0.7$，顶层边节点取 $\phi_j=0.4$；

N——考虑地震作用组合的节点上柱底部的轴向压力设计值，当 $N>0.5f_c b_c h_c$ 时，取 $N=0.5f_c b_c h_c$；

t_w——柱型钢腹板厚度；

h_w——柱型钢腹板高度；

A_{sv}——配置在框架节点宽度 b_j 范围内同一截面内箍筋各肢的全部截面面积。

型钢混凝土框架梁柱节点考虑抗震等级的剪力设计值 V_j，应按强剪弱弯的抗震要求进行调整，调整的公式与钢筋混凝土梁柱节点基本一致，此不赘述。

(2)节点处梁柱受弯承载力的控制

钢梁或型钢混凝土梁与型钢混凝土柱的连接节点的内力传递机理比较复杂，根据日本的试验结果，当梁为型钢混凝土梁或钢梁时，如果型钢混凝土柱中的型钢过小，使型钢混凝土柱中的型钢部分与梁型钢的弯矩分配比在40%以下时，即不能充分发挥柱中型钢的抗弯承载力，且在反复荷载作用下，其荷载-位移滞回曲线将出现捏拢现象，因此设计中要求型钢混凝土柱中的型钢部分与梁型钢的弯矩分配比不小于50%。同时，当梁为型钢混凝土梁时，设计要求柱中的混凝土部分与梁中的混凝土部分的弯矩分配比也不小于50%。因此，型钢混凝土梁柱节点的梁端、柱端型钢所承担的受弯承载力之和，宜分别符合下列条件：

$$0.5 \leqslant \frac{\sum M_c^a}{\sum M_b^a} \leqslant 2.0 \tag{8.19}$$

式中 $\sum M_c^a$——节点上、下柱端型钢受弯承载力之和；

$\sum M_b^a$——节点左、右梁端型钢受弯承载力之和。

当梁为钢筋混凝土梁、柱为型钢混凝土柱时，如果型钢混凝土柱的混凝土截面过小，同样使型钢混凝土柱中的钢筋混凝土的抗弯承载力不能充分发挥，在反复荷载作用下，其荷载-位移滞回曲线也将出现捏拢现象。因此设计中宜满足下式的要求。

$$\frac{\sum M_c^{rc}}{\sum M_b^{rc}} \geqslant 0.5 \tag{8.20}$$

式中 $\sum M_c^{rc}$——节点上、下柱端钢筋混凝土截面受弯承载力之和；

$\sum M_b^{rc}$——节点左、右梁端钢筋混凝土截面受弯承载力之和。

(3)构造要求

为防止混凝土截面过小，造成节点核心区混凝土承受过大的斜压力，以致使节点混凝土被压碎，根据型钢混凝土小剪跨的静力剪切试验结果，并考虑反复荷载的不利影响，型钢混凝土框架节点受剪的水平截面限制条件为：

$$V \leqslant \frac{1}{\gamma_{RE}}(0.4\eta_j f_c b_j h_j) \tag{8.21}$$

式中 h_j——框架节点水平截面的高度，可取 $h_j = h_c$，h_c 为框架柱的截面高度。

b_j——框架节点水平截面的高度，当 $b_b \geqslant b_c/2$ 时，可取 b_c；当 $b_b < b_c/2$ 时，可取 $b_b + 0.5b_c$ 和 b_c 两者的较小值。此处 b_b 为梁的截面宽度，b_c 为柱的截面宽度。

η_j——梁对节点的约束影响系数，对两个正交方向有梁约束的中间节点，当梁的截面宽度均大于柱截面宽度的1/2，且框架次梁的截面高度不小于主梁截面高度的3/4时，可取 $\eta_j = 1.5$；其他情况的节点，可取 $\eta_j = 1$。

当梁柱轴线有偏心距 e_0 时，e_0 不宜大于柱截面宽度1/4，此时，节点宽度应取 $(0.5b_c + 0.5b_b + 0.25h_c - e_0)$、$(b_b + 0.5h_c)$ 和 b_c 三者中的最小值。

型钢混凝土框架节点核心区的箍筋最大间距、最小直径等构造要求与框架柱端加密区的箍筋配置要求基本一致。对一、二、三级抗震等级的框架节点核心区，其箍筋最小体积配筋率分别不宜小于0.6%、0.5%、0.4%，且柱纵向受力钢筋不应在中间各层节点中切断。框架梁和框架柱的纵向受力钢筋在框架节点区的锚固和搭接应符合《混凝土结构设计规范》(GB 50010)的规定。

8.4 上海中心大厦结构概况

上海中心大厦地上128层，632m高，地下5层。沿竖向按建筑功能划分为9个区段，包括底部商务区，5个办公区，2个酒店/住宅区，及顶部观景和设备区，见图8.22。每个区段的顶部均布置有设备层。2区至8区犹如一个个有公共空间的独立社区，公共空间位于各个区段的底层，并延伸至建筑外部扭转的幕墙，可以就“近”为“独立社区”内的人们提供餐饮、银行、商务等基本配套服务。

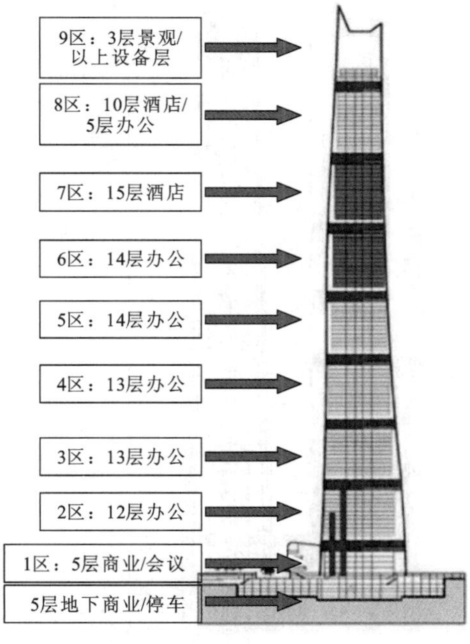

图8.22 上海中心大厦竖向功能布置

上海中心塔楼建筑平面为用弧线处理后的正三角形，见图8.23。三角形中心沿高度方向在一条铅垂线上，三角形绕中心线自下而上旋转120°(每层约旋转1°)，并逐渐减小尺寸，9区的三角形面积缩小为底部的55%左右，形成了塔楼外立面整体扭转的非线性曲面形式，独特的造型表达了建筑美学上螺旋式上升的设计意蕴，达到了结构力学上降低横向风荷载的目的，隐喻着可持续发展的绿色建筑理念。

从结构上看，上海中心塔楼可以看成由 9 个直径逐渐变小的圆柱体堆叠而成，见图 8.24。区段内的标准层结构平面为圆形，即图 8.23(a)中打斜线的范围，圆的直径从 1 区的 82.2m 缩小至 8 区的 46.5m。图中可以看出，标准层的楼面结构与建筑外墙(玻璃幕墙体系)是脱开的。区段之间的设备层则充满整个三角形平面，即图 8.23(b)中打斜线的范围，建筑上提供了延伸至外墙面的公共空间，结构上也为外立面玻璃幕墙结构体系提供支撑。

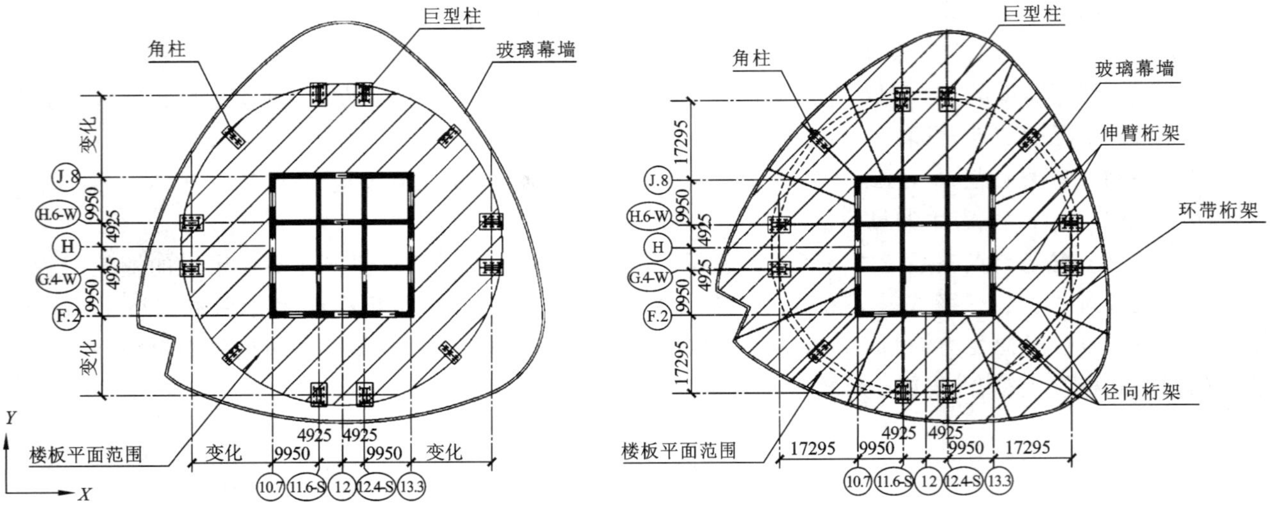

(a)　　　　(b)

图 8.23　上海中心大厦平面图

(a)标准层平面图；(b)设备层平面图

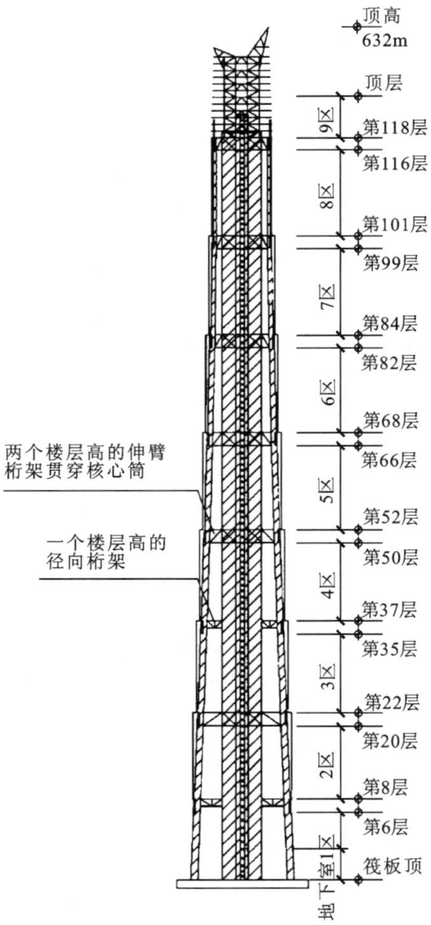

图 8.24　上海中心大厦结构剖面图

(1)抗侧力结构系统

上海中心大厦采用了“圆筒状巨型框架-核心筒-伸臂桁架”抗侧力结构体系，如图 8.25 所示，为钢-混凝土混合结构。它由以下三部分组成：①混凝土复合核心筒；②位于圆周上的巨形柱(8 个巨柱，4 个对角柱)与设备层环带桁架所组成的圆筒状巨型框架；③外伸臂桁架与巨柱、核心筒所组成的纵横各 2 榀平面巨型框架。

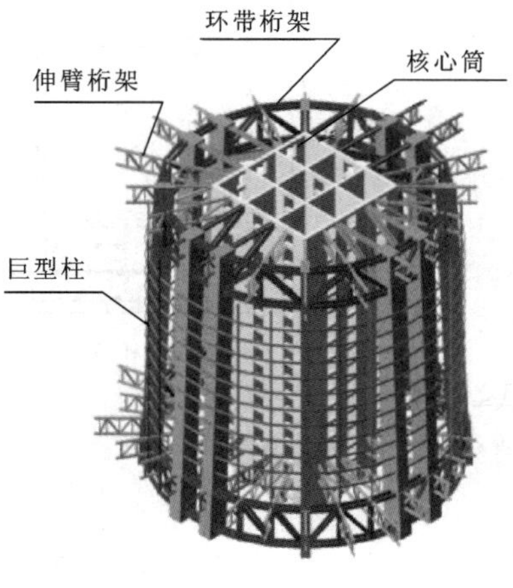

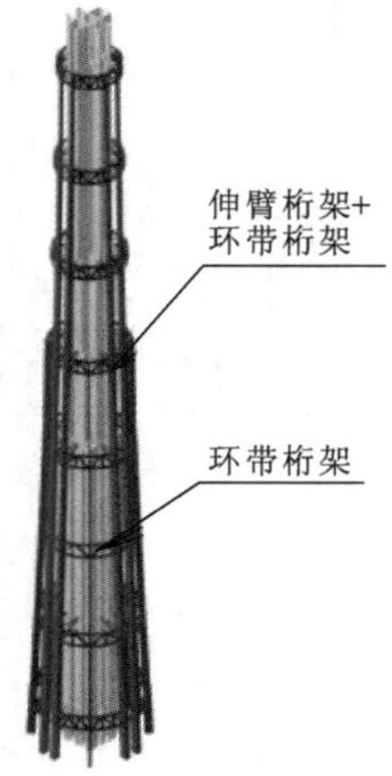

图 8.25 抗侧力结构系统

(a)分段轴测图；(b)整体示意

①核心筒

核心筒位于圆柱体的中心，其平面为边长 30m 的正方形。从 1 区至 4 区的核心筒平面由 9 个边长约 10m 的正方形单元组成。在 5 区和 6 区核心筒的 4 个角部被削除。在 7 区和 8 区的核心筒变为井字形。核心筒壁厚向上分区段逐渐减小，见表 8.3。在核心筒边缘部位以及核心筒的墙角和端部，设有嵌入的宽翼缘钢柱，以增强核心筒的强度，并对从外伸臂桁架传到核心筒的力提供了清晰的荷载路线。为减小底部墙体的轴压比，增大墙体的受剪承载力以及延性，在地下室以及 1～2 区核心筒翼墙和腹墙中设置钢板，形成了钢板组合剪力墙结构，墙体中含钢率为 1.5%～4.0%。

巨型柱、核心筒墙体基本参数 **表 8.3**

区段编号	巨型柱截面(m×m)	角柱截面(m×m)	巨型柱混凝土强度等级	核心筒翼墙厚(m)	核心筒腹墙厚(m)	核心筒墙体混凝土等级
8 区	1.9×2.4	—	C50	0.6	0.50	C60
7 区	2.3×3.3	—	C50	0.6	0.50	C60
6 区	2.5×4.0	—	C60	0.6	0.60	C60
5 区	2.6×4.4	1.2×4.5	C60	0.7	0.65	C60
4 区	2.8×4.6	1.5×4.8	C60	0.8	0.70	C60
3 区	3.0×4.8	1.8×4.8	C70	1.0	0.80	C60
2 区	3.4×5.0	2.2×5.0	C70	1.2	0.90	C60
1 区	3.7×5.3	2.4×5.5	C70	1.2	0.90	C60

②圆筒状巨型框架

位于圆周上的巨形柱(8 个巨柱，4 个对角柱)与位于设备层的 8 道双层环带桁架组成了圆筒状的巨型框架。8 根巨柱一直延伸至第 8 区，4 根对角柱延伸至第 5 区，柱截面尺寸向上分区段逐渐减小，见表 8.3。巨型柱和角柱均采用钢骨混凝土柱，即在巨柱和对角柱中嵌入了钢柱，含钢率约为 4%至 6%。图 8.28 为巨型柱截面配筋图，在结构 1～6 区，采用了“王”字形实腹式型钢混凝土组合柱[图 8.26(a)]；在结构 7～8 区，考虑到巨型柱尺寸较小，对钢骨形式进行了简化，形成了“日”字形实腹式型钢混凝土组合柱[图 8.26(b)]。

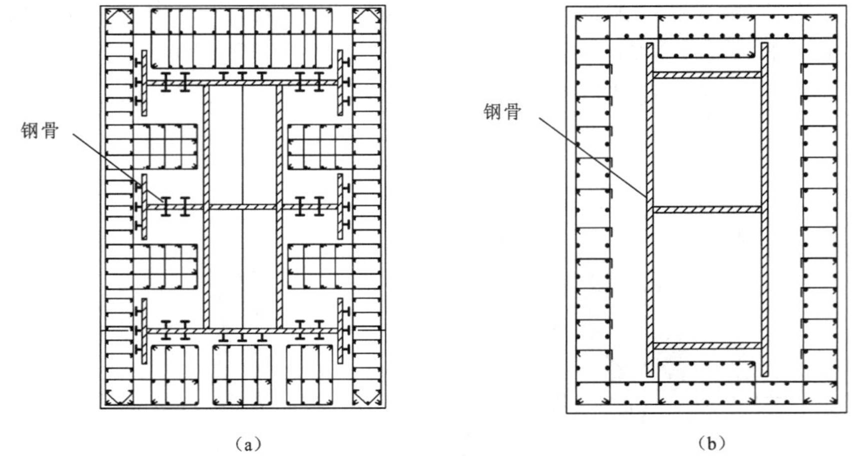

图 8.26　巨型柱截面配筋

(a)1～6 区实腹式钢骨布置；(b)7～8 区实腹式钢骨布置

③平面巨型框架

在设备层布置了 6 道 2 层高的外伸臂桁架，分别位于 2 区、4～8 区的加强层(图 8.24)。伸臂桁架贯穿核心筒的腹墙，并与两侧的巨型柱相连接，形成纵横共 4 榀平面巨型框架。研究表明，低区的外伸臂桁架有效地缩短了建筑的基本周期，而高区的外伸臂桁架有利于控制高区的层间位移。

(2)幕墙系统及荷载传递

为实现上海中心大厦螺旋上升的建筑外立面造型，采用了内、外幕墙分离的双层幕墙结构，如图 8.27 所示。内幕墙体型相对规则，在相应的建筑区段内形成幕墙柱体，起到隔热保温的作用。外幕墙形成建筑的外立面，起到遮挡风雨的作用。在每个区段内，内外幕墙之间形成高度约 80m 的中庭，提供了丰富的空间感受并兼具环境缓冲作用。

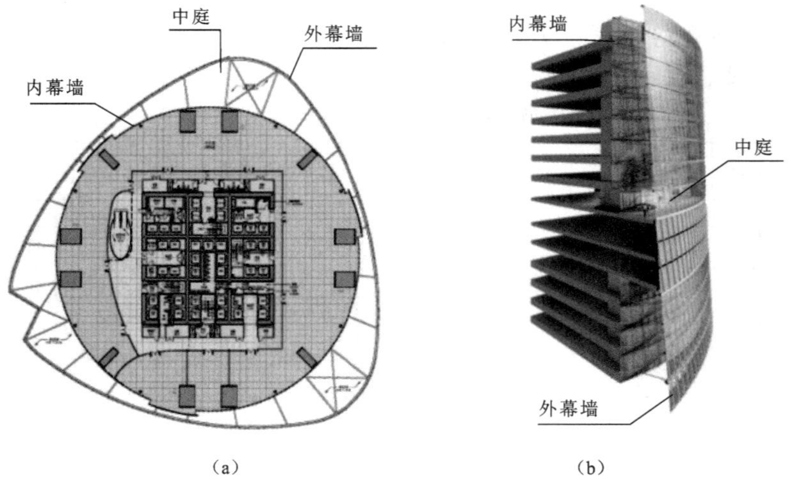

图 8.27　双层幕墙系统

(a)建筑平面图；(b)双层玻璃幕墙

在每个加强层的上部设备层内，设置了多道呈辐射状布置的径向桁架，径向桁架不仅承担了设备层内机电设备以及每区休闲层的竖向荷载，而且承担了外部悬挑端通过拉索悬挂起下部每个区的外部玻璃幕墙的荷载，并将荷载传至环带桁架、巨型柱以及核心筒。通过每道加强层处的环带桁架将周边次框架柱的重力荷载传至巨型柱和角柱，减小了巨型柱由水平荷载产生的上拔力。

(3)楼盖结构

楼盖为压型钢板与钢筋混凝土复合楼板。办公楼标准层楼板厚 155mm，即在 75mm 厚的压型钢板上现浇 80mm 厚的混凝土。设备层的楼板厚 200mm 到 250mm，是在 75mm 厚的压型钢板上现浇 125～175mm 厚的混凝土。

思 考 题

8.1 劲性钢筋混凝土结构构件有哪些形式？

8.2 劲性钢筋混凝土高层建筑结构有哪些特点及优点？

8.3 劲性钢筋混凝土高层建筑结构体系有哪些组成形式？

8.4 劲性钢筋混凝土高层建筑结构布置有哪些特点？

8.5 型钢混凝土结构构件的设计与普通钢筋混凝土结构构件的设计有哪些不同？

习 题

某型钢混凝土梁，截面尺寸 $b \times h = 350\text{mm} \times 750\text{mm}$，混凝土强度等级为 C40，$f_c = 19.1\text{N/mm}^2$，Q345 型钢 HZ500，$f_a = 315\text{N/mm}^2$，其余配筋见图 8.28，纵向钢筋为 HRB400，$f_y = f_y' = 360\text{N/mm}^2$，纵向钢筋的净保护层为 40mm。箍筋为 HPB300，$f_{yv} = 270\text{N/mm}^2$，Φ8@150。梁的支座截面承受负弯矩设计值 $M = 1000\text{kN} \cdot \text{m}$，剪力设计值 $V_b = 1500\text{kN}$。要求：(1)对该型钢混凝土梁进行抗弯设计；(2)对该型钢混凝土梁进行抗剪设计。

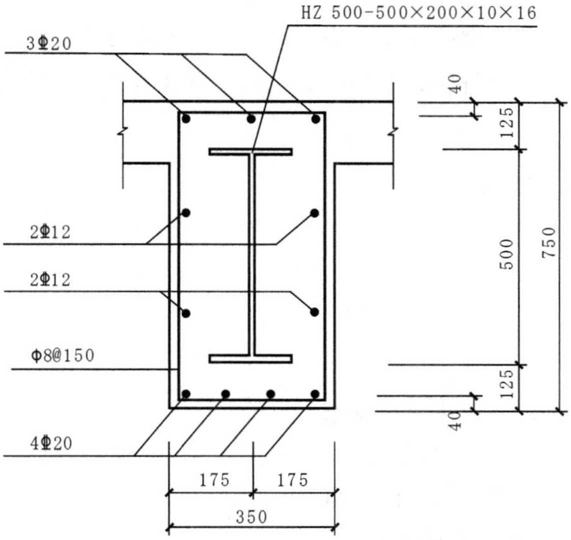

图 8.28 某型钢混凝土梁配筋图

9 高层建筑结构基础设计

9.1 概 述

高层建筑基础占的工程量大、造价高、消耗的材料多，对建筑物施工工期也影响很大。一般 9～16 层民用高层住宅的地基所需工期占总工期的 1/3 左右，造价也占总造价的 1/3 左右。因此，基础设计对高层建筑的经济技术指标有较大的影响。

基础设计应综合考虑建筑场地的工程地质和水文地质状况、上部结构的类型和房屋的高度、施工技术和经济条件等因素，满足以下要求：

(1)基底的压力不超过地基承载力或桩基承载力；

(2)基础总沉降量和差异沉降量控制在允许限值范围内；

(3)满足建筑物地下室部分的防水要求；

(4)基础施工应避免和减轻对相邻建筑物的影响和干扰。

已有的震害资料表明，设置地下室的高层建筑的震害相对较轻，且设置地下室对提高地基的承载力有利，对结构抗倾覆有利。另外，在现代高层建筑中设置地下室往往也是建筑的功能所要求的。因此，在高层建筑中宜设置地下室。

9.1.1 高层建筑基础的常用形式

高层建筑常用的基础形式有：

(1)箱形基础；

(2)筏形基础；

(3)交叉梁式基础；

(4)桩基础(包括预制桩和灌注桩)或复合地基；

(5)联合基础(桩基础与箱形基础联合使用、桩基础与筏形基础联合使用等)。

高层建筑的基础形式，应考虑以下条件综合各方面因素选定：

(1)上部结构的类型、整体性和结构刚度；

(2)地基土条件；

(3)抗震设防要求；

(4)施工技术；

(5)周围建筑物和环境条件。

一般情况下，高层建筑宜优先选用整体性较好的箱形基础和筏形基础；当层数少、高度不大，抗震设防要求不高，地基情况较均匀时，可考虑采用交叉梁式基础；高层建筑通常不宜采用独立柱基础。

当地基承载力不足、沉降量大时，可采用箱基、筏基与桩基或复合地基组成的联合基础。

高层建筑直接建造在基岩上时，可考虑采用条形基础或独立柱基础。

裙房层数少、荷重轻、面积大，当不需要设置地下室时，可采用交叉梁基础和加拉梁的独立基础。

9.1.2 基础的埋置深度

基础的埋置深度简称基础埋深，一般指基础底面到室外地坪面的距离。当采用箱形基础或筏形基础时，基础埋深应算至箱形基础或筏形基础的底板底面；当采用桩基础时，基础埋深应算至承台的底面。当室外地坪不等高时，应按较低的一侧起算。基础埋深的确定应综合考虑建筑物的高度、体型、地基土质、抗震设防烈度等因素。

高层建筑基础必须有足够的埋置深度，主要是考虑：

(1)防止在水平风力和水平地震作用下基础发生滑移和倾斜，提高基础的稳定性。

(2)增大埋深，可以提高地基的承载力，减少基础的沉降量。

(3)增大埋深后，由于箱基外侧墙的土压力、摩擦力限制了基础的倾斜，基底下土反力的分布能趋于平缓，减小集中程度。

(4)增大埋深后，地面运动时，阻尼增大，输入加速度减小，震害可以减轻。

高层建筑的基础埋深宜满足下列要求：天然地基或复合地基，可取房屋高度的 1/15；桩基础，可取房屋高度的 1/18(桩长不计在内)。

当建筑物采用岩石地基或采取有效措施时，在满足地基承载力、变形、稳定性以及上部结构抗倾覆要求的前提下，基础埋深的限值可适当放宽。当抗震设防烈度高、场地差时，宜采用较大埋深，以抵抗倾覆和滑移。高层建筑位于岩石地基上时，地基可能产生滑移，应采取有效的抗滑移措施。

基础埋深指有效埋深。一般自室外地坪起算，天然地基算至箱形基础、筏形基础的底板底面标高；桩基算至承台的底面标高。当室外地坪不等高时，应从较低的一侧起计(图 9.1)。

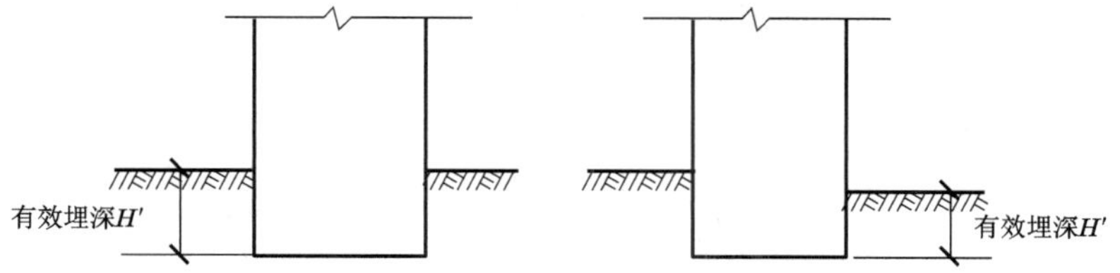

图 9.1　基础的有效埋深

当高层部分基础一侧有连续地下室采光井时，土体与采光井的挡土墙接触，不能对基础形成有效的侧限，起不到有效埋深的作用，因此，应用短墙将地下室侧壁与挡土墙连接，以保证水平力传递(图 9.2)。

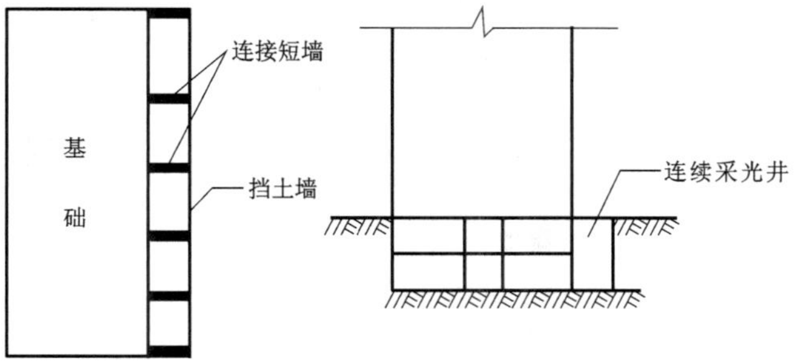

图 9.2　连续采光井

在主楼与裙房之间设置沉降缝之后，如果主楼与裙房基础埋深相同，主楼基础实际上有效埋深为零，基础没有得到侧向限制，在水平力作用下，侧移可能发生[图 9.3(a)]。因此，宜将主楼基础加深，使主楼与裙房之间基础的埋深差成为有效埋深[图 9.3(b)]。

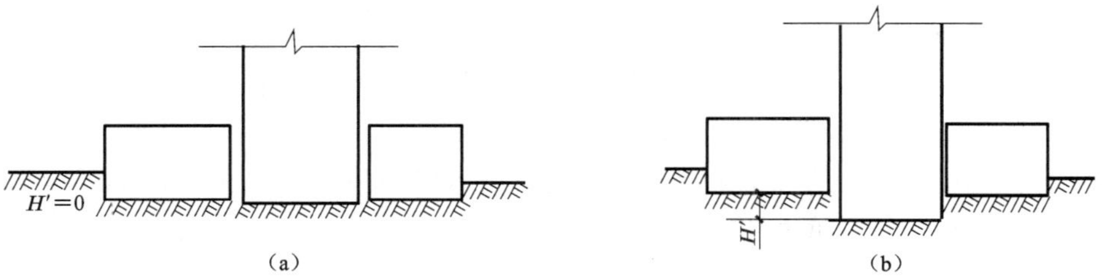

图 9.3　沉降缝对有效埋深的影响

(a)有效埋深为零；(b)加深高层基础取得有效埋深

在不得已的情况下，可以在主楼与裙房基础之间的沉降缝中充填松散、坚硬的材料（如粗砂），使两者之间水平力可以传递，而又不妨碍各自的沉降。

9.1.3 高层部分的基础与裙房基础的连接

高、低层部分基础是否分开，应根据地基的土质、基础类型、建筑平面形状具体处理。当地基土质很差、沉降量难以控制时，只好将高低层之间基础用沉降缝分开（图 9.4）。反之，当地基土质情况较好或采用桩基、高低层之间的沉降差计算比较可靠、沉降差数值较小时，则可以连成整体，不设缝（图 9.5）。

当不设沉降缝时，为减小差异沉降引起的结构内力，宜在裙房一侧设置施工后浇带。后浇带的位置宜设在距主楼边的第二跨内，宽度不小于 800mm。后浇带混凝土在基础施工时先不浇筑，钢筋最好是先断开（如将来搭接则钢筋留出锚固长度，如果将来焊接则可切断），但也允许钢筋不断，直接连通。留后浇带的部位要做好防水处理。

后浇带混凝土要等沉降稳定后才能浇筑。采用天然地基时，常等到主楼结构到顶后浇筑，如采用以端承为主的桩基，由于地基土质良好，沉降量较小，则可根据施工期间沉降观测的结果，提早浇筑。后浇带浇筑的混凝土应采用早强快硬无收缩水泥配制。

图 9.5 为 1981 年施工的北京西苑饭店后浇带处理示意图。主楼 27 层，高 93.51m，地下部分 3 层；裙房地下室 2 层，地面以上 2～3 层。高层部分采用天然地基上的箱形基础，基底标高－12m，坐落在砂卵石层上；裙房为交叉梁基础，底标高－7.55～－9.5m，在粉砂层上。基础下土质良好，沉降量小，因此基础不分开而留后浇带，等到主楼施工达 23 层时连接为整体。

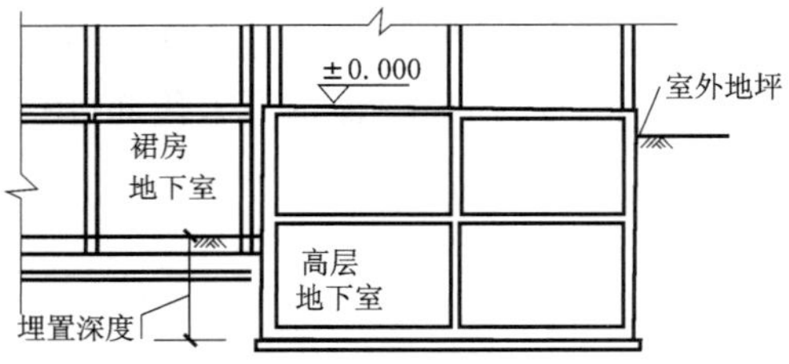

图 9.4 高低层之间留沉降缝

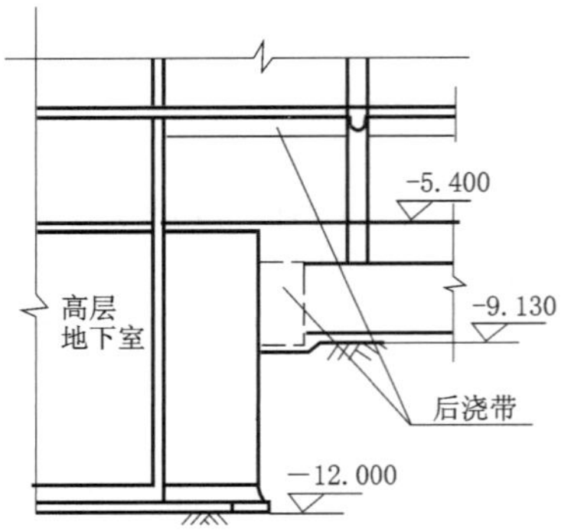

图 9.5 西苑饭店基础后浇带

9.1.4 基础选型实例

北京科技活动中心主楼 25 层，高 96m。地质条件是，地面下为杂填土、粉质黏土、粉土、细砂、卵石。该卵石层在地面下 8m 左右，厚 5m，卵石层下有黏土层约 5m，其下为强风化砾岩。地下水位在地面下 9m。原设计第一个方案为复合基础，即在地下室底板下 9m 打预制桩到强风化砾岩，桩上做箱形基础。预制桩穿透 4m 卵石层是困难的，需先钻孔，后打桩，但水下钻孔也不易，且造价高。经讨论提出第二个方案，即将箱基底板提高 1m（原设计标高为－9m），使箱基坐落在卵石面层上（－8m 处），不打预制桩。这样须解决两个问题：一是承载力不足需向边缘展宽，二是卵石下有 5m 黏土，下卧层会不会产生沉降不均问题。又经过扩大讨论，提出第三个方案，即做大直径扩底桩，持力层为强风化砾岩方案。又通过专家讨论，先否决了复合基础的第一个方案，对第二个方案要试验卵石下黏土性能，计算最终沉降和高层倾覆问题。对第三个方案的大直径扩底桩需做承载力试验和施工工艺试验。经过两个月试验工作，2 根 ϕ800mm 大直径扩底桩到强风化砾岩，由于水流量大，泥浆护壁及套筒并用，还要用井筒抽水，施工困难，且强风化砾岩承载力低。另一方案中卵石层下黏土试验在主楼四角补做 4 个探孔，采用标准贯入度，静力触探，旁压仪试验，土样做三轴剪力试验，并经沉降及倾覆计算，结果认为下卧层并不软，沉降差也能满足要求。鉴于以上试验，认为第三个方案施工困难，承载力差，决定采用第二个方案，以卵石层为持力层做箱形基础。这个实例通过三个方案的比较，并经过实际试验取得数据，最后确定基础方案，这是符合安全、稳定、经济合理的原则的。

9.1.5 地基承载力和单桩承载力

在基础设计中，地基土的承载力和桩的承载力是设计的重要依据。地基土的承载力是指满足强度和变形要求的地基土单位面积上的承载能力。地基土承载力不仅与土的性质有关，而且与上部结构和基础的形式及大小有关。桩的承载力影响因素更多。

(1)地基承载力特征值

地基承载力特征值可由载荷试验或其他原位测试、公式计算，并结合工程实践经验等方法综合确定。当基础宽度大于 3m 或埋置深度大于 0.5m 时，地基承载力特征值须经深度和宽度修正后按下式确定：

$$f_a = f_{ak} + \eta_b \gamma (b - 3) + \eta_d \gamma_m (d - 0.5) \tag{9.1}$$

式中 η_b，η_d——基础宽度和埋深的承载力修正系数，按基底土类别由表 9.1 查得。

γ——基底以下土的天然密度 ρ 与重力加速度 g 的乘积，即 $\gamma=\rho g$，称为土的重度，地下水位以下取有效重度(kN/m^3)。

b——基础底面宽度(m)，当基底宽度小于 3m 时，按 3m 考虑，大于 6m 时，按 6m 考虑。

γ_m——基础底面以上土的加权平均重度，地下水位以下取有效重度(kN/m^3)。

f_a——修正后的地基承载力特征值。

f_{ak}——地基承载力特征值。

d——基础埋深(m)，一般自室外地面算起。在填方整平地区，可从填土地面算起，但填土在上部结构施工后完成时，应从原天然地面算起。对于地下室，当采用箱形基础或筏基时，基础埋置深度自室外地面标高算起；当采用独立基础或条形基础时，应从室内地面标高算起。

承载力修正系数 **表 9.1**

土的类别		η_b	η_d
淤泥和淤泥质土		0	1.0
人工填土 e 及 I_L 大于或等于 0.85 的黏性土		0	1.0
红黏土	含水比 $\alpha_w>0.8$	0	1.2
	含水比 $\alpha_w\leqslant0.8$	0.15	1.4
大面积压实填土	压实系数大于 0.95、黏粒含量 $\rho_c\geqslant10\%$ 的粉土	0	1.5
	最大干密度大于 $2.1t/m^3$ 的级配砂石	0	2.0
粉土	黏粒含量 $\rho_c\geqslant10\%$的粉土	0.3	1.5
	黏粒含量 $\rho_c<10\%$的粉土	0.5	2.0
e 及 I_L 均小于 0.85 的黏性土		0.3	1.6
粉砂、细砂(不包括很湿与饱和时的稍密状态)		2.0	3.0
中砂、粗砂、砾砂和碎石土		3.0	4.4

注：强风化和全风化的岩石，可参照所风化成的相应土类取值，其他状态下的岩石不修正。

天然地基基础抗震验算时，地基土抗震承载力按下式确定：

$$f_{aE} = \zeta_a f_a \tag{9.2}$$

式中 f_{aE}——调整后的地基抗震承载力；

ζ_a——地基抗震承载力调整系数，按表 9.2 采用；

f_a——按式(9.1)修正后的地基承载力特征值。

地基土抗震承载力的调整系数　　表 9.2

岩土名称和性状	ζ_a 值
岩石，密实的碎石土，密实的砾、粗、中砂，$f_{ak} \geqslant 300$ 的黏性土和粉土	1.5
中密、稍密的碎石土，中密和稍密的砾、粗、中砂，密实和中密的细、粉砂，$150 \leqslant f_{ak} < 300$ 的黏性土和粉土，坚硬黄土	1.3
稍密的细、粉砂，$100 \leqslant f_{ak} < 150$ 的黏性土和粉土，可塑黄土	1.1
淤泥、淤泥质土，松散的砂，杂填土，新近堆积黄土及流塑黄土	1.0

天然地基基础底面的压力，在竖向荷载和风荷载作用下，一般应满足下列要求：

①轴心荷载作用时

$$p_k = \frac{F_k + G_k}{A} \leqslant f_a \tag{9.3}$$

式中　p_k——相应于荷载效应标准组合时，基础底面处的平均压力值；

F_k——相应于荷载效应标准组合时，上部结构传至基础顶面的竖向力值(kN)；

G_k——基础自重和基础上的土重(kN)；

A——基础底面面积(m^2)。

②偏心荷载作用时

$$p_{kmax} = \frac{F_k + G_k}{A} + \frac{M_k}{W} \leqslant 1.2f_a \tag{9.4}$$

$$p_{kmin} = \frac{F_k + G_k}{A} - \frac{M_k}{W} \tag{9.5}$$

式中　p_{kmax}——相应于荷载效应标准组合时，基础底面边缘的最大压力值；

M_k——相应于荷载效应标准组合时，作用于基础底面的力矩值；

W——基础底面的抵抗矩；

p_{kmin}——相应于荷载效应标准组合时，基础底面边缘的最小压力值。

验算天然地基在地震作用下的竖向承载力时，竖向荷载和基础底面的力矩应采用竖向荷载与地震作用效应的组合值，基础底面平均压力和边缘最大压力，应符合下列要求：

$$p \leqslant f_{aE} \tag{9.6}$$

$$p_{max} \leqslant 1.2f_{aE} \tag{9.7}$$

式中　p——地震作用效应标准组合的基础底面平均压力值；

p_{max}——地震作用效应标准组合的基础边缘的最大压力值。

为使高层建筑结构在水平力和竖向荷载作用下，其地基压应力不致过于集中，使结构具有足够的抗倾覆能力，需限制基础底面的零应力区的范围：高宽比大于 4 的高层建筑，基础底面不宜出现零应力区；高宽比不大于 4 的高层建筑，基础底面与地基之间零应力区面积不应超过基础底面面积的 15%。对裙房和主楼质量偏心较大的高层建筑，裙房与主楼可分别进行基底应力的计算。

(2)单桩承载力

桩基础是高层建筑中常用的一种深基础形式。当地基浅层土质不好，无法满足建筑物对地基变形和强度要求时，常采用桩基础来解决。桩基础还能有效地承受水平荷载和上拔力，有利于高层建筑的抗风和抗震。

单桩承载力包括单桩竖向承载力、单桩抗拔力和单桩水平承载力。桩的竖向承载力由桩侧面与土的摩阻力和桩端阻力两部分组成。桩随着作用在桩顶竖向荷载的增加，桩侧摩阻力完全发挥而达到极限值后，当继续增加荷载，就靠桩端阻力的增大来承担，直到桩端下的地基破坏为止。当桩端支承在很坚硬的地层，且桩侧土又十分软弱时，桩有可能像细长的柱子在轴向荷载作用下发生纵向弯曲而破坏。长度很大的摩擦桩，随着桩顶竖向荷载的增加，有可能因桩身材料强度不足而破坏，因此，单桩竖向承载力取决于地基土的支承力和桩身材料强度。单桩竖向承载力，一般应由现场静载荷试验确定。但在初步设计时，可依据工程地质勘察部门提出的地基资料按经验公式计算确定，或直接取用勘察部门提供的单桩承载力设计值。

单桩抗拔力由桩侧面与土的摩阻力确定，除扩底桩外，一般桩端不起作用。

单桩水平承载力一般通过试验来确定。在桩顶有水平荷载和弯矩作用下，桩身会发生挠曲变形，并挤压桩侧面土体，土体对桩侧面产生水平抗力。影响桩水平承载力的因素较多，例如，桩的截面尺寸、刚度、材料强度、土质条件、桩入土深度、桩顶嵌固程度和桩顶水平位移容许值等。

单桩竖向承载力、水平承载力和抗拔力，桩身在竖向荷载、水平荷载和桩顶弯矩作用下的强度计算，可按照《建筑桩基技术规范》(JGJ 94)进行计算。

9.2 筏形基础设计

9.2.1 筏形基础的形式

筏形基础具有良好的整体刚度，适用于地基承载力较低、上部结构竖向荷载较大的工程。筏形基础本身是地下室的底板，厚度较大，有良好的抗渗性能。由于筏板刚度大，可以调节基础不均匀沉降。图 9.6 为筏形基础的一般形式。

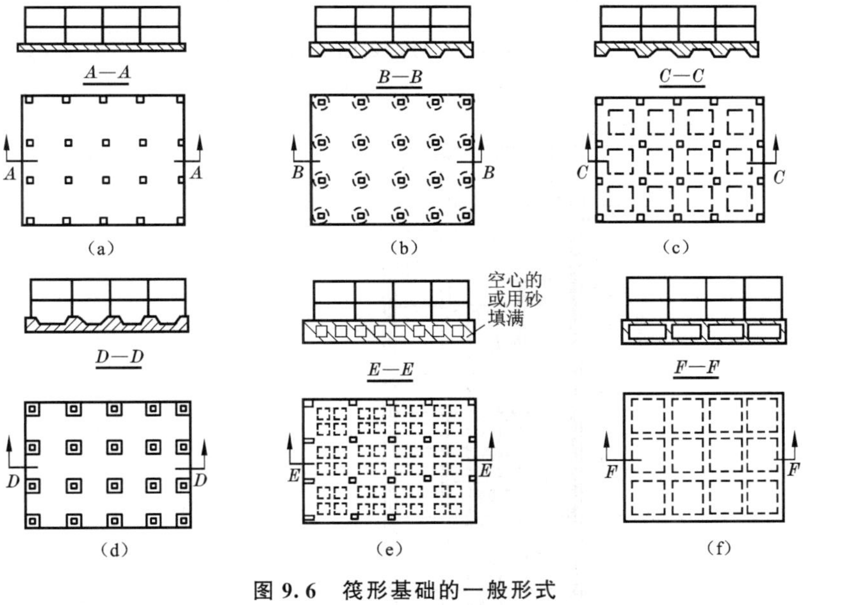

图 9.6　筏形基础的一般形式

(a)平板；(b)柱下加厚平板；(c)双向梁板；(d)带有墩基的平板；(e)格形结构；(f)地下室墙作刚架

由于筏形基础不必设置很多内部墙体，可以形成较大的自由空间，便于地下室的多种用途，因而能较好地满足建筑功能的要求(图 9.7 和图 9.8)。

筏形基础如同倒置的楼盖，可采用平板式或夹板式。梁板式筏形基础的梁可设在板上或板下(土体中)。当采用板上梁时，梁应留出排水孔，并设置架空地板。

筏形基础一般伸出外墙 1m 左右，使筏形基础面积稍大于上部结构面积。

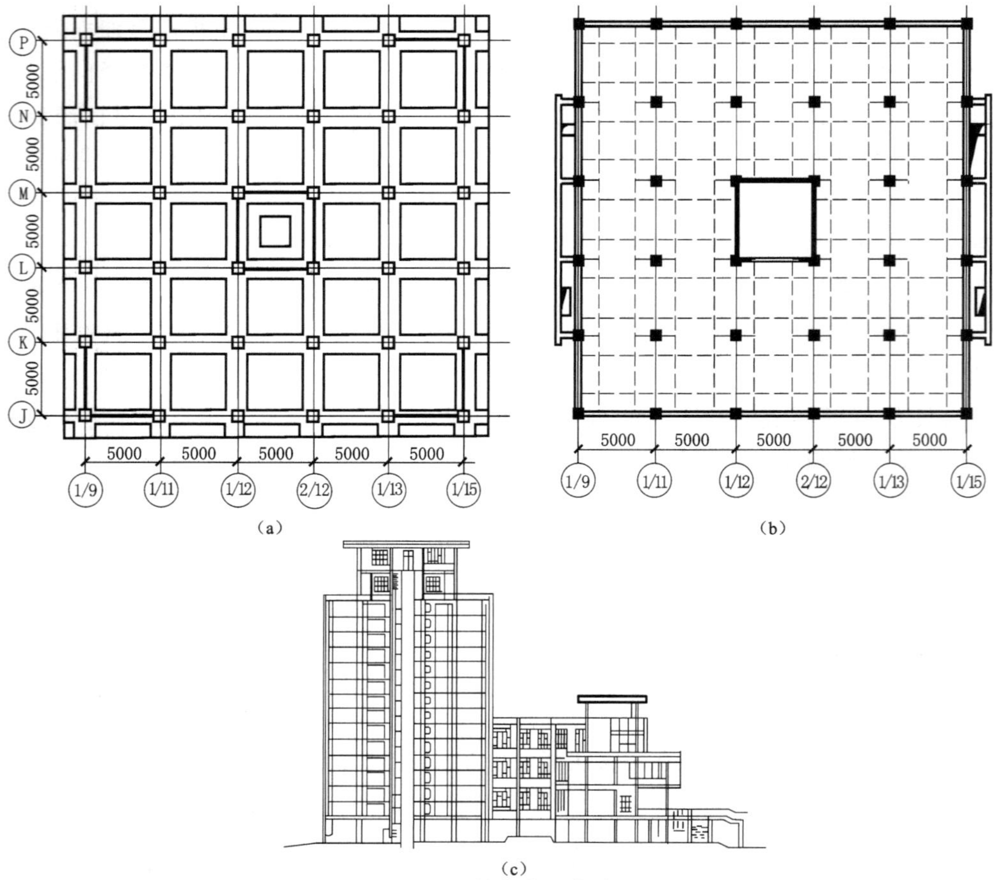

图 9.7　甘肃省图书馆

(a)基础平面;(b)结构标准层平面;(c)建筑剖面

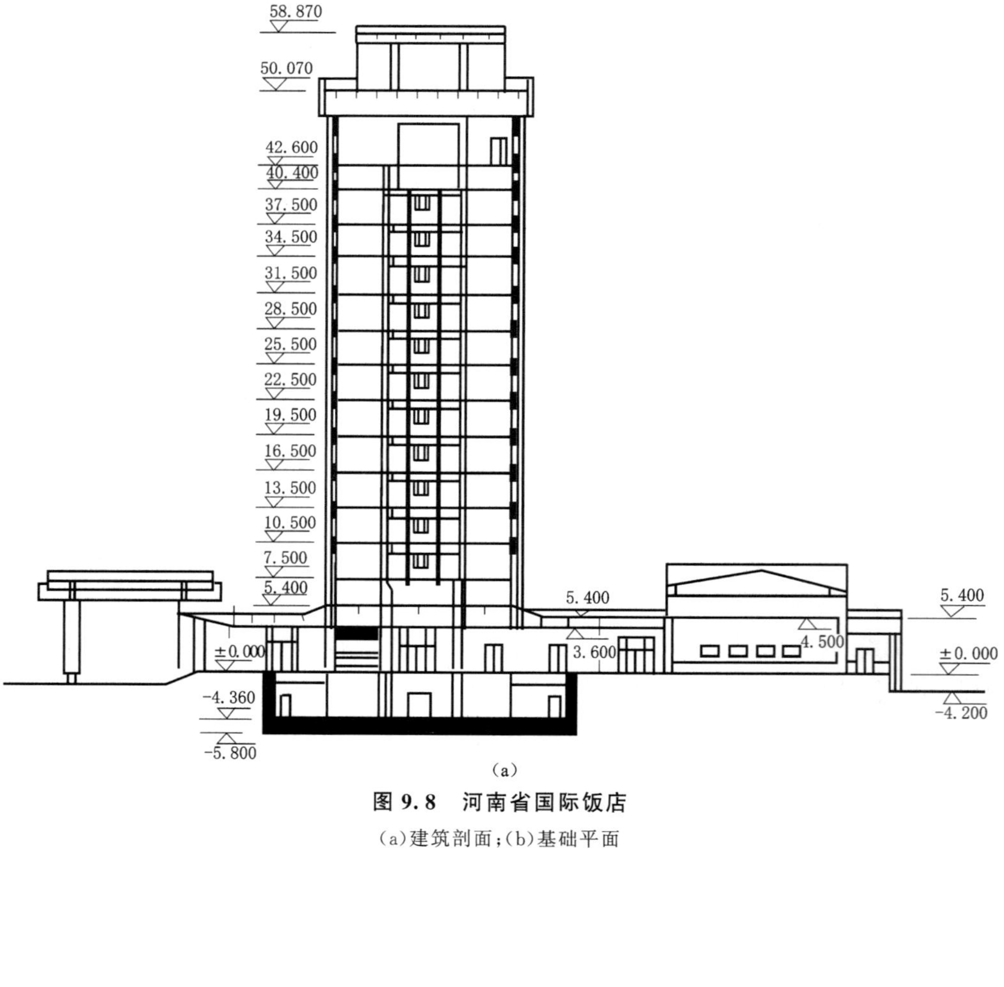

(a)

图 9.8　河南省国际饭店

(a)建筑剖面;(b)基础平面

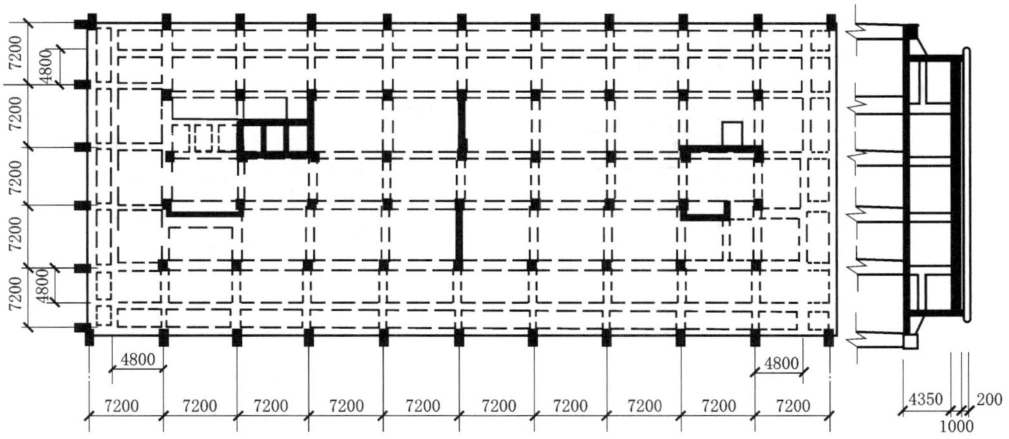

(b)

续图 9.8

9.2.2 构造要求

(1)混凝土

筏形基础混凝土强度等级不应低于 C30,当有地下室时,应采用防水混凝土,混凝土抗渗等级应根据基础的埋置深度按表 9.3 采用,且不应小于 0.6MPa。对重要建筑,宜采用自防水并设置架空排水层。

(2)筏形基础与柱、墙的连接

地下室底层柱、剪力墙与梁板式筏基的基础梁的连接构造应符合下列要求:

①当交叉基础梁的宽度小于柱截面的边长时,交叉基础梁连接处应设置八字角,柱角和八字角之间的净距不宜小于 50mm,如图 9.9(a)所示;

②当单向基础梁与柱连接时,柱截面的边长大于 400mm,可按图 9.9(b)采用;柱截面的边长小于或等于 400mm,可按图 9.9(c)采用;

防水混凝土抗渗等级 **表 9.3**

埋置深度 d(m)	抗渗等级
$d<10$	P6
$10\leqslant d<20$	P8
$20\leqslant d<30$	P10
$d>30$	P12

注:剪力墙井筒中,分隔电梯井或管道井的墙肢截面厚度可适当减小,但不宜小于 160mm。

③当基础梁与剪力墙连接时,基础梁边至剪力墙边的距离不宜小于 50mm,如图 9.9(d)所示。

(3)配筋要求

筏形基础的配筋要求、配筋率、间距和直径如同一般的楼盖,板式筏形基础配筋同无梁楼盖。筏形基础的钢筋间距不应小于 150mm,宜为 200~300mm,受力钢筋直径不宜小于 12mm,采用双向钢筋网片配置在板的顶面和底面。

梁板式筏基的底板和基础梁的配筋除满足计算要求外,纵横方向的支座钢筋尚应有 1/2~1/3 贯通全跨,且其配筋率不应小于 0.15%,跨中钢筋应按实际配筋全部连通。平板式筏基柱下板带和跨中板带的底部钢筋应有 1/2~1/3 贯通全跨,且配筋率不应小于 0.15%,顶部钢筋应按实际配筋全部连通。平板式筏板的厚度大于 2000mm 时,宜在板厚中间部位设置直径不小于 12mm、间距不大于 300mm 的双向钢筋网。

(4)筏板厚度

平板式筏基的板的最小厚度不应小于 400mm。梁板式筏基的板厚不应小于 300mm,且板厚与板格的最小跨度之比不宜小于 1/20。对 12 层以上建筑的梁板式筏基,其底板厚度与最大双向板格的短边净跨之

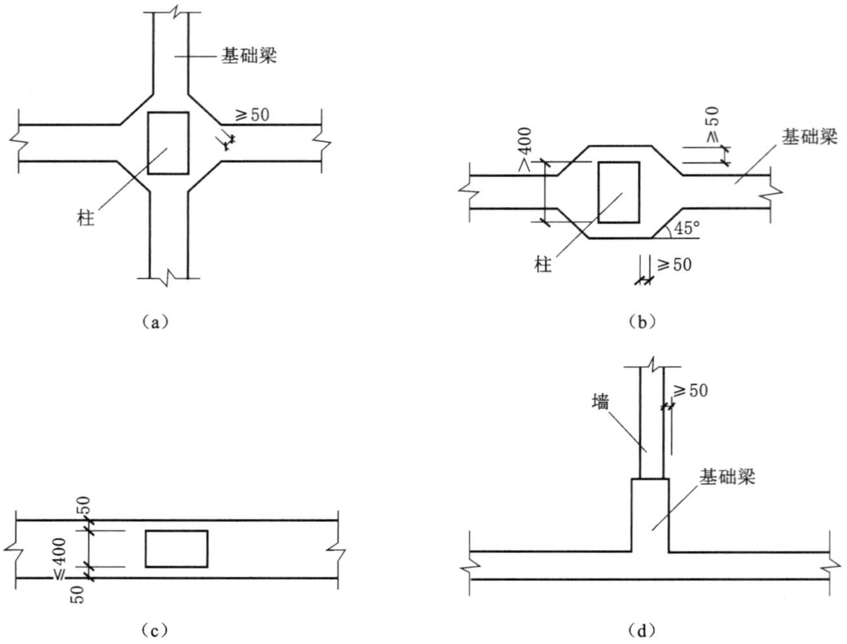

图 9.9　基础梁与地下室底层柱或剪力墙连接的构造(单位:mm)

比不应小于 1/14,且板厚不应小于 400mm。

(5)地下室墙体

采用筏形基础的地下室,地下室钢筋混凝土外墙的厚度不应小于 250mm,内墙厚度不宜小于 200mm。墙的截面设计除满足承载力要求外,尚应考虑变形、抗裂及防渗等要求。墙体内应设置双面钢筋,钢筋的直径不应小于 12mm,竖向钢筋的直径不应小于 10mm,间距不应大于 200mm。

(6)施工后浇带

施工后浇带每隔 30～40m 设一道,以防收缩裂缝产生。后浇带宽度宜大于 800mm,设置在柱距三等分的中间 1/3 范围内。后浇混凝土宜在其两侧混凝土浇灌完毕后至少一个月再进行浇灌,其强度等级应提高一级,且宜采用早强、补偿收缩的混凝土(图 9.10)。

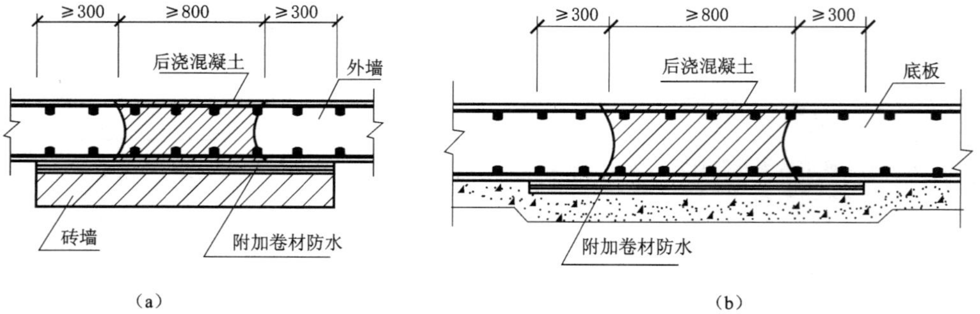

图 9.10　施工后浇带

(a)外墙;(b)底板

9.2.3　筏板的平面尺寸

筏形基础的平面尺寸应根据地基土的承载力、上部结构的布置及其荷载的分布等因素确定。对单幢建筑物,在地基土比较均匀的条件下,基底平面宜与结构竖向荷载重心重合。当不能重合时,在永久荷载与楼(屋)面活荷载准永久组合下,偏心距 e 宜符合下式的要求:

$$e \leqslant 0.1W/A \tag{9.8}$$

式中　e——基底平面形心与上部结构在永久荷载与楼(屋)面可变荷载准永久组合下的重心的偏心距(m);

W——与偏心方向一致的基础底面边缘抵抗矩(m^3)；

A——基础底面的面积(m^2)。

9.2.4 筏形基础的强度验算

平板式筏基和梁板式筏基的底板应满足正截面受弯承载力、受冲切承载力和受剪切承载力的要求。梁板式筏基的基础梁除应满足正截面受弯及斜截面受剪承载力外，尚应验算底层柱下基础梁顶面的局部受压承载力。

(1)平板式筏基的受冲切和受剪承载力验算

①柱下筏板受冲切承载力验算

筏板距柱边 $h_0/2$ 处冲切临界截面的最大剪应力 τ_{max} 应满足下式要求：

$$\tau_{max} \leqslant 0.7(0.4 + 1.2/\beta_s)\beta_{hp} f_t \tag{9.9}$$

式中 β_s——柱截面长边与短边的比值，小于 2 时取为 2，大于 4 时取为 4；

β_{hp}——受冲切承载力截面高度影响系数，当 $h \leqslant 800$mm 时取为 1.0，当 $h \geqslant 2000$mm 时取为 0.9，其间按线性内插法取值；

f_t——混凝土轴心受拉强度设计值。

τ_{max}按下式计算(图 9.11)：

$$\tau_{max} = (F_l/u_m h_0) + (\alpha_s M_{unb} c_{AB}/I_s) \tag{9.10}$$

式中 F_l——相应于荷载效应基本组合时的集中力设计值，对内柱取轴力设计值减去筏板冲切破坏锥体内的地基反力设计值，对边柱和角柱，取轴力设计值减去筏板冲切临界截面范围内的地基反力设计值，地基反力值应扣除底板自重；

u_m——距柱边 $h_0/2$ 处冲切临界截面的周长；

h_0——筏板的有效高度；

M_{unb}——作用在冲切临界截面重心上的不平衡弯矩设计值；

c_{AB}——沿弯矩作用方向，冲切临界截面重心至冲切临界截面最大剪应力点的距离；

I_s——冲切临界截面对其重心的极惯性矩；

α_s——不平衡弯矩通过冲切临界截面上的偏心剪力来传递的分配系数，按下式计算：

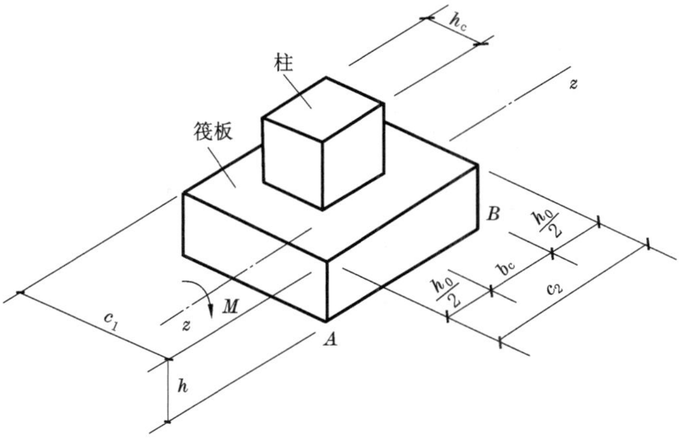

图 9.11 内柱冲切临界截面示意图

$$\alpha_s = 1 - \frac{1}{1 + \frac{2}{3}\sqrt{c_1/c_2}} \tag{9.11}$$

式中 c_1——与弯矩作用方向一致的冲切临界截面的边长；

c_2——垂直于 c_1 的冲切临界截面的边长。

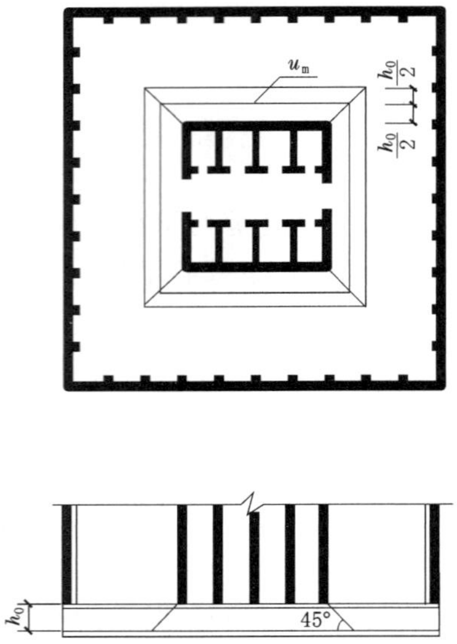

图 9.12　筏板受内筒冲切的临界截面位置

式(9.10)和(9.11)中的 u_m、I_s、c_1、c_2 和 c_{AB} 应根据柱所处的位置(内柱、边柱和角柱)分别进行计算,具体方法可参见《建筑地基基础设计规范》(GB 50007)。当柱荷载较大,等厚度筏板的受冲切承载力不能满足要求时,可在筏板上面增设柱墩或在筏板下局部增加板厚或采用抗冲切箍筋来提高受冲切承载力。

②内筒下筏板受冲切承载力验算

内筒下的板厚应按下式验算受冲切承载力(图 9.12):

$$F_l / u_m h_0 \leqslant 0.7\beta_{hp} f_t / \eta \tag{9.12}$$

式中　F_l——相应于荷载效应基本组合时的内筒所承受的轴力设计值减去筏板冲切破坏锥体内的地基反力设计值,地基反力值应扣除板底自重;

u_m——距内筒外表面 $h_0/2$ 处冲切临界截面的周长;

h_0——距内筒外表面 $h_0/2$ 处筏板的截面有效高度;

η——内筒冲切临界截面周长影响系数,取 1.25。

当需要考虑内筒根部弯矩的影响时,距内筒外表面 $h_0/2$ 处冲切临界截面的最大剪应力可按式(9.10)计算,此时 $\tau_{max} \leqslant 0.7\beta_{hp} f_t / \eta$。

③受剪承载力验算

平板式筏板除满足受冲切承载力外,尚应按下式验算距内筒边缘或柱边缘 h_0 处筏板的受剪承载力:

$$V_s \leqslant 0.7\beta_{hs} f_t b_w h_0 \tag{9.13}$$

式中　V_s——荷载效应基本组合下,地基土净反力平均值产生的距内筒或柱边缘 h_0 处筏板单位宽度的剪力设计值;

b_w——筏板计算截面单位宽度;

h_0——距内筒或柱边缘 h_0 处筏板的截面有效高度。

(2)梁板式筏基的受冲切和受剪承载力验算

①受冲切承载力验算

梁板式筏基的底板受冲切承载力按下式验算:

$$F_l \leqslant 0.7\beta_{hs} f_t u_m h_0 \tag{9.14}$$

式中　F_l——作用在图 9.13 中阴影部分面积上的地基土平均净反力设计值;

u_m——距基础梁边 $h_0/2$ 处冲切临界截面的周长。

当底板区格为矩形双向板时,底板受冲切所需的厚度 h_0 按下式计算:

$$h_0 = \frac{(l_{n1} + l_{n2}) - \sqrt{(l_{n1} + l_{n2})^2 - \dfrac{4 p l_{n1} l_{n2}}{p + 0.7\beta_{hp} f_t}}}{4} \tag{9.15}$$

式中　l_{n1},l_{n2}——计算板格的短边和长边的净长度;

p——相应于荷载效应基本组合的地基土平均净反力设计值。

②受剪承载力验算

底板斜截面受剪承载力应符合下式要求:

$$V_s \leqslant 0.7\beta_{hs} f_t (l_{n2} - 2h_0) h_0 \tag{9.16}$$

$$\beta_{hs} = (800/h_0)^{1/4} \tag{9.17}$$

式中　V_s——距梁边缘 h_0 处,作用在图 9.14 中阴影部分面积上的地基平均净反力设计值;

β_{hs}——受剪承载力截面高度影响系数,当按式(9.17)计算时,板的有效高度 h_0<800mm 时,h_0 取 800mm,h_0>2000mm 时,h_0 取 2000mm。

当筏板变厚度时,尚应验算变厚度处筏板的受剪承载力。

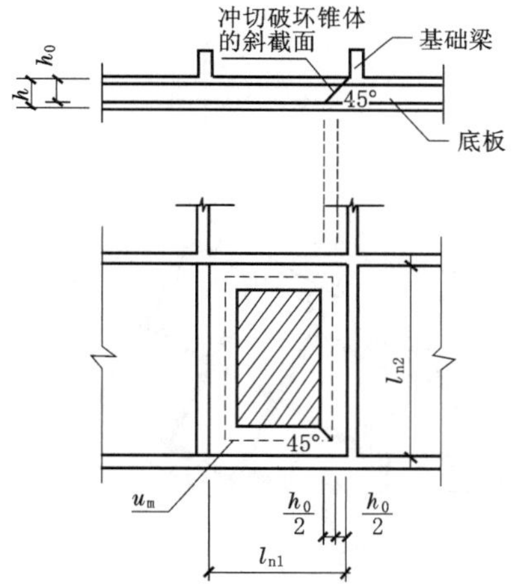

图 9.13　底板冲切计算示意

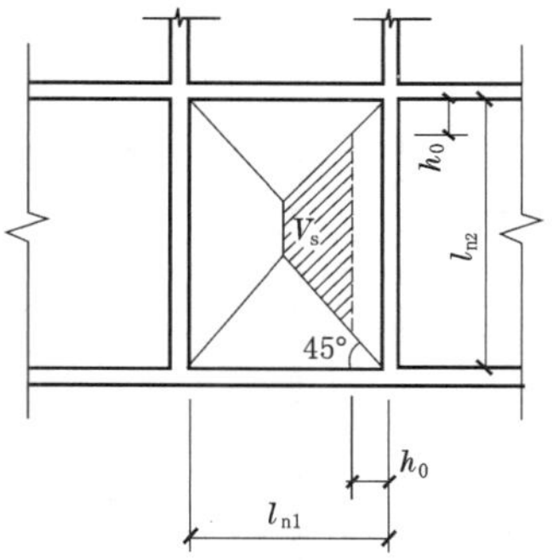

图 9.14　底板剪切计算示意

(3)筏形基础内力计算

当地基土比较均匀,上部结构刚度较好、梁板式筏基梁的高跨比或平板式筏基板的厚跨比不小于 1/6,且相邻柱荷载及柱间距的变化不超过 20%时,筏形基础可仅考虑局部弯曲作用,按倒楼盖法进行计算。筏形基础的内力,可按基底反力直线分布进行计算,计算时基底反力应扣除底板自重及其上填土的自重。当不满足上述要求时,筏基内力应按弹性地基梁板方法进行分析计算。

有抗震设防要求时,对无地下室且抗震等级为一、二、三级的框架结构,基础梁除满足抗震构造要求外,计算时尚应将柱根组合的弯矩设计值分别乘以 1.75、1.5 和 1.3 的增大系数。

按基底反力直线分布计算的梁板式筏基,其基础梁的内力可按连续梁分析,边跨跨中弯矩以及第一内支座的弯矩值宜乘以 1.2 的系数。按基底反力直线分布计算的平板式筏基,可按柱下板带和跨中板带分别进行内力分析。柱下板带中,柱宽及其两侧各 0.5 倍板厚且不大于 1/4 板跨的有效宽度范围内,其钢筋配置量不应小于柱下板带钢筋数量的一半,且应能承受部分不平衡弯矩 $\alpha_m M_{unb}$。M_{unb} 为作用在冲切临界截面重心上的不平衡弯矩,α_m 按下式计算:

$$\alpha_m = 1 - \alpha_s \tag{9.18}$$

式中　α_m——不平衡弯矩通过弯曲来传递的分配系数;

α_s——按式(9.11)计算。

对有抗震设防要求的无地下室或单层地下室平板式筏基,计算柱下板带截面受弯承载力时,柱内力应按地震作用不利组合计算。

9.3　箱形基础设计

9.3.1　概述

箱形基础是高层建筑中常采用的基础形式,是由数量较多的纵向与横向墙体和有足够厚度的底板、顶板组成的刚度很大的箱形空间结构。箱形基础整体刚度好,能将上部结构的荷载较均匀地传递给地基或桩基;能利用自身的刚度调整沉降差异,减少由沉降差产生的结构内力;箱形基础对上部结构的嵌固更接近于固定端条件,使计算结果与实际受力情况比较一致;箱形基础有利于抗震,在地震区采用箱形基础的高层建筑震害较轻。

另一方面,由于形成箱形基础必须有间距较密的纵横墙,而且墙上开洞面积受到限制,因此,当地下室需要较大空间和建筑功能上要求较灵活布置时(如地下室作为地下商场、地下停车场、地铁车站等),就难以采用箱形基础。

图 9.15 和图 9.16 为实际工程箱形基础布置的例子。

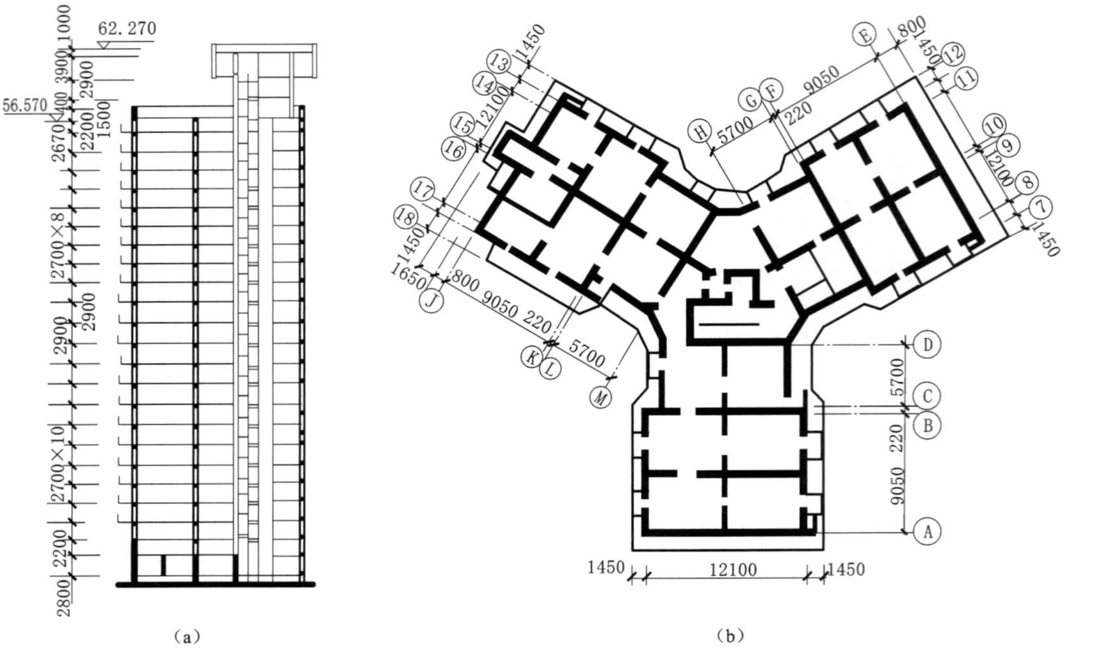

图 9.15　北京翠微园住宅(28 层,62m)

(a)剖面;(b)箱基平面

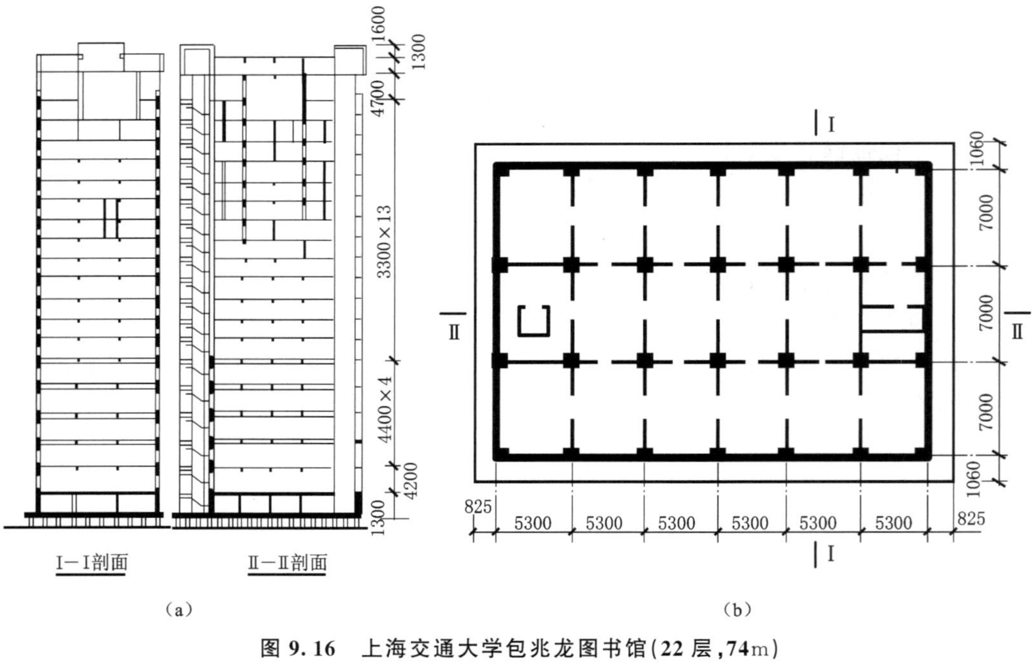

图 9.16　上海交通大学包兆龙图书馆(22 层,74m)

(a)建筑剖面;(b)基础平面

9.3.2　箱形基础结构布置的要求

(1)平面尺寸

箱形基础的平面尺寸首先应满足地基承载力的需要,一般与上部结构平面相同,如果地基承载力不足,可以向外扩大。

平面形状和尺寸，还应当考虑上部结构的布置和荷载分布情况。应力求减小上部荷载合力与地基土反力合力的偏心距，偏心距的大小应满足式(9.8)的要求。

(2)箱基的高度

箱基的高度除应满足承载力、刚度和使用要求外，还要满足埋深的要求。为了使箱基具有一定刚度，能适应地基的不均匀沉降，满足使用功能上的要求，减少不均匀沉降引起的上部结构附加应力，箱基的高度不宜小于箱基长度的 1/20，且不宜小于 3m，此处箱基的长度不计墙外悬挑部分。

(3)箱基的埋深

箱基的埋深应满足第 9.1.2 节的要求。同一结构单元应全部采用箱基，箱基的埋深应一致。

(4)纵墙和横墙的数量和布置

箱形基础应沿周边布置外墙，外墙就是挡土墙。内墙一般沿上部结构的柱网或剪力墙下布置，墙体宜在纵横两个方向均匀分布。墙体水平截面积应符合下列要求：

①墙体水平截面总面积不宜小于箱形基础外墙外包尺寸的水平投影面积的 1/12；

②对基础平面长宽比大于 4 的箱形基础，其纵墙水平截面面积不应小于箱基外墙外包尺寸水平投影面积的 1/18。

在计算上述指标时，墙体均为毛长度和毛截面面积(不扣除洞口)，基础面积也不计底板在墙外的挑出部分。

除了墙体数量以外，墙体布置也是十分重要的问题。

图 9.17 中，外墙采光洞和内墙门洞都在同一截面上，形成薄弱点集中，受力不利。

图 9.18、图 9.19 的箱形基础虽然墙体数量足够，但分布不合理，缺少内纵墙或内横墙。

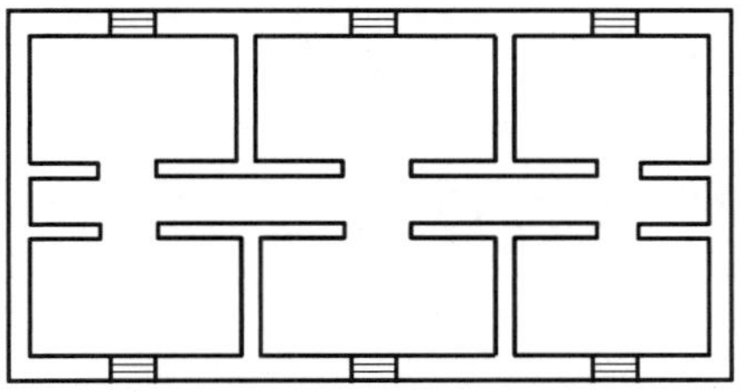

图 9.17 门窗洞将箱基纵墙全部切断

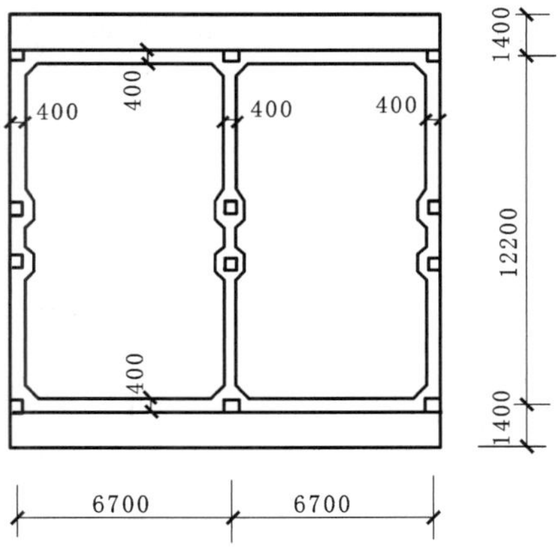

图 9.18 纵向内墙缺少

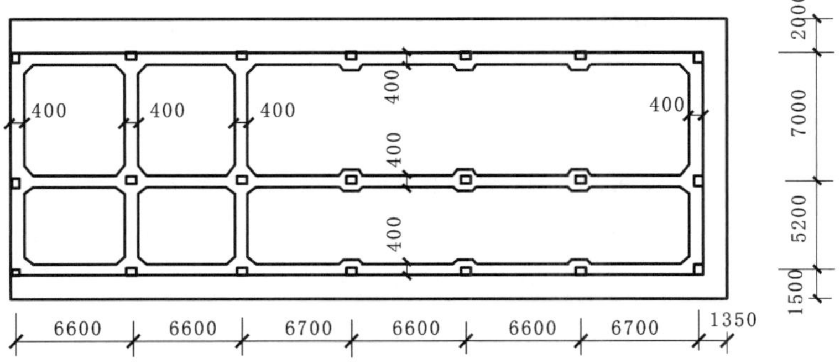

图 9.19 横墙缺少

图 9.20、图 9.21 则都有一个方向的墙全部不贯通，形成薄弱截面。

图 9.22 则是抽掉集中分布的柱子，使荷载分布不均匀，受力不利。

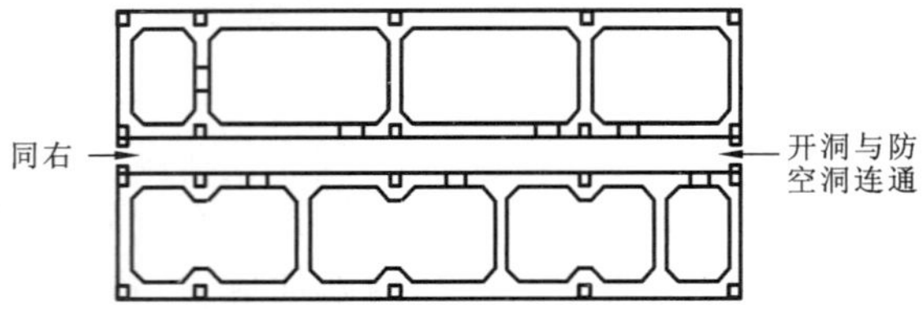

图 9.20　横墙全部不贯通

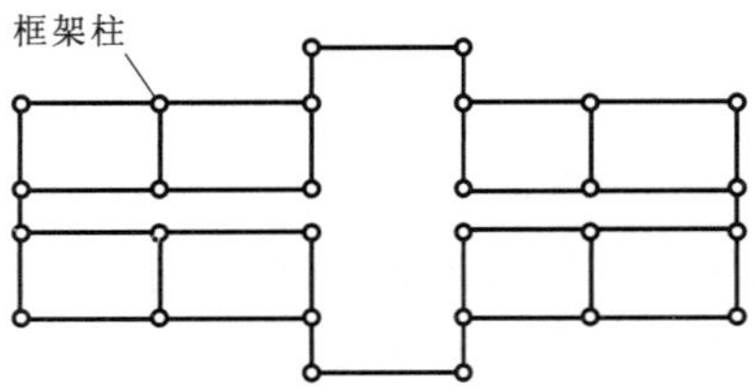

图 9.21　纵墙全部不贯通

(5)洞口布置

为保证箱形基础墙体的刚度，墙身洞口应尽量开小洞，开切角洞，并居中布置[图 9.23(a)]。

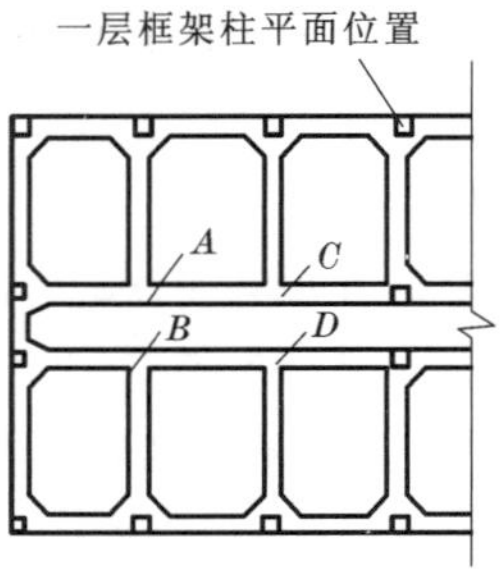

图 9.22　抽柱式箱基(因一层需大房间，将 A、B、C、D 处框架柱抽掉)

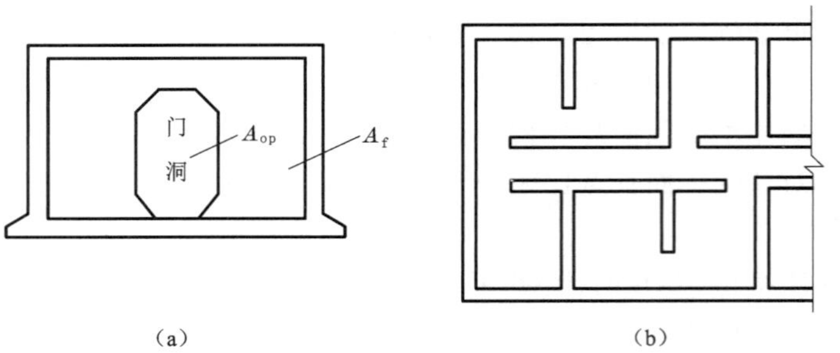

图 9.23　洞口的位置

(a)洞口的适宜位置；(b)洞口靠墙边，位置不适宜

洞边至上层柱中心的水平距离不宜小于 1.2m，洞口上过梁的高度不宜小于层高的 1/5，洞口面积不宜大于柱距与箱形基础全高乘积的 1/6。

图 9.23(b)的洞口沿墙边设置，图 9.24 沿柱边设置，均不符合洞口位置的要求。

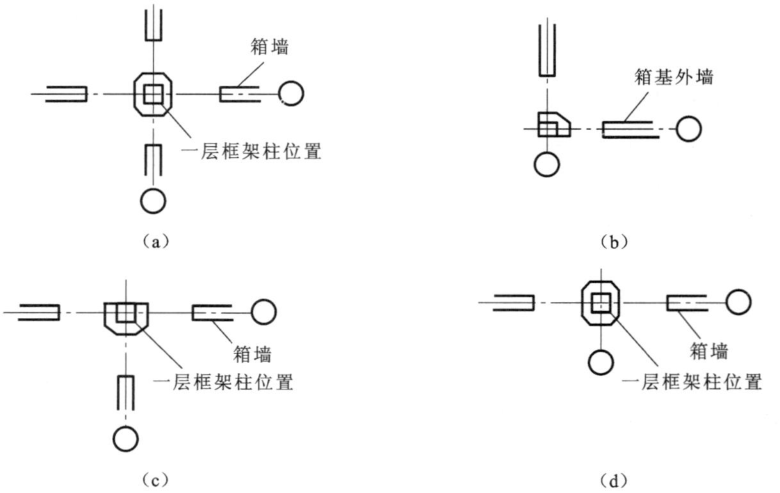

图 9.24　洞口沿柱边设置，不符合箱基要求

(a)十字柱头；(b)L 形柱头；(c)柱三边墙开洞；(d)柱两边墙开洞

9.3.3　构造要求

(1)墙体的厚度和配筋

①墙体厚度

外墙最小厚度为 250mm，内墙最小厚度为 200mm。实际上，由于外墙为挡土墙，为承受土压力和水压力，厚度一般都在 350mm 以上。

②墙身分布钢筋

墙身分布钢筋采用双排双向配筋，配筋除按受力计算决定外，墙身分布钢筋间距不宜大于 200mm，直径不应小于 10mm。

③墙身上下连续配筋

除上部为剪力墙结构者外，沿内外墙顶部和底部宜各配置两根直径不小于 20mm 的通长构造钢筋。其目的在于使墙体形成一根高梁，有利于抵抗整体弯曲产生的内力。

这些连续水平钢筋搭接长度和转角处锚固长度均按受拉钢筋锚固长度 l_a 考虑。

④墙身洞口的配筋

洞口形成的上下过梁的配筋由计算决定，详见第 9.3.5 节。

洞口周边的加强钢筋截面面积不应小于被洞口截断的钢筋面积的一半，也不少于两根Φ 16mm 的钢筋，洞边钢筋应伸入墙内 $40d$。

⑤墙身混凝土强度

混凝土的要求与筏形基础相同。

(2)框架柱与墙的连接

①连接处局部加厚

为了使框架柱的荷载能有效地扩散，并避免由施工误差造成柱子脱空，在底层柱与箱形基础交接处，墙应局部加厚，使柱角至墙边之间净距不小于 50mm(图 9.25)。

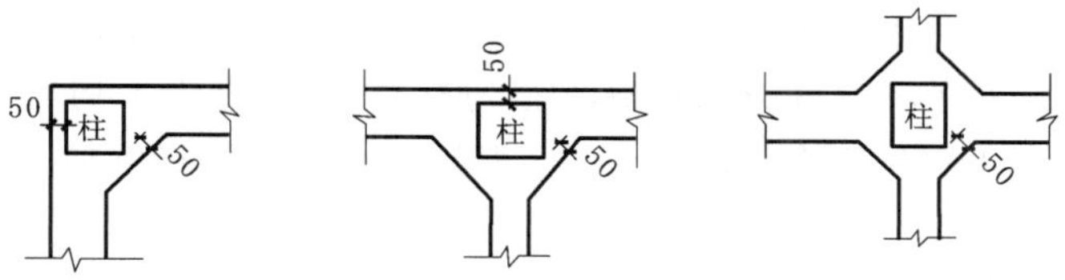

图 9.25 墙的局部加厚

②柱的主筋与墙的连接

柱下三面或四面有箱形基础墙的内柱，除四角钢筋应直通基底外，其余钢筋可终止在顶板底面以下 40 倍钢筋直径处；外柱、与剪力墙相连的柱及其他内柱的纵向钢筋应直通到基底。

(3)顶板和底板

顶板和底板的尺寸和配筋应根据受力情况、整体刚度和防水要求决定。

顶板厚度不小于 200mm，当有人防要求时，应根据倒塌荷载决定。底板厚度不小于 300mm，实际上，由于底板防渗要求，厚度都远大于此数。北京地区箱基底板最小为 600mm；广州、深圳地区一般为 1500～2000mm。

箱形基础的顶板和底板钢筋配置除符合计算要求外，纵横方向支座钢筋尚应有 1/4 的钢筋连通，底板上下贯通钢筋的配筋率均不应小于 0.15%，跨中钢筋按实际需要的配筋全部连通。钢筋接头宜采用机械连接；采用搭接接头时，搭接长度应按受拉钢筋考虑。

(4)后浇带

后浇带的设置和构造要求与筏形基础相同。

9.3.4 箱形基础基底反力计算

在高层建筑箱形基础设计中，基底反力的确定甚为重要，其分布规律和大小对箱基内力有直接影响。影响基底反力的因素很多，包括地基土性质、上部结构和基础刚度、荷载分布等，要精确确定非常复杂和困难，目前在设计中多采用下述几种简化方法：

(1)刚性法

刚性法即假设反力为直线分布，采用一般中心、偏心受压公式计算。当地基土较软且土层均匀时，可采用此方法。

(2)弹性地基梁法

若箱基为矩形平面,可将箱基简化为工字等代梁,工字形截面上、下翼缘宽度分别为箱基顶、底板宽,腹板厚度为在弯曲方向墙厚度之和,梁高即箱基高度,在上部结构传来的荷载作用下,按弹性地基上的梁计算基底反力。该法计算结果与实际差别较大。

(3)基底反力系数法

基底反力系数法是通过对我国一批高层建筑长期观测、分析整理而提出的一种具有较好精度的实用计算方法,被列入了《高层建筑筏形与箱形基础技术规范》(JGJ 6)。

该方法考虑了箱基基底反力的实际分布特征(表 9.4),对矩形基础,将其底面(包括悬挑部分,但不宜大于 0.8m)划分为若干区格,各区格基底反力 p_i 为:

$$p_i = \frac{\sum P}{BL}\alpha_i \tag{9.19}$$

式中 $\sum P$—— 上部结构竖向荷载加箱基自重和挑出部分台阶上的土重;

B,L——箱基的宽度和长度;

α_i——相应于 i 区格的基底反力系数,由表 9.4 确定。

对于一些形状复杂的基础,上述技术规范也提供了类似的反力系数表,可参阅上述规范。

基底反力系数法适用于上部为框架结构、荷载均匀、地基为均质土、无相邻建筑物影响,并基本满足有关构造要求的单幢建筑物的箱基。纵横方向荷载不很匀称时,应分别将不均匀对称的荷载对纵横方向所产生的力矩值所引起的基底不均匀反力和按表 9.4 计算的基底反力进行叠加。力矩引起的基底不均匀反力按直线分布计算。

箱形基础基底反力系数 **表 9.4**

黏 性 土								
$L/B=1$	1.381	1.179	1.128	1.108	1.108	1.128	1.179	1.381
	1.179	0.952	0.898	0.879	0.879	0.898	0.952	1.179
	1.128	0.898	0.841	0.821	0.821	0.841	0.898	1.128
	1.108	0.879	0.821	0.800	0.800	0.821	0.879	1.108
	1.108	0.879	0.821	0.800	0.800	0.821	0.879	1.108
	1.128	0.898	0.841	0.821	0.821	0.841	0.898	1.128
	1.179	0.952	0.898	0.879	0.879	0.898	0.952	1.179
	1.381	1.179	1.128	1.108	1.109	1.128	1.179	1.381
$L/B=2\sim3$	1.265	1.115	1.075	1.061	1.061	1.075	1.115	1.265
	1.073	0.904	0.865	0.853	0.853	0.865	0.904	1.073
	1.046	0.875	0.835	0.822	0.822	0.835	0.875	1.046
	1.073	0.904	0.865	0.853	0.853	0.865	0.904	1.073
	1.263	1.115	1.075	1.061	1.061	1.075	1.115	1.265
$L/B=4\sim5$	1.229	1.042	1.014	1.003	1.003	1.014	1.042	1.229
	1.096	0.929	0.904	0.895	0.895	0.904	0.929	1.096
	1.081	0.918	0.893	0.884	0.884	0.893	0.918	1.081
	1.096	0.929	0.904	0.895	0.895	0.904	0.929	1.096
	1.229	1.042	1.014	1.003	1.003	1.014	1.042	1.229

续表9.4

黏　性　土								
L/B=6～8	1.214	1.053	1.013	1.008	1.008	1.013	1.053	1.214
	1.083	0.939	0.903	0.899	0.899	0.903	0.939	1.083
	1.069	0.927	0.892	0.888	0.888	0.892	0.927	1.069
	1.083	0.939	0.903	0.899	0.899	0.903	0.939	1.083
	1.214	1.053	1.012	1.008	1.008	1.013	1.053	1.214
软　土								
	0.906	0.966	0.814	0.738	0.738	0.814	0.966	0.906
	1.124	1.197	1.009	0.914	0.914	1.009	1.197	1.124
	1.235	1.314	1.109	1.006	1.006	1.109	1.314	1.235
	1.124	1.197	1.009	0.914	0.914	1.009	1.197	1.124
	0.906	0.966	0.811	0.738	0.738	0.811	0.966	0.906
砂　土								
L/B=1	1.5875	1.2582	1.1875	1.1611	1.1611	1.1875	1.2582	1.5875
	1.2582	0.9096	0.8410	0.8168	0.8168	0.8410	0.9096	1.2582
	1.1875	0.8410	0.7690	0.7436	0.7436	0.7690	0.8410	1.1875
	1.1611	0.8168	0.7436	0.7175	0.7175	0.7436	0.8168	1.1611
	1.1611	0.8168	0.7436	0.7175	0.7175	0.7436	0.8168	1.1611
	1.1875	0.8410	0.7690	0.7436	0.7436	0.7690	0.8410	1.1875
	1.2582	0.9096	0.8410	0.8168	0.8168	0.8410	0.9096	1.2582
	1.5875	1.2582	1.1875	1.1611	1.1611	1.1611	1.2582	1.5875
L/B=2～3	1.409	1.166	1.109	1.088	1.088	1.109	1.166	1.409
	1.108	0.847	0.798	0.781	0.781	0.798	0.847	1.108
	1.069	0.812	0.762	0.745	0.745	0.762	0.812	1.069
	1.108	0.847	0.798	0.781	0.781	0.798	0.847	1.108
	1.409	1.166	1.109	1.088	1.088	1.109	1.166	1.409
L/B=4～5	1.395	1.212	1.166	1.149	1.149	1.166	1.212	1.395
	0.992	0.828	0.794	0.783	0.783	0.794	0.828	0.992
	0.989	0.818	0.783	0.772	0.772	0.783	0.818	0.989
	0.992	0.828	0.794	0.783	0.783	0.794	0.828	0.992
	1.395	1.212	1.166	1.149	1.149	1.166	1.212	1.395

(4)可变地基系数法

对于不符合地基反力系数法的情况，可采用可变地基系数法，这是一种试算法，通过逐次改变地基系数进行沉降分析和基底反力计算，直至达到要求的精度。

计算步骤如下：

①将刚度为 $E_h I$ 的箱基底面等分为 n 区格，每一区格的面积为 a，如图 9.26 所示。

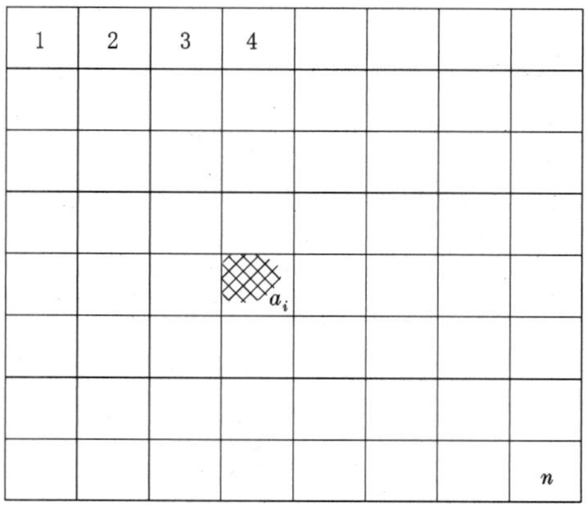

图 9.26　箱基底面区格划分

②确定基底反力的初始值$\{p\}$(可假定为直线分布)。

③计算各区格沉降量$\{s\}$：

$$\{s\}=[\delta]\{p\} \tag{9.20}$$

式中　$[\delta]$——地基柔度矩阵。

④计算各区格基床系数 K_i 的近似值：

$$K_i=\frac{p_i a_i}{s_i} \tag{9.21}$$

⑤确定箱基基底的平均沉降 s_a：

$$s_a=\frac{\sum_{i=1}^{n} s_i a_i}{A} \tag{9.22}$$

式中 A——基底面积。

⑥由 K_i 的近似值和基底平均沉降计算各区格基底反力改进值：

$$p_i=\frac{K_i s_i}{a_i} \tag{9.23}$$

⑦将调整后的基底反力改进值 $\{p\}$ 代入式(9.20)，重复步骤③～⑥，直到所求得的地基反力差值在允许范围为止。

上述迭代一般进行四轮即可得到满意的结果，然后利用所求得的地基反力和上部结构荷载即可进行箱基内力分析。

9.3.5 箱形基础内力计算和基础强度验算

(1)箱形基础内力计算

箱形基础作为一个箱形空格结构，承受着上部结构传来的荷载与地基反力引起的整体弯曲应力；同时，其顶、底板还承受着分别由顶板荷载与地基反力引起的局部弯曲。因此，顶、底板的弯曲应力应按整体和局部弯曲的组合来决定。考虑上部结构、基础和地基的共同作用，这种分析方法在计算上比较复杂，距实际应用还有一些距离。目前在实际工程中是根据具体的上部结构体系分别采用下述两种简化方法。

①按局部弯曲计算

当地基压缩层深度范围内的土层在竖向和水平向较均匀，且上部结构为平立面布置均较规则的剪力墙、框架、框架-剪力墙体系时，箱形基础的顶、底板可仅按局部弯曲计算，计算时底板反力应扣除板的自重，整体弯曲的影响可在构造上加以考虑。

②同时考虑局部弯曲和整体弯曲

对于不满足上述要求的箱形基础，应同时考虑整体和局部弯曲作用。基底反力可按基底反力系数法确定；底板局部弯曲所产生的弯矩应乘以 0.8 的折减系数；计算整体弯曲时应考虑上部箱形基础的共同作用；对于框架，箱形基础的自重应按均布荷载处理。

箱形基础承受的整体弯矩可按下列公式计算：

$$M_F=M\frac{E_F I_F}{E_F I_F+E_B I_B} \tag{9.24}$$

$$E_B I_B=\sum_{i=1}^{n}\left[E_b I_{bi}\left(1+\frac{K_{ui}+K_{li}}{2K_{bi}+K_{ui}+K_{li}}m^2\right)\right]+E_w I_w \tag{9.25}$$

式中 M_F——箱形基础承受的整体弯矩；

M——建筑物整体弯曲产生的弯矩，可按静定梁分析或采用其他有效方法计算；

$E_F I_F$——箱形基础的刚度，其中 E_F 为箱形基础的混凝土弹性模量，I_F 为按工字形截面计算的箱基截面惯性矩，工字形截面的上、下翼缘宽度分别为箱基顶、底板的全宽，腹板厚度为在弯曲方向的墙体厚度的总和；

$E_B I_B$——上部结构的总折算刚度；

E_b——梁、柱的混凝土弹性模量；

K_{ui}, K_{li}, K_{bi}——第 i 层上柱、下柱和梁的线刚度，其值为 I_{ui}/h_{ui}、I_{li}/h_{li} 和 I_{bi}/l，I_{ui}、I_{li}、I_{bi} 为第 i 层上柱及下柱和梁的截面惯性矩；

h_{ui}, h_{li}——第 i 层上柱及下柱的高度；

E_w——弯曲方向与箱基相连的连续钢筋混凝土墙的弹性模量；

I_w——弯曲方向与箱基相连的连续钢筋混凝土墙的截面惯性矩，其值为 $th^3/12$，t、h 为在弯曲方向与箱基相连的连续钢筋混凝土墙体厚度总和及高度；

m——弯曲方向的节间数；

n——建筑物层数（不大于 8 层时，取实际楼层数，大于 8 层时取 8 层）。

各符号的示意如图 9.27 所示。

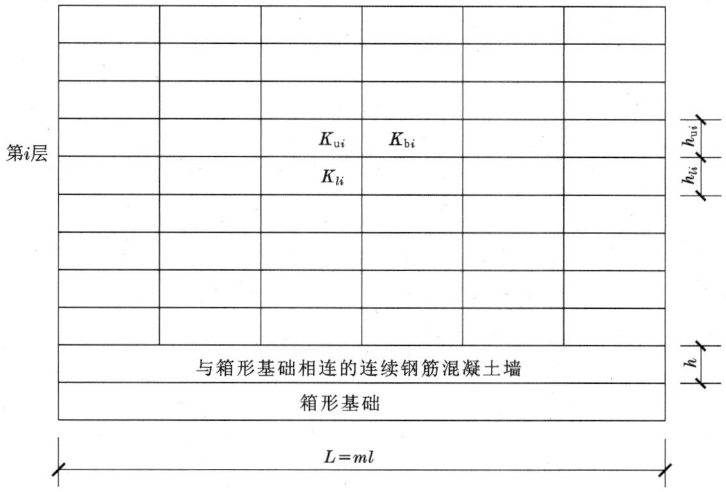

图 9.27 式(9.25)中符号的示意

式(9.25)适用于等柱距和柱距差不超过 20%的框架结构。

在箱基顶、底板配筋时，应综合考虑承受整体弯曲的钢筋与局部弯曲的钢筋的配筋部位，以充分发挥各截面的钢筋的作用。

在计算箱基内力时，荷载中可不计风荷载及设防烈度小于或等于 8 度时的地震作用。即在一般情况下，只考虑垂直荷载，不考虑水平荷载。

(2)基础强度验算

①顶板和底板

a. 板水平抗剪强度

当考虑上部结构嵌固在箱形基础顶板上或地下一层结构顶部时，箱基或地下一层结构顶板除满足正截面受弯承载力各斜截面受剪承载力要求外，其厚度尚不应小于 200mm。对框筒或筒中筒结构，箱基或地下一层结构顶板下外墙连接处的截面，尚应符合下列条件：

非抗震设计 $$V_f \leqslant 0.125\beta_c f_c b_f t_f \tag{9.26}$$

抗震设计 $$V_{E,f} \leqslant \frac{1}{\gamma_{RE}} 0.1\beta_c f_c b_f t_f \tag{9.27}$$

式中 V_f——上部结构传来的计算截面处的水平剪力值；

$V_{E,f}$——地震效应组合时，上部结构传来的计算截面处的水平地震剪力设计值；

f_c——混凝土轴心抗压强度设计值；

b_f——沿水平力或地震作用方向与外墙连接的箱基或地下一层结构顶板的宽度；

t_f——箱基或地下一层结构顶板的厚度；

γ_{RE}——承载力抗震调整系数，取 0.85；

β_c——混凝土强度影响系数。

b. 底板斜截面抗剪强度

箱基的底板厚度应根据实际受力情况、整体刚度及防水要求确定，其厚度不应小于 300mm。除计算正截面受弯承载力外，其斜截面受剪承载力应满足式(9.16)、式(9.17)的要求。

c. 底板抗冲切强度

箱基底板的受冲切承载力应满足式(9.14)、式(9.15)的要求。

②内墙与外墙

箱形基础的内、外墙，除与剪力墙连接者外，由柱根传给各片墙的竖向剪力设计值，可按相交于各片墙的刚度进行分配，其墙身的受剪截面应符合下式要求：

$$V_w \leqslant 0.25\beta_c f_c A_w \tag{9.28}$$

式中 V_w——由柱根轴力传给各片墙的竖向剪力设计值，按相交的各片墙的刚度进行分配；

f_c——混凝土轴心受压强度设计值；

A_w——墙身竖向有效截面积。

对于承受水平荷载的内外墙，尚需进行受弯计算，计算时将墙身视为顶、底板固定的多跨连续板，作用于外墙上的水平荷载包括土压力、水压力和由地面均布荷载引起的侧压力。

③洞口

a. 洞口过梁截面抗剪强度验算

单层箱基洞口上、下过梁的受剪截面应分别符合以下公式的要求：

当 $h_i/b_i \leqslant 4$ 时

$$V_i \leqslant 0.25 f_c A_i (i=1,\text{为上过梁}; i=2,\text{为下过梁}) \tag{9.29}$$

当 $h_i/b_i \geqslant 6$ 时

$$V_i \geqslant 0.20 f_c A_i (i=1,\text{为上过梁}; i=2,\text{为下过梁}) \tag{9.30}$$

当 $4 < h_i/b_i < 6$ 时，按线性内插法确定。

$$V_1 = \mu V_b + \frac{q_1 l}{2} \tag{9.31}$$

$$V_2 = (1-\mu) V_b + \frac{q_2 l}{2} \tag{9.32}$$

$$\mu = \frac{1}{2}\left(\frac{b_1 h_1}{b_1 h_1 + b_2 h_2} + \frac{b_1 h_1^3}{b_1 h_1^3 + b_2 h_2^3}\right) \tag{9.33}$$

式中 V_1，V_2——上、下过梁的剪力设计值；

V_b——洞口中点处的剪力设计值；

μ——剪力分配系数；

q_1，q_2——作用在上、下过梁上的均布荷载设计值；

l——洞口的净宽；

A_1，A_2——上、下过梁的计算截面积，按图 9.28 中阴影部分面积计算，并取其中较大值。

其余符号同前。

多层箱基洞口过梁的剪力设计值也可按上述公式计算。

b. 洞口过梁正截面抗弯承载力

单层箱基洞口处上、下过梁截面的顶部和底部纵向钢筋，应分别按下列公式求得的弯矩设计值配置：

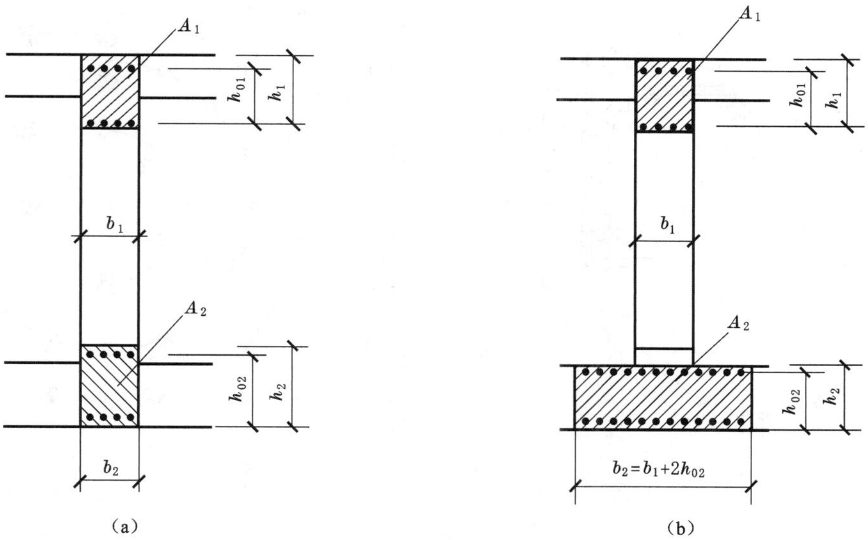

图 9.28 洞口上下过梁的有效截面积

上梁 $$M_1 = \mu V_b \frac{l}{2} + \frac{q_1 l^2}{12} \tag{9.34}$$

下梁 $$M_2 = (1-\mu) V_b \frac{l}{2} + \frac{q_2 l^2}{12} \tag{9.35}$$

式中 M_1, M_2——上、下过梁的弯矩设计值。

其余符号同前。

c. 洞口加强钢筋

箱基墙体洞口周围应设置加强钢筋，钢筋面积应符合下式要求：

$$M_1 \leqslant f_y h_1 (A_{s1} + 1.4A_{s2}) \tag{9.36}$$

$$M_2 \leqslant f_y h_2 (A_{s1} + 1.4A_{s2}) \tag{9.37}$$

式中 M_1, M_2——按式(9.30)、式(9.31)计算；

h_1, h_2——上、下过梁的截面高度；

A_{s1}——洞口每侧附加竖向钢筋总面积；

A_{s2}——洞口附加斜向钢筋面积；

f_y——钢筋抗拉强度设计值。

9.4 桩基础设计

9.4.1 概述

当地基浅层土质软弱，不能满足承载力和沉降要求时，采用桩基础将荷载传到下部较坚实的土层，或通过桩侧面与土体的摩擦力来达到强度与变形要求，是有效的技术途径。

采用桩基础的工程实例见图 9.29 至图 9.31。由这些工程可见，当采用大直径灌注桩时，直径可达 1.5～3m，单桩承载力达 5000～10000kN，可以用集中在柱下、墙下布桩，直接支承的方式，由于柱、墙荷载直接传给桩，所以基础底板受力很小，厚度可以减薄，如深圳发展中心大厦和深圳国贸中心大厦便是这种方案。相反，采用小尺寸预制桩时，由于单桩承载力较小，需要桩数多，只能采用均匀布桩的方式，此时上部柱、墙荷载要由基础底板传递，底板受力较大，因而底板要较厚。

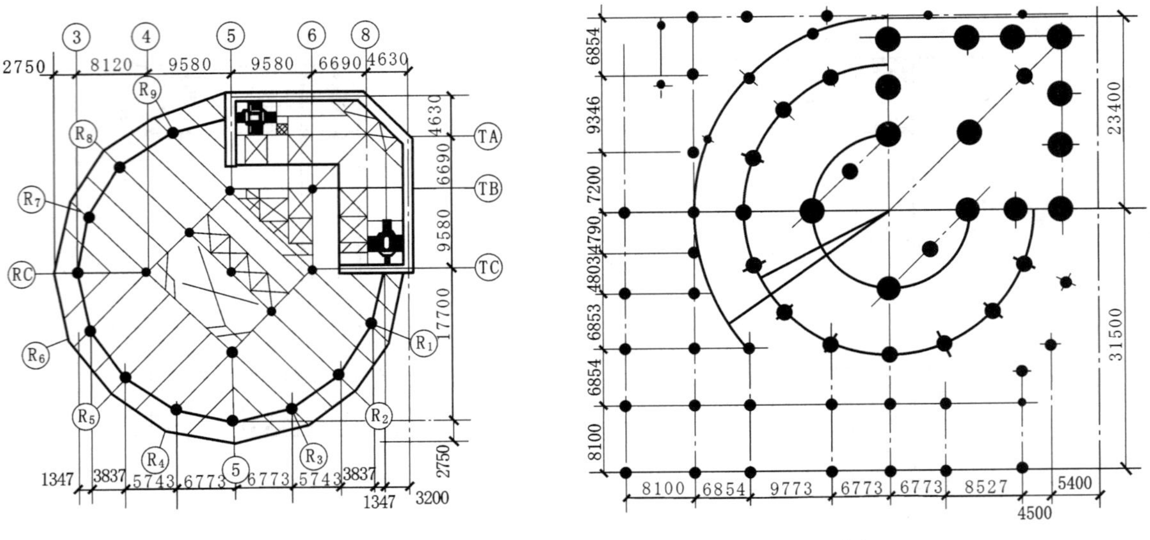

(a)

(b)

图 9.29　深圳发展中心大厦柱、墙下集中布桩(43 层,165m)

(a)结构标准层平面;(b)基础平面

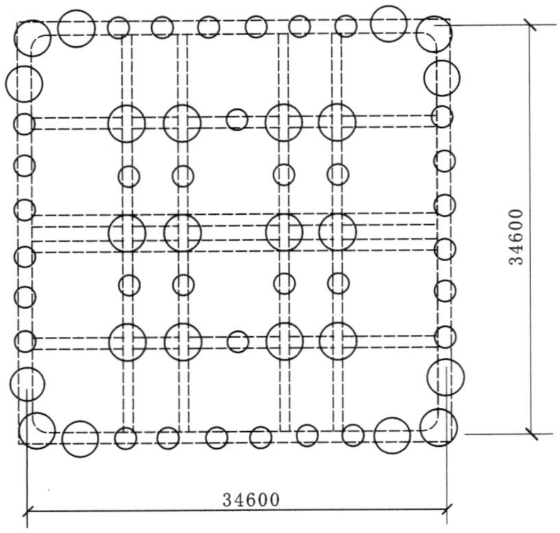

图 9.30　深圳国贸中心大厦基础平面,沿内外筒集中布桩(50 层,160m)

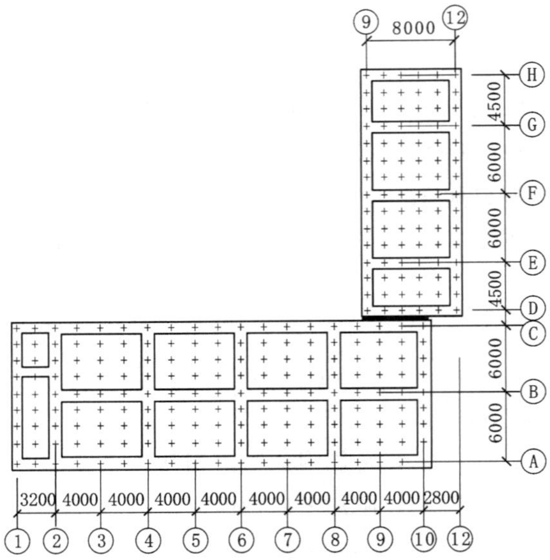

图 9.31　深圳电子大厦基础平面(均匀布桩)

9.4.2　预制混凝土桩

预制混凝土桩可在现场预制或在工厂预制。通常有方桩和离心管桩。预制桩截面尺寸小,承载力有限,因而桩数较多。

(1)桩长

现场预制桩单节长度不宜超过 30m,工厂预制桩长度不宜超过 12m。单节桩的长度视运输条件决定。

(2)桩身配筋

①配筋率

锤击桩不宜小于 0.8%,压入桩不宜小于 0.6%,预应力桩不宜小于 0.5%。

下列情况下,配筋率应提高到1.0%~1.2%:

a. 桩尖穿过一定厚度的硬土层;

b. 桩的长细比 L/D 大于60;

c. 单桩设计荷载过大;

d. 桩大片密集。

当 $L/D \geqslant 80$、单桩承载力很大而承台下桩数很少或为单排桩时,宜再适当加大配筋率。

②直径和根数

纵向钢筋直径不小于14mm。当桩的宽度或直径≥350mm时,根数不少于8根。

③下列情况下宜增加配筋:

a. 当采用1~2根桩以及单排桩时,如果有偏心荷载,宜增加桩身上部的配筋。

b. 当桩身只由起吊应力控制配筋时,吊点附近应增加配筋。

(3)桩身混凝土

桩身混凝土强度不低于C30,纵向钢筋保护层厚度不小于30mm。

(4)桩的接头

桩的接头不宜超过两个。当地基中浅层存在超过3m厚的难穿透土层时,接头宜布置在这些土层的下面。

锚接接头可在估计沉桩无困难的情况下采用,宜优先采用硫黄胶泥锚接桩。

当设计荷载大、桩细长、需穿透一定厚度的硬土层,地震区的桩,大片密集的桩均应采用焊接接头。

(5)布桩

预制桩桩距不应小于3倍桩直径或3倍边长。

应避免在墙体门洞下布桩。

9.4.3 灌注桩

(1)灌注桩的类型

常用灌注桩的类型见表9.5。

(2)灌注桩的构造要求

高层建筑可采用钻孔灌注桩、冲孔灌注桩、沉管灌注桩和挖孔灌注桩。灌注桩的桩径、桩长、间距、混凝土强度等级及配筋等应符合下列要求:

①灌注桩的常用桩径与桩长应符合表9.5的要求。

②灌注桩的间距应符合表9.6的要求。

灌注桩的常用桩径与桩长 **表9.5**

灌注桩名称	钻孔灌注桩	冲孔灌注桩	沉管灌注桩	挖孔灌柱桩
成孔工艺	钻孔(泥浆护壁)	冲孔(泥浆护壁)	打入式沉管	人工挖孔
桩径 D(mm)	300~1400	500~1400	400	800~3000
桩长 L(mm)	≤50	≤50	≤25	≤50

灌注桩的间距 **表9.6**

沉管灌注桩	穿越非饱和土	$\geqslant 3d$
	穿越饱和土	$\geqslant 3.5d$
钻孔、冲孔灌注桩		$\geqslant 2.5d$
人工挖孔灌注桩		可根据设计要求在保证施工安全条件下决定

③桩身混凝土强度等级不得低于C25,水下灌注混凝土时混凝土强度等级不宜高于C40。

④人工挖孔灌注桩护壁混凝土强度等级不应低于C15,计算单桩承载力时,不考虑护壁的作用,仅取内径 d 作为桩身计算直径。

⑤混凝土灌注桩桩身配筋应按计算确定,并应符合下列要求:

a. 轴向受压桩的配筋率不宜小于0.2%~0.4%,纵向钢筋直径不宜小于10mm。端承桩的纵向钢筋应沿桩身通长配置,并沿桩周边均匀布置。

b. 承受水平力作用的桩,桩身内力可按 M 法计算。桩纵向钢筋的长度为 $4.0/\alpha$,当桩长度小于 $4.0/\alpha$ 时,也应通长配置,其中 α 为桩身变形系数。桩纵向钢筋配筋率不宜小于0.4%~0.65%。

c. 抗拔桩应按计算配置通长或局部长度的抗拉钢筋,纵向钢筋应沿桩周边均匀布置,纵向钢筋焊接接头必须符合受拉接头的要求。

d. 箍筋直径可采用6~10mm,间距可为200~300mm,宜采用螺旋或环形焊接箍筋。对于承受水平力的桩,其桩顶部位箍筋应适当加密。当纵向钢筋长度超过4m时,每隔2m宜设一道焊接加强箍筋。

e. 纵向钢筋的混凝土保护层厚度不应小于30mm,水下灌注混凝土时保护层厚度不得小于50mm。

9.4.4 大直径扩底墩

大直径扩底墩是近年来发展起来的新桩型。它的工作性质介于桩基与天然地基之间,主要由扩大头的端承力来支持上部结构。墩身直径可达800~2600mm。这种桩承载力高、传力直接、墩底土质可以直接检查,施工速度快,适合于场地狭窄情况下施工。

(1)入土深度和成孔方法

大直径扩底墩应支承在承载力较高的坚硬土层上,如硬塑的黏性土、中密或密实的砂类土、砂卵石、卵石层及基岩等。

扩底墩墩底进入持力层的深度 h_p,应按下列要求确定:

①黏性土和砂类土:$h_p \geqslant 1.5$m。

②砂卵石或卵石层:$h_p \geqslant 0.5$m。

③基岩:$h_p \geqslant (0.5\sim1.0)d$,$d$ 为墩身直径。

需要抗震设防而持力层以上为可液化土层时,墩底进入持力层的深度应比上述要求增加一倍。

大直径扩底墩应在无地下水或人工降低地下水水位后的条件下施工。

当采用人工成孔人工扩底施工时,应设混凝土护壁,其构造同人工挖孔灌注桩的护壁(图9.32)。计算单墩承载力时,除摩擦力外,不考虑护壁的作用。

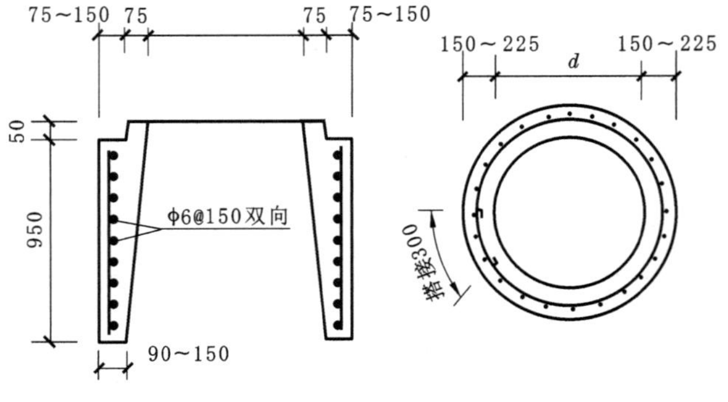

图9.32 人工挖孔灌注桩护壁

当采用机械成孔人工扩底施工时,应在机械成孔后加临时钢筋笼作护壁或采取其他安全保护措施。

(2)扩底墩的尺寸

当采用机械成孔时,扩底墩的墩身直径,宜为0.8m和1.0m,采用人工成孔时,可根据工程具体情况确定，但墩身直径不应小于 0.8m。

扩底墩底部应挖成锅底形，锅底中央可比四周低 0.2m，扩头部分的高度 h 应考虑竖向压力的刚性扩散角和施工安全的要求，可取 1.2～2m，扩头高度 h 与宽度 b 之比不应大于 3。扩头直径 D 与墩身直径 d 之比不宜大于 3。扩底墩的两墩之间中心距离不应小于 3 倍墩身直径，两墩扩底之间的净距不应小于 1.0m。

大直径扩底墩扩底部分尺寸要求见图 9.33。

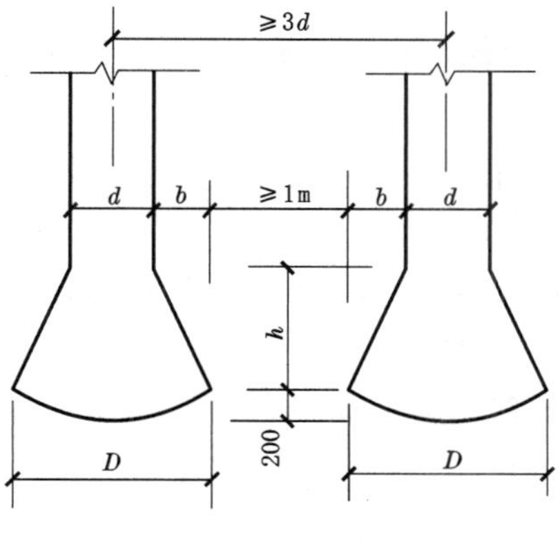

图 9.33　扩底墩扩底构造

(3)扩底墩的构造要求

①扩底墩的混凝土、配筋等构造应符合以下规定：

a. 混凝土强度等级不应低于 C20。

b. 墩身的配筋应根据受力情况由计算确定，但纵向钢筋最小配筋率为 0.4%，且不得少于 8 根。抗震设计或风荷载较大或墩长小于 15m 时，墩身纵向钢筋应直伸到底；在非抗震设计且风荷载较小，以及墩长较大时，纵向钢筋可有一半伸到底(且不得少于 8 根)，另一半可伸至 1/2 墩长。扩底部分不需要另行配筋。

c. 箍筋可采用螺旋箍或封闭单箍，宜采用环形焊接箍，箍筋直径不宜小于 8mm，间距可采用 200～300mm，在墩顶 1.5m 范围内，箍筋直径宜加大一级，间距宜缩小一半。可每隔 2m 左右设置一道直径为 12mm 或 14mm 焊接加强箍筋。

d. 墩身纵向钢筋保护层厚度，无护壁时为 50mm，有护壁时为 30mm。

e. 扩底墩顶部应设置墩帽，墩帽应能锚固和连接墩、柱和拉梁，墩帽边至墩边的距离不宜小于 200mm。墩帽上下配筋直径不宜小于 12mm，间距不宜大于 150mm，且应双向配置。

有基础梁或箱形基础或筏形基础板时，可不另设墩帽。

f. 墩顶嵌入墩帽或基础底板的长度宜为 50～70mm，墩顶纵向钢筋伸入墩帽或基础底板的长度应取受拉锚固长度。

②抗震设计或风荷载较大时，扩底墩的拉梁设计：

抗震设计或风荷载较大时，扩底墩的拉梁应按下列情况分别考虑：

a. 箱形基础的底板厚度不小于 300mm 时，可不再另设拉梁，但在墩顶沿柱轴线在底板内增配不少于 4 根直径为 18mm 的双向通长拉筋，各拉筋伸入墩身的长度不宜小于 1m。

b. 无箱形基础或筏形基础底板或其底板厚度小于 300mm，也无基础梁时，应在墩顶设置双向拉梁，其截面设计应不小于柱距的 1/15，纵向钢筋按计算确定，受拉钢筋截面面积可按所连接柱子最大轴力的 10% 作为拉力计算确定。

c. 当有基础梁时，可不再单独设置拉梁。

(4)承载力的计算

扩底墩的单墩竖向承载力可按灌注桩的计算方法确定。墩长不大于 6m 或在有效墩长范围内人工回填土厚度超过有效墩长的 60%时，计算承载力中可不考虑墩身周边摩擦力。

底层柱下有基础梁，基础梁的抗弯刚度大于墩的抗弯刚度 5 倍以上，而底层为箱形基础，或底层为剪力墙时，墩顶可只考虑轴向力和水平力的作用，不考虑弯矩。当不符合上述情况时，可将柱子传来的弯矩在墩和基础梁之间按抗弯刚度进行分配。

9.4.5 桩基承台

(1)承台构造

单独桩基、筏形基础、交叉梁基础下的桩基承台和箱形基础底板与桩基连接构造均应符合下列要求：

①承台的基本尺寸

a. 边桩中心至承台边缘的距离不宜小于桩的直径、桩身计算平均直径或边长，且桩边缘至承台边缘的净距不宜小于 150mm；

b. 双桩承台和单排桩承台的底板宽度均不宜小于 2 倍桩的直径或边长，也不宜小于 600mm，桩边缘至承台边缘的净距不宜小于 150mm；

c. 桩基承台的厚度应根据上部结构要求确定，其厚度自垫层面算起不宜小于 300mm，当为锥形承台时，承台边缘的厚度也不宜小于 300mm。

②承台混凝土和配筋的要求

混凝土强度等级不应低于 C20；承台梁的纵向钢筋直径不宜小于 12mm，架立筋直径不宜小于 10mm，箍筋直径不宜小于 6mm；板式承台宜采用直径较小的受力钢筋，但直径不宜小于 10mm，间距不宜大于 200mm 也不宜小于 100mm，承台底面的受力钢筋宜直接放在根据设计标高凿平的桩顶面上。

③桩与承台或箱基底板的连接要求

桩顶伸入承台或箱基底板的长度，对大直径桩不宜小于 100mm，对中小直径的桩不宜小于 50mm。桩纵向钢筋伸入承台或箱基底板的长度取受拉锚固长度。

④承台钢筋的混凝土保护层厚度

承台纵向钢筋的混凝土保护层厚度不应小于 70mm，当有混凝土垫层时，不应小于 50mm；且不应小于桩头嵌入承台内的长度。

(2)承台之间的连接

①单桩承台，应在两个相互垂直的方向上设置连系梁；

②两桩承台，应在其短向设置连系梁；

③有抗震要求的柱下独立承台，宜在两个主轴方向设置连系梁；

④连系梁顶面宜与承台位于同一标高，连系梁的宽度不应小于 250mm，梁的高度可取承台中心距的 1/15～1/10 且不小于 400mm；

⑤连系梁的主筋应按计算要求确定，连系梁内上下纵向钢筋直径不应小于 12mm，且不应少于 2 根，并应按受拉要求锚入承台。

思　考　题

9.1　高层建筑在基础设计中应考虑哪些主要因素？

9.2　高层建筑的基础应该选择哪种形式？

9.3　高层建筑的基础为什么要有埋置深度的要求？

9.4　高层建筑与裙房之间的基础要不要分开？

9.5　高层建筑的地基承载力怎样确定？

9.6　单桩承载力是怎样确定的？

9.7　筏形基础有哪些特点和构造要求？

9.8　高层建筑中能不能采用单独柱基础及交叉梁基础？

9.9　箱形基础有哪些特点和构造要求？

9.10 箱形基础的内力计算有哪些要点？
9.11 箱形基础截面设计中有哪些要求？
9.12 桩有哪些类型？设计时如何选用？
9.13 预制钢筋混凝土桩有哪些构造要求？
9.14 混凝土灌注桩有哪些构造要求？
9.15 大直径扩底灌注桩有哪些构造要求？
9.16 采用灌注桩应注意哪些问题？
9.17 桩基承台设计有哪些要求？

附录1　风荷载体型系数

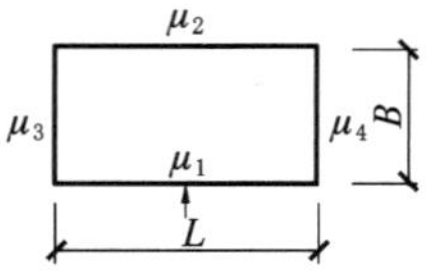

(1) 矩形平面

μ_1	μ_2	μ_3	μ_4
0.8	$-\left(0.48+0.03\dfrac{H}{L}\right)$	−0.60	−0.60

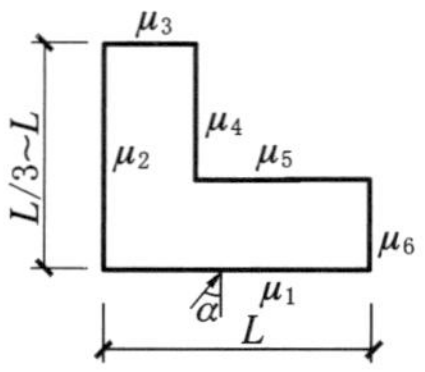

(2) L形平面

α \ μ	μ_1	μ_2	μ_3	μ_4	μ_5	μ_6
0°	0.8	−0.70	−0.60	−0.50	−0.50	−0.60
45°	0.50	0.50	−0.80	−0.70	−0.70	−0.80
225°	−0.60	−0.60	0.30	0.90	0.90	0.30

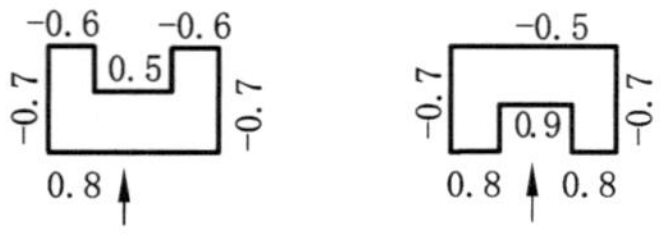

(3) 槽形平面

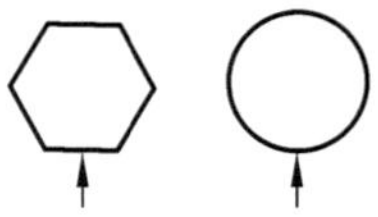

$\mu=0.8+\dfrac{1.2}{\sqrt{n}}$ (n为边数)(当圆形高层建筑表面较粗糙时$\mu=0.8$)

(4) 正多边形、圆形平面

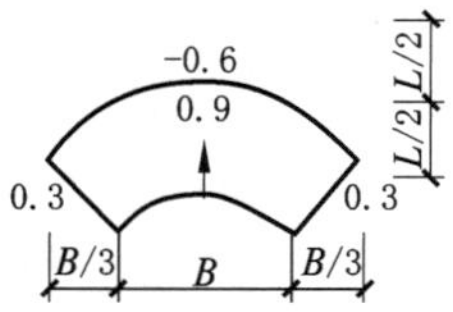

(5) 扇形平面

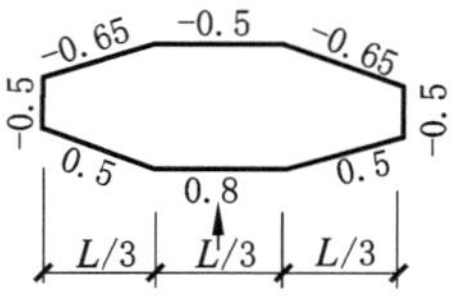

(6) 梭形平面

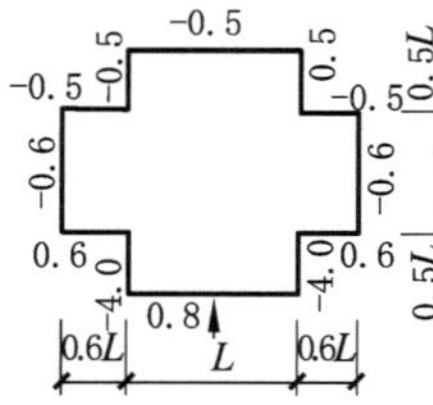

(7) 十字形平面

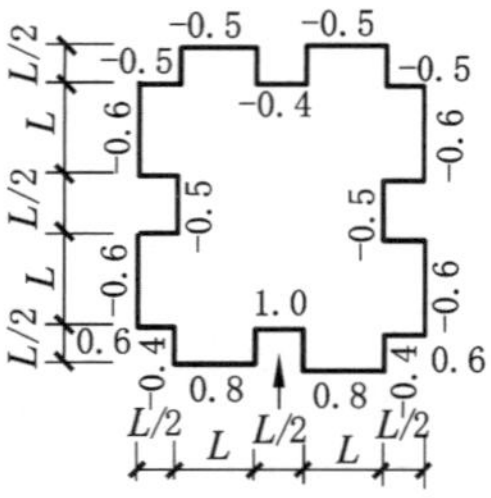

(8) 井字形平面

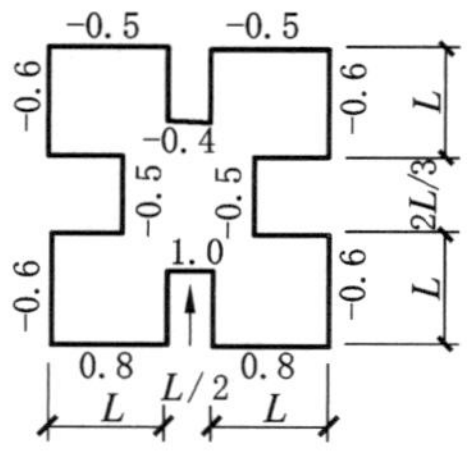

(9) X形平面

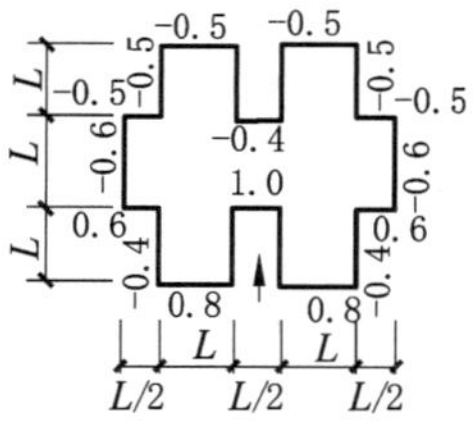

(10) 双十形平面

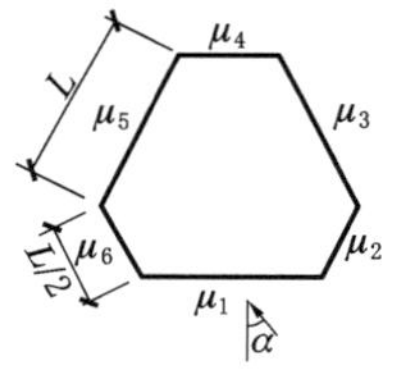

(11) 六角形平面

α	0°	30°
μ_1	0.80	0.70
μ_2	−0.45	0.40
μ_3	−0.50	−0.55
μ_4	−0.60	−0.50
μ_5	−0.50	−0.55
μ_6	−0.45	−0.55

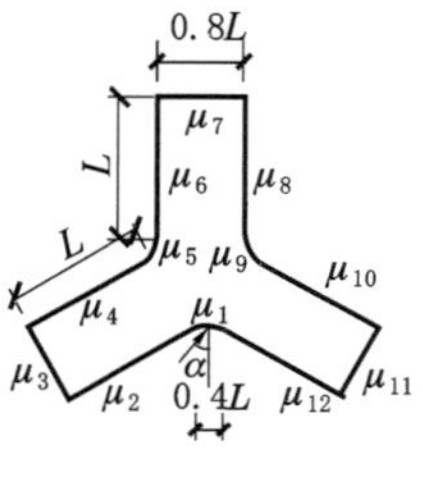

(12) Y形平面

α	0°	10°	20°	30°	40°	50°	60°
μ_1	1.05	1.05	1.00	0.95	0.90	0.50	−0.15
μ_2	1.00	0.95	0.90	0.85	0.80	0.40	−0.10
μ_3	−0.70	−0.10	0.30	0.50	0.70	0.85	0.95
μ_4	−0.50	−0.50	−0.55	−0.60	−0.75	−0.40	−0.10
μ_5	−0.50	−0.55	−0.60	−0.65	−0.75	−0.45	−0.15
μ_6	−0.55	−0.55	−0.60	−0.70	−0.65	−0.15	−0.35
μ_7	−0.50	−0.50	−0.50	−0.55	−0.55	−0.55	−0.55
μ_8	−0.55	−0.55	−0.55	−0.50	−0.50	−0.50	−0.50
μ_9	−0.50	−0.50	−0.50	−0.50	−0.50	−0.50	−0.50
μ_{10}	−0.50	−0.50	−0.50	−0.50	−0.50	−0.50	−0.50
μ_{11}	−0.70	−0.60	−0.55	−0.55	−0.55	−0.55	−0.55
μ_{12}	1.00	0.95	0.90	0.80	0.75	0.65	0.35

附录2　规则框架承受均布及倒三角形分布水平力作用时反弯点的高度比

规则框架承受均布水平力作用时标准反弯点的高度比 y_0 值　　**附表 2.1**

n	j	K													
		0.1	0.2	0.3	0.4	0.5	0.6	0.7	0.8	0.9	1.0	2.0	3.0	4.0	5.0
1	1	0.80	0.75	0.70	0.65	0.65	0.60	0.60	0.60	0.60	0.55	0.55	0.55	0.55	0.55
2	2	0.45	0.40	0.35	0.35	0.35	0.35	0.40	0.40	0.40	0.40	0.45	0.45	0.45	0.45
	1	0.95	0.80	0.75	0.70	0.65	0.65	0.65	0.60	0.60	0.60	0.55	0.55	0.55	0.50
3	3	0.15	0.20	0.20	0.25	0.30	0.30	0.30	0.35	0.35	0.35	0.40	0.45	0.45	0.45
	2	0.55	0.50	0.45	0.45	0.45	0.45	0.45	0.45	0.45	0.45	0.45	0.50	0.50	0.50
	1	1.00	0.85	0.80	0.75	0.70	0.70	0.65	0.65	0.65	0.60	0.55	0.55	0.55	0.55
4	4	−0.05	0.05	0.15	0.20	0.25	0.30	0.30	0.35	0.35	0.35	0.40	0.45	0.45	0.45
	3	0.25	0.30	0.30	0.35	0.35	0.40	0.40	0.40	0.40	0.45	0.45	0.50	0.50	0.50
	2	0.65	0.55	0.50	0.50	0.45	0.45	0.45	0.45	0.45	0.45	0.50	0.50	0.50	0.50
	1	1.10	0.90	0.80	0.75	0.70	0.70	0.65	0.65	0.65	0.60	0.55	0.55	0.55	0.55
5	5	−0.20	0.00	0.15	0.20	0.25	0.30	0.30	0.30	0.35	0.35	0.40	0.45	0.45	0.45
	4	0.10	0.20	0.25	0.30	0.35	0.35	0.40	0.40	0.40	0.40	0.45	0.45	0.50	0.50
	3	0.40	0.40	0.40	0.40	0.40	0.45	0.45	0.45	0.45	0.45	0.50	0.50	0.50	0.50
	2	0.65	0.55	0.50	0.50	0.50	0.50	0.50	0.50	0.50	0.50	0.50	0.50	0.50	0.50
	1	1.20	0.95	0.80	0.75	0.75	0.70	0.70	0.65	0.65	0.65	0.55	0.55	0.55	0.55
6	6	−0.30	0.00	0.10	0.20	0.25	0.25	0.30	0.30	0.35	0.35	0.40	0.45	0.45	0.45
	5	0.00	0.20	0.25	0.30	0.35	0.35	0.40	0.40	0.40	0.40	0.45	0.45	0.50	0.50
	4	0.20	0.30	0.35	0.35	0.40	0.40	0.40	0.45	0.45	0.45	0.45	0.50	0.50	0.50
	3	0.40	0.40	0.40	0.45	0.45	0.45	0.45	0.45	0.45	0.45	0.50	0.50	0.50	0.50
	2	0.70	0.60	0.55	0.50	0.50	0.50	0.50	0.50	0.50	0.50	0.50	0.50	0.50	0.50
	1	1.20	0.95	0.85	0.80	0.75	0.70	0.70	0.65	0.65	0.65	0.55	0.55	0.55	0.55
7	7	−0.35	−0.05	0.10	0.20	0.20	0.25	0.30	0.30	0.35	0.35	0.40	0.45	0.45	0.45
	6	−0.10	0.15	0.25	0.30	0.35	0.35	0.35	0.40	0.40	0.40	0.45	0.45	0.50	0.50
	5	0.10	0.25	0.30	0.35	0.40	0.40	0.40	0.45	0.45	0.45	0.45	0.50	0.50	0.50
	4	0.30	0.35	0.40	0.40	0.40	0.45	0.45	0.45	0.45	0.45	0.50	0.50	0.50	0.50
	3	0.50	0.45	0.45	0.45	0.45	0.45	0.45	0.45	0.45	0.45	0.50	0.50	0.50	0.50
	2	0.75	0.60	0.55	0.50	0.50	0.50	0.50	0.50	0.50	0.50	0.50	0.50	0.50	0.50
	1	1.20	0.95	0.85	0.80	0.75	0.70	0.70	0.65	0.65	0.65	0.55	0.55	0.55	0.55
8	8	−0.35	−0.15	0.10	0.15	0.25	0.25	0.30	0.30	0.35	0.35	0.40	0.45	0.45	0.45
	7	−0.10	0.15	0.25	0.30	0.35	0.35	0.40	0.40	0.40	0.40	0.45	0.50	0.50	0.50
	6	0.05	0.25	0.30	0.35	0.40	0.40	0.40	0.45	0.45	0.45	0.45	0.50	0.50	0.50
	5	0.20	0.30	0.35	0.40	0.40	0.45	0.45	0.45	0.45	0.45	0.50	0.50	0.50	0.50
	4	0.35	0.40	0.40	0.45	0.45	0.45	0.45	0.45	0.45	0.45	0.50	0.50	0.50	0.50
	3	0.50	0.45	0.45	0.45	0.45	0.45	0.45	0.45	0.50	0.50	0.50	0.50	0.50	0.50
	2	0.75	0.60	0.55	0.55	0.50	0.50	0.50	0.50	0.50	0.50	0.50	0.50	0.50	0.50
	1	1.20	1.00	0.85	0.80	0.75	0.70	0.70	0.65	0.65	0.65	0.55	0.55	0.55	0.55
9	9	−0.40	−0.05	0.10	0.20	0.25	0.25	0.30	0.30	0.35	0.35	0.45	0.45	0.45	0.45
	8	−0.15	0.15	0.25	0.30	0.35	0.35	0.35	0.40	0.40	0.40	0.45	0.45	0.50	0.50
	7	0.05	0.25	0.30	0.35	0.40	0.40	0.40	0.45	0.45	0.45	0.45	0.50	0.50	0.50
	6	0.15	0.30	0.35	0.40	0.40	0.45	0.45	0.45	0.45	0.45	0.50	0.50	0.50	0.50
	5	0.25	0.35	0.40	0.40	0.45	0.45	0.45	0.45	0.45	0.45	0.50	0.50	0.50	0.50
	4	0.40	0.40	0.40	0.45	0.45	0.45	0.45	0.45	0.45	0.45	0.50	0.50	0.50	0.50
	3	0.55	0.45	0.45	0.45	0.45	0.45	0.45	0.45	0.50	0.50	0.50	0.50	0.50	0.50
	2	0.80	0.65	0.55	0.55	0.50	0.50	0.50	0.50	0.50	0.50	0.50	0.50	0.50	0.50
	1	1.20	1.00	0.85	0.80	0.75	0.70	0.70	0.65	0.65	0.65	0.55	0.55	0.55	0.55

续附表 2.1

n	j	K													
		0.1	0.2	0.3	0.4	0.5	0.6	0.7	0.8	0.9	1.0	2.0	3.0	4.0	5.0
10	10	−0.40	−0.05	0.10	0.20	0.25	0.30	0.30	0.30	0.35	0.35	0.40	0.45	0.45	0.45
	9	−0.15	0.15	0.25	0.30	0.35	0.35	0.40	0.40	0.40	0.40	0.45	0.45	0.50	0.50
	8	0.00	0.25	0.30	0.35	0.40	0.40	0.40	0.45	0.45	0.45	0.45	0.50	0.50	0.50
	7	0.10	0.30	0.35	0.40	0.40	0.45	0.45	0.45	0.45	0.45	0.50	0.50	0.50	0.50
	6	0.20	0.35	0.40	0.40	0.45	0.45	0.45	0.45	0.45	0.45	0.50	0.50	0.50	0.50
	5	0.30	0.40	0.40	0.45	0.45	0.45	0.45	0.45	0.45	0.50	0.50	0.50	0.50	0.50
	4	0.40	0.40	0.45	0.45	0.45	0.45	0.45	0.45	0.45	0.50	0.50	0.50	0.50	0.50
	3	0.55	0.50	0.45	0.45	0.45	0.50	0.50	0.50	0.50	0.50	0.50	0.50	0.50	0.50
	2	0.80	0.65	0.55	0.55	0.55	0.50	0.50	0.50	0.50	0.50	0.50	0.50	0.50	0.50
	1	1.30	1.00	0.85	0.80	0.75	0.70	0.70	0.65	0.65	0.65	0.60	0.55	0.55	0.55
11	11	−0.40	0.05	0.10	0.20	0.25	0.30	0.30	0.30	0.35	0.35	0.40	0.45	0.45	0.45
	10	−0.15	0.15	0.25	0.30	0.35	0.35	0.40	0.40	0.40	0.40	0.45	0.45	0.50	0.50
	9	0.00	0.25	0.30	0.35	0.40	0.40	0.40	0.45	0.45	0.45	0.45	0.50	0.50	0.50
	8	0.10	0.30	0.35	0.40	0.40	0.45	0.45	0.45	0.45	0.45	0.50	0.50	0.50	0.50
	7	0.20	0.35	0.40	0.45	0.45	0.45	0.45	0.45	0.45	0.45	0.50	0.50	0.50	0.50
	6	0.25	0.35	0.40	0.45	0.45	0.45	0.45	0.45	0.45	0.45	0.50	0.50	0.50	0.50
	5	0.35	0.40	0.40	0.45	0.45	0.45	0.45	0.45	0.45	0.50	0.50	0.50	0.50	0.50
	4	0.40	0.45	0.45	0.45	0.45	0.45	0.45	0.50	0.50	0.50	0.50	0.50	0.50	0.50
	3	0.55	0.50	0.50	0.50	0.50	0.50	0.50	0.50	0.50	0.50	0.50	0.50	0.50	0.50
	2	0.80	0.65	0.60	0.55	0.55	0.50	0.50	0.50	0.50	0.50	0.50	0.50	0.50	0.50
	1	1.30	1.00	0.85	0.80	0.75	0.70	0.70	0.65	0.65	0.65	0.60	0.55	0.55	0.55
12以上	↓1	−0.40	−0.05	0.10	0.20	0.25	0.30	0.30	0.30	0.35	0.35	0.40	0.45	0.45	0.45
	2	−0.15	0.15	0.25	0.30	0.35	0.35	0.40	0.40	0.40	0.40	0.45	0.45	0.50	0.50
	3	0.00	0.25	0.30	0.35	0.40	0.40	0.40	0.45	0.45	0.45	0.50	0.50	0.50	0.50
	4	0.10	0.30	0.35	0.40	0.40	0.45	0.45	0.45	0.45	0.45	0.50	0.50	0.50	0.50
	5	0.20	0.35	0.40	0.40	0.45	0.45	0.45	0.45	0.45	0.45	0.50	0.50	0.50	0.50
	6	0.25	0.35	0.40	0.45	0.45	0.45	0.45	0.45	0.45	0.45	0.50	0.50	0.50	0.50
	7	0.30	0.40	0.40	0.45	0.45	0.45	0.45	0.45	0.50	0.50	0.50	0.50	0.50	0.50
	8	0.35	0.40	0.45	0.45	0.45	0.45	0.45	0.50	0.50	0.50	0.50	0.50	0.50	0.50
	中间	0.40	0.40	0.45	0.45	0.45	0.45	0.50	0.50	0.50	0.50	0.50	0.50	0.50	0.50
	4	0.45	0.45	0.45	0.45	0.50	0.50	0.50	0.50	0.50	0.50	0.50	0.50	0.50	0.50
	3	0.60	0.50	0.50	0.50	0.50	0.50	0.50	0.50	0.50	0.50	0.50	0.50	0.50	0.50
	2	0.80	0.65	0.60	0.55	0.55	0.50	0.50	0.50	0.50	0.50	0.50	0.50	0.50	0.50
	↑1	1.30	1.00	0.85	0.80	0.75	0.70	0.70	0.65	0.65	0.65	0.55	0.55	0.55	0.55

注：

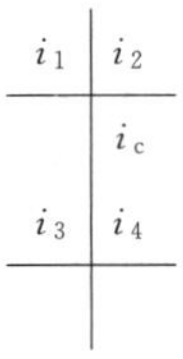

$$K=\frac{i_1+i_2+i_3+i_4}{2i_c}$$

规则框架承受倒三角形分布水平力作用时标准反弯点的高度比 y_0 值 **附表 2.2**

n	j	K													
		0.1	0.2	0.3	0.4	0.5	0.6	0.7	0.8	0.9	1.0	2.0	3.0	4.0	5.0
1	1	0.80	0.75	0.70	0.65	0.65	0.60	0.60	0.60	0.60	0.55	0.55	0.55	0.55	0.55
2	2	0.50	0.45	0.40	0.40	0.40	0.40	0.40	0.40	0.40	0.45	0.45	0.45	0.45	0.50
	1	1.00	0.85	0.75	0.70	0.70	0.65	0.65	0.65	0.60	0.60	0.55	0.55	0.55	0.55
3	3	0.25	0.25	0.25	0.30	0.30	0.35	0.35	0.35	0.40	0.40	0.45	0.45	0.45	0.50
	2	0.60	0.50	0.50	0.50	0.50	0.45	0.45	0.45	0.45	0.45	0.50	0.50	0.50	0.50
	1	1.15	0.90	0.80	0.75	0.75	0.70	0.70	0.65	0.65	0.65	0.60	0.55	0.55	0.55

续附表 2.2

n	j	K													
		0.1	0.2	0.3	0.4	0.5	0.6	0.7	0.8	0.9	1.0	2.0	3.0	4.0	5.0
4	4	0.10	0.15	0.20	0.25	0.30	0.30	0.35	0.35	0.35	0.40	0.45	0.45	0.45	0.45
	3	0.35	0.35	0.35	0.40	0.40	0.40	0.40	0.45	0.45	0.45	0.45	0.50	0.50	0.50
	2	0.70	0.60	0.55	0.50	0.50	0.50	0.50	0.50	0.50	0.50	0.50	0.50	0.50	0.50
	1	1.20	0.95	0.85	0.80	0.75	0.70	0.70	0.70	0.65	0.65	0.55	0.55	0.55	0.55
5	5	−0.05	0.10	0.20	0.25	0.30	0.30	0.35	0.35	0.35	0.35	0.40	0.45	0.45	0.45
	4	0.20	0.25	0.35	0.35	0.40	0.40	0.40	0.40	0.40	0.45	0.45	0.50	0.50	0.50
	3	0.45	0.40	0.45	0.45	0.45	0.45	0.45	0.45	0.45	0.45	0.50	0.50	0.50	0.50
	2	0.75	0.60	0.55	0.55	0.50	0.50	0.50	0.50	0.50	0.50	0.50	0.50	0.50	0.50
	1	1.30	1.00	0.85	0.80	0.75	0.70	0.70	0.65	0.65	0.65	0.65	0.55	0.55	0.55
6	6	−0.15	0.05	0.15	0.20	0.25	0.30	0.30	0.35	0.35	0.35	0.40	0.45	0.45	0.45
	5	0.10	0.25	0.30	0.35	0.35	0.40	0.40	0.40	0.45	0.45	0.45	0.50	0.50	0.50
	4	0.30	0.35	0.40	0.40	0.45	0.45	0.45	0.45	0.45	0.45	0.50	0.50	0.50	0.50
	3	0.50	0.45	0.45	0.45	0.45	0.45	0.45	0.45	0.45	0.50	0.50	0.50	0.50	0.50
	2	0.80	0.65	0.55	0.55	0.55	0.55	0.50	0.50	0.50	0.50	0.50	0.50	0.50	0.50
	1	1.30	1.00	0.85	0.80	0.75	0.70	0.70	0.65	0.65	0.65	0.60	0.55	0.55	0.55
7	7	−0.20	0.05	0.15	0.20	0.25	0.30	0.30	0.35	0.35	0.35	0.45	0.45	0.45	0.45
	6	0.05	0.20	0.30	0.35	0.35	0.40	0.40	0.40	0.40	0.45	0.45	0.50	0.50	0.50
	5	0.20	0.30	0.35	0.40	0.40	0.45	0.45	0.45	0.45	0.45	0.50	0.50	0.50	0.50
	4	0.35	0.40	0.40	0.45	0.45	0.45	0.45	0.45	0.45	0.45	0.50	0.50	0.50	0.50
	3	0.55	0.50	0.50	0.50	0.50	0.50	0.50	0.50	0.50	0.50	0.50	0.50	0.50	0.50
	2	0.80	0.65	0.60	0.55	0.55	0.55	0.50	0.50	0.50	0.50	0.50	0.50	0.50	0.50
	1	0.30	1.00	0.90	0.80	0.75	0.70	0.70	0.70	0.65	0.65	0.60	0.55	0.55	0.55
8	8	−0.20	0.05	0.15	0.20	0.25	0.30	0.30	0.35	0.35	0.35	0.45	0.45	0.45	0.45
	7	0.00	0.20	0.30	0.35	0.35	0.40	0.40	0.40	0.40	0.45	0.45	0.50	0.50	0.50
	6	0.15	0.30	0.35	0.40	0.40	0.45	0.45	0.45	0.45	0.45	0.50	0.50	0.50	0.50
	5	0.30	0.45	0.40	0.45	0.45	0.45	0.45	0.45	0.45	0.45	0.50	0.50	0.50	0.50
	4	0.40	0.45	0.45	0.45	0.45	0.45	0.45	0.50	0.50	0.50	0.50	0.50	0.50	0.50
	3	0.60	0.50	0.50	0.50	0.50	0.50	0.50	0.50	0.50	0.50	0.50	0.50	0.50	0.50
	2	0.85	0.65	0.60	0.55	0.55	0.55	0.50	0.50	0.50	0.50	0.50	0.50	0.50	0.50
	1	1.30	1.00	0.90	0.80	0.75	0.70	0.70	0.70	0.65	0.65	0.60	0.55	0.55	0.55
9	9	−0.25	0.00	0.15	0.20	0.25	0.30	0.30	0.35	0.35	0.40	0.45	0.45	0.45	0.45
	8	−0.00	0.20	0.30	0.35	0.35	0.40	0.40	0.40	0.40	0.45	0.45	0.50	0.50	0.50
	7	0.15	0.30	0.35	0.40	0.40	0.45	0.45	0.45	0.45	0.45	0.50	0.50	0.50	0.50
	6	0.25	0.35	0.40	0.40	0.45	0.45	0.45	0.45	0.45	0.50	0.50	0.50	0.50	0.50
	5	0.35	0.40	0.45	0.45	0.45	0.45	0.45	0.45	0.50	0.50	0.50	0.50	0.50	0.50
	4	0.45	0.45	0.45	0.45	0.45	0.50	0.50	0.50	0.50	0.50	0.50	0.50	0.50	0.50
	3	0.60	0.50	0.50	0.50	0.50	0.50	0.50	0.50	0.50	0.50	0.50	0.50	0.50	0.50
	2	0.85	0.65	0.60	0.55	0.55	0.55	0.55	0.50	0.50	0.50	0.50	0.50	0.50	0.50
	1	1.35	1.00	0.90	0.80	0.75	0.75	0.70	0.70	0.65	0.65	0.60	0.55	0.55	0.55
10	10	−0.25	0.00	0.15	0.20	0.25	0.30	0.30	0.35	0.35	0.40	0.45	0.45	0.45	0.45
	9	−0.05	0.20	0.30	0.35	0.35	0.40	0.40	0.40	0.40	0.45	0.45	0.50	0.50	0.50
	8	0.10	0.30	0.35	0.40	0.40	0.40	0.45	0.45	0.45	0.45	0.50	0.50	0.50	0.50
	7	0.20	0.35	0.40	0.40	0.45	0.45	0.45	0.45	0.45	0.50	0.50	0.50	0.50	0.50
	6	0.30	0.40	0.40	0.45	0.45	0.45	0.45	0.45	0.45	0.50	0.50	0.50	0.50	0.50
	5	0.40	0.45	0.45	0.45	0.45	0.45	0.45	0.50	0.50	0.50	0.50	0.50	0.50	0.50
	4	0.50	0.45	0.45	0.45	0.50	0.50	0.50	0.50	0.50	0.50	0.50	0.50	0.50	0.50
	3	0.60	0.55	0.50	0.50	0.50	0.50	0.50	0.50	0.50	0.50	0.50	0.50	0.50	0.50
	2	0.85	0.65	0.60	0.55	0.55	0.55	0.55	0.50	0.50	0.50	0.50	0.50	0.50	0.50
	1	1.35	1.00	0.90	0.80	0.75	0.75	0.70	0.70	0.65	0.65	0.60	0.55	0.55	0.55

续附表 2.2

n	j	K 0.1	0.2	0.3	0.4	0.5	0.6	0.7	0.8	0.9	1.0	2.0	3.0	4.0	5.0
11	11	−0.25	0.00	0.15	0.20	0.25	0.30	0.30	0.30	0.35	0.35	0.45	0.45	0.45	0.45
	10	−0.05	0.20	0.25	0.30	0.35	0.40	0.40	0.40	0.40	0.45	0.45	0.50	0.50	0.50
	9	0.10	0.30	0.35	0.40	0.40	0.40	0.45	0.45	0.45	0.45	0.50	0.50	0.50	0.50
	8	0.20	0.35	0.40	0.40	0.45	0.45	0.45	0.45	0.45	0.45	0.50	0.50	0.50	0.50
	7	0.25	0.40	0.40	0.45	0.45	0.45	0.45	0.45	0.45	0.50	0.50	0.50	0.50	0.50
	6	0.35	0.40	0.45	0.45	0.45	0.45	0.45	0.50	0.50	0.50	0.50	0.50	0.50	0.50
	5	0.40	0.45	0.45	0.45	0.45	0.50	0.50	0.50	0.50	0.50	0.50	0.50	0.50	0.50
	4	0.50	0.50	0.50	0.50	0.50	0.50	0.50	0.50	0.50	0.50	0.50	0.50	0.50	0.50
	3	0.65	0.55	0.50	0.50	0.50	0.50	0.50	0.50	0.50	0.50	0.50	0.50	0.50	0.50
	2	0.85	0.65	0.60	0.55	0.55	0.55	0.55	0.55	0.50	0.50	0.50	0.50	0.50	0.50
	1	1.35	1.05	0.90	0.80	0.75	0.75	0.70	0.70	0.65	0.65	0.60	0.55	0.55	0.55
12以上	↓1	−0.30	0.00	0.15	0.20	0.25	0.30	0.30	0.30	0.35	0.35	0.40	0.45	0.45	0.45
	2	−0.10	0.20	0.25	0.30	0.35	0.40	0.40	0.40	0.40	0.40	0.45	0.45	0.45	0.50
	3	0.05	0.25	0.35	0.40	0.40	0.40	0.45	0.45	0.45	0.45	0.45	0.50	0.50	0.50
	4	0.15	0.30	0.40	0.40	0.45	0.45	0.45	0.45	0.45	0.45	0.45	0.50	0.50	0.50
	5	0.25	0.35	0.50	0.45	0.45	0.45	0.45	0.45	0.45	0.45	0.50	0.50	0.50	0.50
	6	0.30	0.40	0.50	0.45	0.45	0.45	0.45	0.50	0.50	0.50	0.50	0.50	0.50	0.50
	7	0.35	0.40	0.55	0.45	0.45	0.45	0.50	0.50	0.50	0.50	0.50	0.50	0.50	0.50
	8	0.35	0.45	0.55	0.45	0.50	0.50	0.50	0.50	0.50	0.50	0.50	0.50	0.50	0.50
	中间	0.45	0.45	0.55	0.45	0.50	0.50	0.50	0.50	0.50	0.50	0.50	0.50	0.50	0.50
	4	0.55	0.50	0.50	0.50	0.50	0.50	0.50	0.50	0.50	0.50	0.50	0.50	0.50	0.50
	3	0.65	0.55	0.50	0.50	0.50	0.50	0.50	0.50	0.50	0.50	0.50	0.50	0.50	0.50
	2	0.70	0.70	0.60	0.55	0.55	0.55	0.55	0.50	0.50	0.50	0.50	0.50	0.50	0.50
	↑1	1.35	1.05	0.90	0.80	0.75	0.70	0.70	0.70	0.65	0.65	0.60	0.55	0.55	0.55

上下层横梁线刚度比对 y_0 的修正值 y_1 附表 2.3

I	K 0.1	0.2	0.3	0.4	0.5	0.6	0.7	0.8	0.9	1.0	2.0	3.0	4.0	5.0
0.4	0.55	0.40	0.30	0.25	0.20	0.20	0.20	0.15	0.15	0.15	0.05	0.05	0.05	0.05
0.5	0.45	0.30	0.20	0.20	0.15	0.15	0.15	0.10	0.10	0.10	0.05	0.05	0.05	0.05
0.6	0.30	0.20	0.15	0.15	0.10	0.10	0.10	0.10	0.05	0.05	0.05	0.05	0	0
0.7	0.20	0.15	0.10	0.10	0.10	0.10	0.05	0.05	0.05	0.05	0.05	0	0	0
0.8	0.15	0.10	0.05	0.05	0.05	0.05	0.05	0.05	0.05	0	0	0	0	0
0.9	0.05	0.05	0.05	0.05	0	0	0	0	0	0	0	0	0	0

注：

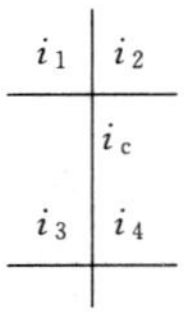

$I=\frac{i_1+i_2}{i_3+i_4}$，当 $i_1+i_2>i_3+i_4$ 时，取 $I=\frac{i_3+i_4}{i_1+i_2}$，同时在查得的 y_1 值前加负号“−”

$K=\frac{i_1+i_2+i_3+i_4}{2i_c}$

上下层高变化对 y_0 的修正值 y_2 和 y_3 **附表 2.4**

α_2	α_3	K													
		0.1	0.2	0.3	0.4	0.5	0.6	0.7	0.8	0.9	1.0	2.0	3.0	4.0	5.0
2.0		0.25	0.15	0.15	0.10	0.10	0.10	0.10	0.10	0.05	0.05	0.05	0.05	0.0	0.0
1.8		0.20	0.15	0.10	0.10	0.10	0.05	0.05	0.05	0.05	0.05	0.05	0.0	0.0	0.0
1.6	0.4	0.15	0.10	0.10	0.05	0.05	0.05	0.05	0.05	0.05	0.05	0.0	0.0	0.0	0.0
1.4	0.6	0.10	0.05	0.05	0.05	0.05	0.05	0.05	0.05	0.05	0.0	0.0	0.0	0.0	0.0
1.2	0.8	0.05	0.05	0.05	0.0	0.0	0.0	0.0	0.0	0.0	0.0	0.0	0.0	0.0	0.0
1.0	1.0	0.0	0.0	0.0	0.0	0.0	0.0	0.0	0.0	0.0	0.0	0.0	0.0	0.0	0.0
0.8	1.2	−0.05	−0.05	−0.05	0.0	0.0	0.0	0.0	0.0	0.0	0.0	0.0	0.0	0.0	0.0
0.6	1.4	−0.10	−0.05	−0.05	−0.05	−0.05	−0.05	−0.05	−0.05	0.05	0.0	0.0	0.0	0.0	0.0
0.4	1.6	−0.15	−0.10	−0.10	−0.05	−0.05	−0.05	−0.05	−0.05	−0.05	−0.05	0.0	0.0	0.0	0.0
	1.8	−0.20	−0.15	−0.10	−0.10	−0.10	−0.05	−0.05	−0.05	−0.05	−0.05	−0.05	0.0	0.0	0.0
	2.0	−0.25	−0.15	−0.15	−0.10	−0.10	−0.10	−0.10	−0.10	−0.05	−0.05	−0.05	−0.05	0.0	0.0

注：

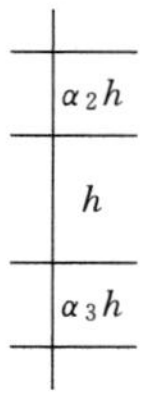

y_2——按照 K 及 α_2 求得，上层较高时为正值；

y_3——按照 K 及 α_3 求得。

参考文献

1 叶耀先,顾孟潮,米祥友．世界建设科技发展水平与趋势——城市·建筑·土木·高技术[M]. 北京:中国科学技术出版社,1993.

2 原长庆．高层建筑结构设计[M]. 哈尔滨:黑龙江科学技术出版社,2000.

3 住房和城乡建设部．高层建筑混凝土结构技术规程:JGJ 3—2010[S]. 北京:中国建筑工业出版社,2011.

4 吕西林．复杂高层建筑结构抗震理论与应用[M]. 2版．北京:科学出版社,2015.

5 吕西林．超限高层建筑抗震设计指南[M]. 上海:同济大学出版社,2009.

6 赵西安．高层建筑结构实用设计方法[M]. 3版．上海:同济大学出版社,1998.

7 李宏男．多层及高层建筑结构设计[M]. 北京:中国建筑工业出版社,1998.

8 方鄂华．多层及高层建筑结构设计[M]. 北京:地震出版社,1992.

9 史佩栋,高大钊,桂业琨．高层建筑基础工程手册[M]. 北京:中国建筑工业出版社,2000.

10 胡世德,等．高层建筑施工[M]. 2版．北京:中国建筑工业出版社,1998.

11 吕西林,周德源,李思明,等．建筑结构抗震设计理论与实例[M]. 4版．上海:同济大学出版社,2015.

12 住房和城乡建设部．建筑抗震设计规范:GB 50011—2010[S]. 北京:中国建筑工业出版社,2010.

13 中国建筑科学研究院．高层建筑结构设计[M]. 北京:科学出版社,1995.

14 吴景祥．高层建筑设计[M]. 北京:中国建筑工业出版社,1987.

15 沈恭．上海八十年代高层建筑结构设计[M]. 上海:科学普及出版社,1994.

16 刘大海,杨翠如．高层建筑结构方案优选[M]. 北京:中国建筑工业出版社,1996.

17 赵西安．高层建筑结构设计与施工问答[M]. 上海:同济大学出版社,1991.

18 张关林,石礼文．金茂大厦——决策·设计·施工[M]. 北京:中国建筑工业出版社,2000.

19 住房和城乡建设部．混凝土结构设计规范:GB 50010—2010[S]. 北京:中国建筑工业出版社,2011.

20 住房和城乡建设部．建筑结构荷载规范:GB 50009—2012[S]. 北京:中国建筑工业出版社,2012.

21 天津大学,同济大学,东南大学．钢筋混凝土结构(下册)[M]. 北京:中国建筑工业出版社,1989.

22 同济大学《多层及高层房屋结构设计》编写组．多层及高层房屋结构设计[M]. 上海:上海科学技术出版社,1978.

23 包世华,方鄂华．高层建筑结构设计[M]. 北京:清华大学出版社,1985.

24 赵西安．钢筋混凝土高层建筑结构设计[M]. 北京:中国建筑工业出版社,1992.

25 住房和城乡建设部．高层建筑筏形与箱形基础设计规范:JGJ 6—2011[S]. 北京:中国建筑工业出版社,2011.

26 住房和城乡建设部．建筑桩基技术规范:JGJ 94—2008[S]. 北京:中国建筑工业出版社,2008.

27 住房和城乡建设部．建筑地基基础设计规范:GB 50007—2011[S]. 北京:中国建筑工业出版社,2011.

28 曹启坤,张虹．高层建筑结构简易计算[M].北京:机械工业出版社,2008.

29 孙芳垂,徐建,陈富生．一级注册结构工程师专业考试复习教程[M].北京:中国建筑工业出版社,2004.

30 钱稼茹,赵作周,叶列平.高层建筑结构设计[M]. 2版．北京:中国建筑工业出版社,2012.

31 史庆轩,梁兴文．高层建筑结构设计[M]. 2版．北京:科学出版社,2012.

32 郭学明.装配式混凝土结构建筑的设计、制作与施工[M]. 北京:机械出版社,2016.

33 住房和城乡建设部．装配式混凝土结构技术规程:JGJ 1—2014[S]. 北京:中国建筑工业出版社,2014.

34 住房和城乡建设部．装配式混凝土建筑技术标准:GB/T 51231—2016[S]. 北京:中国建筑工业出版社,2017.